高等职业教育新形态一体化教材

土木工程力学

（少学时）（第二版）

主　编　王长连
副主编　史筱红

高等教育出版社·北京

内容提要

本书是根据高职高专土建类专业对力学课程的基本要求，而编写的土建类少学时力学教材。编写的基本思路为：精选静力学、材料力学和结构力学的必需、够用内容，按照相似、相近内容集于一处的原则，重新进行了整合，是一本结构新颖、内容丰富、实用性较强的高职力学教材。

全书共分两篇10章。第一篇为杆件的内力、强度与稳定性计算，第二篇为结构的内力与位移计算。每篇都有引言，扼要说明本篇的核心内容与基本要求；每章除基本内容外，还有思考题、习题等。其主要内容有：力的概念与力的基本性质；力学基本定律、定理；杆件的计算简图与受力图；平面力系的平衡条件；静定杆件的内力计算；杆件应力与拉压、扭转、弯曲杆和组合变形杆的强度计算；梁的刚度校核和受压杆的稳定性条件；平面体系的几何组成分析；静定结构的内力、位移计算；超静定结构的内力计算和影响线等。

本书可作为高职高专土建类专业和近土建类专业少学时的力学教材；若加上标★号内容亦可作为建筑工程技术、道路桥梁工程技术、市政工程技术、水利工程等相关专业的力学教材，对于相关专业的工程技术人员也有一定的参考价值。

图书在版编目(CIP)数据

土木工程力学：少学时/王长连主编. --2版. --北京：高等教育出版社，2021.9

ISBN 978-7-04-056401-3

Ⅰ.①土… Ⅱ.①王… Ⅲ.①土木工程-工程力学-高等职业教育-教材 Ⅳ.①TU311

中国版本图书馆CIP数据核字(2021)第129973号

TUMU GONGCHENG LIXUE

策划编辑 刘东良　　责任编辑 刘东良　　封面设计 张　志　　版式设计 马　云

插图绘制 于　博　　责任校对 吕红颖　　责任印制 田　甜

出版发行 高等教育出版社
社　　址 北京市西城区德外大街4号
邮政编码 100120
印　　刷 北京市鑫霸印务有限公司
开　　本 787mm×1092mm 1/16
印　　张 18.25
字　　数 430千字
购书热线 010-58581118
咨询电话 400-810-0598
网　　址 http://www.hep.edu.cn
　　　　 http://www.hep.com.cn
网上订购 http://www.hepmall.com.cn
　　　　 http://www.hepmall.com
　　　　 http://www.hepmall.cn
版　　次 2013年7月第1版
　　　　 2021年9月第2版
印　　次 2021年9月第1次印刷
定　　价 48.80元

本书如有缺页、倒页、脱页等质量问题，请到所购图书销售部门联系调换

物 料 号 56401-00

第二版前言

本书是在第一版基础上，依据2019年7月教育部发布的《高等职业学校建筑工程技术专业教学标准》修订的。

修订编写中，编者根据多年的教学实践经验和本书使用者提出的意见和建议，结合土木工程力学课程特点以及在土建类等专业中的地位与作用，课程内容在保持原有体系的基础上更加注重工程实际应用与实用计算能力的培养。修订过程中，贯彻由浅入深、理论联系实际，符合课程认知及发展规律等原则，力图保证力学基本理论的系统性，使全书内容翔实、紧凑，理论阐述清楚，概念明确，例题解答过程简明、清晰。此外，为适应“互联网+”发展，结合信息化教学模式的要求，对本书中的难点，提供用二维码链接的动画帮助读者学习与理解。

本书由四川建筑职业技术学院王长连教授任主编，史筱红任副主编，周英、陈开凤、李敏敏、刘会参与编写。第1章至第5章由王长连修订，第6章由周英修订，第7、8章由史筱红修订，第9章由陈开凤修订，第10章由刘会修订，附录由李敏敏修订。

由于编者水平有限，书中难免存在不妥之处，衷心希望读者批评指正。

编　者

2021年5月

第一版前言

本书是根据教育部对高职高专土建类专业力学课程的基本要求,而编写的一本土建类通用力学教材。在编写之前,作者做了一些力所能及的力学教材调研工作,并发现无论是建筑力学或是土木工程力学教材;虽版本繁多,各有各的特色、优势,但内容大同小异,只是内容安排顺序、编写繁简程度有所不同。那么,到底哪种版本结构形式较合理呢?经过分析比较,认为这样的结构形式较合理:将力学内容分为两篇,第一篇为杆件的内力、强度与稳定性计算,第二篇为结构的内力与位移计算;然后,把这两篇中所含相近相似的基本内容加以综合,尽量减少章节,使之形成适合当今教学需要的教学模块。本书内容如下:

第一篇　力学基础知识,静定杆件的内力计算,杆件的应力与强度条件,压杆的稳定性。

第二篇　平面体系的几何组成分析,静定结构的内力和位移计算,超静定结构的内力计算,影响线等。

附录　截面的几何性质。

那么,为什么说这种教材结构形式比较合理呢?

首先,它符合人们从简单到复杂的认知规律。人们都知道,杆件是组成杆件结构的最小单位,如果先将一根根杆件研究清楚了,那么对于由杆件组成的杆件结构,当然也就容易懂了。

其次,教材内容出场次序合理。所讲内容该出场时出场,不该出场时不要提前出现。例如结构计算简图放在绪论中讲,这样,既可加强对研究对象和任务的认识,又在全书一开始就为理论结合实际奠定了基础。几何组成分析,不少教材都是安排在第二章出现,接着讲述杆件的内力、应力和变形,与上述问题无关,倒不如讲授结构内力与位移计算之前开始讲授,讲了接着用显然效果要好些。

另外,将相近相似的内容集于一起,形成便于当今施教的教学模块。这样做,就像城市鞋帽一条街、水果一条街、电器一条街一样,便于人们购物;同样这样做也便于学生汲取知识:在同一气氛中讲相似相近问题,便于集中加强概念的叙述,便于理解和记忆,也有利于学生形成力学概念,将重点真正转移到"三基"上面。

上面是针对教材的结构讲的,但关键在于所讲内容叙述是否简练、清楚、有趣。所以在编写本书时,尽量写得简单扼要,例题、习题选择中下等难度的,再用小实验、小贴士、小知识增加趣味性;在此基础上,再认真进行编辑和文字润色等。

另外,本书还编写了与之配套的《土木工程力学答疑》,这给函授和自学者带来了方便。

本书由四川建筑职业技术学院王长连教授编著,副院长胡兴福教授审阅。胡兴福教授是建筑结构专家,他站在建筑结构的高度,认真审阅了全书,并提出不少修改意见,在此表示衷心的感谢。

在编写过程中得到了高等教育出版社张玉海的真诚帮助，也得到了四川建筑职业技术学院科研处处长杨魁教授、青岛科技大学孟庆东教授和陕西铁路职业技术学院卢光斌教授的支持、帮助，在编写过程中也借鉴、引用了一些同类教材中的资料、图表或例题，谨此一并表示衷心感谢。

教材是为专业教学服务的，即使相同的学时，也因专业不同需要选不同的教学内容，所以本教材加入了带★号内容，供灵活选择。本教材主要适用于课时为80学时的高等职业院校、成人教育院校城市建设、给水排水、建筑装饰、建筑企业管理、房地产经营管理等相关专业的师生用书；若加上标★号内容可适用于课时为96学时的高等职业院校、成人教育院校建筑工程、道路工程、铁路工程、水利工程等相关专业的师生使用；对于其他工程专业和土建类工程设计、施工人员及中专师生，本书也有一定的参考价值。

由于编者水平有限，书中难免存在这样或那样的不妥之处，衷心希望读者批评指正。

编　者

2013年4月

目　录

第 1 章

绪　论

第 1 节　土木工程力学的研究对象和任务

在人类社会发展的进程中，人们大都有这样的理念：无论是生活工具、生产工具，或是住房、办公室、工业厂房，都一律要求经久耐用，而又造价低廉。所谓经久耐用，是指使用的时间长久、好用且在使用过程中不易损坏；所谓造价低廉，是指所用的建造材料好，易于建造，生产成本低廉等。

那么，怎样才能实现这种要求呢？当然要涉及多方面的科学知识和生产技能，其中土木工程力学就是最重要的基础知识之一。

土木工程力学研究的内容相当广泛，研究的对象也相当复杂。在土木工程力学中，所涉及的实际研究对象，常常抓住一些带有本质性的主要因素，略去一些次要因素，从而抽象成力学模型作为具体的研究对象。如当物体的运动范围比它本身的尺寸大很多时，可以把物体当成只有一定质量而无形状、大小的**质点**；当物体在力的作用下产生变形时，如果这种变形在所研究的问题中可以不考虑或暂时不考虑，则可以把它当作不发生变形的**刚体**；当物体的变形不能忽略时，就要将物体当作变形固体，简称变形体。具体来说，土木工程力学研究的对象为构件与结构。所谓**结构**，系指建筑物或构筑物及其他物体中，能承受荷载、维持平衡，并起骨架作用的整体或部分；若以建筑物为研究对象，通称为建筑结构；所谓构件，系指构成结构的零部件。若构件的长度尺寸远大于横截面的高、宽尺寸，称为杆件。本课程的具体研究对象为**杆件**和由杆件组成的**杆件结构**。

如图 1-1a 所示房屋结构，是由预制构件组成的；图 1-1b 所示，是由此结构分解成的杆件——梁、板、柱。

再如图 1-2a 所示为现浇梁板式结构，图 1-2b 为此结构分解成的杆件——梁、板、柱。由此可知，梁、板、柱是组成建筑结构的主要元件，也是土木工程力学研究的主要对象。

一幢建筑物是怎样建造的呢？它的建造程序是：立项→勘察→设计→施工→验收等。建筑物的设计包括工艺设计、建筑设计、结构设计、设备设计等几个方面；结构设计又包括确定方案、结构计算、构造处理等几个部分；结构计算又包括荷载分析、内力与变形计算、截面选择等几项工作。房屋建造中，土木工程力学所承担的具体任务是：建筑结构设计中的荷载计算，内力与变形计算，截面尺寸选择，以及构件的强度、刚度和稳定性等问题。

所谓**强度**是指，构件在外荷等因素作用下，抵抗破坏、破碎的能力；所谓**刚度**是指，构件在外荷等因素作用下，抵抗工程允许的弹性变形的能力；所谓**稳定**性是指构件在外压力作用

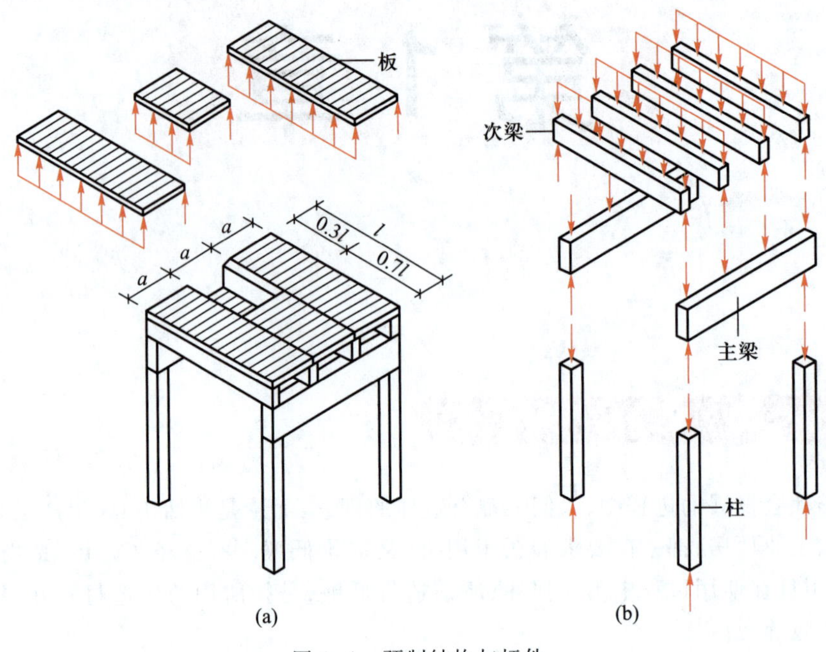

图 1-1　预制结构与杆件

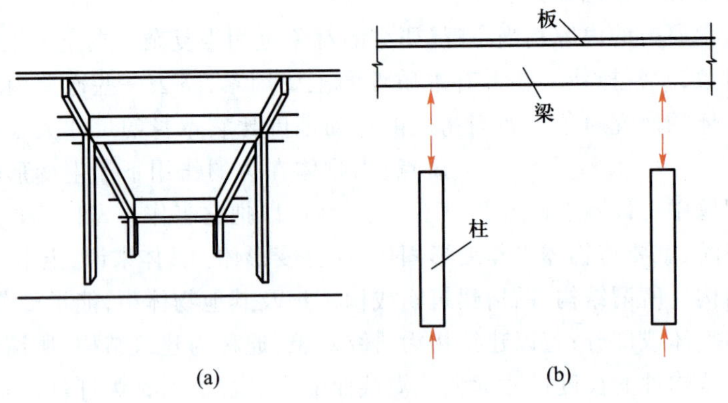

图 1-2　现浇结构与杆件

下，保持原有的直线平衡状态，不能发生突然变弯的能力。

小贴士

绪论都是讲些什么内容呢?

可以说，每本教科书几乎都有绪论。那么，绪论都是讲些什么内容呢？对于不同类型的书，不同写作背景的人，所讲内容当然是不一样的。一般来说，简略地叙述全书的编写思路，研究对象和任务，学习方法及相应的一些重要名词、概念等，为全书的逐步展开描绘出一个大致的轮廓，为下面分章学习奠定必要的基础。本绪论主要介绍土木工程力学的研究对象和任务，结构计算简图的画法和力学的基本分析方法等。

第 2 节　结构的计算简图

实际结构是很复杂的，完全按照结构的实际情况进行力学分析是不可能的，也是不必要的。因此，在对实际结构进行力学分析之前，必须加以简化，用一个简化了的图形来代替，这个简化图形称为结构的计算简图，简称**计算简图**。其实，土木工程力学研究的真正对象也就是杆件和杆系结构的计算简图。

选择结构计算简图的原则是：

(1) 从实际出发——计算简图要反映实际结构的主要受力性能。

(2) 分清主次，略去次要因素——计算简图要便于计算。

选取结构计算简图时，需要多方面进行简化，下面简要地说明杆系结构计算简图的简化要点。

一、空间结构的简化

实际结构都是空间结构，各部分相互连接成为一个空间整体，用以承受各个方向可能出现的荷载。但在多数情况下，常可以忽略一些次要的空间约束，而将实际结构分解为平面结构，使计算得以简化。本书只讨论平面结构的计算问题。

二、平面杆件结构的简化

（一）杆件本身的简化

平面杆件结构是由杆件组成的。杆件的几何特征是它的长度 l 远大于其横截面的宽度 b 和高度 h。**横截面**和**轴线**是杆件的两个主要几何因素，前者指的是垂直于杆件长度方向的截面，后者则为所有横截面形心的连线。如果杆件的轴线为直线，则称为**直杆**，如图 1-3a 所示；若杆件的轴线为曲线，则称为**曲杆**，如图 1-3c 所示。根据杆的各横截面相等或不相等，分为等直杆（图 1-3a）和变截面杆（图 1-3b）。在计算简图中，杆件用其轴线表示，杆件之间的连接处用结点表示，杆长用结点间的距离表示，而荷载的作用点也都转移到轴线上。

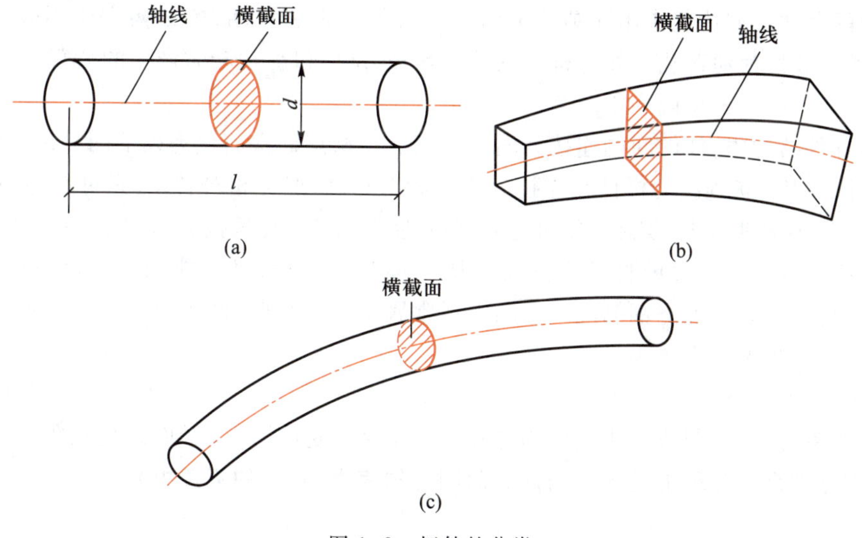

图 1-3　杆件的分类

在土木工程中，实际杆件是很复杂的。

(1) 它有各式各样的截面形状，如图 1-4 所示。

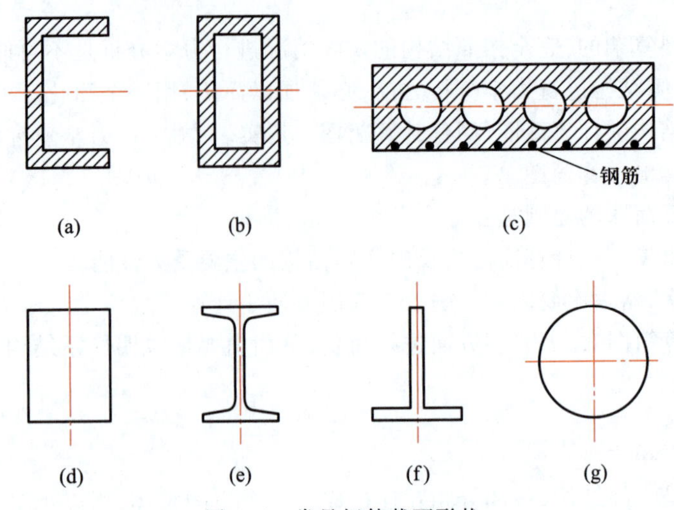

图 1-4　常见杆件截面形状

(2) 连接方式多种多样，如图 1-5 所示。

(3) 所用材料多种多样。在土木、水利工程中结构所用的建筑材料通常为钢、混凝土、砖、石、木料等。在结构计算中，为了简化，对组成各构件的材料一般都假设为连续的、均匀的、各向同性的、完全弹性或弹塑性的。上述假设对于金属材料在一定受力范围内是符合实际情况的。对于混凝土、钢筋混凝土、砖、石等材料则带有一定程度的近似性。至于木材，因其顺纹与横纹方向的物理性质不同，故应用这些假设时须予注意。

(4) 荷载作用多种多样。作用于实际结构上的荷载分为作用于构件内的体荷载(如自重)和分布于构件表面上的面荷载(如雪重、设备重量、风荷载等)。但在计算简图上，均简化为作用于杆件轴线上的分布线荷载、集中荷载、集中力偶，并且认为这些荷载的大小、方向和作用位置是不随时间变化的，或者虽有变化但极缓慢，使结构不至于产生显著的运动，这类荷载称为**静荷载**。如荷载作用在结构上引起显著的冲击和振动，使结构产生不容忽视的加速度，这类荷载称为**动荷载**。如打桩机的冲击荷载，动力机械运转时产生的荷载等。

(二) 平面结构内部杆件间连接的简化

平面杆件结构中，杆件间的连接处简化为结点。结点通常简化为以下两种理想情形：

(1) 铰结点。被连接的杆件在连接处不能相对移动，但可相对转动，只可传递力，但不能传递力矩。这种理想情况，实际上很难遇到，而木屋架的结点比较接近于铰结点(图 1-6)。

(2) 刚结点。被连接的杆件在连接处既不能相对移动，又不能相对转动；既可以传递力，也可以传递力矩。现浇钢筋混凝土结点通常属于这类情形(图 1-7)。

(三) 平面结构外部约束的简化

1. 外部约束计算简图与约束力

所谓**约束**，系指限制或阻止其他物体运动的装置(或物体)。平面结构的外部约束多种多样，下面分别介绍几种常见约束的计算简图与**约束力**(也称**约束反力**)。

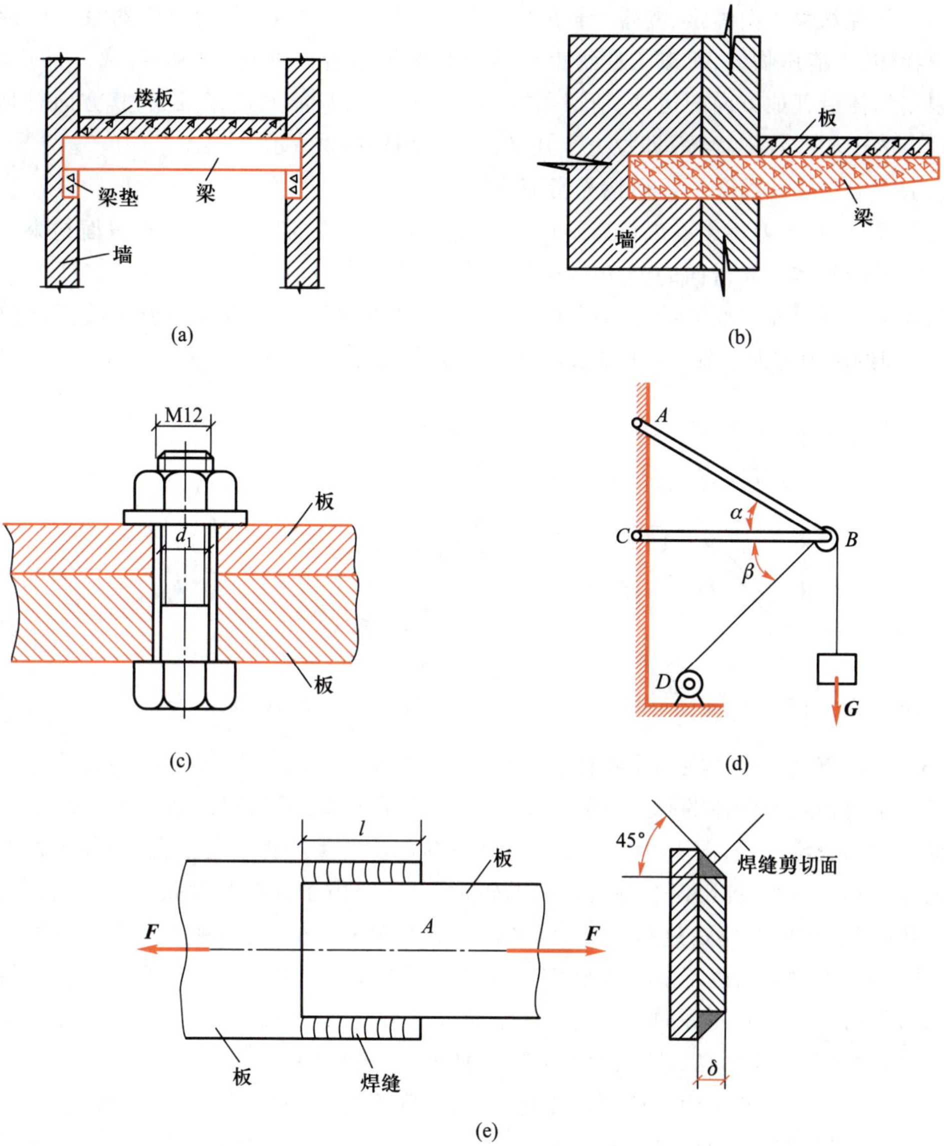

图 1-5　杆件的常见连接方式

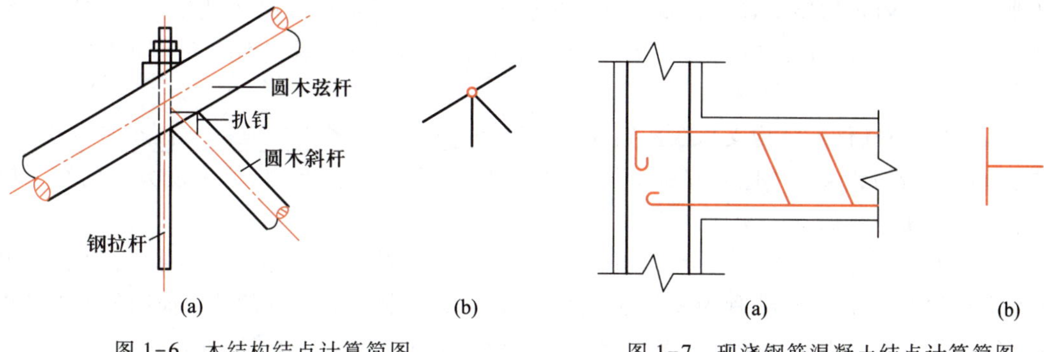

图 1-6　木结构结点计算简图

图 1-7　现浇钢筋混凝土结点计算简图

(1) **柔性约束**。由绳索、皮带、链条等柔性物体形成的约束,称为**柔性约束**。这种约束只能拉物体,不能压物体,所以柔性约束只能限制物体沿着柔性约束中心线离开的运动,而不能限制物体沿其他方向的运动,所以柔性约束的约束力只能通过接触点,其方向总是沿着柔性约束的中心线背离物体(即拉力),用 $\boldsymbol{F}_{\mathrm{T}}$ 表示如图 1-8 所示。

(2) 光滑接触表面约束。所谓**光滑面**,是指物体表面刚性光滑,或者说两物体接触处的摩擦力很小,与其他力相比可以忽略不计。由光滑面所形成的约束,称为**光滑面约束**。这种约束不能限制物体沿光滑面的公切线方向运动,只能限制物体沿光滑面的公法线而指向光滑面的运动。所以光滑面的约束力是通过接触点,其方向沿着光滑面的公法线而指向物体(压力),即约束力方向已知,大小待求。这种约束力通常用 $\boldsymbol{F}_{\mathrm{N}}$ 表示,如图 1-9 所示。

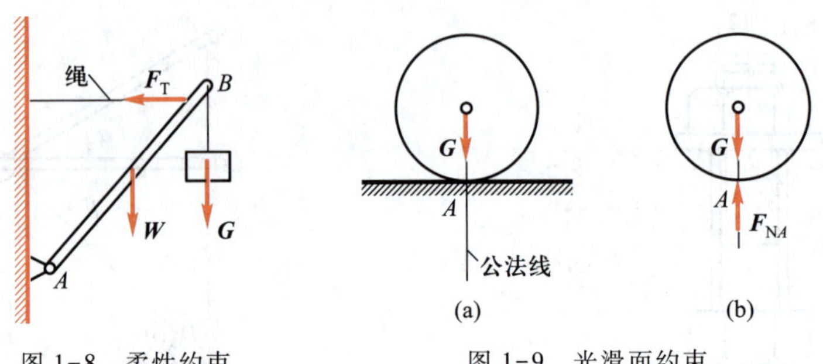

图 1-8　柔性约束　　图 1-9　光滑面约束

(3) 光滑铰链约束。在两个物体上,分别钻上直径相同的圆孔,再将一直径略小于孔径的圆柱体销钉插入两物体的孔中,略去摩擦,便形成了**光滑铰链约束**,如图 1-10a 所示。此连接体简称为**铰链**或**铰**,图 1-10c 所示为其计算简图。这类约束的特点是,只能限制物体对销钉的径向运动,而不能限制物体绕销钉的转动。再者,由于销钉与圆孔是光滑面接触约束(图 1-10b),其约束力应是过接触点、沿公法线指向物体。由于接触点的位置不能预先确定,因此,约束力的方向也不能预先确定。所以,圆柱铰链的约束力是在垂直于销钉轴线的平面内,通过铰链中心,而方向未定的反力。为了计算方便,将这一反力分解为互相垂直的分力,这对约束分力作用在铰心,而大小未知,如图 1-10d 所示。

(4) 链杆约束。两端用铰链与物体连接,且中间不受力(自重忽略不计)的刚性杆(可以是直杆,也可以是曲杆),称为**链杆**,如图 1-11a、d 中的 *AB* 杆。链杆只在两端各有一个力作用而处于平衡状态,故链杆又称为**二力杆**,即在两个力的作用下平衡的杆件,如图 1-11c 所示。这种约束只能阻止物体沿着杆两端铰连线方向的运动,不能阻止其他方向的运动。所以,链杆的约束力方向沿着链杆两端铰连线,指向未定。链杆约束的约束力如图 1-11b、f 所示。

2. 支座计算简图与支座反力

工程中,将杆件或结构支承在基础或另一结构上的装置,称为**支座**。支座也是约束,它是与基础连接的约束。支座对其所支承结构的约束力称为**支座反力**,简称**反力**。现将工程中常见的支座介绍如下。

(1) 固定铰支座(铰链支座)。用圆柱铰链把构件或结构与支座底板连接,并将底板固定在支承物上构成的支座,称为**固定铰支座**(图 1-12a)。固定铰支座的计算简图如图 1-12b 所示。这种支座能限制构件在垂直于销钉轴线平面内任意方向的移动,而不能限制构件绕销钉的转动。可见固定铰支座的约束性能与圆柱铰链相同,固定铰支座对构件的支座反力

也通过铰链中心,而方向不定,如图 1-12c、d 所示。

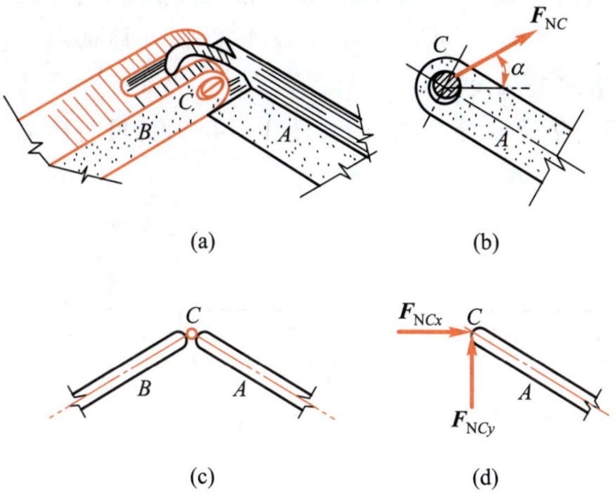

图 1-10 光滑铰链约束

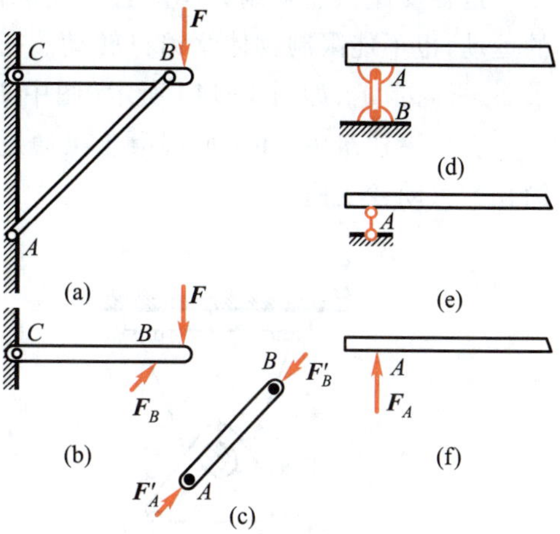

图 1-11 链杆约束

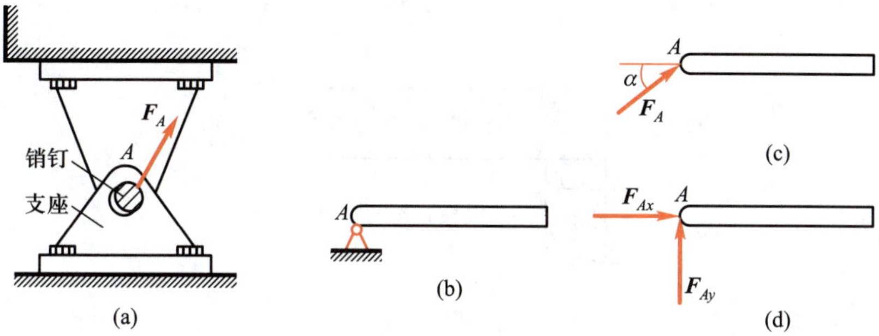

图 1-12 固定铰支座计算简图

在工程实际中,桥梁上的某些支座比较接近理想的固定铰支座,而在房屋建筑中这种理想的支座很少,通常把限制移动而允许产生微小转动的支座都视为固定铰支座。例如,在房屋建筑中的屋架,它的端部支承在柱子上,并将预埋在屋架和柱子上的两块钢板焊接起来,它可以阻止屋架的移动,但因焊缝的长度有限,对屋架的转动限制作用很小,因此,可以把这种装置视为固定铰支座(图 1-13)。

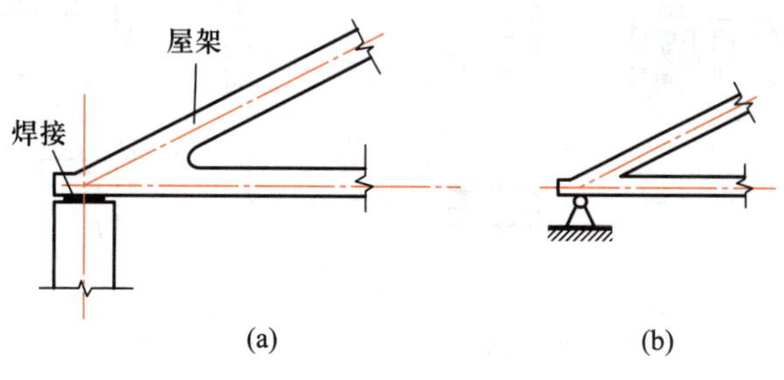

图 1-13 固定铰支座实例

(2) 活动铰支座。在固定铰支座的下面加几个辊轴支承于平面上,并且由于支座的连接,使它不能离开支承面,就构成**活动铰支座**,也称为可动铰支座(图 1-14a)。活动铰支座的计算简图如图 1-14b、c 所示。

这种支座只能限制物体垂直于支承面方向的移动，但不能限制物体沿支承面切线方向的运动，也不能限制物体绕销钉转动。所以，活动铰支座的约束力通过销钉中心，垂直于支承面，指向未定，如图 1-14d 所示（图中 $\boldsymbol{F}_A$ 的指向是假设的）。

在房屋建筑中，如钢筋混凝土梁通过混凝土垫块搁置在砖墙上（图 1-14e），就可将砖墙简化为可动铰支座。

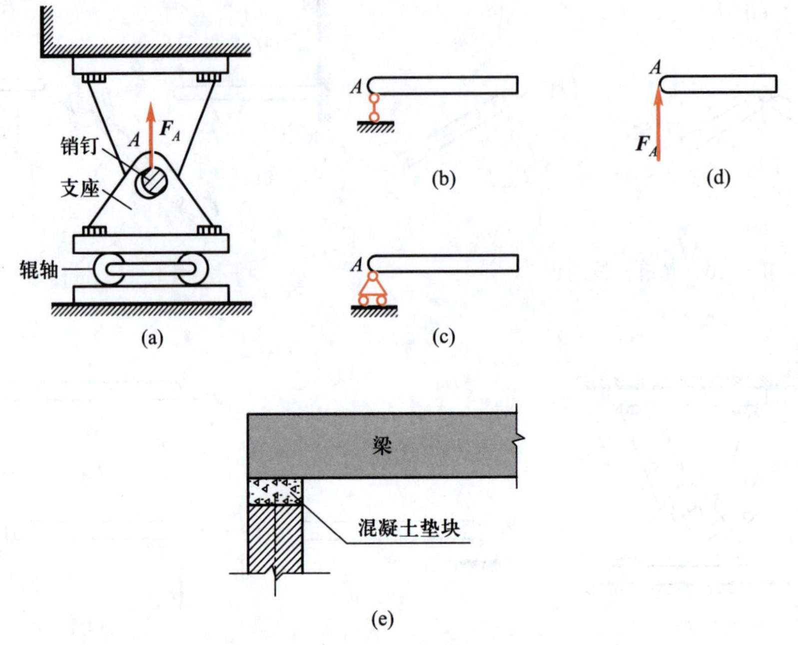

图 1-14　活动铰支座计算简图

（3）固定端支座。房屋建筑中的阳台挑梁如图 1-15a 所示，它的一端嵌固在墙壁内，或与墙壁、屋内梁一次性浇筑。墙壁对挑梁的约束，既限制其沿任何方向移动，又限制其转动，这样的约束称为**固定端支座**。构造简图如图 1-15b 所示，计算简图和受力图如图 1-15c 所示。

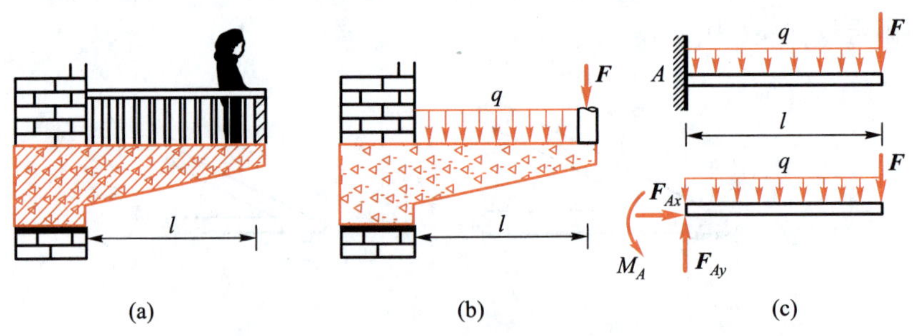

图 1-15　固定支座计算简图

（4）定向支座。定向支座能限制构件的转动和垂直于支承面方向的移动，但允许构件沿平行于支承面方向的移动（图 1-16a）。定向支座的约束力为垂直于支承面的反力 $\boldsymbol{F}_{\mathrm{N}}$ 和反力偶矩 M，图 1-16b 所示为其简化表示。当支承面与构件轴线垂直时，定向支座的反力为水平方向(图 1-16c)。

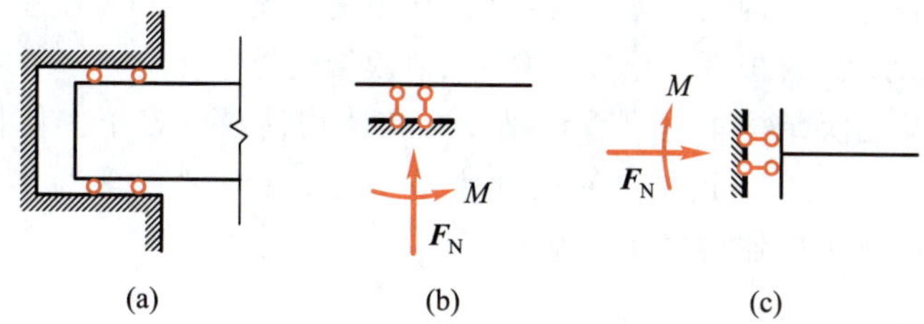

图 1-16　定向支座计算简图

在此需要指出的是,上述各种支座都假设本身不变形,在计算简图中,支杆为刚性杆。因此,总称它们为**刚性支座**。如果作结构分析时,需要考虑支座(包括地基在内)本身的变形,这种支座称为**弹性支座**。本书所涉及的支座皆为刚性支座。

通过以上简化,就可将实际结构简化成结构计算简图,如图 1-17 所示。

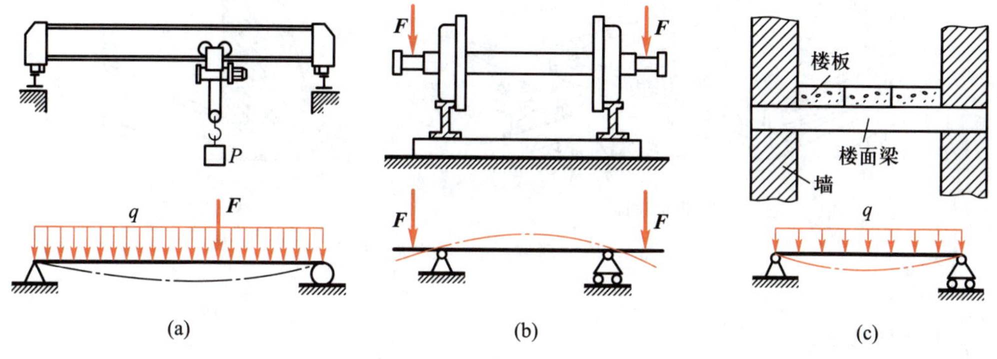

图 1-17　结构计算简图示例

小贴士

为何在此讲授结构计算简图?

土木工程力学的真正研究对象为杆件和杆件结构的计算简图,而不是实际结构。那么,为何在此讲授这一内容呢?一是对研究对象进一步深化、具体化;二是因为结构计算简图不是一蹴而就的,必须在反复讲授中才能掌握。在此之所以安排这一内容,一开始就讲明土木工程力学的真实研究对象,为全书讲授作好铺垫,并在下面一些章节中继续深化,为下一步深化及理论联系实际创造条件。

第 3 节　杆件结构的分类

一、结构的分类

在土木工程中,结构一般分三类。

(1) 杆件结构。即由上面讲的杆件,按照一定的组合方式而成的杆件体系,如图 1-17

所示。

（2）薄壁结构。这类结构由薄壁构件组成，其厚度要比长度和宽度小得多。如楼板、薄壳屋面（图 1-18a）、水池、折板屋面（图 1-18b）、薄膜结构等。

（3）实体结构。这类结构本身可看作是一个实体构件或由若干实体构件组成，其几何特征是呈块状的，长、宽、高三个方向的尺寸大体相近，且内部大多为实体。例如挡土墙（图 1-18c）、重力坝、动力机器的底座或基础等。

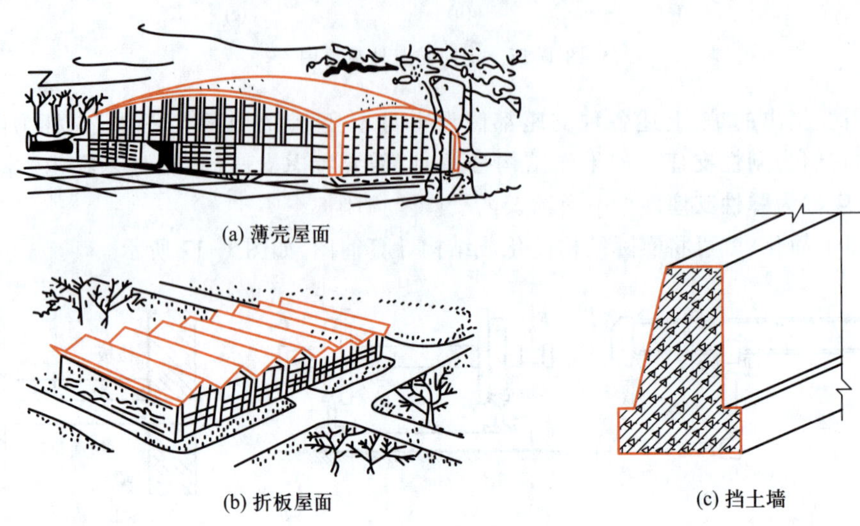
(a) 薄壳屋面
(b) 折板屋面
(c) 挡土墙

图 1-18　薄壁结构与实体结构

二、平面杆件结构分类

平面杆件结构的分类，实际是对杆件结构计算简图的分类。实际的杆件结构一般皆为空间杆结构，如图 1-19a 所示钢筋混凝土厂房结构，梁和柱都是预制的。柱子下端插入基础的杯口内，然后用细石混凝土填实。梁与柱的连接是通过将梁端和柱顶的预埋钢板进行焊接而实现的。在横向平面内柱与梁组成排架（图 1-19b），各个排架之间，在梁上有屋面板连接，在柱的牛腿上有吊车梁连接。但在实际工程计算中，为了简化计算，皆简化成图 1-19c 所示的计算简图。这是因为：

一是厂房结构虽然是由许多排架用屋面板和吊车梁连接起来的空间结构，但各排架在纵向以一定的间距有规律地排列着。作用于厂房上的荷载，如恒载（永久荷载）、雪载和风载等一般是沿纵向均匀分布的，通常可把这些荷载分配给每个排架，将每一个排架看作一个独立的体系，于是实际的空间结构便简化成平面结构（图 1-19b）。

二是梁和柱用它们的几何轴线来代表。由于梁和柱的截面尺寸比长度小得多，轴线都可近似地看作直线。

三是梁和柱的连接只依靠预埋钢板的焊接，梁端和柱顶之间虽不能发生相对移动，但仍有发生微小相对转动的可能，因此可取为铰结点。柱底和基础之间可以认为不能发生相对移动和相对转动，因此柱底取为固定端支座。

再如图 1-20a 所示水电站的高压水管，水管支承在一系列支托上，从整体看是一个连续梁。固定台很重，可看作梁的固定端，而支托可看作支杆。在水管自重和管内水重作用下，

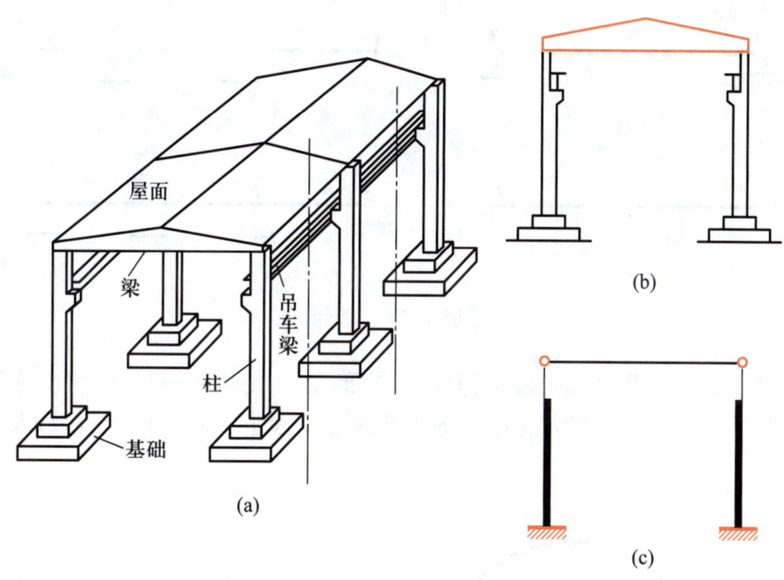

图 1-19　钢筋混凝土厂房结构计算简图

水管可按均布荷载作用下的连续梁来计算，计算简图如图 1-20b 所示。

以上是计算水管纵向应力所取的计算简图。当计算环向应力时，由于水管很长，且每一截面所受的水压力也是一样的，因而可以截取一单位宽度的圆环进行计算，计算简图如图 1-20c所示。当水管突然放空而形成真空时，由于外压的存在，有丧失稳定的可能，原先的圆环在失稳后变为椭圆形，故还须验算圆环在均匀外压作用下的稳定性（图 1-20d）。

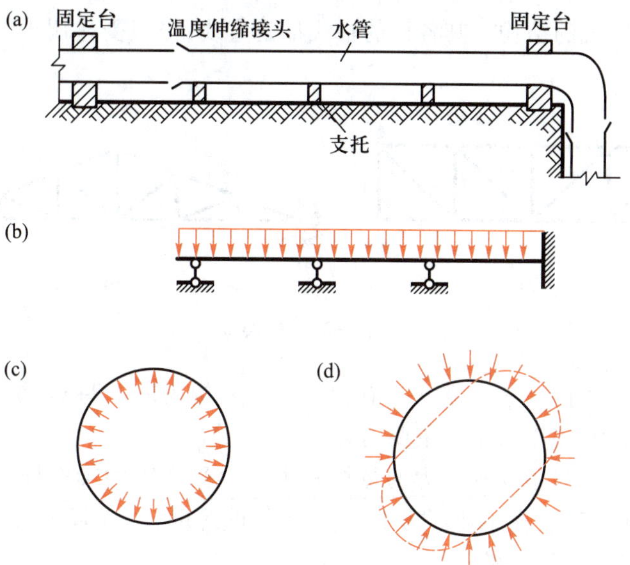

图 1-20　水电站的高压水管计算简图

按照不同的构造特征和受力特点，平面杆件结构又分为以下五类。

(1) 梁。梁是一种以受弯为主的杆件，其轴线通常为直线。它可以是单跨的（图 1-21a、c），也可以是多跨的（图 1-21b、d）。

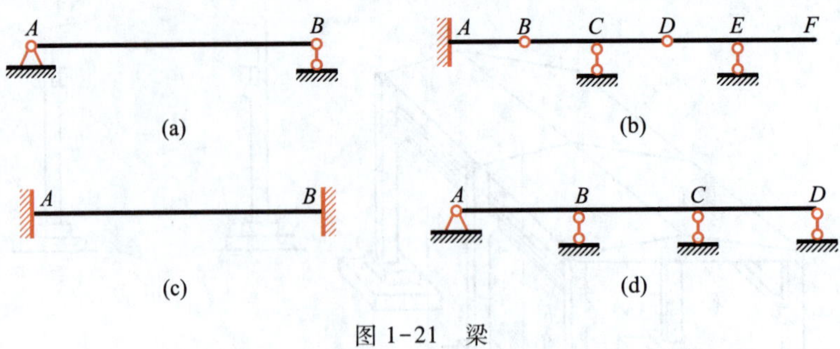

图 1-21 梁

（2）拱（图 1-22）。拱的轴线通常为曲线，它的受力特点是：在竖向荷载作用下产生水平反力，通常称为推力。由于推力的存在将使拱内弯矩远小于同跨度、同荷载及支承情况相同梁的弯矩。

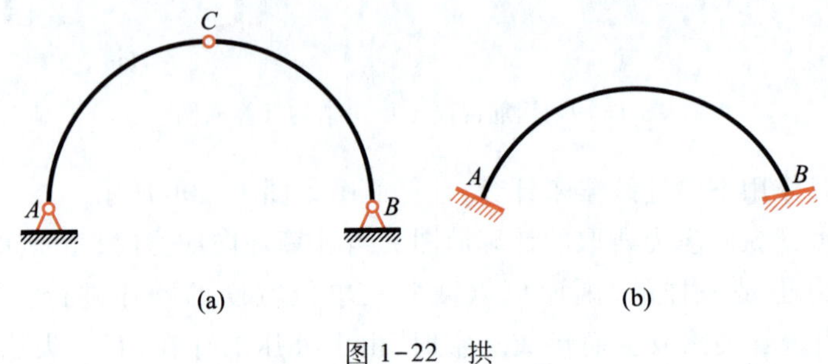

图 1-22 拱

（3）桁架。桁架是由若干杆件在杆件两端用理想铰联结而成的结构（图 1-23），也可以说桁架就是由链杆组成的结构。其各杆的轴线都是直线，当只受作用于结点的荷载时，各杆只产生轴力。

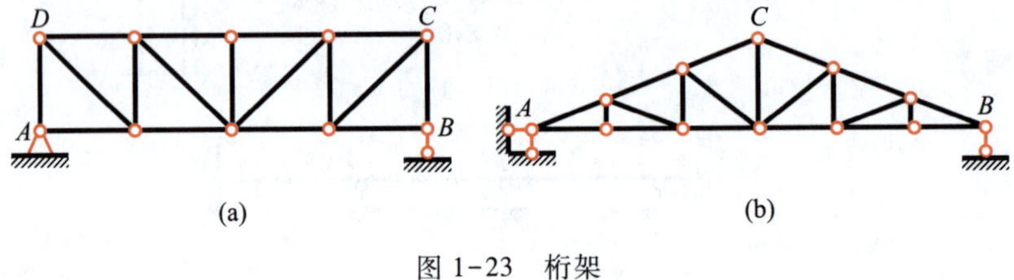

图 1-23 桁架

（4）刚架。刚架是由直杆组成并具有刚结点的结构（图 1-24）。刚架中各杆的内力一般有弯矩、剪力和轴力，多以弯矩为主要内力。

（5）组合结构。由只承受轴向力的链杆和主要承受弯矩的梁式杆件组合而成的结构，称为组合结构（图 1-25）。在工业厂房中，当吊车梁的跨度较大（12 m 以上）时，常采用组合结构，工程界称为桁架式吊车梁。

按照几何组成和计算方法的特点，结构又可分为静定结构（图 1-23）和超静定结构（图 1-24、图 1-25）。

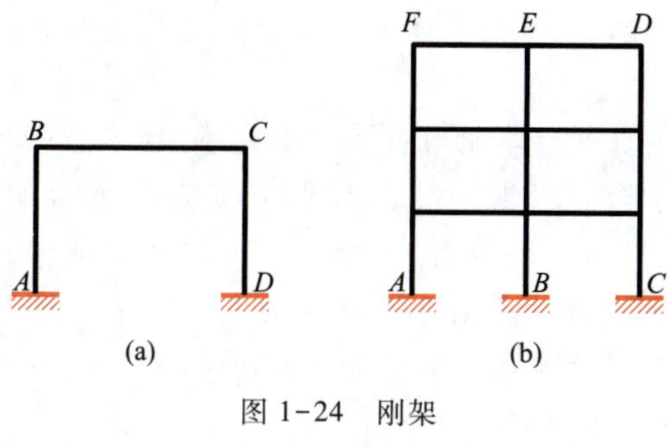

图 1-24　刚架

图 1-25　组合结构

第 4 节　土木工程力学的常见分析方法

土木工程力学是一门古老的科学，它有一套成熟的分析方法，若有意识地掌握，则在学习力学中将会得到事半功倍的效果。在此简略介绍一下，为各章具体应用奠定必要的基础。其主要分析方法如下。

（1）受力分析法。所谓受力分析法，是指分析结构或构件受哪些力作用，哪些是已知力，哪些是未知力，已知力与未知力间有什么联系，通过什么途径计算出所需未知力，在力学中将这一分析过程，称为**结构的受力分析**。实践证实，能否熟练掌握这一分析方法，是能否学好土木工程力学的关键。

（2）截面法。所谓截面法，是指当要求某一杆件某截面上的内力时，假想地用一截面将其截开，取其中任一部分（哪部分方便取哪一部分）为研究对象，画出脱离体受力图，利用平衡条件求出所需内力。它是四种基本变形，乃至组合变形求内力的通用方法，一定要熟练掌握。

（3）变形连续假设分析法。实际变形固体，在变形前或变形后是否都连续呢？不见得，为了计算简单，为了能用数学公式，而是不管它连续或是不连续，一律假设均匀连续、各向同性，这就给各种计算带来很多方便，且也能满足一般工程需要。若要进行精确计算，只有采用“断裂力学”的处理方法了。

（4）物理关系分析法。在弹性范围内，力与变形成正比，这就是力与变形的物理关系，利用这一关系，可方便地解决变形与内力间的一些问题。

（5）小变形分析法。所谓小变形是指，结构或构件在变形后，与原尺寸相比相差很小，在内力计算中可以用原尺寸，可用叠加原理计算内力和变形。

（6）刚化分析法。在研究变形固体的平衡条件时，为了分析简便，可将变形固体视为刚体，并认为此刚体仍处于平衡状态。

（7）实验法。实验法是力学研究中的一个重要手段，它能将力学涉及的材料力学性质，各种材料间的应力-应变关系等用实验来解决。

小知识

土木工程力学发展简史

远在公元前 6 世纪，人类对力、平衡和运动就有了初步的认识。我国春秋时期，在墨翟及其弟子的著作《墨经》中，就有了关于力的概念，杠杆的平衡及重心、浮力、强度和刚度的概念。

17 世纪至 18 世纪末，在这一时期，力学在自然科学领域占据中心地位，世界上最伟大的科学家几乎都集中在这一学科中，如伽利略、惠更斯、牛顿、胡克、莱布尼兹、伯努利、拉格朗日、欧拉、达朗贝尔等。由于这些杰出科学家的努力，借助于当时取得的数学进展，使力学取得了十分辉煌的成就，在整个知识领域中起着举足轻重的支配作用。到 18 世纪末，经典力学的基础——静力学、运动学和动力学已经建立并得到极大的完善，并且开始了材料力学、流体力学以及固体和流体的物性研究。

19 世纪，欧洲的主要国家相继完成了产业革命，大机器工业生产对力学提出了更高的要求。为适应当时土木工程建筑、机械制造和交通运输的发展，主要是材料力学、结构力学和流体力学得到了空前的发展和完善。建筑、机械中出现的大量强度和刚度问题，由材料力学或结构力学来解决，作为探索普遍规律而进行的弹性力学基础研究，也取得了极大的进展。届时关于土木工程力学的核心内容——理论力学、材料力学和结构力学基本建立。而后土木工程力学或建筑力学作为一个独立学科，得到长足的发展。

思考题

1-1 土木工程力学的研究对象及任务是什么？

1-2 何谓构件的强度、刚度与稳定性？试问刚度与强度有何区别？

1-3 何谓结构计算简图？画结构计算简图时作了哪些简化？

1-4 何谓构件？何谓杆件？二者有什么异同？

1-5 何谓结构？常见结构分哪几类？杆系结构分哪几类？

1-6 分析土木工程力学有哪些常用方法？其各种方法的要点是什么？

第一篇
杆件的内力、强度与稳定性计算

土木工程力学的研究对象为杆件和杆件结构。所谓杆件系指，其长度 l 远大于横截面的宽度 b 和高度 h。主要研究杆件的内容为：力的概念与力的基本性质，力学的基本定律、定理，杆件的计算简图与受力图，平面力系的平衡条件，静定杆件的内力计算，轴向拉压杆、受扭杆、弯曲杆的强度计算，受压杆的稳定性计算等。杆件结构是由杆件构成的，因此，杆的研究是研究杆件结构的基础。也就是说，只要将上述杆件的计算搞清楚了，那么学习杆件结构力学也就容易了。因此，本书的结构形式是降低学习力学难度的重要举措之一，应首先认真学好本篇所研究的杆件内容。

第2章

力学基础知识

第1节　力的概念与力的基本性质

一、力的概念

在日常生活中，人们常看到这样一些现象：用手推车，车由静止开始运动（图 2-1a）；人坐在沙发上，沙发会发生变形（图 2-1b）。那么，车为什么由静止开始运动呢？沙发为什么会发生变形呢？人们会说，这是因为人对车、沙发施加了力，力使车的运动状态发生了改变，使沙发发生了变形。**那么，什么是力呢？**

综合无数事例，可以概括地说：**力是物体间的相互机械作用，力不能脱离物体而单独存在**。何谓机械作用呢？是指使物体发生位置移动和形状改变的作用。是否有物体就一定有力存在呢？非也。有物体只是力存在的条件，而不是产生力的原因，只有物体间的相互机械作用才能产生力。例如图 2-2a 所示的甲、乙两物体，二者没有接触，没有相互作用，所以它们之间不能产生力；若变成图 2-2b 所示情形，二者就要产生力了。因为甲对乙产生压迫，乙对甲产生反抗，二者发生相互作用，根据力的定义，也就产生了力。由于力是物体间的相互作用，所以力一定是成对出现的，不可能只存在一个力。例如，由万有引力定律知，物体受到地球的吸引才有重量，简称重力；同样地球也受到物体的吸引力。

(a)　(b)

图 2-1　力的实例

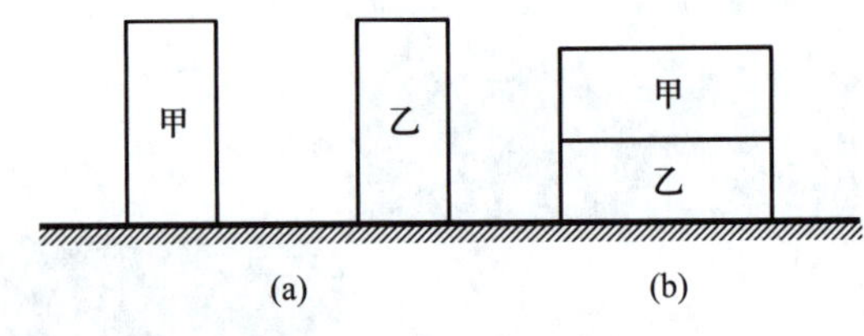

(a)　(b)

图 2-2　产生力的条件

在力学中，力的作用方式一般有两种情况：一种是两个物体相互接触时，它们之间相互产生力，例如吊车和构件之间的拉力、打夯机与地基土之间的压力等；一种是物体与地球之间相互产生的吸引力，对物体来说，这种吸引力就是重力。

那么，地球对物体的吸引产生的重量，与物体对地球的吸引产生的引力有什么关系呢？

对于这个问题，牛顿第三定律作了圆满的回答。即**这对力，大小相等、方向相反、作用线共线，且作用在不同的两个物体上**。在力学中，将这一规律称为作用与反作用定律。它是一个普适定律，无论对于静态的相互作用，或是动态的相互作用都适用，它是本书自始至终重点研究的内容之一。

力能使物体产生运动和变形，称为**力的作用效应**，它取决于力的大小、方向、作用点，通称**力的三要素**。

力的大小反映了物体间相互作用的强弱程度。国际通用力的计量单位是“牛顿”，简称“牛”，用英文字母 N 表示，它相当于一个中等大小的苹果的重量，在工程中显然单位太小了，一般用千牛作力的单位。所谓千牛就是 1 000 个牛顿，即 1 kN = 1 000 N。

力的作用方向是指，物体在力的作用下运动的指向。沿该指向画出的直线称为**力的作用线**，力的方向包含力的作用线在空间的方位和指向。

力的作用点是物体相互作用处的接触点。实际上，两物体接触处一般不会是一个点，而是一个面积，力多是作用于物体的一定面积上。如果这个面积很小，则可将其抽象为一个点，这时作用力称为**集中力**；如果接触面积比较大，力在整个接触面上分布作用，这时的作用力称为**分布力**，通常用单位长度的力，表示沿长度方向上的分布力的强弱程度，称为**荷载集度**，用字母 q 表示，单位为 N/m 或 kN/m。

综上所述，力是矢量（图 2-3）。矢量的模表示力的大小；矢量的作用方位加上箭头表示力的方向；矢量的始端，如图 2-3a 所示，或力的末端，如图 2-3b 所示，表示力的作用点。所以在确定一个未知力的时候，一定要明确它的大小、方向、作用点，才算真正确定这个力。**在此常犯的错误是，只注意计算力的大小，而忽略确定力的方向和作用点。**

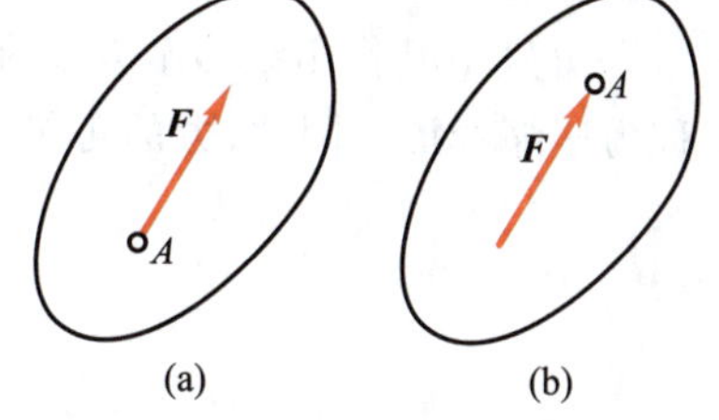

图 2-3　力的表示

二、力的作用效应

力的作用效应指，物体在力的作用下发生运动和变形。

1. 力的运动效应

物体的运动变化是指物体运动速度大小或运动方向的改变。力作用在物体上可产生两种运动效应。①若力的作用线，通过物体的重心，则力能使物体沿力的方向产生平行移动，简称平动，如图 2-4a 所示；②若力的作用线不通过物体的重心，则力能使物体既产生平动又发生转动，称为平面运动，如图 2-4b 所示。本力学不研究物体运动的一般规律，只研究物体运动的特殊情况——相对地球的平衡条件。

微课
力的可传性原理

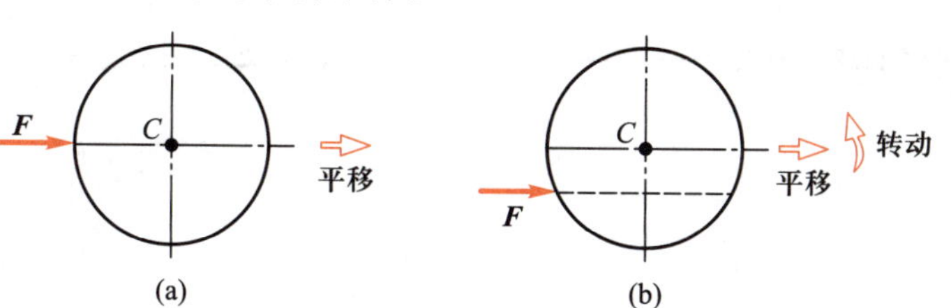

图 2-4　力的运动效应

由实践可知，当力作用在刚体上时，只要保持力的大小和方向不变，可以将力的作用点沿力的作用线移动，而不改变刚体的运动效应，如图 2-5 所示。力的这一性质称为**力的可传性**。

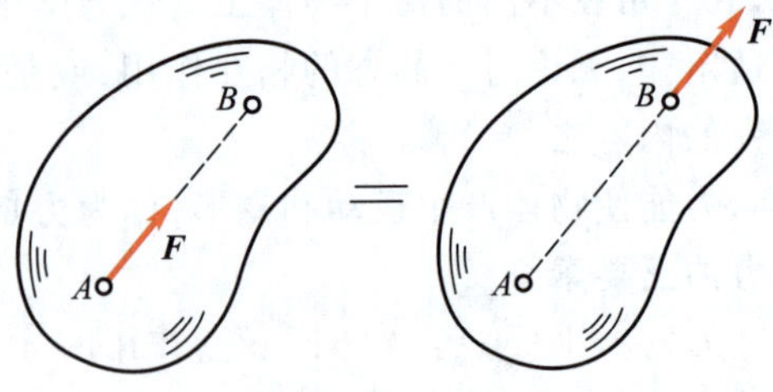

图 2-5　力的可传性

2. 力的变形效应

当力作用在物体上时，不仅产生运动效应，还会产生变形效应。所谓**变形效应**，是指力作用在物体上，产生形状和尺寸的改变。如图 2-6a 所示的杆件，在 A、B 二处施加大小相等、方向相反、沿同一作用线作用的两个力 $\boldsymbol{F}_1$、$\boldsymbol{F}_2$，杆件变长了，变细了，这种变形称为拉伸变形。

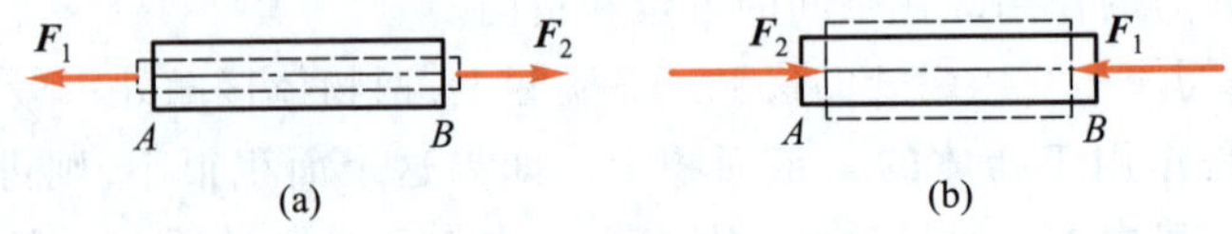

图 2-6　力的拉压变形

在此值得提出的是，力的可传性对于变形物体并不适用。如将图 2-6a 所示的两个力 $\boldsymbol{F}_1$、$\boldsymbol{F}_2$，分别沿其作用线移至 B 点和 A 点，如图 2-6b 所示，这时二者的变形是不同的，这种变形称为压缩变形。因此，**力的可传性只适用于力的运动效应，不适用于力的变形效应**。

小实验

分布荷载与集中荷载

如图 2-7 所示，用硬纸片比拟梁，链条当荷载。链条展开硬纸片产生的变形，远小于集中堆放硬纸片产生的变形。因此，工程中必须有分布荷载和集中荷载的模型。所谓荷载，也就是主动外力，属于同一问题的两种称呼。

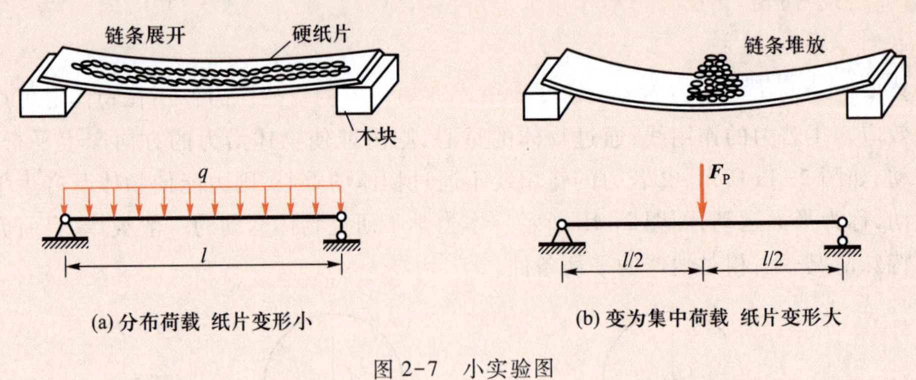

图 2-7　小实验图

三、力系的概念

物体受到力的作用，往往不是只有一个，而是若干个力。将作用在物体上两个或两个以上的一组力，称为**力系**。按照力系中各力作用线分布的形式不同，将力系分成若干种。

若力系中各力的作用线不在同一平面内，称为**空间力系**。若力系中各力的作用线都在同一平面内，称为**平面力系**；平面力系又分为平面汇交力系、平面平行力系、平面一般力系和平面力偶系。

四、力的合成与分解

如果某一力系对物体产生的效应，可以用另一个力系来代替，则这两个力系互称为**等效力系**。当一个力与另一个力系等效时，则该力称为这个力系的**合力**；而该力系中的每一个力称为**分力**；反过来，把一个力分解成两个力，称为力的分解。那么，力怎样进行合成与分解呢？

作用于物体上同一点的两个力，可以合成为一个合力。合力也作用于该点；合力的大小和方向，可由这两个力为邻边所构成的平行四边形的对角线表示，如图 2-8a 所示。这就是**力的平行四边形法则**。

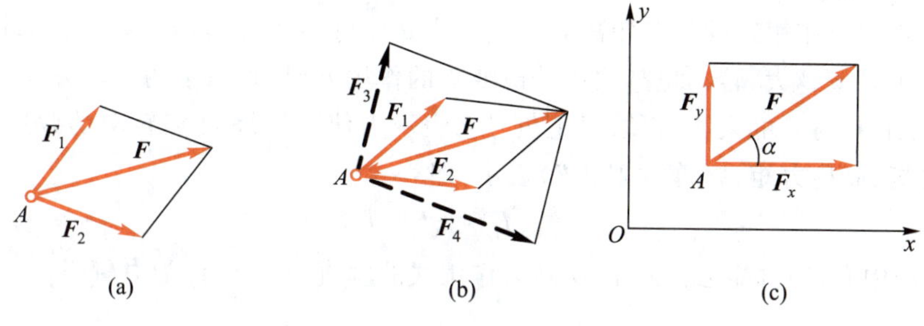

图 2-8 力的平行四边形法则

这个法则说明，力的合成遵循矢量加法，只有当两个力共线时，才能用代数加法。

两个共点力可以合成为一个合力，反之，一个已知力也可分解为两个分力。具体做法是，以一个力矢为对角线作平行四边形。如图 2-8b 所示，力 $\boldsymbol{F}$ 既可以分解为 $\boldsymbol{F}_1$ 和 $\boldsymbol{F}_2$，也可以分解为力 $\boldsymbol{F}_3$ 和 $\boldsymbol{F}_4$，等等。要得出唯一的解答，必须给以限制条件。如给定两分力的方向求大小，或给定一分力的大小和方向求另一分力，等等。

但在解决实际工程问题中，常把一个力 $\boldsymbol{F}$ 沿直角坐标轴方向分解，可得出两个互相垂直的分力 $\boldsymbol{F}_x$ 和 $\boldsymbol{F}_y$，如图 2-8c 所示。$\boldsymbol{F}_x$ 和 $\boldsymbol{F}_y$ 的大小可由三角公式求得

$$F_x = F\cos\alpha, \qquad F_y = F\sin\alpha \tag{2-1}$$

式中 α——力 $\boldsymbol{F}$ 与 x 轴间所夹的锐角。

小贴士

学习力的定义、定理时要注意适用条件

有关力、力的合成与分解、力矩、力偶的定义和性质，在高中、初中都基本学过。实践证明，这些内容看似简单，但真正掌握却很难。本章在此基础上，结合土木工程力学特点又进行了深化。为了取得好的学习效果，建议在学习本部分时，先复习一下高中、初中的相关内容。

在此需要强调的是，本部分学习的定义、定理，有的是无条件的，任何情况下都可应用，如作用与反作用定律、力的平行四边形法则等；有的是有条件的，只有在一定限制条件下才能适用，如力的可传性、二力平衡定理、加减平衡力系原理、力线的平移定理等，只有刚体和研究变形体的平衡时才能用。

第 2 节　力矩与力偶

一、力对点之矩

力对点之矩，是很早以前，人们在使用杠杆、滑车、绞盘等机械搬运或提升重物时，所形成的一种概念。现以扳手拧螺母为例来说明。如图 2-9 所示，在扳手的 A 点施加一力 $\boldsymbol{F}$，将使扳手和螺母一起绕螺钉中心 O 转动。实践表明，扳手的转动效果不仅与力 $\boldsymbol{F}$ 的大小有关，而且还与 O 点到力作用线的垂直距离 d 有关。当 d 保持不变时，力 $\boldsymbol{F}$ 越大，转动越快。当力 $\boldsymbol{F}$ 保持不变时，d 值越大，转动也越快。若改变力的作用方向，则扳手的转动方向也就会发生改变。因此，用 $\boldsymbol{F}$ 与 d 的乘积，再冠以正负号来表示力使物体绕 O 点转动的效应，并称为**力 $\boldsymbol{F}$ 对 O 点之矩**，简称**力矩**，以符号 $M_O(\boldsymbol{F})$ 表示，即

$$M_O(F) = \pm F \cdot d \tag{2-2}$$

O 点称为转动中心，简称**矩心**。矩心 O 到力作用线的垂直距离 d，称为**力臂**。

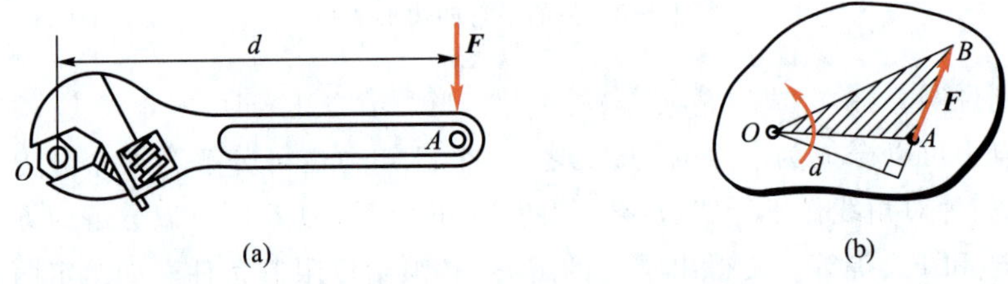

图 2-9　力矩示例

式(2-2)中的正负号表示力矩的转向。通常规定：**力使物体绕矩心作逆时针方向转动时，力矩为正，反之为负**。在平面力系中，力矩可正、可负、可为零，因此力矩为代数量。

由图 2-9b 可看出，力对点之矩还可以用以矩心 O 为顶点，以力矢量 $\boldsymbol{AB}$ 为底边所构成的三角形面积的 2 倍来表示。即

$$M_O(\boldsymbol{F}) = \pm 2S_{\triangle OAB}$$

显然，力矩在下列两种情况下等于零：①力等于零；②力臂等于零，此时力的作用线通过矩心。

力矩的单位是牛顿·米(N·m)或千牛顿·米(kN·m)。

例 2-1　图 2-10 所示半径为 R 的带轮绕 O 转动，如已知紧边带拉力为 $\boldsymbol{F}_{T1}$，松边带拉力为 $\boldsymbol{F}_{T2}$，刹块压紧力为 $\boldsymbol{F}$。试求各力对转轴 O 之矩。

解　解题分析　由于带的拉力作用线必与带轮外缘相切，故矩心 O 到 $\boldsymbol{F}_{T1}$、$\boldsymbol{F}_{T2}$ 作用线的垂直距离均为 R，即力臂为 R。而 $\boldsymbol{F}_{T1}$ 对 O 点的矩为顺转向，$\boldsymbol{F}_{T2}$ 为逆转向，由此可确定力矩正负号。

力臂皆为 $d=R$。$\boldsymbol{F}_{T1}$ 对 O 点的力矩为顺向转动。由式(2-2)得

$$M_O(\boldsymbol{F}_{T1})=-F_{T1}R$$

$\boldsymbol{F}_{T2}$ 对 O 点的力矩为逆向转动，由式(2-2)得

$$M_O(\boldsymbol{F}_{T2})=F_{T2}R$$

由于压紧力 F 的作用线通过 O 点，由式(2-2)得

$$M_O(\boldsymbol{F})=0$$

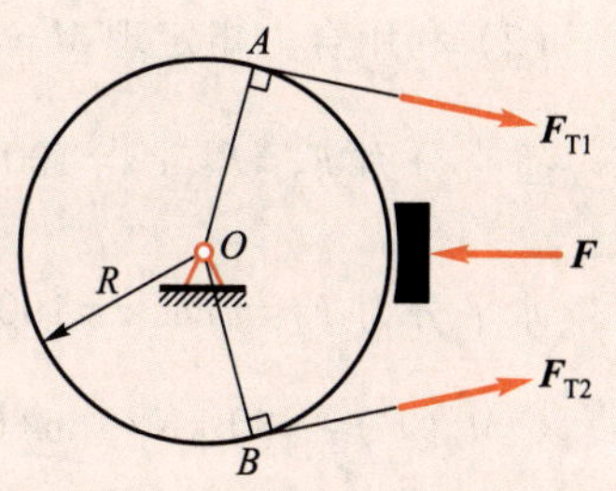

图 2-10　带轮绕 O 轴转动

二、合力矩定理

如图 2-11 所示，将作用于刚体平面上 A 点的力 $\boldsymbol{F}$，沿其作用线滑移到 B 点（B 点为任意点 O 到力 $\boldsymbol{F}$ 作用线的垂足），不改变力 $\boldsymbol{F}$ 对刚体的效应（力的可传性）。在 B 点将力 $\boldsymbol{F}$ 沿坐标轴方向正交分解为两分力 $\boldsymbol{F}_x$、$\boldsymbol{F}_y$，分别计算并讨论力 $\boldsymbol{F}$ 和分力 $\boldsymbol{F}_x$、$\boldsymbol{F}_y$ 对 O 点力矩的关系。

由式(2-1)知　$F_x=F\cos\alpha, F_y=F\sin\alpha$

则分力 $\boldsymbol{F}_x$、$\boldsymbol{F}_y$ 对 O 点之矩分别为

$$M_O(\boldsymbol{F}_x)=F\cos\alpha\cdot d\cos\alpha=Fd\cos^2\alpha$$

$$M_O(\boldsymbol{F}_y)=F\sin\alpha\cdot d\sin\alpha=Fd\sin^2\alpha$$

将 $M_O(\boldsymbol{F}_x)$、$M_O(\boldsymbol{F}_y)$ 相加得 $M_O(\boldsymbol{F}_x)+M_O(\boldsymbol{F}_y)=Fd\cos^2\alpha+Fd\sin^2\alpha=Fd$

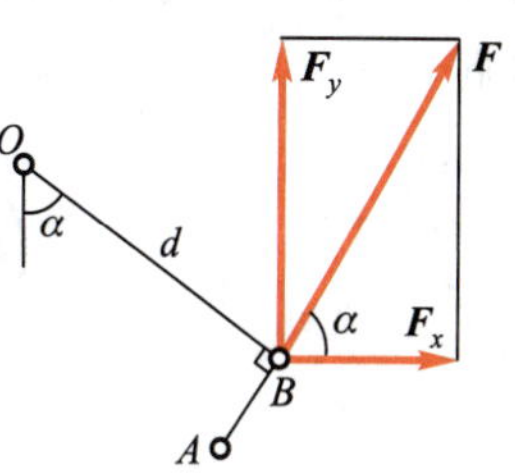

图 2-11　合力矩定理

即合力对 O 点之矩为 $M_O(\boldsymbol{F})=Fd$。

由此证明，**合力对某点的力矩等于各分力对同一点力矩的代数和**。该定理不仅适用于正交分解的两个分力系，对任何有合力的力系皆成立。若力系有 n 个力作用，则

$$M_O(\boldsymbol{F})=M_O(\boldsymbol{F}_1)+M_O(\boldsymbol{F}_2)+\cdots+M_O(\boldsymbol{F}_n)=\sum M_O(\boldsymbol{F}_i) \tag{2-3}$$

式(2-3)称为**合力矩定理**。

在平面力系中，求力对某点之矩，一般采用以下两种方法：

(1) 用力和力臂的乘积求力矩。这种方法的关键是确定力臂 d。需要注意的是，力臂 d 是矩心到力作用线的垂直距离。

(2) 用合力矩定理求力矩。工程实际中，有时力臂 d 的几何关系很复杂，不易确定。此时，可将作用力正交分解为两个分力，然后应用合力矩定理求原力对矩心的力矩。

例 2-2　已知力作用在平面板 A 点处，且知 $F=100$ kN，板的尺寸如图 2-12 所示。试计算力对 O 点之矩。

解　此题有两种解法。先计算 $\sin\alpha=\dfrac{3}{5}$，$\cos\alpha=\dfrac{4}{5}$。

(1) 直接用力矩公式 $M_O(\boldsymbol{F})=\pm Fd$ 计算

作垂直线 OB，设 OB 为 d，$d=4\text{ m}\times\sin\alpha=4\text{ m}\times\dfrac{3}{5}=\dfrac{12\text{ m}}{5}$

$$M_O(\boldsymbol{F})=-Fd=-100\text{ kN}\times\frac{12\text{ m}}{5}=-240\text{ kN}\cdot\text{m}。$$

(2) 利用合力矩定理 $M_O(\boldsymbol{F})=\sum M_O(\boldsymbol{F}_i)$ 计算

垂直分力 $F_2=F\sin x=100\ \text{kN}\times\frac{3}{5}=60\ \text{kN}, d_2=0$

水平分力 $F_1=F\cos x=100\ \text{kN}\times\frac{4}{5}=80\ \text{kN}, d_1=3\ \text{m}$

$$M_O(\boldsymbol{F})=-80\ \text{kN}\times 3\ \text{m}+60\times 0=-240\ \text{kN}\cdot\text{m}$$

两种计算方法,其结果一样,这又具体证明了合力矩定理的正确性。

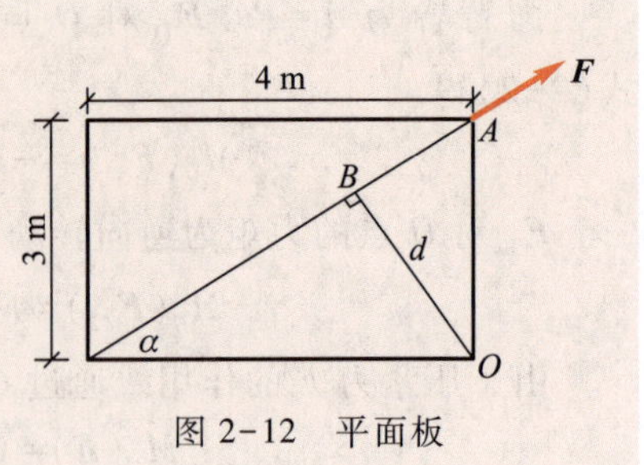

图 2-12　平面板

三、力偶

在生产实践中,力矩可以使物体产生转动效应。另外,还可以经常见到使物体产生转动的例子。如图 2-13a、b 所示,司机用双手转动方向盘,钳工用双手转动绞杠丝锥攻螺纹。在力学中,将这种使物体产生转动效应的一对大小相等、方向相反、作用线平行的两个力,称为**力偶**。

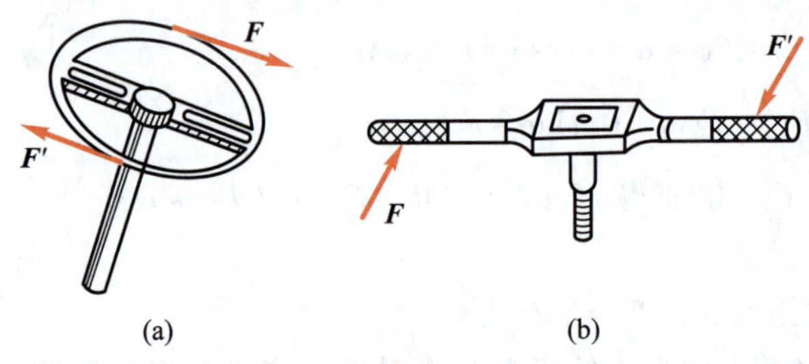

图 2-13　力偶实例

力偶是一个基本的力学量,并具有一些独特的性质,它既不能与一个力平衡,也不能合成为一个合力,只能使物体产生转动效应。力偶中两个力作用线所决定的平面称为**力偶的作用平面**,两力作用线之间的距离 d 称为**力偶臂**,力偶使物体转动的方向称为**力偶的转向**。

力偶对物体的转动效应可用**力偶矩**来度量,力偶矩的大小为力偶中的力与力偶臂的乘积。平面力偶矩可视为代数量,记作 $M(\boldsymbol{F},\boldsymbol{F}')$ 或 M,即

$$M(\boldsymbol{F},\boldsymbol{F}')=\pm Fd \tag{2-4}$$

其正负号表示力偶的转向,其正负号规定与力矩一样,即**逆时针转向时,力偶矩为正,反之为负**。力偶矩的单位与力矩一样,也是 N · m 或 kN · m。力偶矩的大小、转向和作用平面,称为**力偶的三要素**。三要素中的任何一个发生了改变,力偶对物体的转动效应都将发生改变。

四、力偶的性质

根据力偶的定义,力偶具有以下性质:

(1) 力偶无合力,在任何坐标轴上投影的代数和为零。力偶不能与一个力等效,也不能用一个力来平衡,力偶只能用力偶来平衡。

力偶无合力,可见它对物体的效应与一个力对物体的效应是不相同的。一个力对物体有移动和转动两种效应;而一个力偶对物体只有转动效应,没有移动效应。因此,力与力偶

不能相互替代，也不能相互平衡，而应将**力和力偶看作是构成力系的两种基本元素**。

（2）力偶对其作用平面内任一点的力矩，恒等于力偶矩，而与矩心的位置无关。

图 2-14 所示一力偶 $M(\boldsymbol{F},\boldsymbol{F}')=Fd$，对平面任意点 O 的力矩，用组成力偶的两个力分别对 O 点力矩的代数和度量，记作 $M_O(\boldsymbol{F},\boldsymbol{F}')$，即

$$M_O(\boldsymbol{F},\boldsymbol{F}')=F'(d+x)-Fx=Fd=M(\boldsymbol{F},\boldsymbol{F}')$$

由此可知，力偶对刚体平面上任意点 O 的力矩，等于其力偶矩，与矩心的位置无关。

（3）力偶的等效性及等效代换特性。从力偶的性质知，同一平面内的两个力偶，如果它们的力偶矩大小相等，转向相同，则两力偶等效，可相互代换，称为**力偶的等效性**。

由力偶的等效性，可以得出力偶的等效代换特性：

1）力偶可在其作用平面内任意移动位置，而不改变它对刚体的转动效应。

2）只要保持力偶矩的大小和力偶的转向不变，可以同时改变力偶中力的大小和力偶臂的长短，而不会改变力偶对刚体的转动效应。

值得注意的是，以上等效代换特性仅适用于刚体，而不适用于变形体。

由力偶的性质及其等效代换特性可见，力偶对刚体的转动效应完全取决于其力偶矩的大小、转向和作用平面。因此表示平面力偶时，可以不表明力偶在平面上的具体位置以及组成力偶的力和力偶臂的值，可用一带箭头的弧线表示力偶的转向，用力偶矩表示力偶的大小。图 2-15 所示是力偶的几种等效表示法。

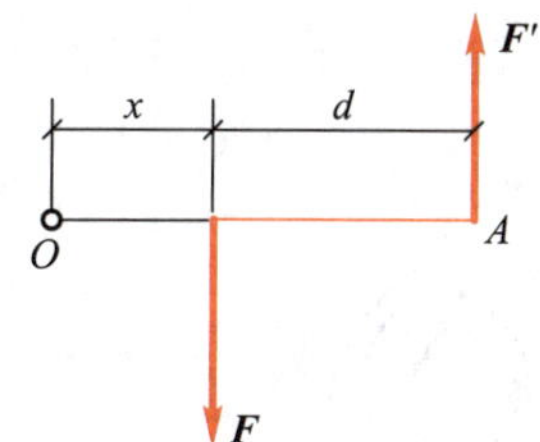

图 2-14　力偶矩与矩心无关

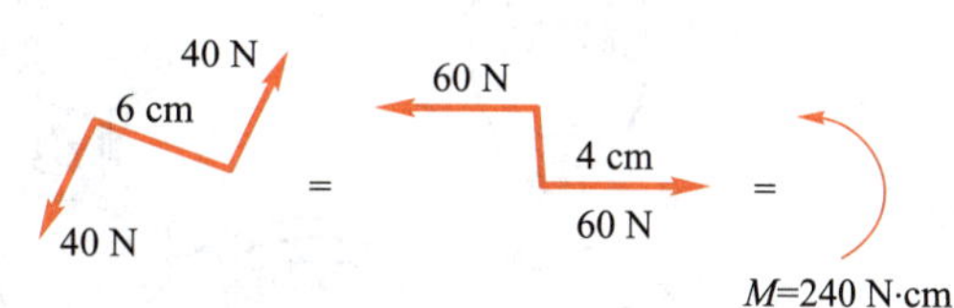

图 2-15　力偶的等效表示法

小实验

蜡烛跷跷板

如图 2-16 所示，两头都可点燃的蜡烛，中间穿针，支承在两只水杯上。蜡烛未点燃时，平衡于水平位置。点燃蜡烛之后，你会发现一种惊人的跷跷板现象。试用所学力偶知识，解释这一现象。

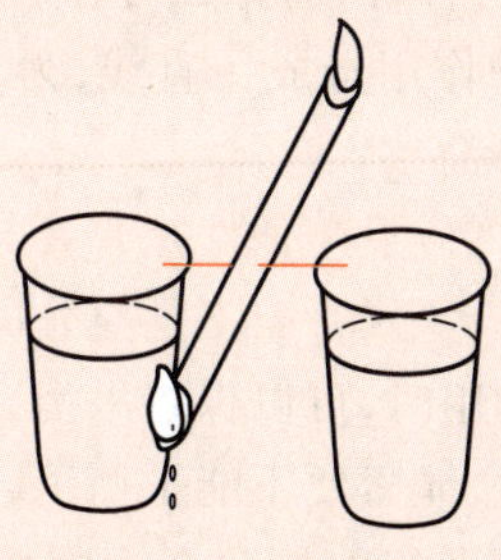

图 2-16　小实验图

第 3 节　平衡与平衡定理

平衡，是指物体相对于地球处于静止或作等速直线运动状态。物体不是在任何力系作用下都能处于平衡状态的，只有力系满足平衡条件时，物体才能处于平衡状态。

一、二力平衡与二力杆件

小知识

杂技演员头顶缸，缸为什么掉不下来？

大家都看过图 2-17 所示杂技演员头顶缸的情景。缸就像粘在头顶上一样，任凭杂技演员怎么晃动，缸就是掉不下来。这到底是怎么回事呢？其实道理很简单，那就是二力平衡问题。此时缸只受到两个力的作用，一个是缸的重力 $\boldsymbol{W}$，一个是头顶对缸的支承力 $\boldsymbol{F}_N$。杂技演员随着缸的不断晃动，不时变换身体的位置，其目的就是始终使缸的重力 $\boldsymbol{W}$ 的作用线与头顶对缸的支承力 $\boldsymbol{F}_N$ 的作用线重合，以保持缸的相对平衡，这样缸就始终掉不下来了。

图 2-17　小知识图

由杂技演员顶缸知，作用在同一个物体上的两个力，使该物体处于平衡状态的条件是：这两个力大小相等、方向相反，作用线共线，称为**二力平衡定理**。工程上，将结构中只在两点受力而处于平衡状态的杆件称为二力杆件，简称**二力杆**。如图 2-18a 所示刚架中的 BC 曲杆（杆的重力略去不计），连接两个力的作用点成一直线，为二力的作用线（图 2-18b），这二力必等值、反向，否则构件无法保持平衡。

值得注意的是，对于刚体，上述二力平衡条件是必要与充分的，但对于只能受拉、不能受压的柔性体，上述二力平衡条件只是必要的，而不是充分的。例如图 2-19 所示之绳索，当承受一对大小相等、方向相反的拉力作用时，可以保持平衡，如图 2-19a 所示；但是如果承受一对大小相等、方向相反的压力作用时，绳索便不能平衡了，如图 2-19b 所示。

在此值得注意的是，不能将二力平衡中的两个力与作用力和反作用力中的两个力的性质相混淆。满足二力平衡条件的两个力作用在同一物体上；而作用力和反作用力，则是分别

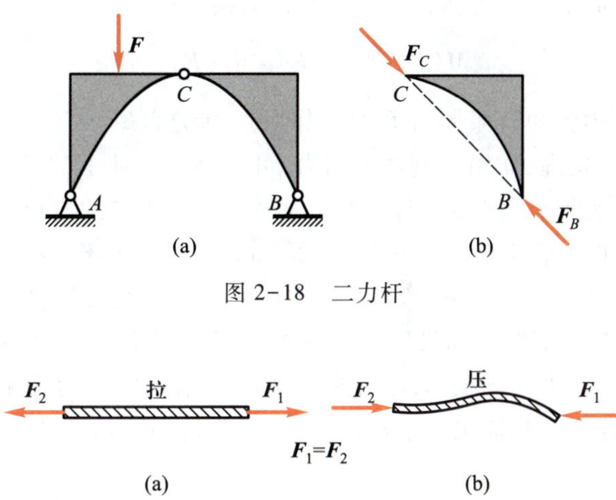

图 2-18　二力杆

图 2-19　二力平衡条件

作用在两个不同的物体上。

二、不平行的三力平衡条件

在一物体上，若三个互不平行的力的作用线位于同一平面内，如平衡则三力的作用线必须汇交于一点。这就是**三力平衡汇交定理**。

如图 2-20 所示物体，在同一平面内的三个互不平行的力分别为 $\boldsymbol{F}_1$、$\boldsymbol{F}_2$、$\boldsymbol{F}_3$，首先将其中的两个力合成。例如将 $\boldsymbol{F}_1$ 和 $\boldsymbol{F}_2$ 分别沿其作用线移至二者作用线的交点 O 处，将二力按照平行四边形法则合成一合力 $\boldsymbol{F}=\boldsymbol{F}_1+\boldsymbol{F}_2$。这时的刚体就可以看作为只受 $\boldsymbol{F}$ 和 $\boldsymbol{F}_3$ 两个力作用。

根据二力平衡条件，$\boldsymbol{F}$ 和 $\boldsymbol{F}_3$ 必须大小相等、方向相反，且共线。由此证明三力汇交定理。

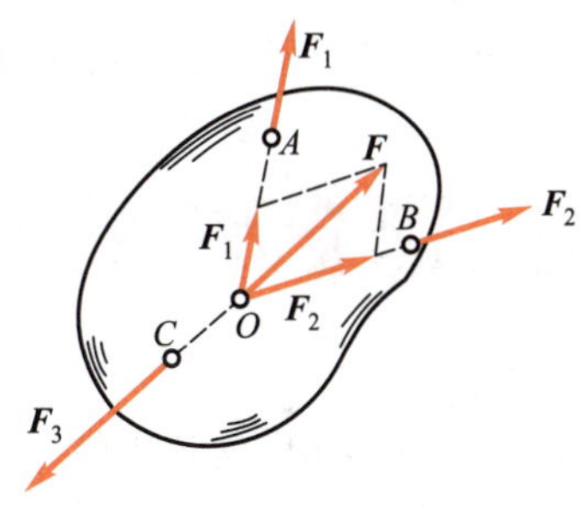

图 2-20　三力平衡汇交定理

三、加减平衡力系原理

在承受任意作用力的物体上，加上任意平衡力系，或减去任意平衡力系，都不改变原力系对物体的作用效应。这就是**加减平衡力系原理**。换句话说，如果物体是平衡的，加上或减去一个平衡力系，仍是平衡的；如果物体是不平衡的，加上或减去一个平衡力系，还是不平衡的。此原理多用于力的有关性质的证明上，或力的简化上，如下面所述力的平移定理就是用此原理证明的。

四、力的平移定理

由力的可传性知，作用于刚体上的力可沿其作用线在刚体上移动，而不改变对刚体的作用效应。现在问，能否在不改变作用效应的前提下，将力平行移到刚体的任意点呢？回答是肯定的。

图 2-21 所示具体描述了力 $\boldsymbol{F}$ 平移到刚体内任一点 O 的过程。在 O 点加上一对平衡力 $\boldsymbol{F}'$、$\boldsymbol{F}''$，并使 $F'=F''=F$。根据加减平衡力系原理，$\boldsymbol{F}$、$\boldsymbol{F}'$ 和 $\boldsymbol{F}''$ 与图 2-18a 中的 $\boldsymbol{F}$ 对刚体作用

等效。显然 $\boldsymbol{F}''$ 与 $\boldsymbol{F}$ 组成了一个力偶，称为附加力偶，其力偶矩为

$$M(\boldsymbol{F},\boldsymbol{F}'')=\pm Fd=M_O(\boldsymbol{F})$$

此式表示，其附加力偶矩等于原力 $\boldsymbol{F}$ 对新作用点 O 的力矩。

由此得出**力的平移定理**：作用于刚体上的力，可平移到刚体上的任一点而不改变对刚体的效应，但必须附加一力偶，其附加力偶矩等于原力对新作用点的力矩。

图 2-22a 所示为钳工用绞杠丝锥攻螺纹时，如果用单手操作，在绞杠手柄上作用着力 $\boldsymbol{F}$。如将力 $\boldsymbol{F}$ 平移到绞杠中心时，必须附加一力偶 M 才能使绞杠转动（图 2-22b）。平移后的 $\boldsymbol{F}'$ 会使丝锥杆变形甚至折断。如果用双手操作，两手的作用力若保持等值、反向、平行，则平移到绞杠中心的两平移力相互抵消，绞杠只产生转动，这样攻出来的螺纹质量才好。也就是说，用绞杠丝锥攻螺纹时，只能用双手操作，且用力均匀，而不能用单手操作。

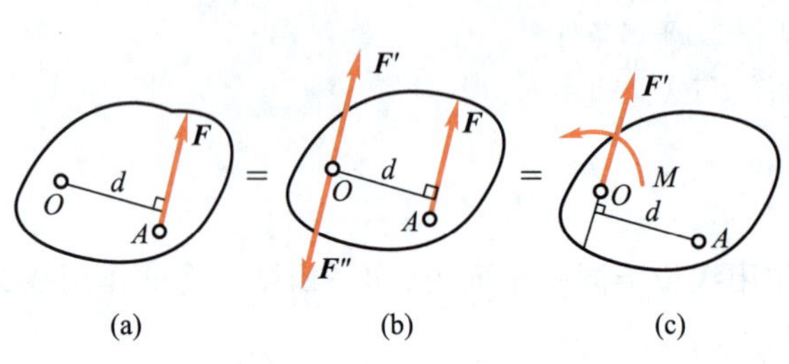

图 2-21 力的平移过程

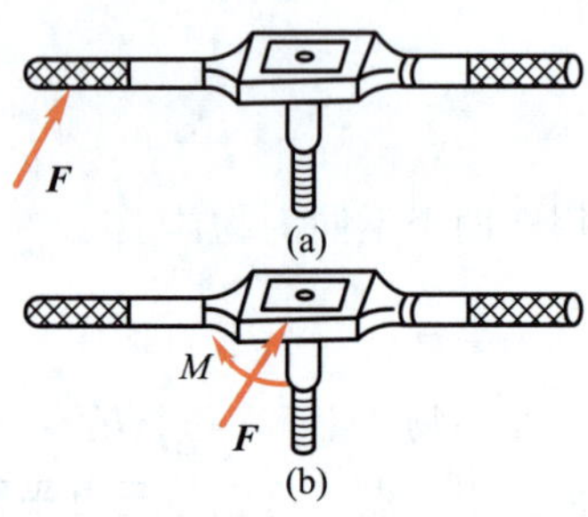

图 2-22 绞杠丝锥攻螺纹

第 4 节 受力分析与受力图

在对杆件（或结构）进行力学计算时，首先要对它们进行受力分析。所谓**受力分析**是指，分析杆件（或结构）受到哪些力的作用，以及每个力的作用线位置和方向，哪些是已知力，哪些是未知力，通过什么途径求出未知力等。为了清晰地表示出物体的受力情况，便于分析计算，需把研究对象上的全部约束解除，并把它从周围物体中分离出来，用简图单独画出，这个简图中的物体称为**脱离体**，亦称**隔离体**；解除约束后，欲保持其原有的平衡状态，必须用相应的约束力来代替原有约束作用。将作用于脱离体上的所有主动力和约束力，以力矢形式表示在脱离体上，称为**受力图**。能正确画出受力图，是力学正确计算的前提。若受力图出现错误，则以后的计算毫无意义，故受力分析和画受力图，是本课程要求学生熟练掌握的基本技能之一。画受力图的步骤如下。

微课 画受力图的注意事项

（1）明确研究对象，画出研究对象的脱离体。

（2）在脱离体上画出全部主动力。

（3）在脱离体上画出全部约束力。

例 2-3 用力 $\boldsymbol{F}$ 拉动轮子以越过障碍，如图 2-23a 所示，试画出轮子的受力图。

解 解题思路 恰当地选取研究对象，画出隔离体→画主动力→画约束力。

（1）根据题意取轮子为研究对象，画出脱离体图。

（2）在脱离体上画出主动力。主动力有轮子所受的重力 $\boldsymbol{G}$，作用于轮子中心竖直向下；

杆对轮子中心的拉力 $\boldsymbol{F}$。

(3) 在隔离体上画约束力。因轮子在 A 和 B 两处受到障碍和地面的约束。如不计摩擦,则均为光滑接触面约束,故在 A 处受障碍的约束力过接触点 A,沿着接触点的公法线(沿轮子半径,过中心)指向轮子;在 B 处受地面的法向反力 $\boldsymbol{F}_{NB}$ 的作用,也是过接触点 B 沿着公法线而指向轮子中心。

把 $\boldsymbol{G}$、$\boldsymbol{F}$、$\boldsymbol{F}_{NA}$、$\boldsymbol{F}_{NB}$ 全部画在轮子隔离体上,就得到轮子的受力图,如图 2-23b 所示。

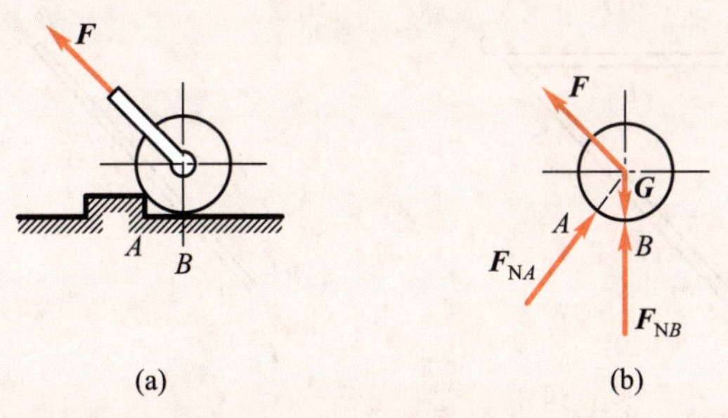

图 2-23　轮子受力图

例 2-4　试画出图 2-24a 所示梁的受力图。

解　(1) 画出梁的计算简图。在实际结构中,要求梁在支承端处不得有竖向和水平方向的移动,但可在两端有微小的转动(由弯曲变形等原因引起),并且在温度变化时,可以自由伸缩。为了反映上述墙对梁端部的约束性能,可按梁一端为固定铰支座,另一端为活动铰支座来分析,故计算简图如图 2-24b 所示。工程上称这种梁为简支梁。

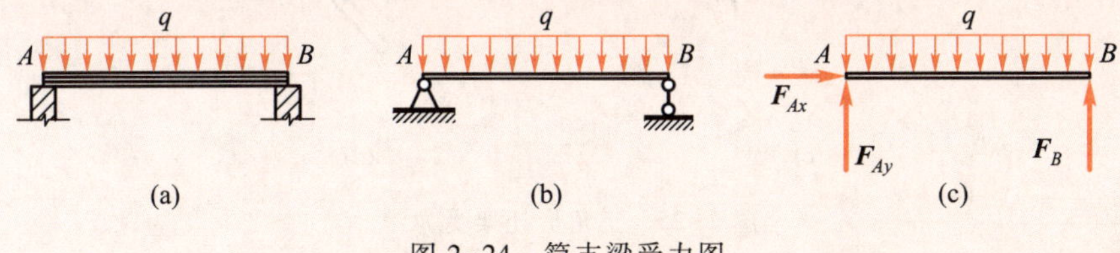

图 2-24　简支梁受力图

(2) 按题意取梁为研究对象,并画出梁的脱离体图。

(3) 确定主动力。梁受到的主动力为梁的重量,简化为均布荷载 q。

(4) 确定约束力。在 B 点为活动铰支座,其约束力 $\boldsymbol{F}_B$ 与支承面垂直,假设指向向上;在 A 点为固定铰支座,其约束力过铰链中心,但方向未定,通常用互相垂直的两分力 $\boldsymbol{F}_{Ax}$ 与 $\boldsymbol{F}_{Ay}$ 表示。

把各个力都画在梁的脱离体上,就得到梁的受力图,如图 2-24c 所示。

例 2-5　图 2-25a 所示三角形托架中,A、C 处是固定铰支座,B 处为铰链连接。各杆的自重及各处的摩擦不计。试画出斜杆 BC、水平杆 AB 及三角托架的受力图。

解　(1) 画斜杆 BC 的受力图。BC 杆的两端都是铰链连接,中间不受力,其约束力应当是通过铰链中心的两个力 $\boldsymbol{F}_C$ 和 $\boldsymbol{F}_B$,$\boldsymbol{F}_C$ 与 $\boldsymbol{F}_B$ 两个力必定大小相等、方向相反,作用线沿两铰链中心的连线,指向可任意假定。BC 杆的受力图如图 2-25b 所示。

（2）画水平杆 AB 的受力图。杆上作用有主动力 $\boldsymbol{F}$。A 处是固定铰支座，其约束力用 $\boldsymbol{F}_{Ax}$、$\boldsymbol{F}_{Ay}$ 表示；B 处是铰链连接，其约束力用 $\boldsymbol{F}'_B$ 表示，$\boldsymbol{F}'_B$ 与 $\boldsymbol{F}_B$ 为作用力与反作用力关系，即 $\boldsymbol{F}'_B$ 与 $\boldsymbol{F}_B$ 等值、反向且共线。AB 杆的受力图如图 2-25c 所示。

（3）画整体的受力图。整体上受到的主动力为 $\boldsymbol{F}$，约束力为 $\boldsymbol{F}_{Ax}$、$\boldsymbol{F}_{Ay}$ 和 $\boldsymbol{F}_C$。B 处的作用力为内力不能画出。整体的受力图如图 2-25d 所示。

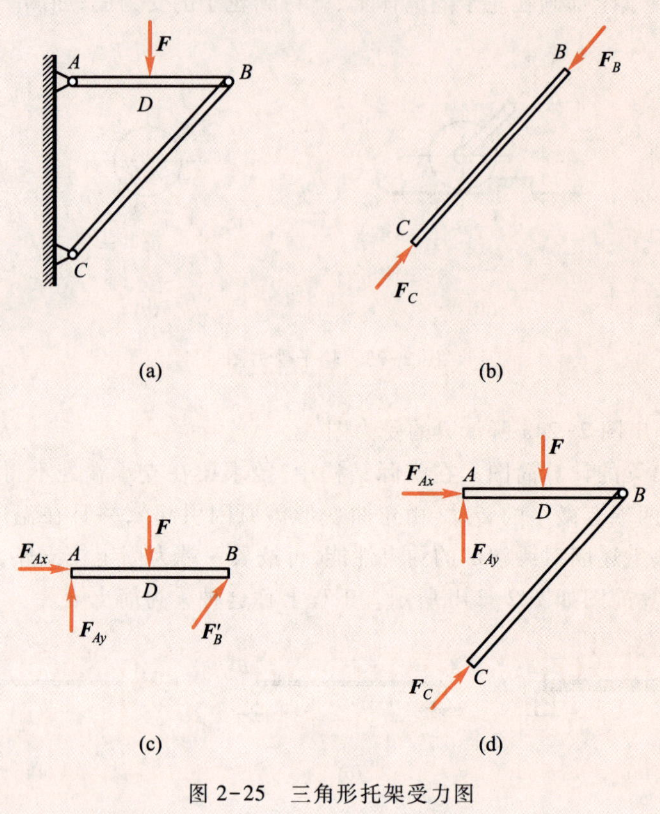

图 2-25　三角形托架受力图

第 5 节　平面力系的平衡条件

小测试

平面力系的分类

在本章第 1 节力系的概念中，讲过共线力系、平面汇交力系、平面平行力系和平面一般力系的概念，你能否从图 2-26a 所示的实例中，抽象出上述平面力系吗？试在图 2-26b～图 2-26e所示的力系旁边填空。（选填：一般，共线、汇交、平行）

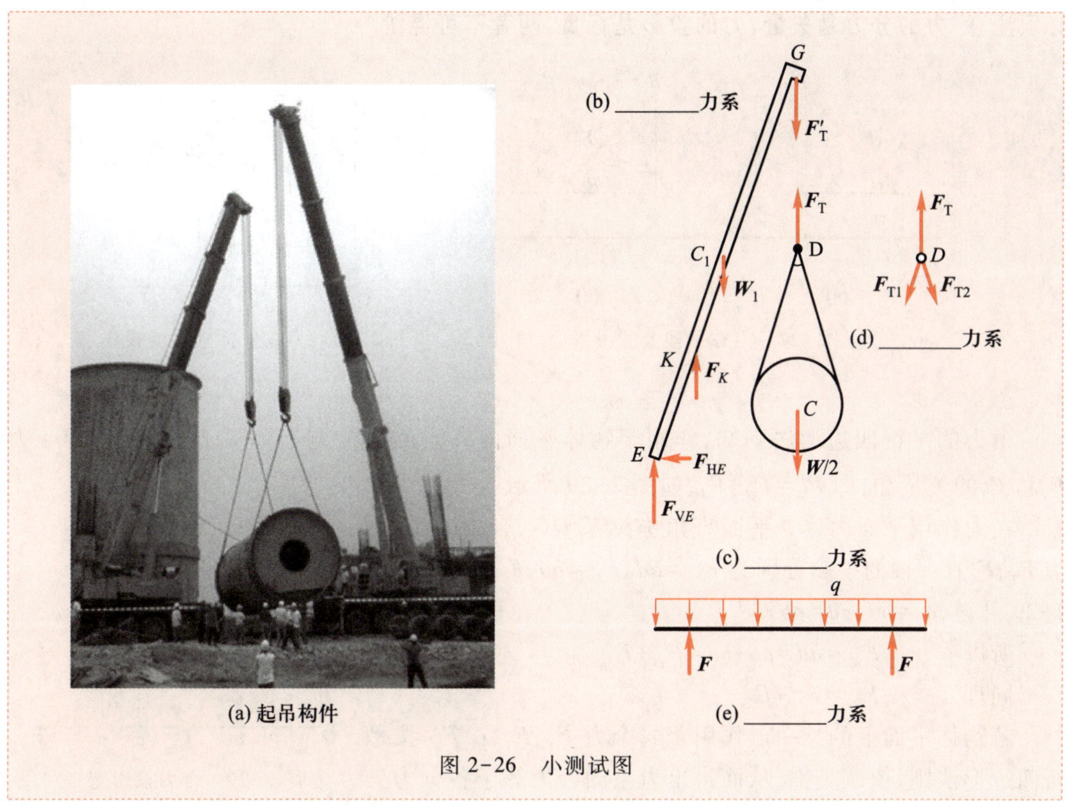

图 2-26　小测试图

一、平面汇交力系的合成与平衡条件

1. 力在 x 轴上的投影

所谓力 $\boldsymbol{F}$ 在 x 轴上的投影，是指力矢 $\boldsymbol{F}$ 的两端 A 和 B，向 x 轴引垂线，得到垂足 a 和 b，则线段 ab 即为 $\boldsymbol{F}$ 在 x 轴上的投影，用 F_x 表示。若从 a 到 b 的指向与 x 轴正向一致，则投影为正(图 2-27a)；反之为负(图 2-27b)；若力 $\boldsymbol{F}$ 与 x 轴的正向夹角为 α，则有 $F_x=F\cos\alpha$。在实际计算中，力在某轴上投影，等于此力的大小乘以此力与投影轴所夹锐角的余弦，至于正负号，则可直接观察确定。

在计算力的投影时，要特别注意它的正负符号。由式 $F_x=F\cos\alpha$ 得出，当 $\alpha=0°$时，$F_x=F$；$\alpha=90°$时，$F_x=0$；$\alpha=180°$时，$F_x=-F$。

2. 力在直角坐标轴上的投影

将力 $\boldsymbol{F}$ 分别向直角坐标轴 x 和 y 上投影，如图 2-28 所示，有

$$\left.\begin{aligned}F_x&=F\cos\alpha\\F_y&=F\sin\alpha\end{aligned}\right\}\tag{2-5}$$

若已知力 $\boldsymbol{F}$ 在直角坐标轴上的投影 F_x、F_y，则该力的大小和方向为

$$\left.\begin{aligned}F&=\sqrt{F_x^2+F_y^2}\\\cos\alpha&=\frac{F_x}{F}\\\cos\beta&=\frac{F_y}{F}\end{aligned}\right\}\tag{2-6}$$

必须注意，**力的分力是矢量，力的投影是标量，两者不可混淆**。

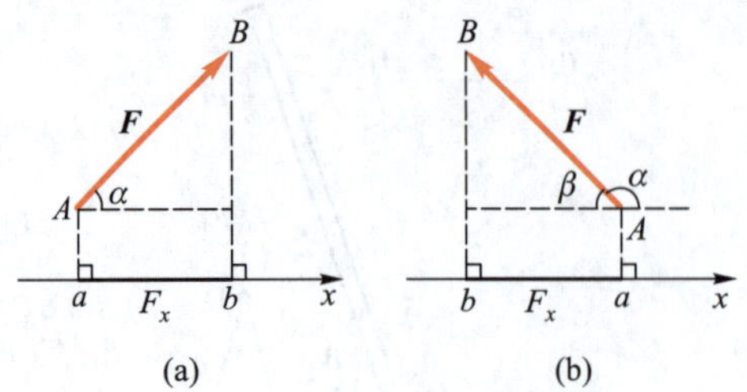

图 2-27　力在 x 轴上的投影

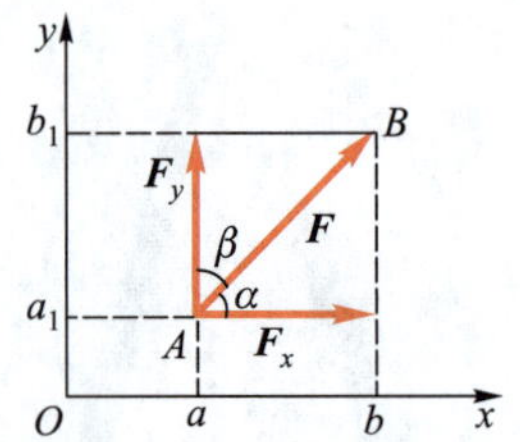

图 2-28　力在坐标轴上的投影

3. 合力投影定理

由力的平行四边形法则知，作用于物体平面内 A 点的两个力 $\boldsymbol{F}_1$、$\boldsymbol{F}_2$，其合力 $\boldsymbol{F}_R$ 等于力 $\boldsymbol{F}_1$ 和 $\boldsymbol{F}_2$ 的矢量和，即 $\boldsymbol{F}_R=\boldsymbol{F}_1+\boldsymbol{F}_2$，如图 2-29 所示。

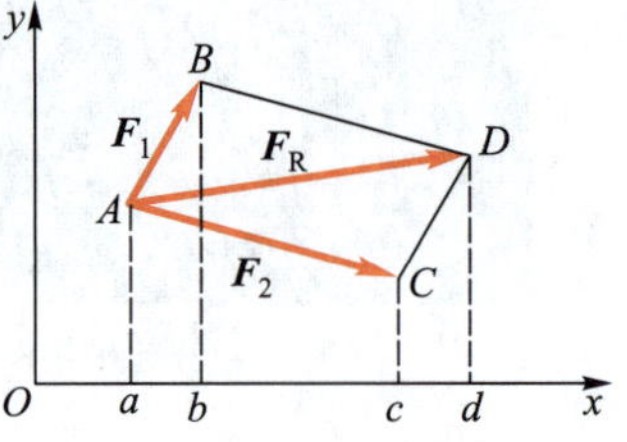

图 2-29　合力投影定理

在力作用平面内建立平面直角坐标系 Oxy，合力 $\boldsymbol{F}_R$ 及分力 $\boldsymbol{F}_1$、$\boldsymbol{F}_2$ 在 x 轴的投影分别为 $F_{Rx}=ad$、$F_{1x}=ab$、$F_{2x}=ac$。由图 2-29 可得，$ac=bd$，$ad=ab+bd$。

所以　　$F_{Rx}=ad=ab+bd=F_{1x}+F_{2x}$

同理　　$F_{Ry}=F_{1y}+F_{2y}$

若物体平面上的某一点作用着 n 个力 $\boldsymbol{F}_1,\boldsymbol{F}_2,\cdots\boldsymbol{F}_n$，按平行四边形法则，依次类推，从而得出力系的合力等于各分力矢量的矢量和。即

$$\boldsymbol{F}_R=\boldsymbol{F}_1+\boldsymbol{F}_2+\cdots+\boldsymbol{F}_n=\sum\boldsymbol{F}_i$$

将上述矢量等式分别向 x、y 轴投影，得

$$\left.\begin{aligned}F_{Rx}&=F_{1x}+F_{2x}+\cdots+F_{ix}+\cdots+F_{nx}=\sum F_x\\F_{Ry}&=F_{1y}+F_{2y}+\cdots+F_{iy}+\cdots+F_{ny}=\sum F_y\end{aligned}\right\}\tag{2-7}$$

式(2-7)表明：**合力在某一轴上的投影，等于各分力在同一轴上投影的代数和**，这就是**合力投影定理**。式中 F_{1x} 和 F_{1y}、…、F_{nx} 和 F_{ny} 分别表示各分力在 x 和 y 轴上的投影。

求出合力的投影后，合力的大小和方向余弦可用下式计算：

$$\left.\begin{aligned}F_R&=\sqrt{F_{Rx}^2+F_{Ry}^2}\\\cos\alpha&=\frac{F_{Rx}}{F_R}\\\cos\beta&=\frac{F_{Ry}}{F_R}\end{aligned}\right\}\tag{2-8}$$

式中　α、β——合力 $\boldsymbol{F}_R$ 与 x 轴、y 轴的正向夹角。

利用投影对力系进行合成的方法，称为**解析法**。

例 2-6　一吊环受到三条钢丝绳的拉力，如图 2-30a 所示。已知 $F_1=2\ 000$ N，水平向左；$F_2=2\ 500$ N，与水平成 30°角；$F_3=1\ 500$ N，铅直向下，试用解析法求合力的大小和方向。

解　以三力的汇交点 O 为坐标原点，取坐标如图 2-30b 所示，先分别计算各力的投影。

$$F_{1x}=-F_1=-2\ 000\ \text{N}$$

$$F_{2x}=-F_2\cos 30°=-2\ 500\ \text{N}\times 0.866=-2\ 170\ \text{N}$$

$$F_{3x}=0$$

$$F_{1y}=0$$

$$F_{2y}=-F_2\sin 30°=-2\ 500\ \text{N}\times 0.5=-1\ 250\ \text{N}$$

$$F_{3y}=-F_3=-1\ 500\ \text{N}$$

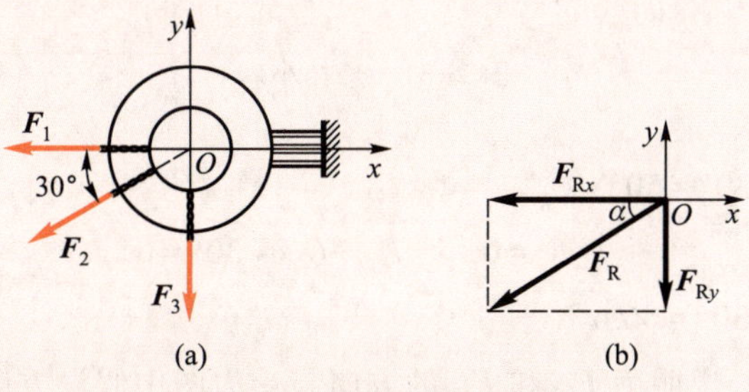

图 2-30　钢丝绳拉力的合力

由式(2-7)得

$$F_{Rx}=\sum F_x=(-2\ 000-217+0)\ \text{N}=-4\ 170\ \text{N}$$

$$F_{Ry}=\sum F_y=(0-1\ 250-1\ 500)\ \text{N}=-2\ 750\ \text{N}$$

由式(2-8)得

$$F_R=\sqrt{F_{Rx}^2+F_{Ry}^2}=\sqrt{(-4\ 170)^2+(-2\ 750)^2}\ \text{N}=5\ 000\ \text{N}$$

由于 F_{Rx} 和 F_{Ry} 都是负值，所以合力 $\boldsymbol{F}_R$ 应在第三象限(图 2-30b)。

$$\cos\alpha=|F_{Rx}|/F_R=4\ 170/5\ 000=0.834$$

$$\alpha=33.5°$$

4. 平面汇交力系的平衡条件

若作用于物体上的平面汇交力系合力等于零，即 $F_R=\sqrt{F_{Rx}^2+F_{Ry}^2}=0$，则物体处于平衡状态。若 $F_R=0$，只能 $F_{Rx}=0$，$F_{Ry}=0$，于是有

$$\begin{matrix} F_{Rx}=\sum F_x=0 \\ F_{Ry}=\sum F_y=0 \end{matrix}\quad 即\quad \left.\begin{matrix}\sum F_x=0\\ \sum F_y=0\end{matrix}\right\}\tag{2-9}$$

式(2-9)即为平面汇交力系的平衡方程。它表明平面汇交力系平衡的充分和必要解析条件是：**力系中各力在直角坐标轴上投影的代数和分别等于零**。根据这两个独立的平衡方程式，可以求解两个独立未知量。

例 2-7　重量 $G=100$ N 的小球，用两根绳悬挂固定，如图 2-31a 所示。试求两绳的拉力。

解　以 C 球为研究对象，受力图如图 2-31b 所示。由于未知力 $\boldsymbol{F}_{TA}$ 和 $\boldsymbol{F}_{TB}$ 作用线正好垂

直，故建立以球心 C 为原点的直角坐标参考系 xOy，如图 2-31b 所示。列出平衡方程如下：

$$\sum F_x = 0 \qquad F_{TB} - G\sin 30° = 0$$

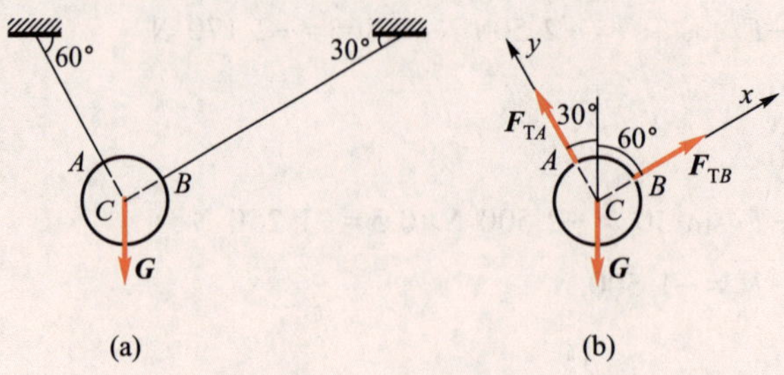

图 2-31　悬挂小球

解得　$F_{TB} = 100\ \text{N} \times \sin 30° = 50\ \text{N}$

$$\sum F_y = 0 \qquad F_{TA} - G\cos 30° = 0$$

解得　$F_{TA} = 100\ \text{N} \times \cos 30° = 86.6\ \text{N}$

求得结果均为正值，说明力 $\boldsymbol{F}_{TA}$ 和 $\boldsymbol{F}_{TB}$ 的方向与受力图中假设方向相同，都是拉力。

例 2-8　压榨机简图如图 2-32a 所示，在 A 铰链处作用一水平力 $\boldsymbol{F}$，使 C 块压紧物体。若杆 AB 和 AC 的重量忽略不计，各处接触均为光滑，求物体 D 所受的压力。

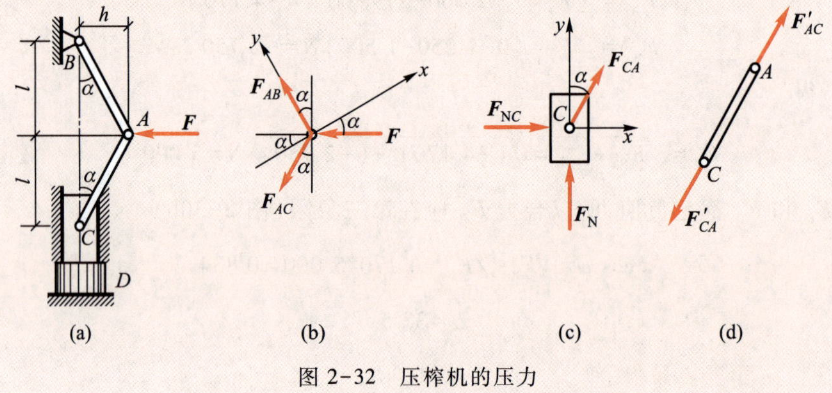

图 2-32　压榨机的压力

解　根据作用力与反作用力的关系，求压块 C 对物体 D 的压力，可通过求物体压块的约束力 $\boldsymbol{F}_N$ 而得到，而欲求压块 C 所受的反力 $\boldsymbol{F}_N$，则需先确定 AC 杆所受的力。为此，应先考虑铰链 A 的平衡，找到杆 AC 受力与主动力 $\boldsymbol{F}$ 的关系。

根据上述分析，可先取铰链 A 为研究对象，设二力杆 AB 和 AC 均受拉力，因此铰链 A 的受力图如图 2-32b 所示。

由　　$\sum F_x = 0, \qquad -F\cos\alpha - F_{AC}\cos(90° - 2\alpha) = 0$

解得

$$F_{AC} = -F\frac{\cos\alpha}{\sin 2\alpha} = -\frac{F}{2\sin\alpha}$$

再选取压块 C 为研究对象，其受力图如图 2-32c 所示，取坐标系如图所示。

$$\sum F_x = 0, \qquad F_{CA} + \cos\alpha + F_N = 0$$

解得

$$F_{N}=-F_{CA}\cos\alpha=-\left(\frac{-F}{2\sin\alpha}\right)\cos\alpha$$

$$=\frac{F\cot\alpha}{2}=\frac{Fl}{2h}$$

二、平面力偶系的合成与平衡条件

作用在同一平面的一群力偶,称为**平面力偶系**。在平面内力偶为代数量,因此力偶系的合力偶矩,等于各力偶矩的代数和,即

$$M=M_1+M_2+\cdots+M_n=\sum M \tag{2-10}$$

力偶系的合成结果是一个合力偶,那么要使力偶系平衡,则合力偶矩必须等于零,即

$$\sum M=0 \tag{2-11}$$

由此知,平面力偶系平衡的必要和充分条件是:**力偶系中各力偶矩的代数和等于零**。

式(2-11)是解平面力偶系平衡问题的基本方程,利用它可求出一个未知量。

例 2-9　梁 AB 受一力偶作用,其力偶矩 $M=-100\ \text{kN}\cdot\text{m}$,尺寸如图 2-33 所示,求支座 A、B 的反力。

解　取梁 AB 为研究对象。作用于梁上的主动力只有力偶矩 M,根据力偶要由力偶来平衡的性质,支座反力 F_A 和 F_B 要形成一个力偶与之平衡。根据平面力偶系的平衡方程

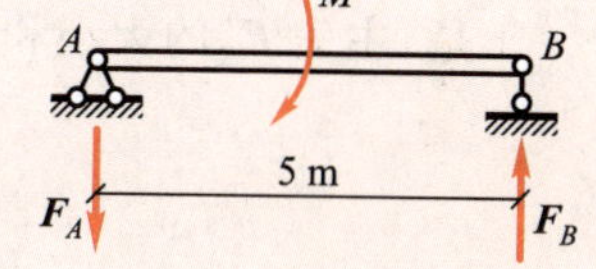

图 2-33　力偶的平衡

$$\sum M=0,\qquad 5\ \text{m}\times F_A-M=0$$

解得

$$F_A=\frac{M}{5\ \text{m}}=\frac{100\ \text{kN}\cdot\text{m}}{5\ \text{m}}=20\ \text{kN}$$

因此

$$F_B=F_A=20\ \text{kN}$$

求得结果为正值,说明约束力的实际方向与受力图中假设方向相同。

三、平面一般力系的简化与简化结果分析

1. 平面一般力系的简化

利用力的平移定理,可以将平面一般力系分解为一个平面汇交力系和一个平面力偶系。然后,再将这两个力系分别进行合成。其简化过程如下:

设物体上作用一平面任意力系 $\boldsymbol{F}_1$、$\boldsymbol{F}_2$、…、$\boldsymbol{F}_n$,在力系的作用面内任取一点 O,O 点称为**简化中心**,如图 2-34a 所示。

根据力的平移定理,将力系中各力平移到 O 点,同时加入相应的附加力偶,其矩分别为 $M_1=M_O(\boldsymbol{F}_1)$,$M_2=M_0(\boldsymbol{F}_2)$,…,$M_{n1}=M_O(\boldsymbol{F}_n)$。于是,得到作用于 O 点的平面汇交力系 $\boldsymbol{F}'_1$,$\boldsymbol{F}'_2$,…,$\boldsymbol{F}'_n$ 以及相应的附加平面力偶系 M_1,M_2,…,M_n,如图 2-34b 所示。这样就把原来的平面一般力系分解为一个平面汇交力系和一个平面力偶系,显然,原力系与此二力系等效。

平面汇交力系 $\boldsymbol{F}'_1$,$\boldsymbol{F}'_2$,…,$\boldsymbol{F}'_n$ 可合成为一个作用于 O 点的合矢量 $\boldsymbol{F}'_R$。$\boldsymbol{F}'_R$ 等于该力系中各力的矢量和。因为 $\boldsymbol{F}'_1=\boldsymbol{F}_1$,$\boldsymbol{F}'_2=\boldsymbol{F}_2$,…,$\boldsymbol{F}'_n=\boldsymbol{F}_n$,所以 $\boldsymbol{F}'_R$ 也等于原力系中各力的矢量和。即

$$\boldsymbol{F}'_R=\boldsymbol{F}_1+\boldsymbol{F}_2+\cdots+\boldsymbol{F}_n=\sum\boldsymbol{F}$$

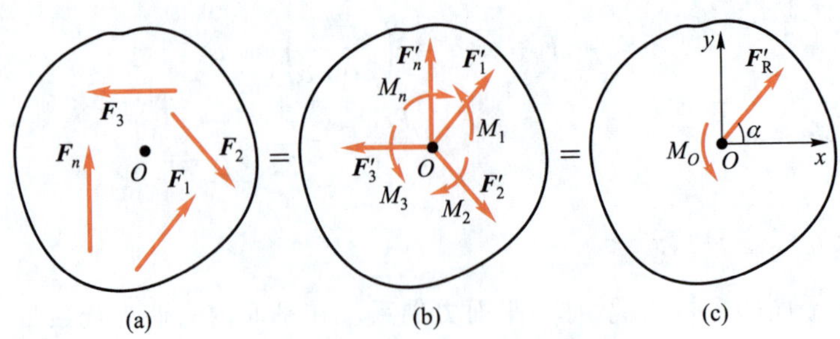

图 2-34　平面一般力系的简化

F'_R称为原力系的**主矢**。

通过 O 点取 Oxy 坐标系，如图 2-34c 所示，用解析法可求出主矢 F'_R的大小和方向。根据合力投影定理，得

$$F'_{Rx}=F_{1x}+F_{2x}+\cdots+F_{nx}=\sum F_x$$

$$F'_{Ry}=F_{1y}+F_{2y}+\cdots+F_{ny}=\sum F_y$$

于是，主矢 F'_R的大小和方向由下式确定

$$F'_R=\sqrt{F'^2_{Rx}+F'^2_{Ry}}=\sqrt{(\sum F_x)^2+(\sum F_y)^2}$$

$$\tan\alpha=\left|\frac{F'_{Ry}}{F_{Rx}}\right|=\left|\frac{\sum F_y}{\sum F_x}\right|$$

式中，α 为 F'_R与 x 轴所夹的锐角。F'_R的指向由 F_{Rx}、F_{Ry}的正负号判定。

附加平面力偶系可进一步合成一个力偶，其力偶矩大小 M_O 等于各附加力偶矩的代数和。因为 $M_1=M_O(F_1)$，$M_2=M_O(F_2)$，…，$M_n=M_O(F_n)$，所以 M_O 也等于原力系中各力对 O 点之矩的代数和。

即

$$M_O=M_1+M_2+\cdots+M_n=M_O(F_1)+M_O(F_2)+\cdots+M_O(F_n)=\sum M_O(F_i)$$

M_O 称为原力系对简化中心 O 的**主矩**。

综上所述，可得如下结论：平面任意力系向作用面内任一点 O 简化，一般可以得到一个力和一个力偶。该力作用于简化中心，其大小及方向等于原力系的主矢；该力偶之矩等于原力系对简化中心之主矩。

由于主矢 F'_R只是原力系的矢量和，它完全取决于原力系中各力的大小和方向，因此，主矢量同简化中心的位置无关；而主矩 M_O 等于原力系中各力对简化中心之矩的代数和，选择不同位置的简化中心各力对它的力矩也将改变，因此，主矩与简化中心的位置有关，故主矩 M_O 右下方标注简化中心的符号。

在此值得指出的是，力系向一点简化的方法是适用于任何复杂力系的普遍方法。

例 2-10　图 2-35a 所示悬臂梁，A 端为固定端支座，试分析其约束力。

解　设梁上受主动力系作用，梁的固定端受分布的约束力系作用。假设主动力系和约束力系都作用在梁的对称平面内，组成平面力系，如图 2-35a 所示，应用平面力系简化理论，约束力系可向固定端 A 点简化为一力 F_A 和一力偶 M_A，即是原力系向 A 点简化的主矢和主

矩，分别称为**支座反力**和**反力偶**，如图 2-35b 所示。因为约束力的方向未知，所以也可以将约束力沿水平方向和铅垂方向分解成两个分力 $\boldsymbol{F}_{Ax}$ 和 $\boldsymbol{F}_{Ay}$，如图 2-35c 所示。

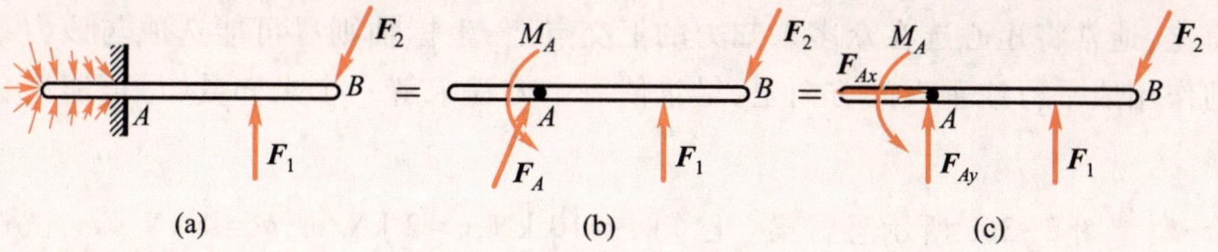

图 2-35　固定端支座的支反力

2. 简化结果分析

据上节所述，平面任意力系向任一点 O 简化，其简化结果为一个主矢 $\boldsymbol{F}'_{\mathrm{R}}$ 和一个主矩 M_O。

（1）若 $\boldsymbol{F}'_{\mathrm{R}}=\boldsymbol{0}$，$M_O\neq0$：则原力系简化为一个力偶，其矩等于原力系对简化中心的主矩。在这种情况下，简化结果与简化中心的选择无关。不论力系向哪一点简化都是同一个力偶，而且力偶矩等于主矩。

（2）若 $\boldsymbol{F}'_{\mathrm{R}}\neq\boldsymbol{0}$、$M_O=0$：则原力系简化成一个力。在这种情况下，附加力偶系平衡，主矢 $\boldsymbol{F}'_{\mathrm{R}}$ 即为原力系合力 $\boldsymbol{F}_{\mathrm{R}}$，作用于简化中心。

（3）若 $\boldsymbol{F}'_{\mathrm{R}}\neq\boldsymbol{0}$，$M_O\neq0$：则原力系简化为一个力和一个力偶。在这种情况下，根据力线平移定理，这个力和力偶还可以继续合成为一个合力 $\boldsymbol{F}_{\mathrm{R}}$，其作用线离 O 点的距离为

$$d=\frac{M_O}{F'_{\mathrm{R}}}$$

用主矩 M_O 的转向来确定合力 $\boldsymbol{F}_{\mathrm{R}}$ 的作用线在简化中心 O 点的哪一侧。

（4）$\boldsymbol{F}'_{\mathrm{R}}=\boldsymbol{0}$，$M_O=0$：则原力系为平衡力系。

四、平面任意力系的平衡条件

从上面分析知，主矢 $\boldsymbol{F}'_{\mathrm{R}}$ 和主矩 M_O 都不等于零，或其中任何一个不等于零时，力系是不平衡的。只有 $F'_{\mathrm{R}}=0$、$M_O=0$，平面任意力系才平衡。即

$$\begin{cases}F'_{\mathrm{R}}=\sqrt{(\sum F_x)^2+(\sum F_y)^2}=0\\ M_O=\sum M_O(\boldsymbol{F})=0\end{cases}$$

要使 $F'_{\mathrm{R}}=0$，必须 $\sum F_x=0$，$\sum F_y=0$

由此得平面任意力系的平衡条件为

$$\left.\begin{aligned}&\sum F_x=0\\&\sum F_y=0\\&\sum M_O(\boldsymbol{F})=0\end{aligned}\right\}\tag{2-12}$$

式（2-12），称为**平面任意力系的平衡方程**。它是平衡方程的基本形式。表示力系中各力在任何方向的坐标轴上投影的代数和等于零；各力对平面内任意点之矩的代数和等于零。前者说明力系对物体无任何方向的平移作用，方程称为投影方程；后者说明力系对物体无转动作用，方程称为力矩方程。

因为式(2-12)是力系平衡的必要和充分条件,故平面一般力系有三个独立的平衡方程,用这组方程可求解三个未知量。

应该指出,坐标轴和简化中心(或矩心)是可以任意选取的。在应用平衡方程解题时,为使计算简化,通常将矩心选在众多未知力的汇交点上;坐标轴则尽可能选取与该力系中多数未知力的作用线平行或垂直的方向上,尽量使一个方程求解一个未知数,尽可能避免解联立方程组。

例 2-11　图 2-36a 所示悬臂梁。已知 $F=10\ \text{kN}$,$q=2\ \text{kN/m}$,$M=4\ \text{kN}\cdot\text{m}$,试计算固定端支座 A 的支座反力。

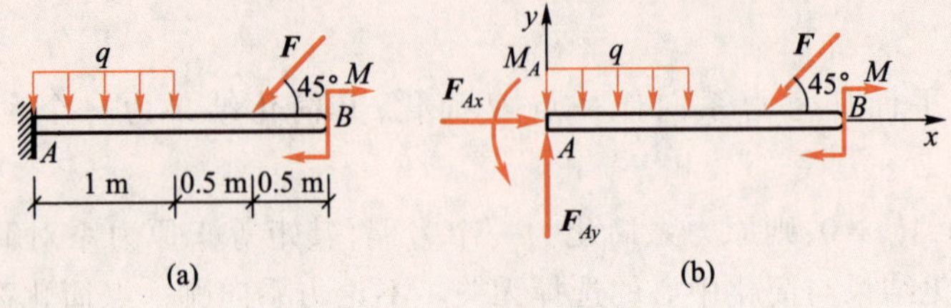

图 2-36　固定端支座反力

解　以 AB 梁为研究对象,画出受力图如图 2-36b 所示。以 A 为原点建立如图 2-36b 所示直角坐标系。

$$\sum F_x=0 \qquad F_{Ax}-F\cos 45°=0$$

$$F_{Ax}=F\cos 45°=10\times\cos 45°\text{kN}=7.07\ \text{kN}$$

$$\sum F_y=0 \qquad F_{Ay}-q\times 1\ \text{m}-F\sin 45°=0$$

$$F_{Ay}=q\times 1\ \text{m}+F\sin 45°$$

$$=(2\times 1+10\times\sin 45°)\text{kN}=9.07\ \text{kN}$$

$$\sum M_A(\boldsymbol{F})=0 \qquad M_A-q\times 1\ \text{m}\times\frac{1}{2}\ \text{m}-F\sin 45°\times 1.5\ \text{m}-M=0$$

$$M_A=q\times 1\ \text{m}\times\frac{1\ \text{m}}{2}+F\sin 45°\times 1.5\ \text{m}+M$$

$$=\left(2\times 1\times\frac{1}{2}+10\times\sin 45°\times 1.5+4\right)\text{kN}\cdot\text{m}$$

$$=15.61\ \text{kN}\cdot\text{m}$$

各未知量的计算结果均为正,说明假设的未知力的方向与实际方向相同。

式(2-12)为平面任意力系的基本方程,除基本形式外,还有其他两种形式。

(1) 二矩式平衡方程

$$\left.\begin{aligned}&\sum F_x=0(\text{或}\sum F_y=0)\\&\sum M_A(\boldsymbol{F})=0\\&\sum M_B(\boldsymbol{F})=0\end{aligned}\right\}\qquad(2-13)$$

使用条件:A、B 两点的连线不能与 x 轴(或 y 轴)垂直。

（2）三力矩式平衡方程

$$\left.\begin{aligned}\sum M_A(\boldsymbol{F})=0\\\sum M_B(\boldsymbol{F})=0\\\sum M_C(\boldsymbol{F})=0\end{aligned}\right\}\tag{2-14}$$

使用条件：A、B、C 三点不能选在同一直线上。

应该注意，不论选用哪种形式的平衡方程，对于同一平面力系平说，最多只能列出三个独立的平衡方程式，因而只能求出三个未知量。

在此特别注意，若选用力矩式方程时必须满足使用条件，否则所列平衡方程将不能独立。

例 2-12　一汽车式起重机，车重 $Q=26$ kN，起重机伸臂重 $G=4.5$ kN，起重机旋转及固定部分重 $W=31$ kN。各部分尺寸如图 2-37 所示，单位为 m。设伸臂在起重机对称面内，且放在最低位置，求此时汽车不致翻倒的最大起重量 F_P。

解　取汽车为研究对象，受力分析如图 2-37 所示。

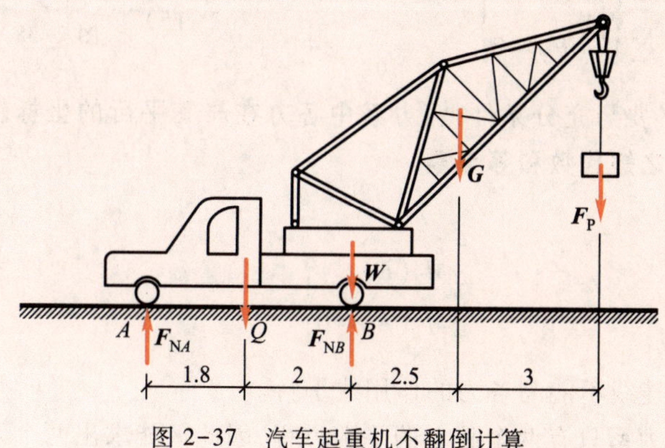

图 2-37　汽车起重机不翻倒计算

汽车在满载时可能绕点 B 翻倒。其力学特征是前轮脱离地面，此时 $F_{NA}=0$。

而不翻倒的条件为

$$F_{NA}\geqslant 0。$$

取临界情况 $F_{NA}=0$，列出力矩平衡方程

$$\sum M_B=0,\qquad 2Q-2.5G-5.5F_P=0$$

解得

$$F_P=\frac{5}{5.5}(2Q-2.5G)=7.41\ \text{kN}$$

故最大起重量　　$F_{P\max}=7.41$ kN

讨论　本题中，力 $\boldsymbol{F}_P$、$\boldsymbol{G}$ 使汽车绕点 B 翻倒，故对点 B 之矩称为翻倒力矩。而重量 $\boldsymbol{Q}$ 有阻碍翻倒的作用，此力对点 B 的矩称为稳定力矩。不翻倒时，必须满足

稳定力矩≥翻倒力矩。

对于本题,此条件可写成

$$2Q \geqslant 2.5G + 5.5F_{\mathrm{P}}$$

从而得

$$F_{\mathrm{P}} \leqslant 7.41\ \mathrm{kN}$$

五、平面平行力系的平衡条件

平面汇交力系和平面力偶系是平面任意力系的特殊情况。在工程上还常遇到平面平行力系问题,它也是平面一般力系的一种特殊情况。所谓平面平行力系,就是各力作用线在同一平面内且互相平行的力系。

设物体上作用一平面力系 $\boldsymbol{F}_1$、$\boldsymbol{F}_2$,…,$\boldsymbol{F}_n$,如图 2-38 所示。若取坐标系中 y 轴与各力平行,则不论该力系是否平衡,各力在 x 轴上的投影恒等于零,即 $\sum F_x \equiv 0$。因此,平面平行力系的平衡方程为

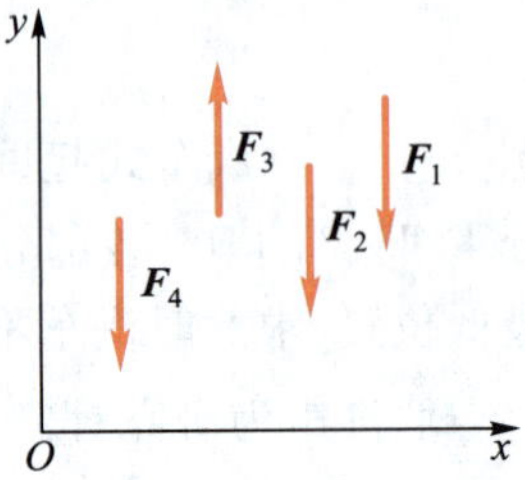

图 2-38 平面平行力系

$$\left.\begin{aligned}\sum F_y &= 0\\ \sum M_O(\boldsymbol{F}) &= 0\end{aligned}\right\} \tag{2-15}$$

即平面平行力系平衡的必要与充分条件是:**力系中各力在与其平行的坐标轴上投影的代数和等于零,及力对任一点之矩代数和等于零**。

其力矩式平衡方程为

$$\left.\begin{aligned}\sum M_A(F)\\ \sum M_B(F) &= 0\end{aligned}\right\} \tag{2-16}$$

适用条件:A、B 两点连线不能与各力的作用线平行。

由此可见,平面平行力系只有两个独立的平衡方程,因此只能求出两个未知量。

例 2-13 塔式起重机的结构简图如图 2-39 所示。设机架重力 $F_{\mathrm{W}} = 500\ \mathrm{kN}$,重心在 C 点,与右轨 B 相距 $a = 1.5\ \mathrm{m}$。最大起重量 $F_{\mathrm{P}} = 250\ \mathrm{kN}$,与右轨 B 最远距离 $l = 10\ \mathrm{m}$。平衡物重力为 G,与左轨 A 相距 $x = 6\ \mathrm{m}$,二轨相距 $b = 3\ \mathrm{m}$。试求起重机在满载与空载时都不致翻倒的平衡物重 G 的范围。

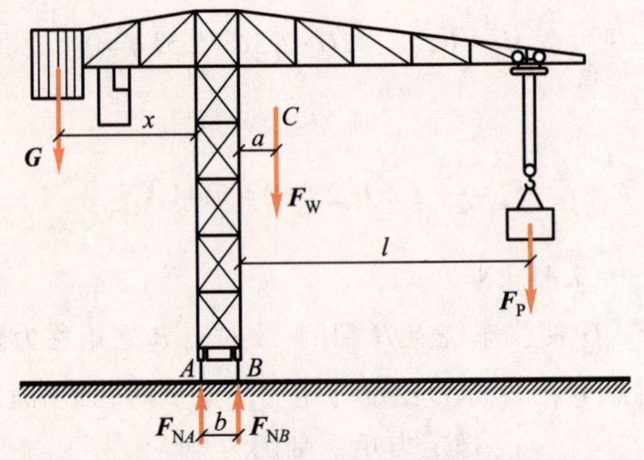

图 2-39 塔式起重机稳定性计算

解　起重机在起吊重物时，作用其上的力有机架重力 $\boldsymbol{F}_{W}$，平衡物重力 $\boldsymbol{G}$，起重量 $\boldsymbol{F}_{P}$ 以及轨道轮 A、B 的约束力 $\boldsymbol{F}_{NA}$、$\boldsymbol{F}_{NB}$，这些力组成平面平行力系，受力图如图 2-39 所示。

起重机在平衡时，力系具有 $\boldsymbol{F}_{NA}$、$\boldsymbol{F}_{NB}$ 和 $\boldsymbol{G}$ 三个未知量，而力系只有两个独立的平衡方程，问题成为不可解。但是，本题是求使起重机满载与空载都不致翻倒的平衡物重 G 的范围。因而可分为满载右翻与空载左翻的两个临界情况来讨论 G 的最小与最大值，从而确定 G 值的范围。

满载（$F_{P}=250$ kN）时，起重机可能绕 B 轨右翻，在平衡的临界情况（即将翻而未翻时），左轮 A 将悬空，$F_{NA}=0$，这时由平衡方程求出的是平衡物重力 G 的最小值 G_{min}。列平衡方程

$\sum M_{B}(F)=0$，有

$$G_{min}(x+b)-F_{W}a-F_{P}l=0$$

解得

$$G_{min}\frac{F_{W}a+F_{P}l}{x+b}=\frac{500\times1.5+250\times10}{6+3}\text{ kN}=361.1\text{ kN}$$

空载（$F_{P}=0$）时，起重机可能绕 A 轨左翻，在平衡的临界情况，右轮 B 将悬空，$F_{NB}=0$，这时由平衡方程求出的是平衡物重力 G 的最大值 G_{max}。列平衡方程

$\sum M_{A}(F)=0$，

$$G_{max}x-F_{W}(a+b)=0$$

解得

$$G_{max}\frac{F_{W}(a+b)}{x}=\frac{500(1.5+3)}{6}\text{kN}=375\text{ kN}$$

故在取 $x=6$ m 的条件下，平衡物重力 G 的范围为 $361.1\text{ kN}\leqslant G\leqslant375\text{ kN}$

第 6 节　物体系统的平衡问题

前面讨论的仅限于单个物体的平衡问题。在工程实际中，常遇到由几个物体通过连接所组成的物体系统，简称**物系**。在这类平衡问题中，不仅要研究外界物体对这个系统的作用，同时还要分析系统内部各物体之间的相互作用。外界物体作用于系统的力，称为外力；系统内部各物体之间相互作用的力，称为内力。内力与外力的概念是相对的，在研究整个系统平衡时，由于内力总是成对地出现的，相互平衡的，这些内力是不必考虑的；当研究系统中某一物体或部分物体的平衡时，系统中其他物体对它们的作用力就成为外力了，必须予以考虑。

由平衡定理知，当整个系统处于平衡时，那么组成该系统的每个物体也都处于平衡状态。因此在求解物体系统的平衡问题时，即可选整个系统为研究对象，也可选单个物体或部分物体为研究对象。对每一个研究对象，在一般情况下，可列出三个独立的平衡方程，对于由 n 个物体组成的物体系统，就可列出 $3n$ 个独立平衡方程，因而可以求解 $3n$ 个未知量。如果系统中有的物体受平面汇交力系，平面平行力系或平面力偶系的作用时，整个系统的平衡方程数目相应地减少。下面举例说明物系平衡的求解方法。

小贴士

内　力

此处物系中的内力与变形体的内力，是截然不同的两个概念。此处内力指物系内各子系统之间的相互作用力；而变形体的内力，系指杆件内部抵抗变形的能力。

例 2-14　图 2-40a 所示多静定跨梁，由 AB 梁和 BC 梁用中间铰 B 连接而成。C 端为固定端，A 端为活动铰支座。已知 $M=20\ \text{kN}\cdot\text{m}$，$q=15\ \text{kN/m}$。试求 A、B、C 三点的约束力。

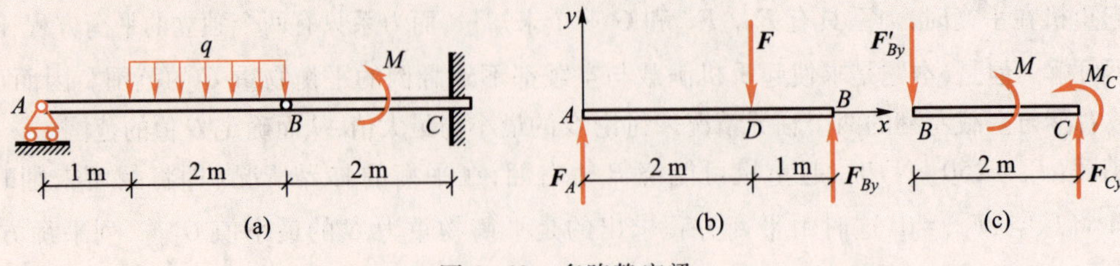

图 2-40　多跨静定梁

解　分析　若只选整体为研究对象，未知力大于平衡方程数，解不出来，故还要灵活选取部分为研究对象，然后用平面一般力系平衡方程求解。

(1) 先取 AB 梁为研究对象，受力如图 2-40b 所示，均布载荷 q 可以化为作用于 D 点的集中力 $\boldsymbol{F}$，在受力图上不再画 q，以免重复。因梁 AB 上只作用主动力 $\boldsymbol{F}$，且铅直向下，故判断 B 铰的约束力只有铅直分量 $\boldsymbol{F}_{By}$，AB 梁在平面平行力系作用下平衡。

$$\sum M_B(\boldsymbol{F})=0,\quad -3F_A+F=0$$

解得

$$F_A=\frac{F}{3}=\frac{30}{3}\text{kN}=10\ \text{kN}$$

$$\sum M_A(\boldsymbol{F})=0,\quad 3F_{By}-2F=0$$

解得

$$F_{By}=\frac{2}{3}F=\frac{2}{3}\times 30\ \text{kN}=20\ \text{kN}$$

(2) 再取 BC 梁为研究对象，受力如图 2-40c 所示，注意 $\boldsymbol{F}_{By}$ 和 $\boldsymbol{F}'_{By}$ 是作用力与反作用力关系，同样可以判断固定端 C 处只有反力 $\boldsymbol{F}_{Cy}$ 和反力偶 M_C。BC 梁在平面一般力系作用下平衡。列平衡方程

$$\sum F_y=0,\quad F_{Cy}-F_{By}=0$$

解得

$$F_{Cy}=F_{By}=20\ \text{kN}$$

$$\sum M_B(\boldsymbol{F})=0,\quad M_C+M+2\ \text{m}\times F_{Cy}=0$$

解得

$$M_C=M-2\ \text{m}\times F_{Cy}=(-20-2\times 20)\text{kN}\cdot\text{m}=-60\ \text{kN}\cdot\text{m}$$

负值表示 C 端的约束反力偶的实际转向是顺时针的。

例 2-15　图 2-41a 所示载重汽车，拖车与汽车之间铰链连接，汽车重 $G_1=3\ \text{kN}$，拖车重 $G_2=1.5\ \text{kN}$，载重 $G_3=8\ \text{kN}$，重心位置如图 2-41a 所示。求静止时地面对 A、B、C 三轮的约束力。

解　分析　在不考虑摩擦力的情况下，地面对车轮的约束力沿公法线方向，有三个未知力，仅考虑整体平衡是无法确定这些约束力的。为求约束力，现将拖车与汽车从铰接处拆开，分别考虑各部分的平衡。

(1) 取拖车为研究对象

$$\sum M_D=0,\quad F_C\times 6\ \text{m}-G_3\times 3\ \text{m}-G_2\times 4\ \text{m}=0$$

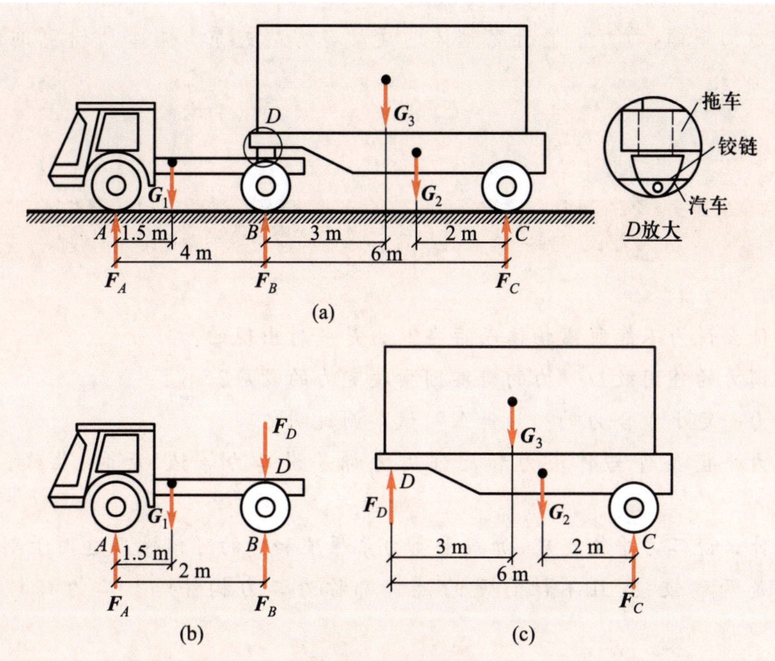

图 2-41 载重汽车

解得
$$F_C=5\ \text{kN}$$

$$\sum M_C=0,\quad G_2\times 2\ \text{m}-G_3\times 3\ \text{m}-F_D\times 6\ \text{m}=0$$

解得
$$F_D=4.5\ \text{kN}$$

(2) 再取汽车为研究对象

$$\sum M_A=0,\ F_B\times 4\ \text{m}-G_1\times 1.5\ \text{m}-F_D\times 4\ \text{m}=0$$

将 F_D 代入得
$$F_B=5.625\ \text{kN}$$

$$\sum M_B=0,\quad -F_A\times 4\ \text{m}+G_1\times 2.5\ \text{m}=0$$

解得
$$F_A=1.875\ \text{kN}$$

通过上述两例，下面讨论两个问题：

(1) 选择“最佳解题方案”问题。求解物体系统的平衡问题，往往要选择两个以上的研究对象，分别画出受力图，列出必要的平衡方程，然后求解。因此在解题前必须考虑解题最佳方案问题。尽量使一个平衡方程解决一个未知量，尽量不解联主方程组。

(2) 选择平衡方程形式问题。为了减少平衡方程中所包含的未知量数目，在力臂易求时，尽量采用力矩方程，以避免解联立方程；求力臂较繁时，可尽量采用投影方程。

小知识

理论力学

理论力学是研究物体机械运动一般规律的学科。它由三大部分组成，即静力学、运动学和动力学。静力学是研究物体在力作用下的平衡条件，运动学是以几何的方式研究物体的机械运动规律，动力学是研究物体的运动与力的关系。本章所研究的内容，属于静力学的一部分。

思考题

2-1　为什么说力不能脱离物体而存在？力是成对出现的？

2-2　何谓力的作用效应？力的哪些因素决定力的效应？

2-3　分力一定小于合力吗？为什么？试举例说明之。

2-4　二力平衡条件与作用力和反作用力都是说二力等值、反向、共线，二者有什么区别？

2-5　为什么说二力平衡定理、加减平衡力系原理和力的可传性只适用于刚体？

2-6　凡是两端铰接，且不计自重的链杆都称为二力构件吗？二力杆与其形状有关系吗？

2-7　如思考题 2-7 图所示，作用于三角架 AC 杆中点 D 的力 $\boldsymbol{F}$，能沿其作用线移到 BC 杆的中点 E 吗？

2-8　思考题 2-8 图中力 $\boldsymbol{F}$ 作用在销钉 C 上，试问销钉 C 对杆 AC 的作用力与销钉 C 对杆 BC 的作用力是否等值、反间、共线？为什么？

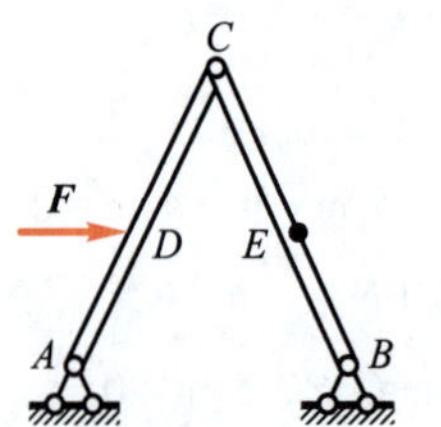

思考题 2-7 图

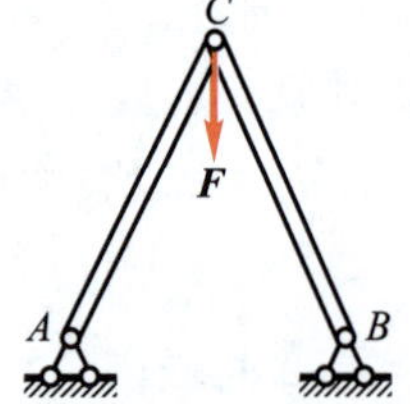

思考题 2-8 图

2-9　如思考题 2-9 图所示三铰刚架，作用于 AC 的力偶 M，能否根据力偶可在其作用平面内任意转移，而不改变它对刚体转动效应而转移到 BC 部分？为什么？

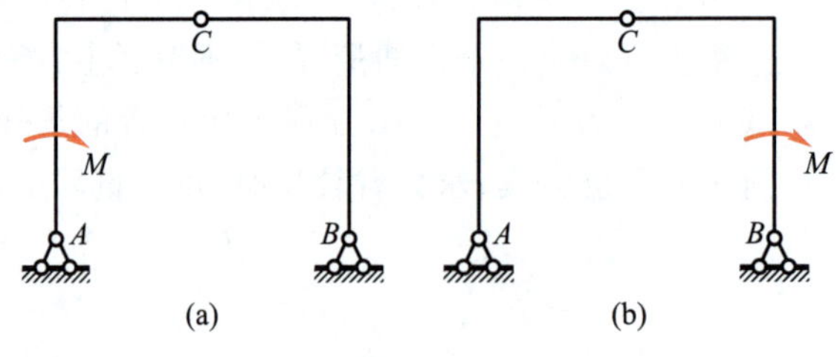

思考题 2-9 图

2-10　力 $\boldsymbol{F}$ 沿 x、y 轴的分力和力在两轴上的投影有何区别？试以思考题 2-10 图所示两种情况为例进行分析说明。

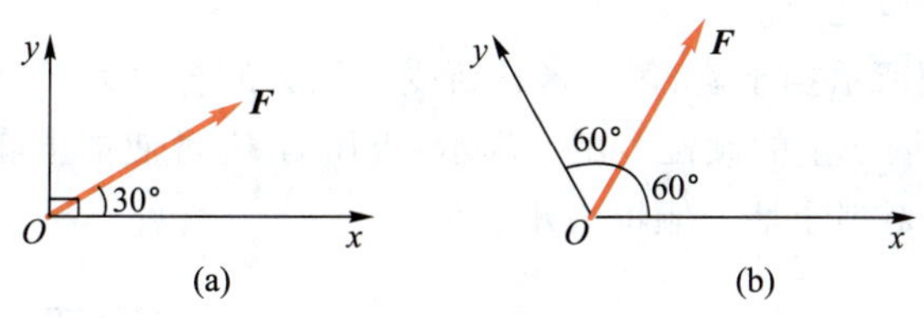

思考题 2-10 图

2-11　力在轴上的投影是标量，其正负号如何确定？

2-12　平面一般力系向简化中心简化时，可能产生几种结果？

2-13　平面一般力系的平衡方程有几种形式？应用时有什么限制条件？

2-14　思考题 2-14 图所示物系处于平衡状态，如要计算各支座的约束力，应怎样选取研究对象？

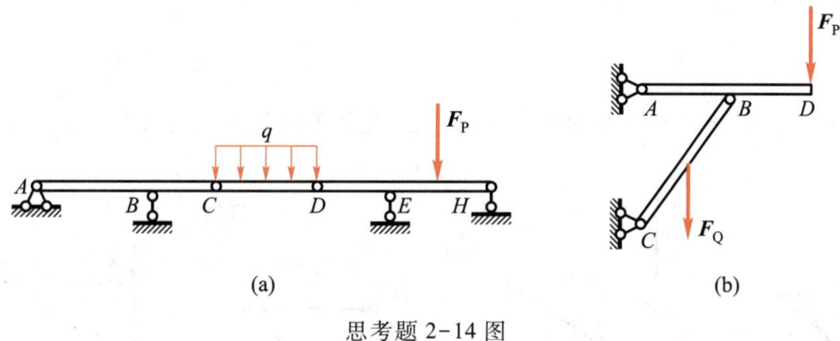

思考题 2-14 图

习题

2-1　习题 2-1 图 a、b 所示为用小手锤拔起钉子的两种加力方式。两种情形下，加在手柄上的力 $\boldsymbol{F}$ 的数值都等于 100 N，方向如图示，手柄长度 $l=100$ mm。试求两种情况下，力 $\boldsymbol{F}$ 对点 O 之矩。

2-2　放在地面上的板条箱，如习题 2-2 图所示，受到 $F=100$ N 的力作用。试求该力对 A 点之力矩。

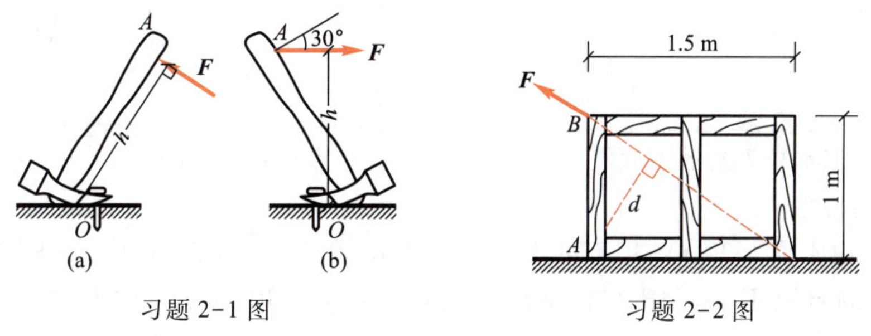

习题 2-1 图　　习题 2-2 图

2-3　托架受力如习题 2-3 图所示，作用在 A 点的力为 $\boldsymbol{F}$。已知 $F=500$ N，$d=0.1$，$l=$

0.2 m。试求力 $\boldsymbol{F}$ 对 B 点之矩。

2-4　习题 2-4 图所示挡土墙，每一米长所受土压力的合力为 $F_R = 150\ \text{kN}$，方向如图示。试求土压力 $\boldsymbol{F}_R$ 对挡土墙产生的倾覆力矩。提示：土压力 $\boldsymbol{F}_R$ 可使挡土墙绕 A 点转动，即力 $\boldsymbol{F}_R$ 对 A 点的力矩，就是力对挡土墙的倾覆力矩。

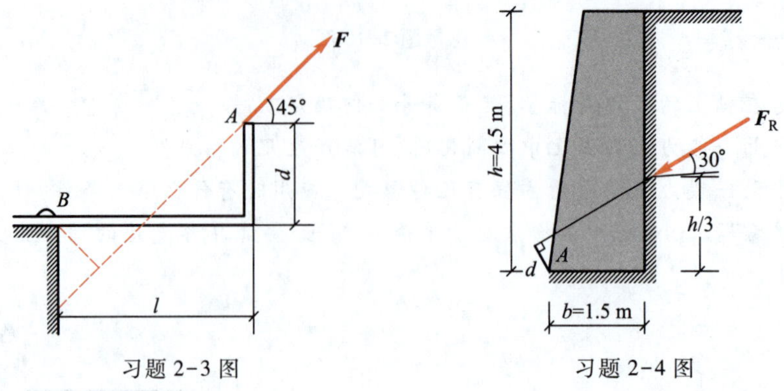

习题 2-3 图　　习题 2-4 图

2-5　试作习题 2-5 图中各物体的受力图。假定各接触面都是光滑的。

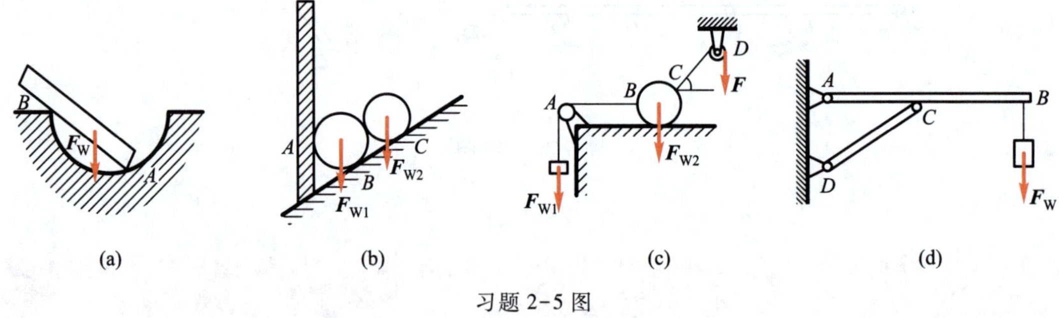

习题 2-5 图

2-6　试画习题 2-6 图示各杆及整体的受力图。

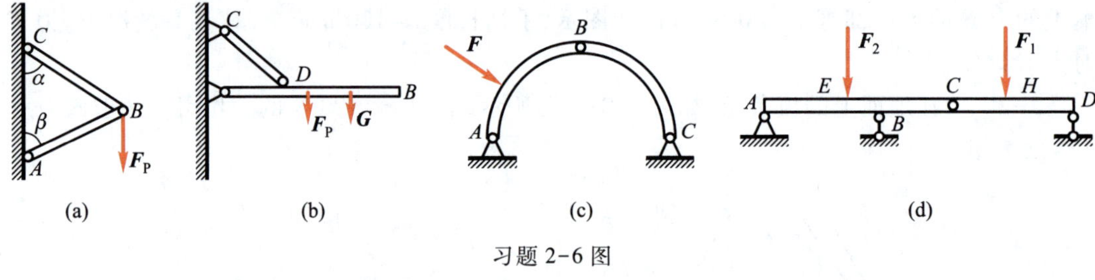

习题 2-6 图

2-7　如习题 2-7 图示平面汇交力系，已知 $F_1 = 3\ \text{kN}$、$F_2 = 1\ \text{kN}$、$F_3 = 1.5\ \text{kN}$、$F_4 = 2\ \text{kN}$。试求此力系的合力 $\boldsymbol{F}_R$。

2-8　一物体重为 30 kN，用不可伸长的柔索 AB 和 BC 悬挂在如习题 2-8 图所示的平衡位置，设柔索的自重不计。AB 与铅垂线的夹角 $\alpha = 30°$，BC 水平。试求柔索 AB 和 BC 的拉力。

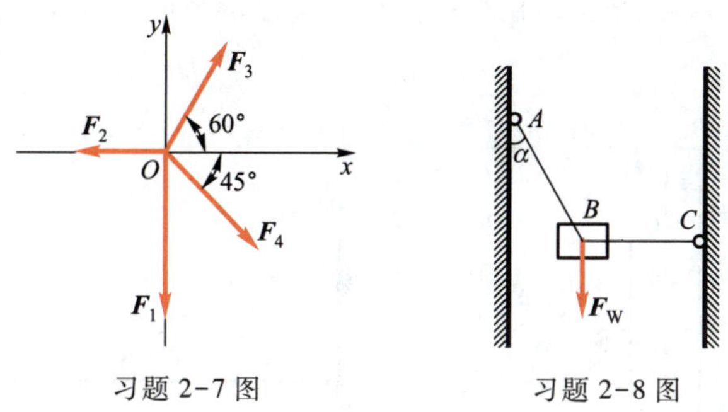

习题 2-7 图　　习题 2-8 图

2-9　如习题 2-9 图所示重 10 kN 的小球，用与斜面平行的绳 AB 系住，静止在与水平面成 30°角的光滑斜面上。试求绳子的拉力和斜面对球的支持力。

2-10　如习题 2-10 图 a 所示，重 50 N 的球用与斜面平行的绳 AB 系住，静止在与水平面成 30°角的斜面上。已知绳子的拉力 $F_T = 25$ N，斜面对球的支持力 $F_N = 25\sqrt{3}$ N，试求该球所受的合外力的大小。

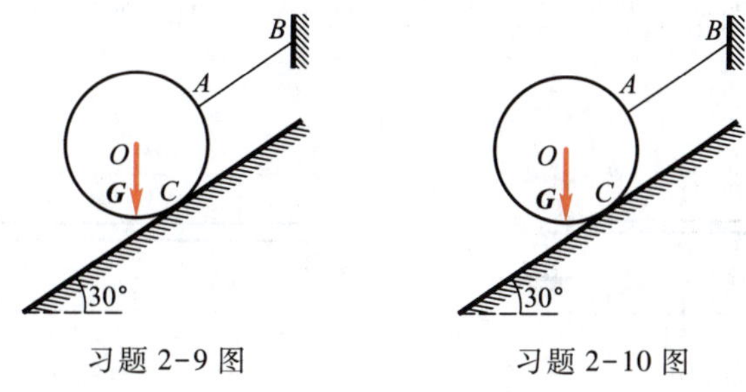

习题 2-9 图　　习题 2-10 图

2-11　如习题 2-11 图所示支架由杆 BC、AC 构成，A、B、C 三处都是铰链，在 A 点悬挂重量 $F_W = 10$ kN 的重物。求杆 BC、AC 所受的力。不考虑杆的自重。

2-12　试分析习题 2-12 图所示平面任意力系向点 O 简化的结果。已知：$F_1 = 100$ N，$F_2 = 200$ N，$F_3 = 300$ N，$F_4 = 400$ N，$F = F' = 50$ N。

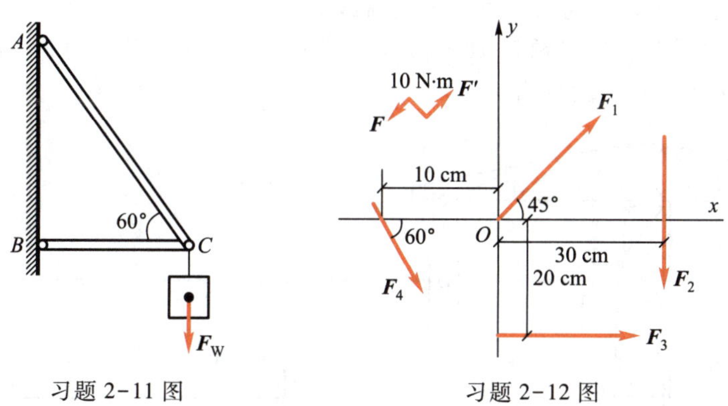

习题 2-11 图　　习题 2-12 图

2-13　某厂房柱高 9 m，柱上段 BC 重 $F_{W1} = 8$ kN，下段 AC 重 $F_{W2} = 37$ kN，柱顶水平力 $F = 6$ kN，各力作用位置如习题 2-13 图所示。以柱底中心 O 为简化中心，求这三力的主矢和主矩。

2-14　如习题 2-14 图所示简单塔吊结构，悬臂端承受重量为 W。试计算支座 A 及钢索 BC 的受力。

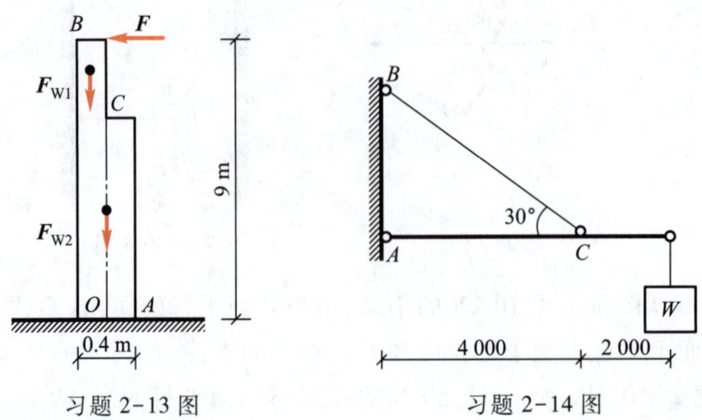

习题 2-13 图　　　习题 2-14 图

2-15　如习题 2-15 图所示简支梁，已知 $F=20$ kN，$q=10$ kN/m，不计梁自重，求 A、B 两处反力。

2-16　习题 2-16 图所示悬臂梁。已知 $F=10$ kN，$q=10$ kN/m，$M=20$ kN·m，试计算固定端支座 A 的支反力。

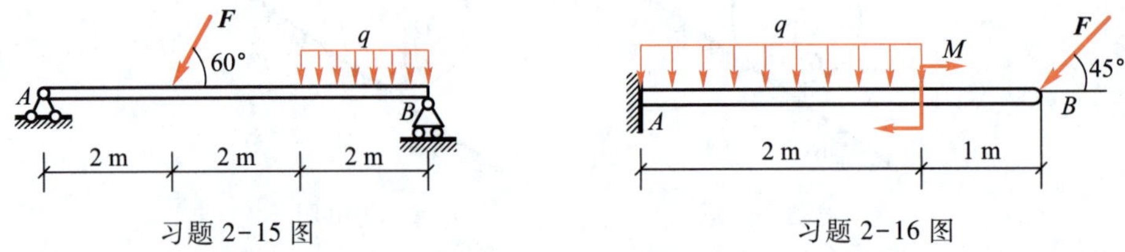

习题 2-15 图　　　习题 2-16 图

2-17　习题 2-17 图所示塔式起重机，已知轨距 $b=4$ m，机身重 $W=260$ kN，其作用线到右轨的距离 $e=1.5$ m，起重机平衡重 $F_Q=80$ kN，其作用线到左轨的距离 $a=6$ m，荷载 F 的作用线到右轨的距离 $l=12$ m。

（1）试证明空载（$F=0$）时起重机是否会向左倾倒？

（2）试求图示起重机不向右倾倒的最大荷载 F。

2-18　静定梁受荷载如习题 2-18 图所示。已知 $F_1=16$ kN、$F_2=20$ kN、$M=8$ kN·m，梁自重不计，试求支座 A、C 处的反力。

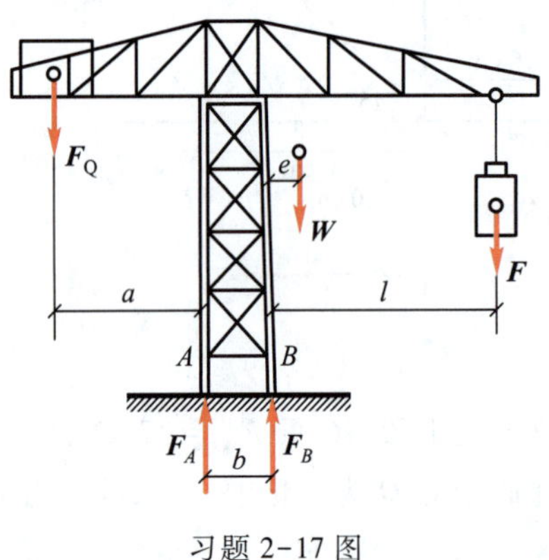

习题 2-17 图

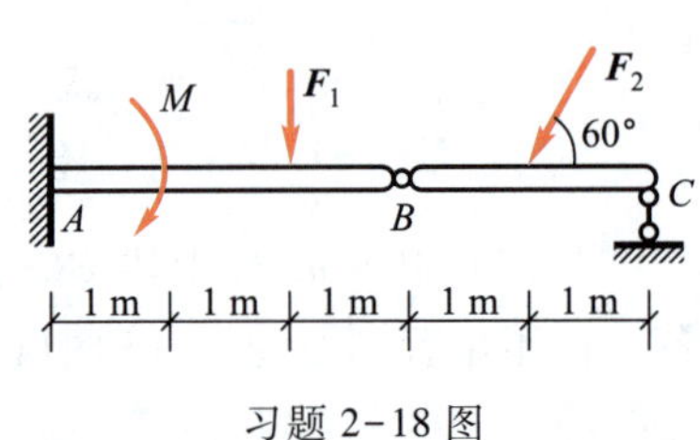

习题 2-18 图

2-19 试求习题 2-19 图所示各梁的支座反力。

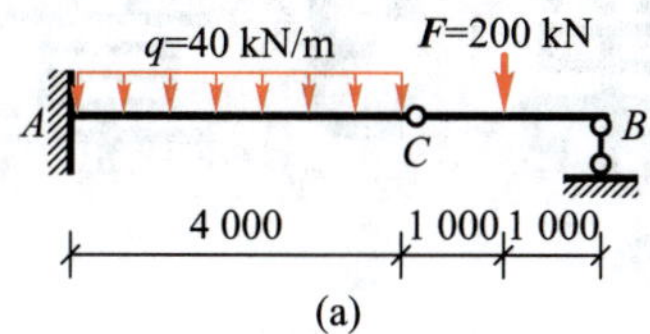

(a)

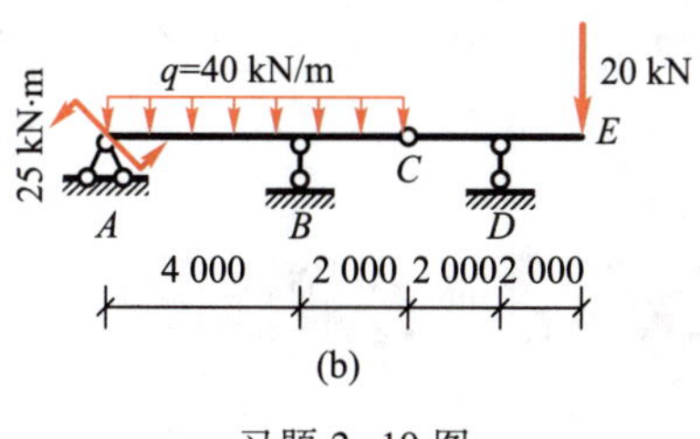

(b)

习题 2-19 图

2-20 求习题 2-20 图所示三铰刚架，A、B 两处的支座反力。

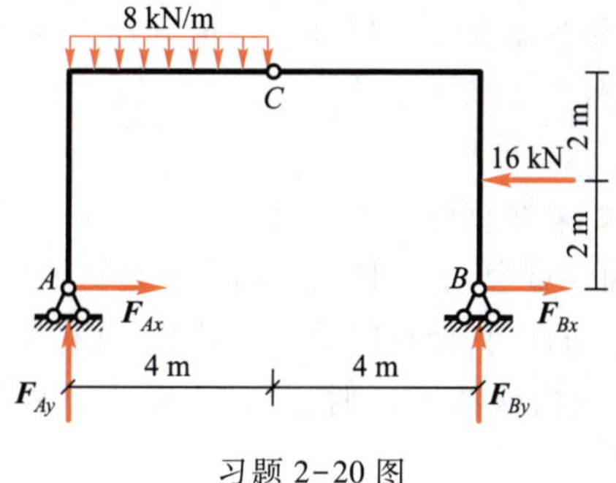

习题 2-20 图

第 3 章

静定杆件的内力计算

第 1 节　杆件变形的基本形式与变形固体的基本假设

一、杆件变形的基本形式

在自然界中，任何物体在外力作用下都会发生变形，只是大小、形式有所不同。在工程中，杆件只产生一种变形形式称为**基本变形**，通常归结为四种基本变形形式，即如图 3-1～图 3-4 所示的轴向拉压、剪切、扭转和弯曲变形。杆件也可能同时发生两种或两种以上基本变形的组合形式，称为**组合变形**，如图 3-5 所示。

1. 基本变形

（1）轴向拉伸和压缩。如果在直杆的两端各受到一个外力 $\boldsymbol{F}$ 的作用，且二力大小相等、方向相反，作用线与杆件的轴线重合，那么杆的变形主要是沿轴线方向的伸长或缩短。当外力 $\boldsymbol{F}$ 的方向沿杆件截面的外法线方向时，杆件因受拉而伸长，这种变形称为**轴向拉伸**（图 3-1a）；当外力 $\boldsymbol{F}$ 的方向沿杆件截面的内法线方向时，杆件因受压而缩短，这种变形称为**轴向压缩**（图 3-1b）。

微课
轴向拉伸

微课
剪切

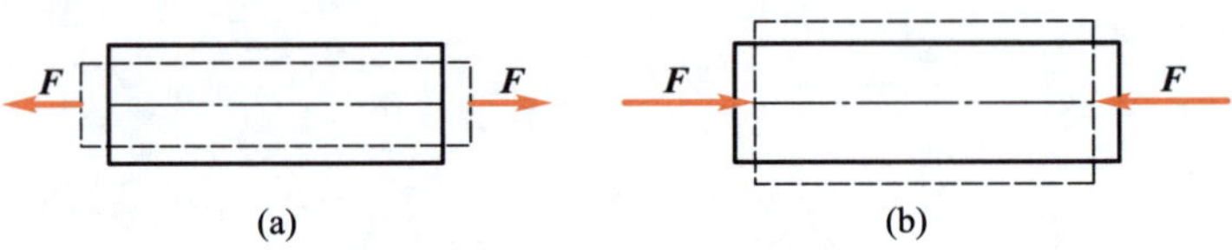

图 3-1　轴向拉压变形

（2）剪切。如果直杆上受到一对大小相等、方向相反、作用线平行且相距很近的外力沿垂直于杆轴线方向作用时，杆件的横截面沿外力的方向发生相对错动，这种变形称为**剪切**，如图 3-2 所示。

（3）扭转。如果在直杆的两端各受到一个外力偶 M_e 的作用，且这两个外力偶矩大小相等、转向相反，作用面与杆件的轴线垂直，那么杆件的横截面绕轴线发生相对转动，这种变形称为**扭转**，如图 3-3 所示。

（4）弯曲。如果直杆在两端各受到一个外力偶 M_e 的作用，且这两个外力偶矩大小相等、转向相反，作用面都与包含杆轴的某一纵向平面重合，或者是受到在纵向平面内垂直于杆轴线的横向外力作用时，杆件的轴线就要变弯，这种变形称为**弯曲**（图 3-4）。图 3-4a 所示弯曲称为**纯弯曲**，图 3-4b 所示弯曲称为**横力弯曲**。

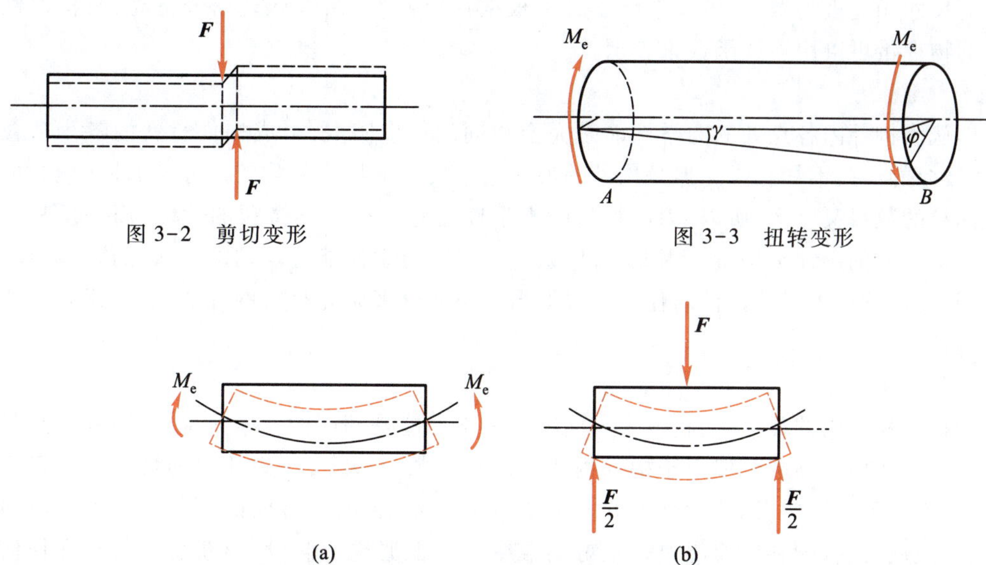

图 3-4　弯曲变形

2. 组合变形

凡是由两种或两种以上基本变形组成的变形，称为组合变形。常见的组合变形形式有：斜弯曲（或称双向弯曲）、拉（压）与弯曲的组合、偏心压缩（拉伸）等，分别如图 3-5a、b、c 所示。

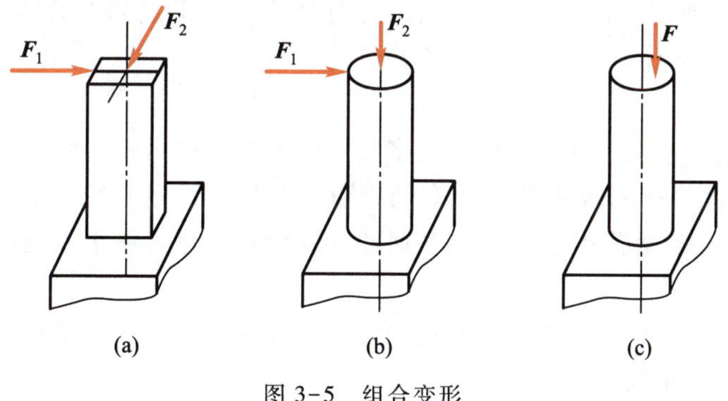

图 3-5　组合变形

二、变形固体的基本假设

当研究构件的强度、刚度和稳定性问题时，由于这些问题与构件的变形相关，所以，尽管构件的变形很小，也必须把它看作**变形固体**。工程中使用的固体材料是多种多样的，而且其微观结构和力学性能也各不相同。为了使问题得到简化、统一，通常对变形固体作如下基本假设。

1. 连续性假设

即认为在固体材料的整个体积内毫无空隙地充满了物质。事实上，固体材料是由无数的微粒或晶粒组成的，各微粒或晶粒之间是有空隙的，是不可能完全密实的，但这种空隙与构件的尺寸相比极为微小，可以忽略不计。根据这个假设，在进行理论分析时，与构件性质相关的物理量可以用连续函数来表示。

2. 均匀性假设

即认为构件内各点处的力学性能是完全相同的。事实上，组成构件材料的各个微粒或晶粒，彼此的性质不尽相同。但是构件的尺寸远远大于微粒或晶粒的尺寸，构件所包含的微粒或晶粒的数目又极多，所以，固体材料的力学性能并不反映其微粒的性能，而是反映所有微粒力学性能的统计平均量。因此，可以认为固体的力学性能是均匀的。按照这个假设，在进行理论分析时，可以从构件内任何位置取出一小部分来研究材料的性质，其结果均可代表整个构件。

3. 各向同性假设

即认为构件内的任一点，在各个方向上的力学性能是相同的。事实上，组成构件材料的各个晶粒是各向异性的。但由于构件内所含晶粒的数目极多，在构件内的排列又是极不规则的，在宏观的研究中，固体的性质并不显示方向的差别，因此可以认为某些材料是各向同性的，如金属材料、塑料以及浇筑得很好的混凝土。根据这个假设，当获得了材料在任何一个方向的力学性能后，就可将其结果用于其他方向。但是此假设并不适用于所有材料，例如木材、竹材和纤维增强材料等，其力学性能是各向异性的。

4. 线弹性假设

变形固体在外力作用下，发生的变形可分为弹性变形和塑性变形两类。在外力撤去后能消失的变形称为**弹性变形**；不能消失的变形，称为**塑性变形**。当所受外力不超过一定限度时，绝大多数工程材料在外力撤去后，其变形可完全消失，具有这种变形性质的变形固体称为**完全弹性体**。本课程只研究完全弹性体，并且外力与变形之间符合线性关系，称为**线弹性体**。

5. 小变形假设

即认为变形量是很微小的。工程中大多数构件的变形都很小，远小于构件的几何尺寸。这样，在研究构件的平衡和运动规律时，仍可以直接利用构件的原始尺寸来计算。在研究和计算变形时，变形的高次幂项也可忽略，从而使计算得到简化。关于大变形的问题已超出我们研究的范围。

以上是有关变形固体的 5 个基本假设，实践表明，在这些假设的基础上建立起来的理论都是符合工程实际要求的。

第 2 节　拉压杆的内力计算

一、拉压杆的工程实例

在工程中，经常会遇到承受轴向拉伸或压缩的杆件。如桁架中的各种杆件（图 3-6a），斜拉桥中的拉索（图 3-6b）以及砖柱（图 3-6c）等。

承受轴向拉伸或压缩的杆件简称为**拉压杆**。实际拉压杆的几何形状和外力作用方式各不相同，若将它们加以简化，则都可抽象成如前面图 3-1 所示的变形简图。其受力特点是外力或外力合力的作用线与杆件的轴线重合；变形特征是沿轴线方向的伸长或缩短，同时横向尺寸也相应发生变小或变大。

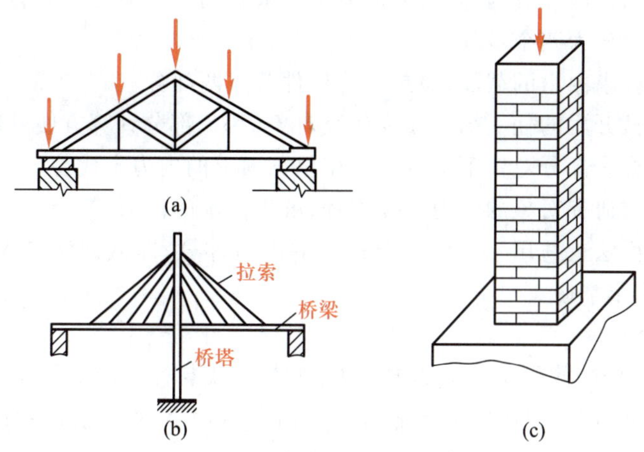

图 3-6　拉压杆的工程实例

二、轴力和轴力图

1. 内力的概念

我们知道，物体没有受到外力作用时，其内部各质点之间就存在着相互作用的内力。这种内力相互平衡，使得各质点之间保持一定的相对位置。在物体受到外力作用后，其内部各质点之间的相对位置就要发生改变，内力也要发生变化而达到一个新的量值。这里所讨论的内力，指的是因外力作用而引起的物体内部各质点间相互作用的内力的改变量，即由外力引起的“附加内力”，通称为**内力**。

内力随外力的增大而增大，当内力达到某一限度时就会引起构件的破坏，因而它与构件的强度问题是密切相关的。

2. 截面法

截面法是求构件内力的基本方法，下面通过求解图 3-7a 所示拉杆 $m-m$ 横截面上的内力，来具体阐明截面法的含意。

为了显示内力，假想地沿横截面 $m-m$ 将杆截成两段，任取其中一段，例如取左段为研究对象。左段上除受到外力 $\boldsymbol{F}$ 的作用外，还受到右段对它的作用力，此即横截面 $m-m$ 上的内力（图 3-7b）。根据均匀连续性假设，横截面 $m-m$ 上将有连续分布的内力，称其为**分布内力**，而内力这一名词则用来代表分布内力的合力。现要求的内力就是图 3-7b 中的合力 $\boldsymbol{F}_N$。因左段处于平衡状态，故列出平衡方程

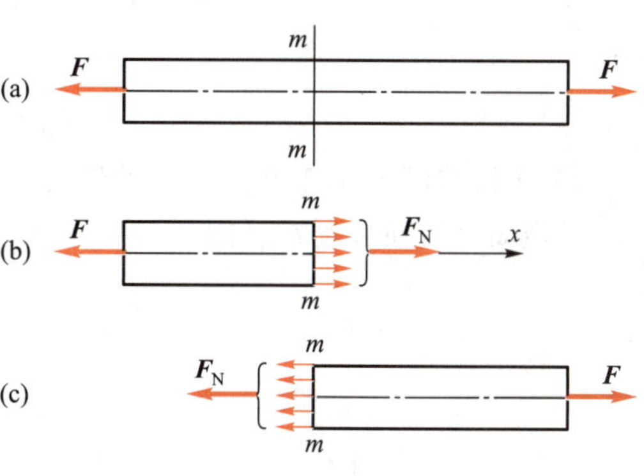

图 3-7　拉压杆用截面法求内力

$$\sum F_x = 0 \qquad F_N - F = 0$$

解得

$$F_N = F$$

这种假想地将构件截开成两部分，从而显示并求解内力的方法称为**截面法**。由此知，用截面法求构件的内力分为四个步骤：

(1) 截开。沿要求内力的截面，假想地将构件截成两部分。

(2) 取出。取截开后的任一部分作为研究对象（哪一部分计算方便就取哪一部分）。

(3) 代替。把弃去部分对留下部分的作用以截面上的内力来代替。

(4) 平衡。列出研究对象的静力平衡方程，解出需求的内力。

以上介绍的截面法也适用于其他变形构件的内力计算，即截面法是求杆件各种变形内力的通用方法，应牢牢掌握。

3. 轴力和轴力图

图 3-7a 所示拉杆横截面$m-m$上的内力 $\boldsymbol{F}_{\mathrm{N}}$ 的作用线与杆轴线重合，故 $\boldsymbol{F}_{\mathrm{N}}$ 称为**轴力**。

若取右段为研究对象，同样可求得轴力 $F_{\mathrm{N}}=F$（图 3-7c），但其方向与用左段求出的轴力方向相反。为了使两种算法得到的同一截面上的轴力不仅数值相等，而且符号相同，规定轴力的正负号如下：当轴力的方向与横截面的外法线方向一致时，杆件受拉伸长，轴力为正；反之，杆件受压缩短，轴力为负。

在计算轴力时，通常未知轴力按正向假设，称为设正法。若计算结果为正，则表示轴力的实际指向与所设指向相同，轴力为拉力；若计算结果为负，则表示轴力的实际指向与所设指向相反，轴力为压力。

工程中常有一些杆件，其上受到多个轴向外力的作用，这时杆在不同横截面上的轴力将不相同。为了表明轴力随横截面位置的变化规律，以平行于杆轴线的坐标表示横截面的位置，垂直于杆轴线的坐标（按适当的比例）表示相应截面上的轴力数值，从而绘出轴力与横截面位置关系的图线，称为**轴力图**，也称 F_{N} 图。通常将正的轴力画在上方，负的画在下方，且标上正号（+）、负号（-）。

例 3-1　拉压杆如图 3-8a 所示，试求横截面 1-1、2-2、3-3 上的轴力，并绘制轴力图。

解　(1) 求支座反力。由杆 AD（图 3-8a）的平衡方程

$$\sum F_x=0, F_D-2\ \mathrm{kN}-3\ \mathrm{kN}+6\ \mathrm{kN}=0$$

解得

$$F_D=-1\ \mathrm{kN}$$

(2) 求横截面 1-1、2-2、3-3 上的轴力。沿横截面 1-1 假想地将杆截开，取左段为研究对象，设截面上的轴力为 $\boldsymbol{F}_{\mathrm{N1}}$（图 3-8b），由平衡方程

$$\sum F_x=0, F_{\mathrm{N1}}-2\ \mathrm{kN}=0$$

解得

$$F_{\mathrm{N1}}=2\ \mathrm{kN}$$

算得的结果为正，表明 $\boldsymbol{F}_{\mathrm{N1}}$ 为拉力。当然也可以取右段为研究对象来求轴力 $\boldsymbol{F}_{\mathrm{N1}}$，但右段上包含的外力较多，不如取左段简便。因此计算时，应选取受力较简单的部分作为研究对象。

再沿横截面 2-2 假想地将杆截开，仍取左段为研究对象，设截面上的轴力为 $\boldsymbol{F}_{\mathrm{N2}}$（图 3-8c），由平衡方程

$$\sum F_x=0, F_{\mathrm{N2}}-2\ \mathrm{kN}-3\ \mathrm{kN}=0$$

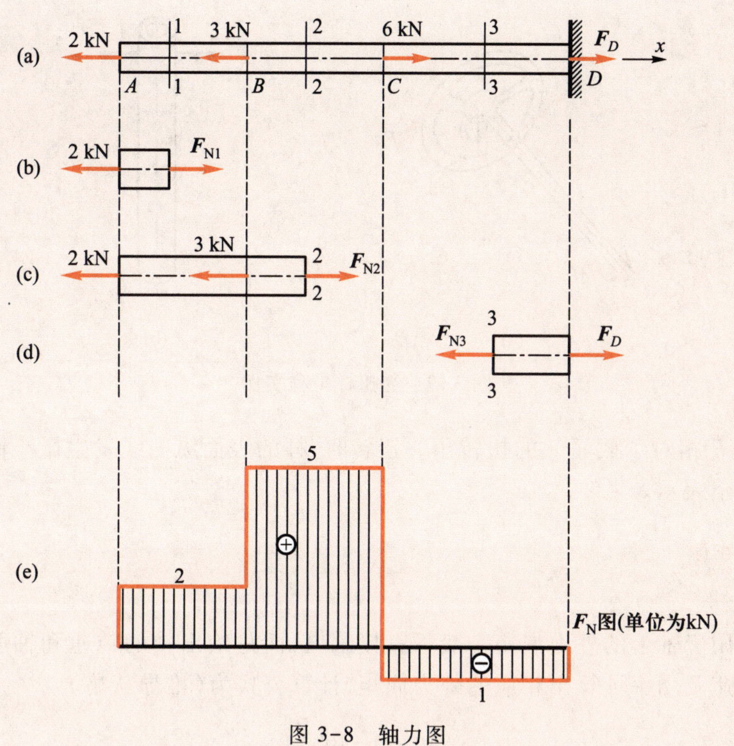

图 3-8　轴力图

解得

$$F_{N2}=5\ \text{kN}$$

同理，沿横截面 3-3 将杆截开，取右段为研究对象，可得轴力 $\boldsymbol{F}_{N3}$（图 3-8d）为

$$F_{N3}=F_D=-1\ \text{kN}$$

算得的结果为负，表明 $\boldsymbol{F}_{N3}$ 为压力。

（3）根据各段 $\boldsymbol{F}_N$ 值，绘出轴力图，如图 3-8e 所示（坐标系通常不画出）。由图可知，BC 段各横截面上的轴力最大，最大轴力 $F_{Nmax}=5\ \text{kN}$。以后称内力较大的截面为**危险截面**。

轴力图一般应与计算简图对正。在图上应标注内力的数值及单位，在图框内均匀地画出垂直于横轴的纵坐标线，并标明正负号。当杆竖直放置时，正负值可分别画在杆的任一侧，并标明正负号。

*第 3 节　受扭圆杆的内力计算

一、受扭杆工程实例

在工程中，有很多承受扭转的杆件。例如汽车方向盘的操纵杆（图 3-9a），钻机的钻杆（图 3-9b）等。工程中常把以扭转为主要变形的杆件称为**轴**。

受扭杆件的受力特点是：在杆件两端受到两个作用面垂直于杆轴线的力偶的作用，两力偶大小相等、转向相反。其变形特点是：杆件任意两个横截面都绕杆轴线作相对转动，两横截面之间的相对角位移称为**扭转角**，用 φ 表示。前面图 3-3 所示则是受扭杆的变形简图，其

微课
扭转变形特点

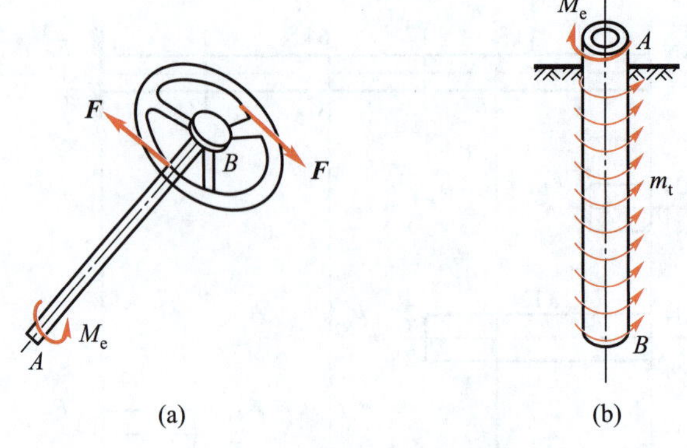

图 3-9　受扭杆工程实例

中 φ 表示截面 B 相对于截面 A 的扭转角。扭转时，杆的表面纵向线发生微小倾斜，表面纵向线的倾斜角用 γ 表示。

二、扭矩和扭矩图

1. 外力偶矩的计算

工程中作用于轴上的外力偶矩一般不直接给出，而是给出轴的转速和轴所传递的功率。这时需先由转速及功率计算出相应的外力偶矩，计算公式为（推导从略）

$$M_e = 9\ 549\frac{P}{n} \tag{3-1}$$

式中　M_e——轴上某处的外力偶矩，N·m；

P——轴上某处输入或输出的功率，kW；

n——轴的转速，r/min。

2. 扭矩和扭矩图

确定了作用于轴上的外力偶矩之后，就可应用截面法求其横截面上的内力。设有一圆截面轴如图 3-10a 所示，在外力偶矩 M_e 作用下处于平衡状态，现求其任意 $m-m$ 横截面上的内力。

假想将轴在 $m-m$ 处截开，任取其中一段，例如取左段为研究对象（图 3-10b）。由于左端有外力偶作用，为使其保持平衡，$m-m$ 横截面上必存在一个内力偶矩。它是截面上分布内力的合力偶矩，称为**扭矩**，用 T 来表示。由平衡条件，有

$$T = M_e$$

若取右段为研究对象，也可得到相同的结果（图 3-10c），但扭矩的转向相反。

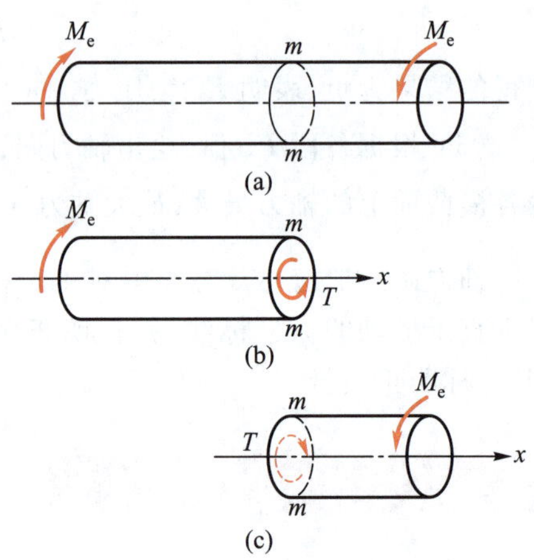

图 3-10　圆轴扭转内力

为了使同一截面上扭矩不仅数值相等，而且符号相同，对扭矩 T 的正负号作如下规定：**使右手四指的握向与扭矩的转向一致，若拇指指向截面外法线，则扭矩 T 为正**（图 3-11b），反之为负（图 3-11c）。显然，在图 3-10 中，$m-m$ 横截面上的扭矩 T 为正。

与求轴力一样，用截面法计算扭矩时，通常假定扭矩为正。

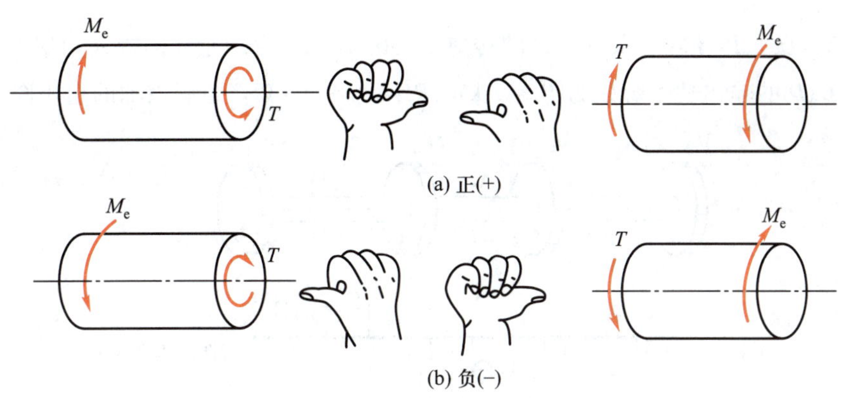

图 3-11　扭矩正负号的右手螺旋判定法

为了直观地表示出轴的各个横截面上扭矩的变化规律，与轴力图一样用平行于轴线的横坐标表示各横截面的位置，垂直于轴线的纵坐标表示各横截面上扭矩的数值，选择适当的比例尺，将扭矩随截面位置的变化规律绘制成图，称为**扭矩图**。在扭矩图中，把正扭矩画在横坐标轴的上方，负扭矩画在下方，且标上正号(+)、负号(-)。

例 3-2　轴的计算简图如图 3-12a 所示。试作出该轴的扭矩图。

解　该轴为不等截面的圆轴，且 A 端为固定端支座。从前面的分析中可以看出：内力的分布只与外力偶的作用位置有关，与截面面积无关。该题分为三段，即 AB、BD 和 DE 段进行计算。为了避免计算支座反力，各段在计算扭矩时，均可取右段为研究对象。

计算 1-1 截面的扭矩，如图 3-12c 所示：

$$\sum M=0, T_1-2\ \text{kN}\cdot\text{m}=0, T_1=2\ \text{kN}\cdot\text{m}$$

计算 2-2 截面的扭矩，如图 3-12d 所示：

$$\sum M=0, T_2+(8-2)\ \text{kN}\cdot\text{m}=0, T_2=-6\ \text{kN}\cdot\text{m}$$

计算 3-3 截面的扭矩，如图 3-12e 所示：

$$\sum M=0, T_3+(-9+8-2)\ \text{kN}\cdot\text{m}=0, T_3=3\ \text{kN}\cdot\text{m}$$

根据各控制截面扭矩值作扭矩图，如图 3-12b 所示。

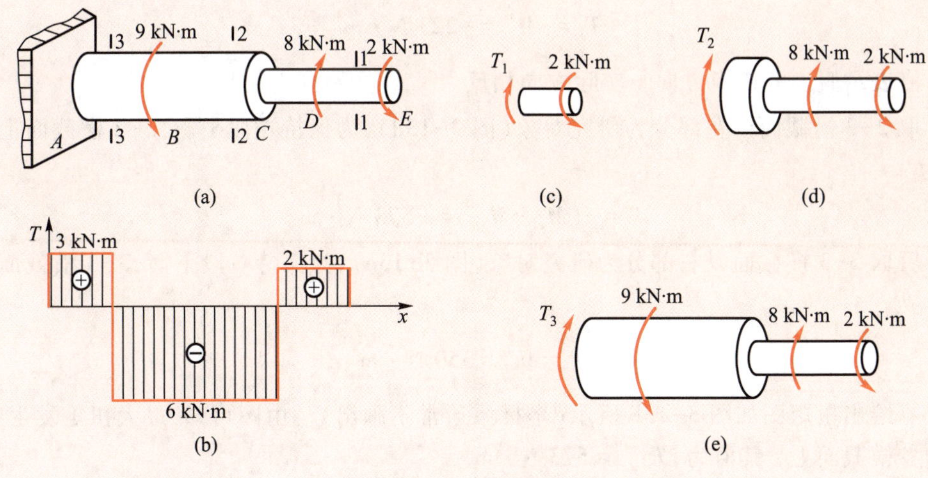

图 3-12　阶梯形圆轴

例 3-3　已知传动轴(图 3-13a)的转速 $n=300\ \text{r/min}$,主动轮 A 的输入功率 $P_A=29\ \text{kW}$,从动轮 B、C、D 的输出功率分别为 $P_B=7\ \text{kW}$,$P_C=P_D=11\ \text{kW}$。绘制该轴的扭矩图。

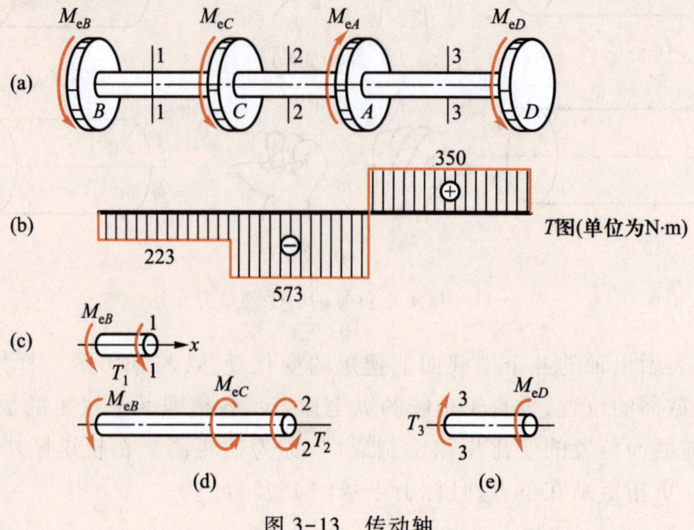

图 3-13　传动轴

解　(1) 计算外力偶矩。由式(3-1),轴上的外力偶矩为

$$M_{eA}=9\ 549\frac{P_A}{n}=9\ 549\frac{29\ \text{kW}}{300\ \text{r/min}}=923\ \text{N}\cdot\text{m}$$

$$M_{eB}=9\ 549\frac{P_B}{n}=9\ 549\frac{7\ \text{kW}}{300\ \text{r/min}}=223\ \text{N}\cdot\text{m}$$

$$M_{eC}=M_{eD}=9\ 549\frac{P_C}{n}=9\ 549\frac{11\ \text{kW}}{300\ \text{r/min}}=350\ \text{N}\cdot\text{m}$$

(2) 计算各段轴内横截面上的扭矩。利用截面法,取 1-1 横截面以左部分为研究对象(图 3-13c),为保持左段平衡,1-1 横截面上的扭矩 T_1 为

$$T_1=-M_{eB}=-223\ \text{N}\cdot\text{m}$$

T_1 为负值表示假设的扭矩方向与实际方向相反。

再取 2-2 横截面以左部分为研究对象(图 3-13d),为保持左段平衡,2-2 横截面上的扭矩 T_2 为

$$T_2=-(M_{eC}+M_{eB})=-573\ \text{N}\cdot\text{m}$$

最后取 3-3 横截面以右部分为研究对象(图 3-13e),为保持右段平衡,3-3 横截面上的扭矩 T_3 为

$$T_3=M_{eD}=350\ \text{N}\cdot\text{m}$$

(3) 绘出扭矩图如图 3-13b 所示(坐标系通常不画出)。由图可知,最大扭矩发生在 CA 段轴的各横截面上,其值为 $|T|_{\max}=573\ \text{N}\cdot\text{m}$。

第 4 节　单跨静定梁的内力计算

一、单跨梁工程实例

1. 梁工程实例

以弯曲为主要变形的杆件称为**梁**。梁是工程中应用比较广泛的一种构件。例如图 3-14a、b 所示的楼板梁、公路桥梁等。

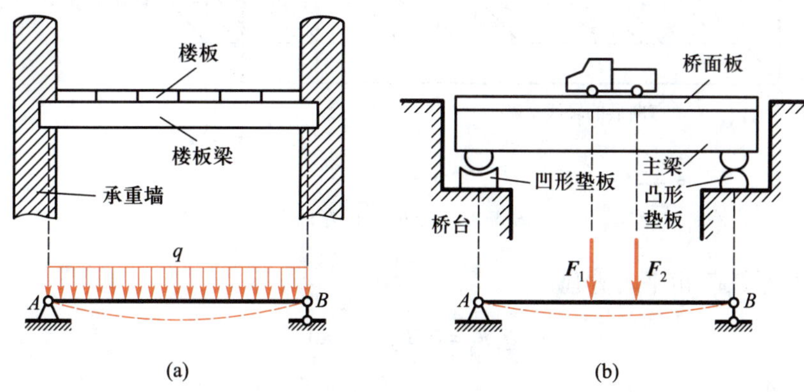

图 3-14　单跨梁工程实例

微课
弯曲

2. 平面弯曲的概念

工程中常用梁的横截面，都具有一个竖向对称轴，例如圆形、矩形、工字形和 T 形等（图 3-15）。梁的轴线与梁的横截面的竖向对称轴构成的平面，称为梁的**纵向对称面**（图 3-16）。如果梁的外力都作用在梁的纵向对称面内，则梁的轴线将在此对称面内弯成一条曲线，这样的弯曲变形称为**平面弯曲**。平面弯曲是工程中最常见的情况，也是最基本的弯曲问题，掌握了它的计算，对于工程应用以及进一步研究复杂的弯曲问题具有十分重要的意义。本课程主要研究平面弯曲问题。

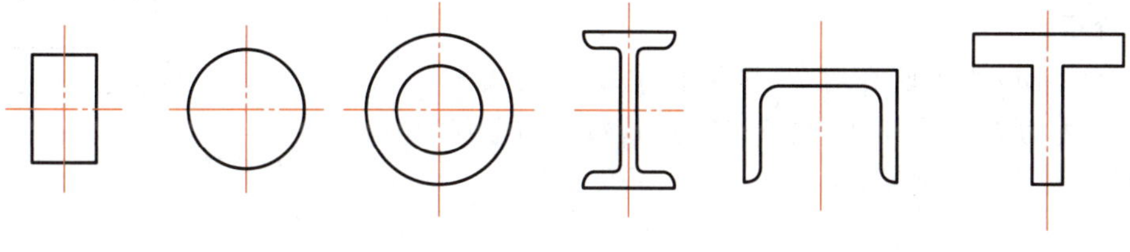

图 3-15　梁的横截面

二、梁的内力计算

1. 梁的剪力和弯矩计算

确定了梁上的外力后，梁横截面上的内力可用截面法求得。现以图 3-17a 所示简支梁，求其任意横截面 $m-m$ 上的内力为例，说明梁内力的具体计算。假想地沿横截面 $m-m$ 把梁截开成两段，取其中任一段，例如取左段为研究对象，将右段梁对左段梁的作用以截开面上的内力来代替。由图 3-17b 知，要使左段梁竖向平衡，在横截面 $m-m$ 上必然存在一个沿横

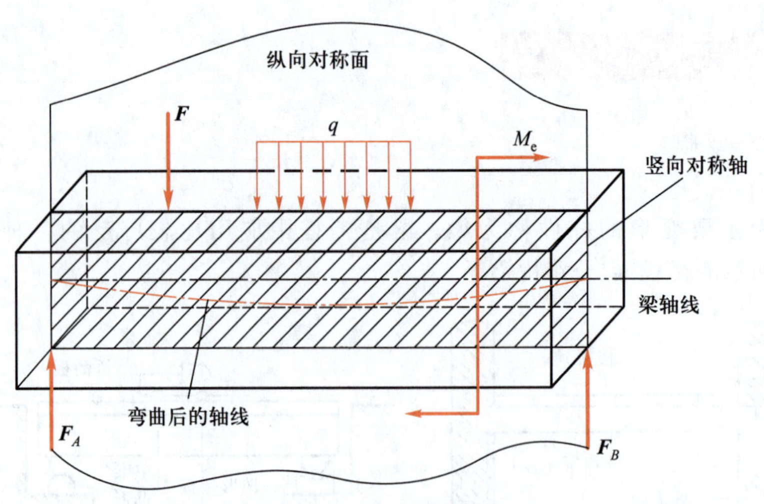

图 3-16　梁的平面弯曲

截面方向的内力 $\boldsymbol{F}_S$。由平衡方程

$$\sum F_y = 0, F_A - F_S = 0$$

得

$$F_S = F_A$$

$\boldsymbol{F}_S$称为**剪力**。因剪力 $\boldsymbol{F}_S$与支座反力 $\boldsymbol{F}_A$组成一力偶，故在横截面 $m-m$ 上必然还存在一个内力偶与之平衡。设此内力偶的矩为 M，则由平衡方程

$$\sum M_O = 0, M - F_A x = 0$$

得

$$M = F_A x$$

这里的矩心 O 是横截面 $m-m$ 的形心。这个内力偶矩 M 称为**弯矩**。

如果取右段梁为研究对象，则同样可求得横截面 $m-m$ 上的剪力 $\boldsymbol{F}_S$和弯矩 M（图 3-17c），且数值与上述结果相等，只是方向相反。

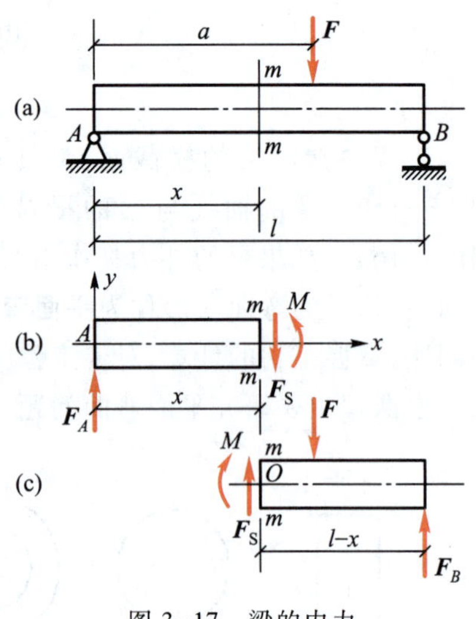

图 3-17　梁的内力

2. 剪力和弯矩正负号规定

为了使无论取左段梁，还是取右段梁，得到的同一横截面上的 $\boldsymbol{F}_S$和 M，不仅大小相等，而且正负号一致，根据变形来规定 F_S、M 的正负号：

（1）剪力的正负号。梁横截面上的剪力对微段内任一点的矩，顺时针方向转动时为正，反之为负（图 3-18a）；

（2）弯矩的正负号。截面上的弯矩使所考虑的分离体产生向下凸变形（下部受拉、上部受压）时规定为正号，是正弯矩；产生向上凸变形（上部受拉，下部受压）时规定为负号，是负弯矩（图 3-18b）。

根据上述规定，图 3-17 所画剪力 $\boldsymbol{F}_S$和弯矩 M 皆为正。

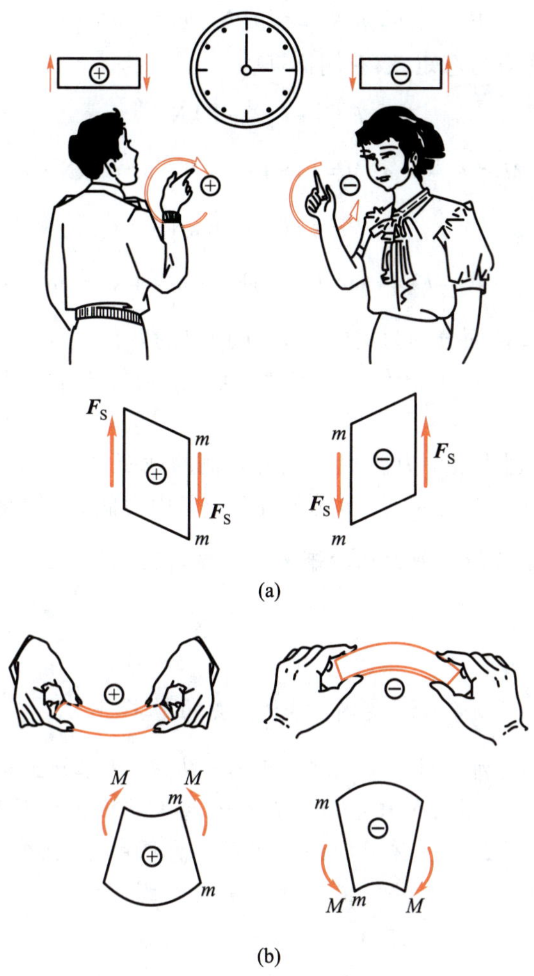

图 3-18　剪力和弯矩正负号规定

例 3-4　简支梁受集中力 $F=3\ \mathrm{kN}$，集中力偶 $M=2\ \mathrm{kN\cdot m}$ 作用，如图 3-19 所示，试求 1-1、2-2、3-3 和 4-4 截面上的剪力和弯矩。

解　(1) 求支座反力。由 $\sum M_B=0, F\times6\ \mathrm{m}-F_A\times8\ \mathrm{m}-M=0$

代入数据解得　　$F_A=2\ \mathrm{kN}$

由 $\sum F_y=0, F_A-F+F_B=0$

解得　$F_B=1\ \mathrm{kN}$

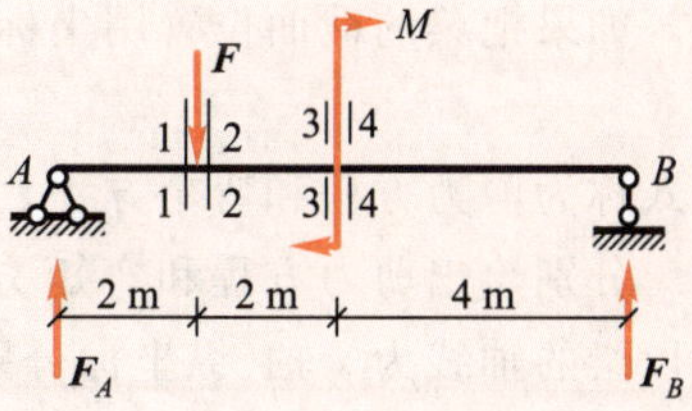

图 3-19　截面上的剪力和弯矩

(2) 计算各截面的剪力和弯矩。对 1-1 截面和 2-2 截面，取左侧计算。

$$F_{S1}=F_A=2\ \mathrm{kN}$$

$$M_1=F_A\times2\ \mathrm{m}=(2\times2)\mathrm{kN\cdot m}=4\ \mathrm{kN\cdot m}$$

$$F_{S2}=F_A-F=(2-3)\mathrm{kN}=-1\ \mathrm{kN}$$

$$M_2 = F_A \times 2\ \text{m} = (2\times 2)\ \text{kN}\cdot\text{m} = 4\ \text{kN}\cdot\text{m}$$

求 3-3 和 4-4 截面的剪力和弯矩，取右侧计算。

$$F_{S3} = -F_B = -1\ \text{kN}$$

$$M_3 = F_B \times 4\ \text{m} - M = (1\times 4-2)\ \text{kN}\cdot\text{m} = 2\ \text{kN}\cdot\text{m}$$

$$F_{S4} = -F_B = -1\ \text{kN}$$

$$M_4 = F_B \times 4\ \text{m} = (1\times 4)\ \text{kN}\cdot\text{m} = 4\ \text{kN}\cdot\text{m}$$

本例中，1-1 和 2-2 截面分别为集中力 $\boldsymbol{F}$ 作用点的两侧截面。从计算出的剪力和弯矩的数值知，集中力 $\boldsymbol{F}$ 两侧的剪力值有一个突变，且突变值等于集中力 $\boldsymbol{F}$ 的值。而集中力作用处两侧的弯矩值相等。

3-3 和 4-4 截面分别为集中力偶 M 作用处两侧的截面，从计算结果知：集中力偶作用处两侧的剪力没有变化，而弯矩有突变，其突变值等于集中力偶 M 的数值。

以上的结论，对于梁截面上剪力和弯矩的计算具有普遍性。

小贴士

作梁内力图方法的选择

作梁内力图的方法：列方程法是一种最基本的方法，从原则上讲，什么样的静定梁都能以此作出内力图，不过，梁或荷载略微复杂点作起来就很困难了，工程上一般不用；微分关系法又称简捷法，是工程上常用的一种作梁内力图的方法；对于有些问题如用叠加法作弯矩图较方便，那就用叠加法。工程师们常采用的方式是，哪种方法简单就用哪种方法，不拘一格，初学者学习时就要养成这种习惯。

三、作剪力图和弯矩图

（一）用列剪力方程和弯矩方程法作剪力图和弯矩图

上节的计算表明，一般情况下，梁上各截面的剪力和弯矩值是随截面位置不同而变化的。如果把梁的截面位置用坐标 x 表示，则剪力和弯矩是 x 的函数，即

$$F_S = F_S(x),\ M = M(x)$$

上式称为剪力方程和弯矩方程。

分别绘出剪力方程和弯矩方程所表达的函数关系的函数图形，就是**剪力图**和**弯矩图**。即以梁的轴线为 x 轴，纵坐标分别表示各截面的剪力值和弯矩值。下面举例说明其作法。

例 3-5 简支梁受集度为 q 的均布载荷作用，如图 3-20a 所示，试作出其剪力图和弯矩图。

解 （1）求支座反力。由于梁的对称性得

$$F_A = F_B = \frac{1}{2}ql$$

（2）列剪力方程和弯矩方程。以梁左端 A 为原点，距原点为 x 处截面的剪力和弯矩为

$$F_S(x)=\frac{ql}{2}-qx \qquad (0<x<l)$$

$$M(x)=\frac{ql}{2}x-qx\cdot\frac{x}{2}=\frac{ql}{2}x-\frac{q}{2}x^2 \qquad (0\leqslant x\leqslant l)$$

(3) 作剪力图和弯矩图

剪力方程为一次函数：当 $x=0$ 时 $F_{SA}=\frac{ql}{2}$，当 $x=l$ 时 $F_{SB}=\frac{ql}{2}-q\times l=-\frac{ql}{2}$

以两点作剪力图，如图 3-20b 所示。

弯矩方程为二次函数，其图形为二次抛物线，至少需求三点，即两端点 A、B 点和抛物线顶点（此时顶点在跨中 C 点）。

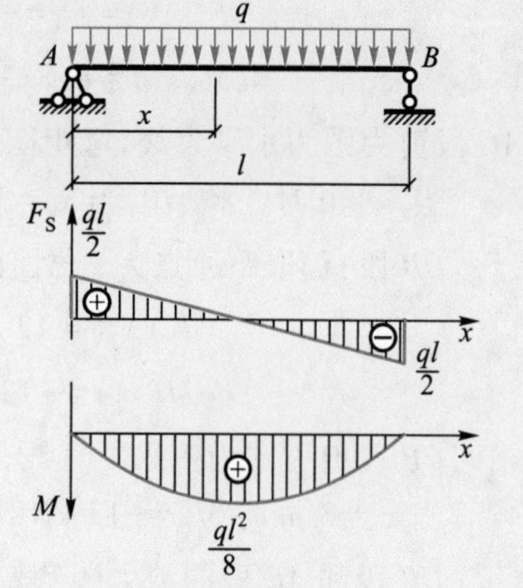

图 3-20　简支梁

当 $x=0$ 时 $M_A=0$，当 $x=l$ 时 $M_B=\frac{ql}{2}\cdot l-\frac{ql^2}{2}=0$，当 $x=\frac{l}{2}$ 时 $M_C=\frac{ql}{2}\cdot\frac{l}{2}-\frac{q}{2}\cdot\left(\frac{l}{2}\right)^2=\frac{ql^2}{8}$。将三点用一光滑曲线连成一抛物线，即为梁的弯矩图（图 3-20c）。

注意：土木工程中，弯矩图画在受拉侧，不标正负号。

例 3-6　一外伸梁在 B 处受 12 kN 的集中力作用，如图 3-21a 所示，试作此梁的剪力图和弯矩图。

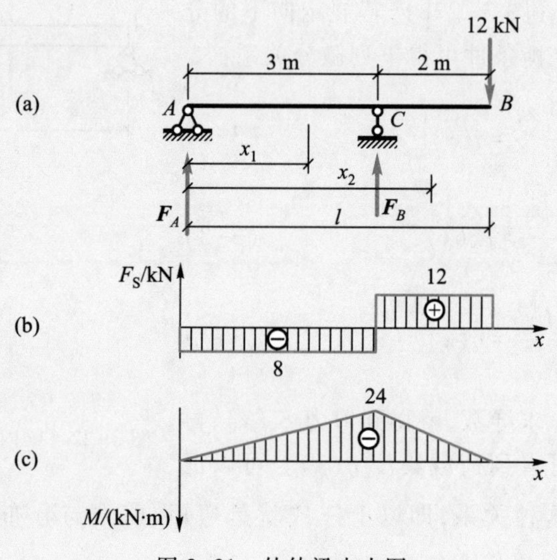

图 3-21　外伸梁内力图

解　(1) 求支座反力。由 $\sum M_C=0$，$-F_A\times 3\ \text{m}-12\ \text{kN}\times 2\ \text{m}=0$，解得 $F_A=-8$ kN。由 $\sum M_A=0$，$-12\ \text{kN}\times 5\ \text{m}+F_B\times 3\ \text{m}=0$，解得 $F_B=20$ kN。

(2) 列剪力方程和弯矩方程。

AC 段：取距原点为 x_1 处的任意截面，x_1 取值范围是从 0 到 3 m。

$$F_S(x_1)=F_A=-8\ \text{kN} \qquad (0<x_1<3\ \text{m})$$

$$M(x_1)=F_A\times x_1=-8x_1 \qquad (0\leqslant x_1\leqslant 3\ \text{m})$$

AC 段剪力图为水平直线，弯矩图为一斜直线。

当 $x_1=0$ 时 $M_A=0$，当 $x_1=3$ m 时 $M_C=-8\ \text{kN}\times 3\ \text{m}=-24\ \text{kN}\cdot\text{m}$。

CB 段：仍取距原点为 x_2 处任意截面，x_2 的取值范围是从 3 m 到 5 m。

$$F_S(x_2)=12\ \text{kN} \qquad (3\ \text{m}<x_2<5\ \text{m})$$

$$M(x_2)=-12\times(5-x_2) \qquad (3\ \text{m}\leqslant x_2\leqslant 5\ \text{m})$$

CB 段剪力图为一水平直线，弯矩图为一斜直线。

当 $x_2=3$ m 时 $M_C=-12\ \text{kN}\times(5-3)\ \text{m}=-24\ \text{kN}\cdot\text{m}$，当 $x_2=5$ m 时 $M_B=0$。

CB 段和 AC 段的剪力图和弯矩图如图 3-21b、c 所示。

（二）用简捷法作梁的剪力图和弯矩图

1. 弯矩 $M(x)$、剪力 $F_S(x)$ 和荷载集度 q 的微分关系

用剪力方程和弯矩方程绘制剪力图和弯矩图，过程比较繁琐，而且很容易出错。下面用另一种方法：即利用弯矩、剪力和载荷集度间的微分关系，得出有关的结论来绘制剪力图和弯矩图。

首先，简单推导一下弯矩、剪力和载荷集度间的微分关系。

对图 3-22a 所示的弯曲梁，取任意分布载荷 $q(x)$ 段上的一微段，微段长 dx，距离坐标原点为 x。

取微段 dx 为脱离体（图 3-22b），若规定向下的分布荷载集度为负，利用平衡条件可得下列微分关系：

$$\frac{\mathrm{d}F_S(x)}{\mathrm{d}x}=q(x) \tag{3-2}$$

$$\frac{\mathrm{d}M(x)}{\mathrm{d}x}=F_S(x) \tag{3-3}$$

$$\frac{\mathrm{d}M^2(x)}{\mathrm{d}x^2}=q(x) \tag{3-4}$$

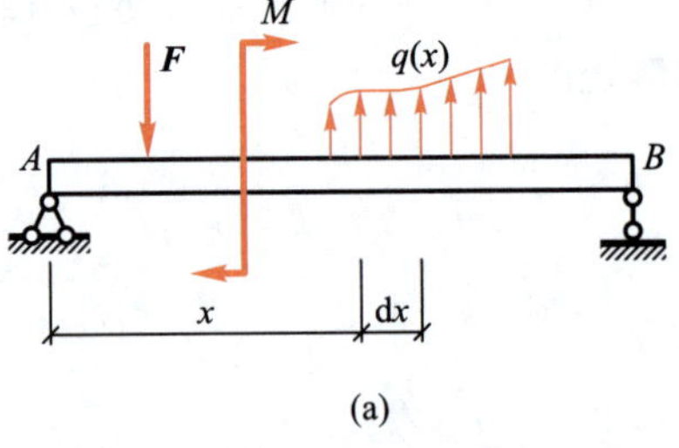

(a)

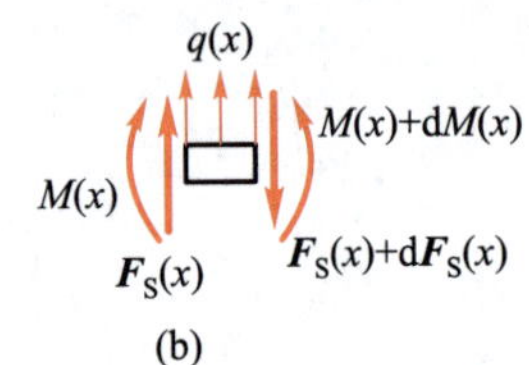

(b)

图 3-22 梁内力与荷载集度 q 的关系

即将弯矩 $M(x)$ 对 x 求导数，就得到剪力 $F_S(x)$；再将 $F_S(x)$ 对 x 求导数，可得到荷载集度 $q(x)$。可以证明，在直梁中普遍存在这种关系，即以上三式就是弯矩、剪力与分布荷载集度之间的**微分关系**。

根据式(3-2)～式(3-4)，可得出剪力图和弯矩图的如下规律：

(1) 在无荷载作用的一段梁上，即 $q(x)=0$。由 $\dfrac{\mathrm{d}F_S(x)}{\mathrm{d}x}=q(x)=0$，可知，该梁段内各横截面上的剪力 $F_S(x)$ 为常数，故剪力图必为平行于 x 轴的直线。再由 $\dfrac{\mathrm{d}M(x)}{\mathrm{d}x}=F_S(x)=$ 常数，可知，弯矩 $M(x)$ 为 x 的一次函数，故弯矩图必为斜直线，其倾斜方向由剪力符号决定：

当 $F_S(x)>0$ 时，弯矩图为向下倾斜的直线；

当 $F_S(x)<0$ 时，弯矩图为向上倾斜的直线；

当 $F_S(x)=0$ 时，弯矩图为水平直线。

以上这些规律，都可从例 3-5 和例 3-6 中的剪力图和弯矩图得到验证。

(2) 在均布荷载作用的一段梁上，即 $q(x)=$ 常数 $\neq 0$。由 $\dfrac{d^2M(x)}{d^2x}=\dfrac{dF_S(x)}{dx}=q(x)=$ 常数知，该梁段内各横截面上的剪力 $F_S(x)$ 为 x 的一次函数，而弯矩 $M(x)$ 为 x 的二次函数，故剪力图必然是斜直线，而弯矩图是抛物线。其内力图具体规律为：

当 $q(x)>0$（荷载向上）时，剪力图为向上倾斜的直线，弯矩图为向上凸的抛物线；

当 $q(x)<0$（荷载向下）时，剪力图为向下倾斜的直线，弯矩图为向下凸的抛物线。

由 $\dfrac{dM(x)}{dx}=F_S(x)$ 还可知，若某横截面上的剪力 $F_S(x)=0$，则该截面上的弯矩 $M(x)$ 必为极值。梁的最大弯矩有可能发在剪力为零的横截面上。以上这些也可从例 3-5、例 3-6 中的剪力图和弯矩图得到验证。

(3) 在集中力作用处，剪力图出现突变，突变值为该处集中力的大小；此时弯矩图的斜率也发生突然变化，因而弯矩图在此处出现一折角。以上这些也可从例 3-6 中的剪力图和弯矩图得到验证。

(4) 在集中力偶作用处，弯矩图出现突变，突变值为该处集中力偶矩的大小，但剪力图却没有变化，故集中力偶作用处两侧弯矩图的斜率相同。

为了方便记忆，将以上剪力图和弯矩图的图形规律归纳成表 3-1。

表 3-1　直梁在简单荷载作用下的内力图特征

梁上荷载情况	无荷载区 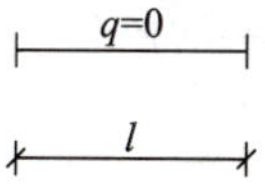 $q=0$ l			集中荷载作用处 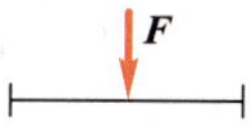 F	向下均布荷载区 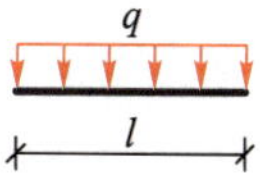 q l	集中力偶作用处 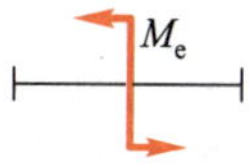 M_e
剪力图特征	水平直线			作用处突变	下倾斜直线	作用处无变化
	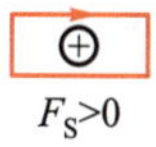 ⊕ $F_S>0$	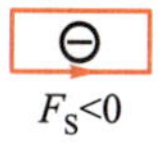 ⊖ $F_S<0$	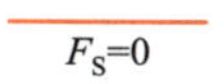 $F_S=0$	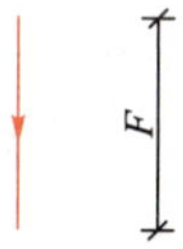 F	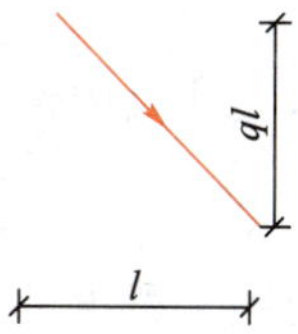 ql l	
弯矩图特征	下倾斜直线	上倾斜直线	水平直线	作用处折成尖角	向下凸的抛物线	作用处突变
	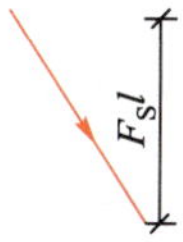 $F_S l$	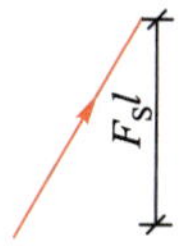 $F_S l$				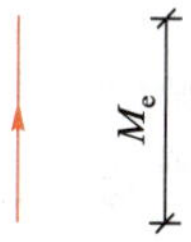 M_e

2. 用微分关系法绘制剪力图和弯矩图

利用上述规律,可以不必列出剪力方程和弯矩方程,可更简捷地绘制剪力图和弯矩图。这种绘制剪力图和弯矩图的方法比较简捷,常称为**简捷法**,其步骤如下。

(1) 分段。根据梁上所受外力情况,将梁分为若干段。通常选取梁上的外力不连续点(如集中力作用点、集中力偶作用点、分布荷载作用的起点和终点等)作为各段的起点和终点。

(2) 定形。根据各段梁上所受外力情况,判断各梁段的剪力图和弯矩图的形状。

(3) 定点。根据各梁段内力图的形状,计算特殊截面上的剪力值和弯矩值(如该段内力图是斜直线,只需确定两个点;如是抛物线,一般需确定三个点)。

(4) 绘图。逐段绘制剪力图和弯矩图。

例 3-7　试绘制图 3-23a 所示外伸梁的剪力图和弯矩图。

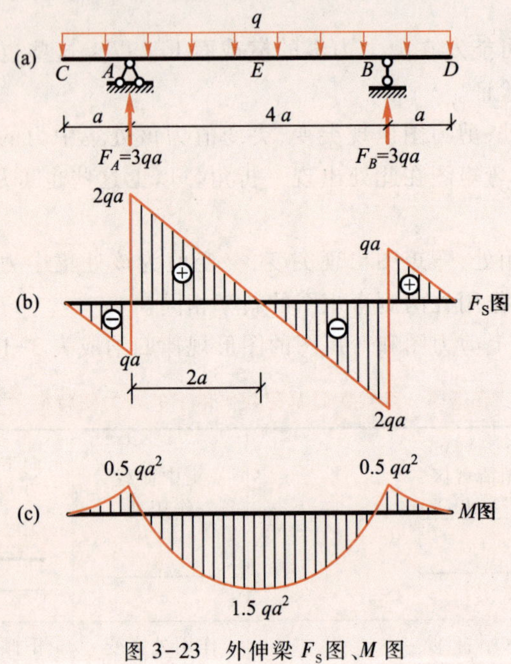

图 3-23　外伸梁 F_S 图、M 图

解　(1) 求支座反力。利用对称性,支座反力为

$$F_A = F_B = 3qa$$

(2) 绘剪力图。梁上的外力将梁分成 CA、AB、BD 三段。横截面 C 上的剪力 $F_{SC}=0$。CA 段受向下均布荷载的作用,剪力图为向右下倾斜的直线。由内力计算规律,支座 A 左侧横截面上的剪力为

$$F_{SA}^{L} = -qa$$

横截面 A 上受支座反力 $\boldsymbol{F}_A$ 的作用,剪力图向上突变,突变值等于 $\boldsymbol{F}_A$ 的大小 $3qa$。支座 A 右侧横截面上的剪力为

$$F_{SA}^{R} = -qa + F_A = 2qa$$

AB 段受向下均布荷载的作用，剪力图为向右下倾斜的直线。支座 B 左侧横截面上的剪力为

$$F_{SB}^{L}=-3qa+qa=-2qa$$

并

$$F_{SA}^{R}-qx=2qa-qx=0$$

得剪力为零的横截面 E 的位置 $x=2a$。横截面 B 上受支座反力 $\boldsymbol{F}_B$ 的作用，剪力图向上突变，突变值等于 $\boldsymbol{F}_B$ 的大小 $3qa$。支座 B 右侧横截面上的剪力为

$$F_{SB}^{R}=qa$$

BD 段受向下均布荷载的作用，剪力图为向右下倾斜的直线。横截面 D 上的剪力 $F_{SD}=0$。全梁的剪力图如图 3-23b 所示。

(3) 绘弯矩图。横截面 C 上的弯矩 $M_C=0$。CA 段受向下均布荷载的作用，弯矩图为向下凸的抛物线。由内力计算规律，横截面 A 上的弯矩为

$$M_A=-\frac{1}{2}\times qa\times a=-\frac{qa^2}{2}$$

AB 段受向下均布荷载的作用，弯矩图为向下凸的抛物线。横截面 E 上的弯矩为

$$M_E=F_A\times 2a-3qa\times\frac{3a}{2}=\frac{3qa^2}{2}$$

横截面 B 上的弯矩为

$$M_B=-\frac{1}{2}\times qa\times a=-\frac{qa^2}{2}$$

BD 段受向下均布荷载的作用，弯矩图为向下凸的抛物线。横截面 D 上的弯矩 $M_D=0$。全梁的弯矩图如图 3-23c 所示。

梁的最大剪力发生在支座 A 右侧和支座 B 左侧横截面上，其值为 $|F_S|_{max}=2qa$。最大弯矩发生在跨中点横截面 E 上，其值为 $M_{max}=\dfrac{3qa^2}{2}$，该截面上的剪力 $F_{SE}=0$。

提示：本题亦可绘出 CE 段梁的剪力图和弯矩图，利用对称性而得到全梁的剪力图和弯矩图。

例 3-8　绘出图 3-24a 所示梁的剪力图和弯矩图。

解　(1) 计算支座反力。由 $\sum M_A=0$ 和 $\sum M_B=0$，求得 $F_{Ay}=50\ \text{kN}$，$F_{By}=10\ \text{kN}$。

(2) 分 CA、AB 两段求各控制点的内力值。

CA 段(无载段)　$F_{SC}^{R}=-20\ \text{kN}$，$M_C=0$，$M_A=-20\ \text{kN}\times 2\ \text{m}=-40\ \text{kN}\cdot\text{m}$

CA 段的剪力图是水平直线，弯矩图是斜直线，求出了控制点的剪力值和弯矩值后，可以很容易作出其剪力图和弯矩图。

AB 段(均载段)　求出 AB 段两端的剪力：$F_{SA}^{R}=(-20+50)\text{kN}=30\ \text{kN}$，$F_{SB}^{L}=-F_B=-10\ \text{kN}$。

求出 AB 段两端的弯矩：$M_A=-40\ \text{kN}\cdot\text{m}$，$M_B^{L}=0$。

由于弯矩图是二次抛物线，还应求出极值点处的弯矩。极值发生在剪力为零处，首先求

出极值点位置 D,极值点位置可通过剪力图求得:图中设 $BD=x$,根据相似三角形的比例关系有$\frac{4-x}{x}=\frac{30}{10}$,$x=1$ m。然后求出极值点处的弯矩 $M_D=F_B\times 1\ \text{m}-q\times 1\ \text{m}\times\frac{1}{2}\ \text{m}=5\ \text{kN}\cdot\text{m}$,

最后得到的剪力图、弯矩图如图 3-24b、c 所示。

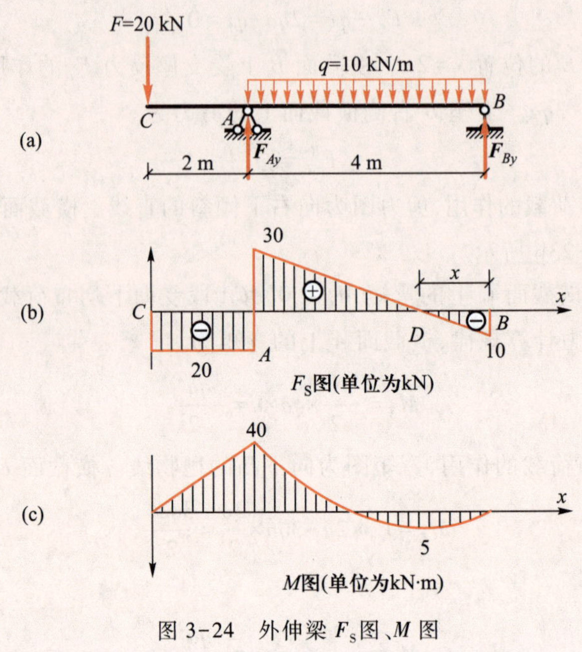

图 3-24 外伸梁 F_S图、M 图

(三) 用叠加法绘梁的弯矩图

在小变形的条件下,结构在多个荷载作用下产生的某量值(包括反力、内力、变形等)等于每一个荷载作用下产生的该量值的叠加,这就是**叠加原理**。叠加原理反映了荷载对构件影响的独立性。

用叠加法作梁的弯矩图:首先作出梁在每一个简单荷载作用下的弯矩图,然后将每一处的弯矩值利用梁在每一个简单荷载作用下的该处弯矩值相叠加而求得。

对某些梁段,用叠加原理来绘制弯矩图比较简便。

例 3-9 用叠加法作图 3-25a 所示简支梁的弯矩图。

解 在 F 和 M_0的单独作用下梁的弯矩图,如图 3-25b、c 所示。

现作在 F 和 M_0的共同作用下梁的弯矩图:先作单独在 M_0作用下的弯矩图,以该弯矩图中 ef 为基准线,叠加上在 F 单独作用下的弯矩图;其中图 3-25b 中是负弯矩,在上方,图 3-25c中是正弯矩,在下方,叠加后,重叠的部分正负抵消,叠加后的弯矩图如图 3-25a 所示。

即使对于图 3-26a 中 CD 段也可以利用叠加法绘制弯矩图,称为**区段叠加法**。

对于图 3-26a 中无载段的弯矩图,仅需要求出控制点的弯矩值,连成直线即可。对于均载段 CD,可取 CD 为隔离体,其两端的剪力和弯矩假定如图 3-26b 所示,由于整体是处于平衡状态,图 3-26b 中梁在外力和内力的共同作用下也处于平衡状态。此隔离体与相应简支梁(图 3-26c)相比较,由静力平衡条件可知 $F_{Cy}=F_{SC}$,$F_{Dy}=F_{SD}$,可见二者完全相同。图 3-26c

的弯矩图用叠加法很容易作出，如图 3-26d 所示。该弯矩图即为图 3-26a 中 CD 段的弯矩图。

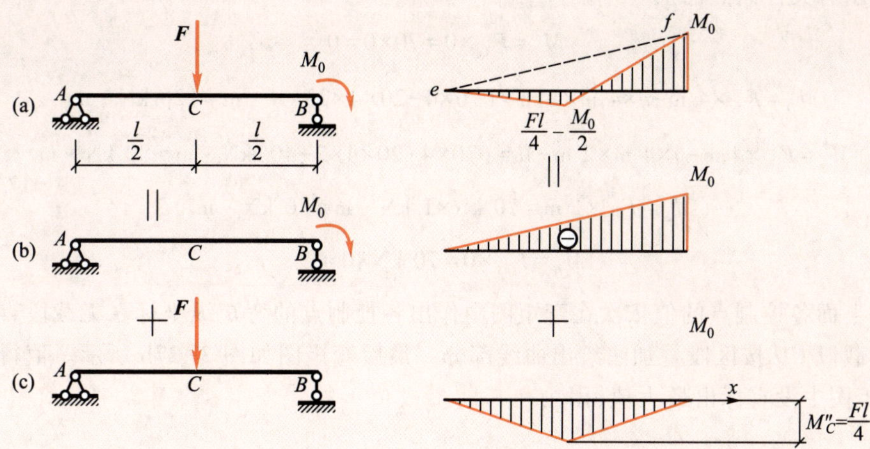

图 3-25　用叠加法作简支梁的弯矩图

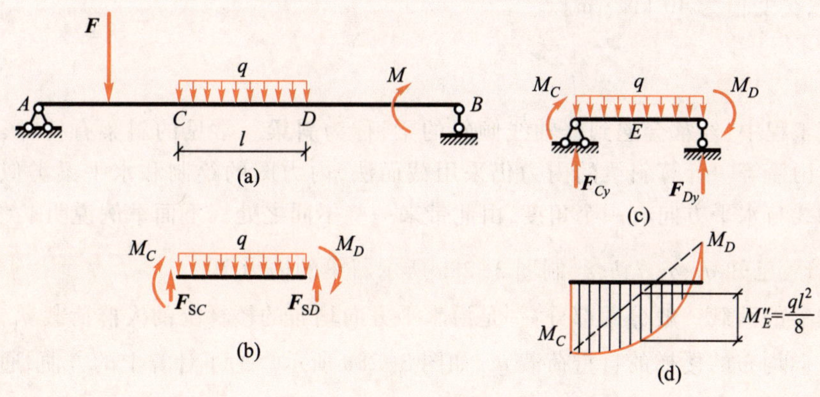

图 3-26　区段叠加法

例 3-10　用区段叠加法作图 3-27a 所示简支梁的弯矩图

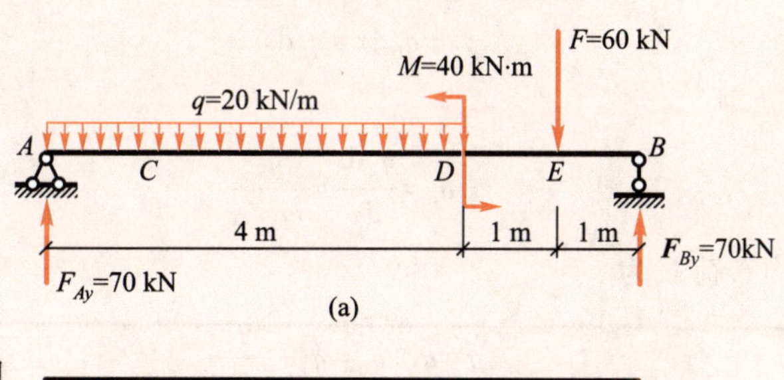

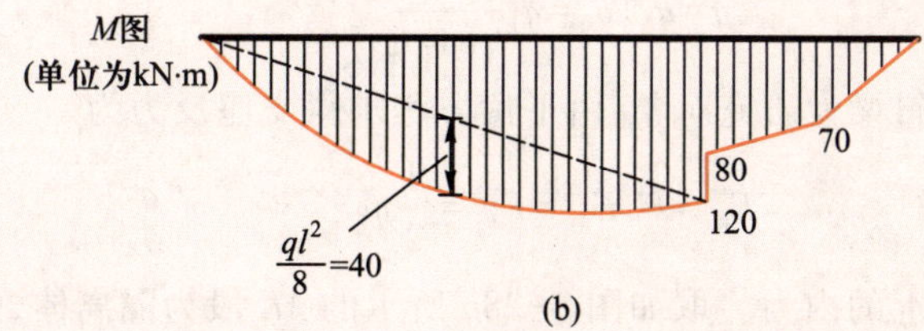

图 3-27　用区段叠加法作简支梁的弯矩图

解　(1) 求支反力。由 $\sum M_A=0$,求得　$F_{By}=70\ \text{kN}$;$\sum M_B=0$,求得　$F_{Ay}=70\ \text{kN}$。

(2) 求有关控制点的值

$$M_A=F_{Ay}\times 0=70\times 0=0$$

$$M_D^{\text{L}}=F_{Ay}\times 4\ \text{m}-q\times 4\ \text{m}\times 2\ \text{m}=(70\times 4-20\times 4\times 2)\ \text{kN}\cdot\text{m}=120\ \text{kN}\cdot\text{m}$$

$$M_D^{\text{R}}=F_{Ay}\times 4\ \text{m}-q\times 4\ \text{m}\times 2\ \text{m}-M=(70\times 4-20\times 4\times 2-40)\ \text{kN}\cdot\text{m}=80\ \text{kN}\cdot\text{m}$$

$$M_E=F_{By}\times 1\ \text{m}=70\ \text{kN}\times 1\ \text{kN}\cdot\text{m}=70\ \text{kN}\cdot\text{m}$$

$$M_B=F_{By}\times 0=70\ \text{kN}\times 0=0$$

根据上面各控制点的值依次在弯矩图中作出各控制点的弯矩纵坐标。无载段直接连成直线。均载段 CD 按区段叠加法绘出曲线部分。最后弯矩图如图 3-27b 所示。值得注意的是:此弯矩图中没有标出最大值,因为弯矩的最大值不一定发生在集中力偶或集中力作用处,而是发生在剪力等于零的截面。

注:D 截面因有集中力偶作用,弯矩要发生突变,M_D^{L} 表示左边 D 截面弯矩,M_D^{R} 表示右边 D 截面弯矩,突变值为 40 kN · m。

四、斜梁的内力计算

在建筑工程中,经常会遇到杆轴线倾斜的梁,称为**斜梁**。常见的斜梁有楼梯、锯齿形楼盖和火车站雨篷等。计算斜梁的内力仍采用截面法,内力图的绘制和水平梁类似。但要注意斜梁的轴线与水平方向有一个角度,由此带来一些不同之处。下面举例说明。

例 3-11　已知 q_1、q_2、l、h,绘制图 3-28a 所示斜梁的内力图。

解　斜梁的荷载一般分两部分:一是沿水平方向均布的楼梯上的人群荷载 q_1,二是沿楼梯梁轴线方向均布的楼梯的自重荷载 q_2,如图 3-28a 所示。为了计算上的方便,通常将沿楼梯轴线方向均布的自重荷载 q_2换算成沿水平方向均布的荷载 q_0,如图 3-28b 所示。然后再进行内力计算和内力图的绘制。

(1) 换算荷载。换算时可以根据在同一微段上合力相等的原则进行,即

$$q_0\text{d}x=q_2\text{d}s$$

因此

$$q_0=\frac{q_2\text{d}s}{\text{d}x}=\frac{q_2}{\cos\alpha}$$

沿水平方向总的均布荷载为

$$q=q_1+q_0=q_1+\frac{q_2}{\cos\alpha}$$

(2) 求支座反力。取斜梁为研究对象,由平衡方程求得支座反力为

$$F_{Ax}=0,F_{Ay}=F_{By}=\frac{1}{2}ql$$

(3) 计算任一截面 K 上的内力。取如图 3-28c 所示的 AK 段为隔离体,由平衡方程可求得内力表达式为

$$M(x)=F_{Ay}x-\frac{1}{2}qx^2=\frac{1}{2}qlx-\frac{1}{2}qx^2$$

$$F_S(x)=F_{Ay}\cos\alpha-qx\cos\alpha=\left(\frac{1}{2}ql-qx\right)\cos\alpha$$

$$F_N(x)=-F_{Ay}\sin\alpha+qx\sin\alpha=-\left(\frac{1}{2}ql-qx\right)\sin\alpha$$

（4）绘制内力图。由 $M(x)$、$F_S(x)$ 和 $F_N(x)$ 的表达式绘出内力图，分别如图 3-28d、e、f 所示。

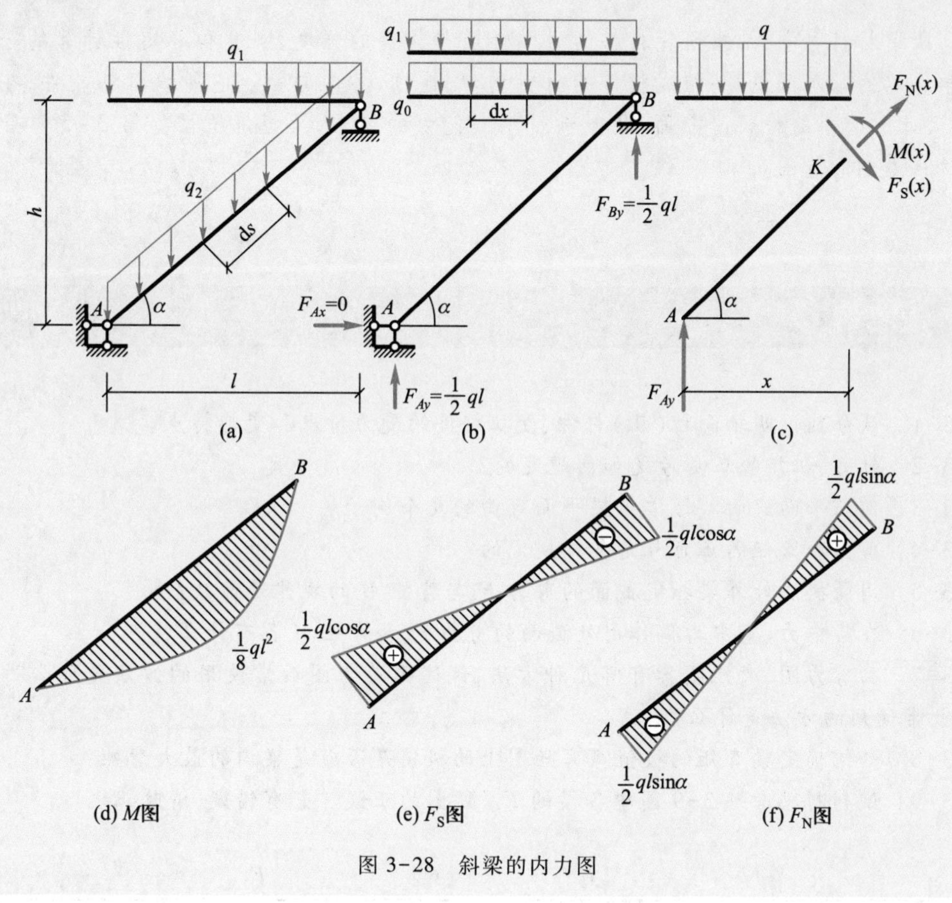

图 3-28　斜梁的内力图

小知识

简支斜梁与对应水平梁内力之关系

简支斜梁与简支水平梁是常见的一种结构。试问，对于同跨度、同水平均布荷载 q 作用的两种简支梁其内力具有什么关系呢？其弯矩关系为：各对应截面的弯矩值相同，即各截面弯矩为 $M=\frac{1}{2}qlx-\frac{1}{2}qx^2$；其剪力关系为：各对应截面剪力值相差 $\cos\alpha$ 倍，即水

平梁 $F_{S0}=\dfrac{1}{2}ql-qx$，斜梁 $F_S=F_{S0}\cos\alpha$；其轴力关系为：水平简支梁轴力为零，而对应简支斜梁各截面轴力为 $F_N=-\left(\dfrac{1}{2}ql-qx\right)\sin\alpha$。其中 α 为斜梁与水平面夹角。

小知识

材料力学

所谓材料力学，是指研究材料的力学性质与构件的强度、刚度和稳定性计算的一门科学。它的基本假设是：组成杆件的材料均匀、连续、各向同性。它所设计的构件，在形状、尺寸和选用的材料诸方面，既能满足承载能力的要求，又经济适用。第 3~5 章皆属于材料力学的范围。

思考题

3-1　试分别说明轴向拉（压）杆件、受扭杆件的受力特点和变形特点。

3-2　轴力、扭矩的正负号是如何规定的？

3-3　何谓平面弯曲？试举出梁平面弯曲的几个例子。

3-4　剪力和弯矩的正负号是怎样规定的？

3-5　用简捷法计算梁指定截面的剪力 $\boldsymbol{F}_S$ 与弯矩 M 的规律是什么？

3-6　在集中力、集中力偶作用处截面的剪力 $\boldsymbol{F}_S$ 和弯矩 M 各有什么特点？

3-7　画剪力图、弯矩图各有哪几种方法，试述画剪力图最常使用的方法是什么？画弯矩图最常使用的方法是什么？

3-8　如何确定梁弯矩的极值？弯矩图上的极值是否就是梁内的最大弯矩？

3-9　试判断思考题 3-9 图中各梁的 $\boldsymbol{F}_S$、M 图的正误。若有错误，请改正之。

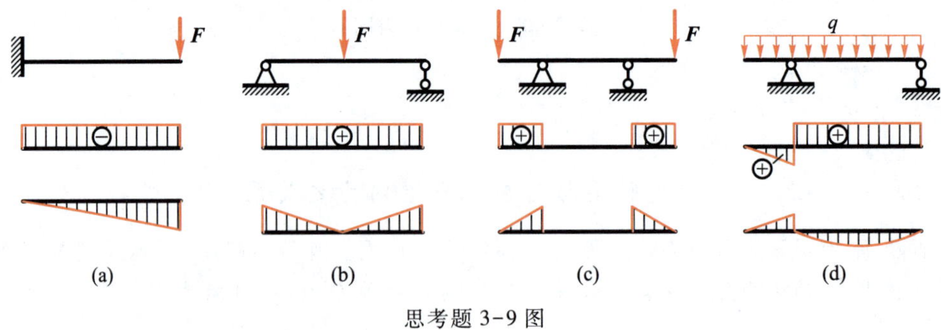

思考题 3-9 图

3-10　试指出思考题 3-10 图所示弯矩 M 图叠加的错误，并改正之。

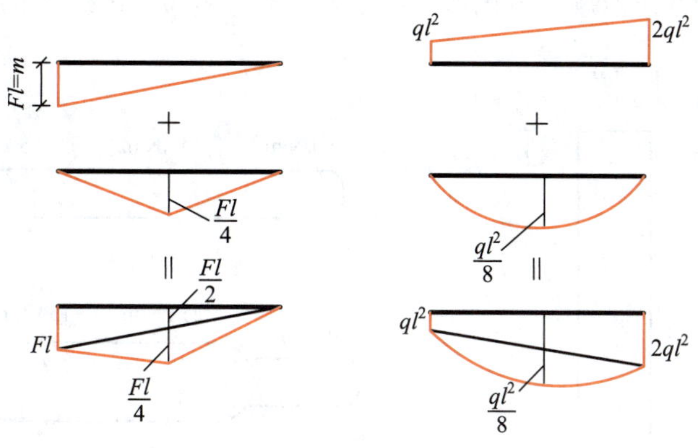

思考题 3-10 图

习题

3-1　求习题 3-1 图中 1-1、2-2 截面上的轴力。

3-2　试求习题 3-2 图中①杆和②杆的轴力。

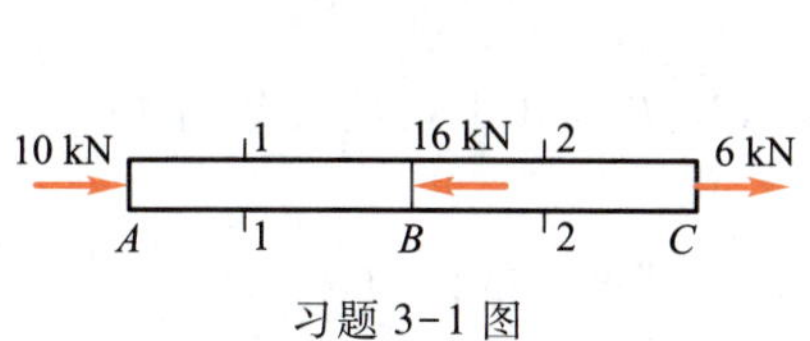

习题 3-1 图

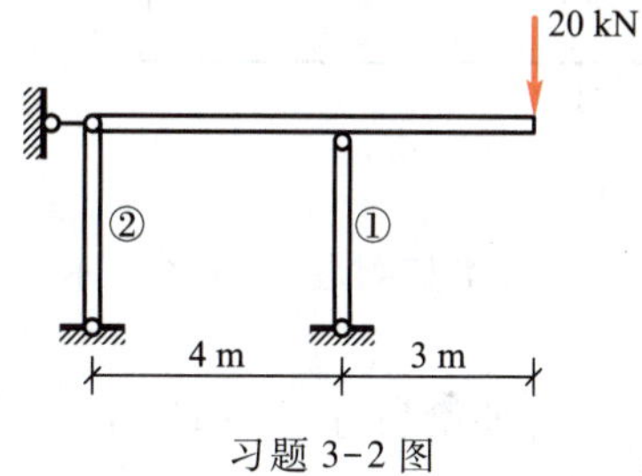

习题 3-2 图

3-3　作习题 3-3 图所示各杆的轴力图。

3-4　试绘出习题 3-4 图所示杆件轴力图。

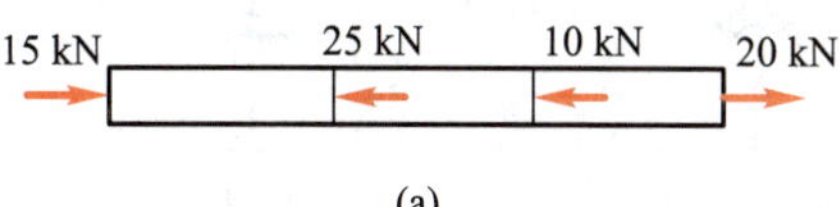

(a)

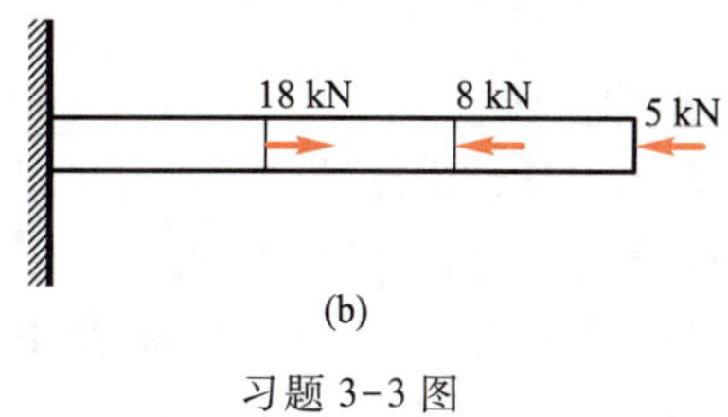

(b)

习题 3-3 图

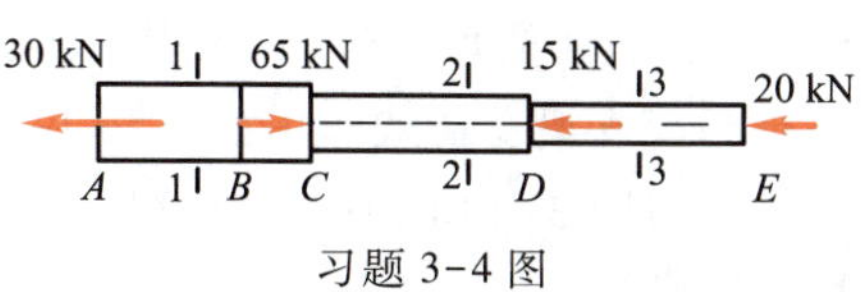

习题 3-4 图

3-5　习题 3-5 图所示截面面积为 A、高为 l 的等截面立柱，顶端受一集中力 $\boldsymbol{F}$ 的作用。试绘出图示立柱的轴力图。材料的重度为 γ。

3-6　试用截面法求习题 3-6 图所示圆轴各段的扭矩 M_e，并绘制扭矩图。

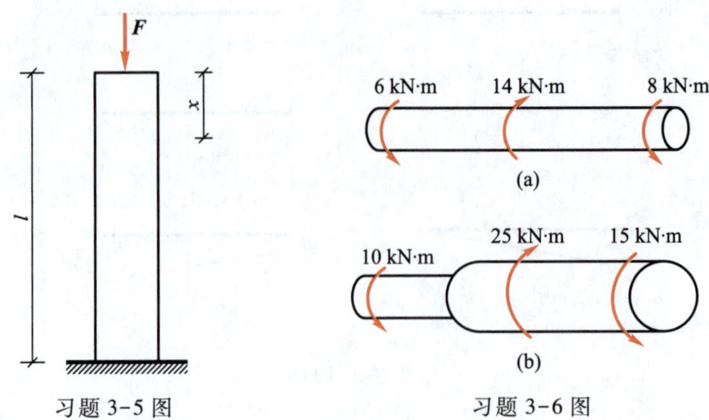

习题 3-5 图　　　　习题 3-6 图

3-7　习题 3-7 图所示传动轴，轴的转速 $n=300$ r/min，输入功率 $P_A=50$ kW，输出功率 $P_B=20$ kW、$P_C=30$ kW，试作该轴的扭矩图。

3-8　如习题 3-8 图所示传动轴，已知主动轮的输入功率 $P_B=18$ kW，从动轮的输出功率 $P_A=12$ kW、$P_C=4$ kW、$P_D=2$ kW，轴的转速 $n=200$ r/min，试画出其扭矩图。

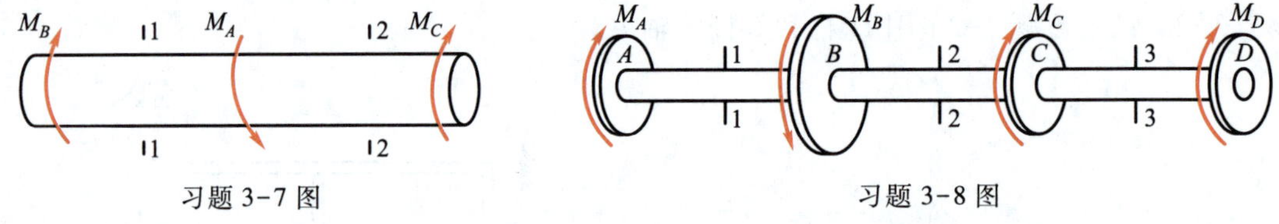

习题 3-7 图　　　　习题 3-8 图

3-9　简支梁如习题 3-9 图所示。已知 $F_1=40$ kN，$F_2=40$ kN，试求截面 1-1 上的剪力和弯矩。

3-10　外伸梁如习题 3-10 图所示，试求 1-1、2-2 截面上的内力。

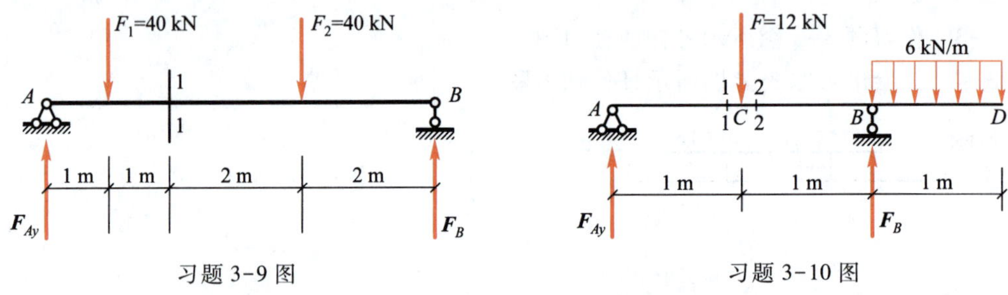

习题 3-9 图　　　　习题 3-10 图

3-11　试绘出习题 3-11 图所示梁的剪力图和弯矩图。

3-12　悬臂梁受均布荷载 q 作用，如习题 3-12 图所示。试绘出此梁的剪力图和弯矩图。

3-13　简支梁受荷载作用如习题 3-13 图所示，试绘制梁的 F_S 图和 M 图。

3-14　习题 3-14 图所示外伸梁。集中力 $F=40$ kN，均布载荷 $q=10$ kN/m，绘出梁的剪力图与弯矩图。

3-15　试用简捷法作习题 3-15 图所示梁的剪力图与弯矩图。

3-16　试用叠加法作习题 3-16 图所示梁的 M 图。

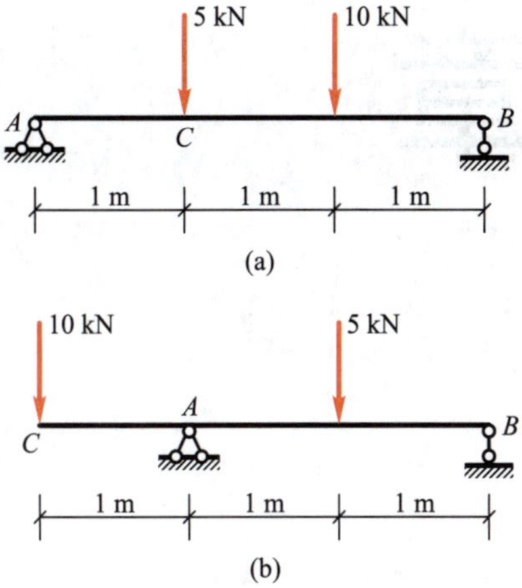

(a)

(b)

习题 3-11 图

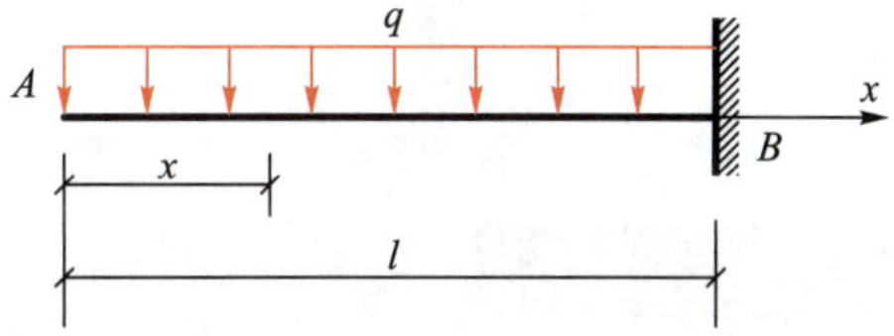

习题 3-12 图

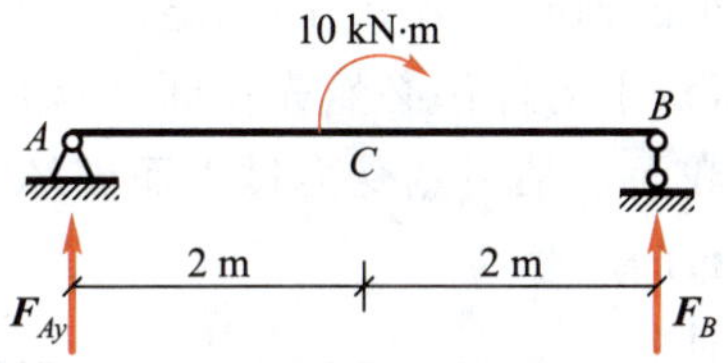

习题 3-13 图

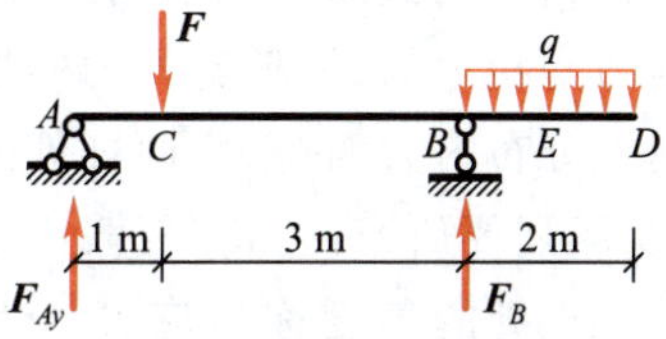

习题 3-14 图

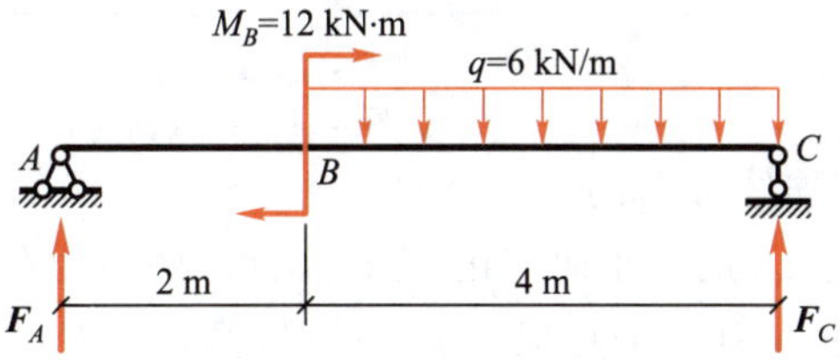

习题 3-15 图

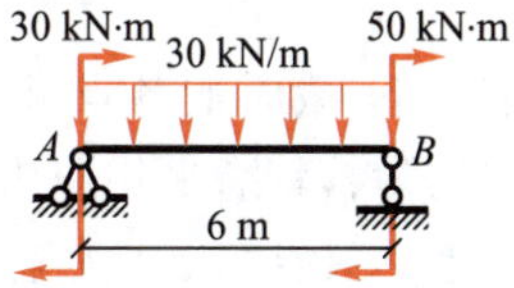

习题 3-16 图

3-17　试作习题 3-17 图所示简支斜梁的弯矩图。

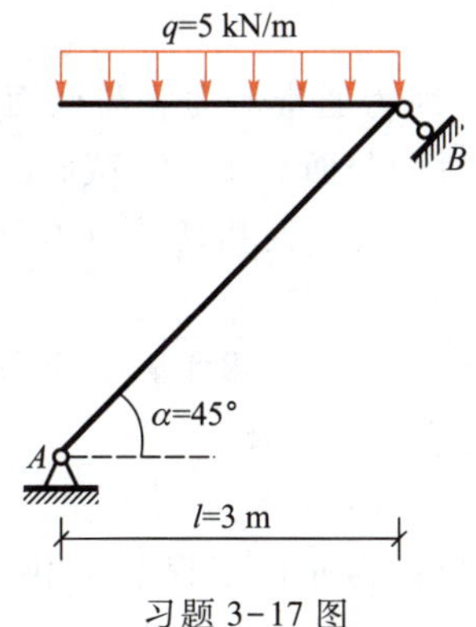

习题 3-17 图

第 4 章

杆件的应力与强度计算

第 1 节　应力的概念

用截面法只能求出杆件横截面上的内力。只凭内力的大小，还不能判断杆件是否破坏。例如，两根材料相同、截面面积不同的杆，受同样大小的轴向拉力 $\boldsymbol{F}$ 作用，显然这两根杆件横截面上的内力是相等的，但随着外力的增加，截面面积小的杆件必然先拉断。这是因为轴力只是杆横面上分布内力的合力，而杆件的破坏是因截面上某一点受力过大而破坏。因此，要保证杆不破坏，还要研究内力在杆截面上是怎样分布的。

内力在一点处的集度称为**应力**。为了说明截面上某一点 E 处的应力，绕 E 点取一微小面积 ΔA，作用在 ΔA 上的内力合力记为 $\Delta \boldsymbol{F}$（图 4-1a），则二者比值为 $p_m=\dfrac{\Delta F}{\Delta A}$，称 p_m 为 ΔA 上的平均应力。

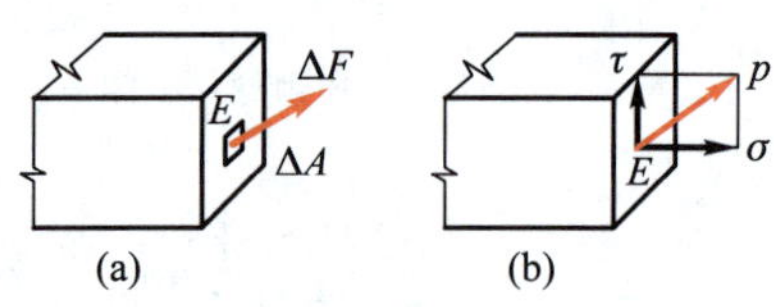

图 4-1　横截面上的应力

一般情况下，截面上各点处的内力是连续分布的，但并不一定均匀，因此，平均应力的值将随 ΔA 的大小而变化，它还不能表明内力在 E 点处的真实强弱程度。只有当 ΔA 无限缩小并趋于零时，平均应力 p_m 的极限值 p 才能代表 E 点处的**内力集度**，即

$$p=\lim_{\Delta A\to 0}\frac{\Delta F}{\Delta A}=\frac{\mathrm{d}F}{\mathrm{d}A}$$

式中　p——E 点处的应力。

应力 p 也称为 E 点的总应力。因为通常应力 p 与截面既不垂直也不相切，为了便于分析计算，力学中都是将其分解为垂直于截面和相切于截面的两个分量（图 4-1b）。与截面垂直的应力分量称为**正应力**，用 σ 表示；与截面相切的应力分量称为**切应力**，用 τ 表示。应力的单位为帕斯卡，简称为帕，符号为“Pa”。

1 Pa = 1 N/m^2，即 1 帕 = 1 牛/平方米。工程实际中应力的数值较大，显然上面应力单位太小了，工程中常用千帕（kPa）、兆帕（MPa）及吉帕（GPa）为单位，其中 k = 10^3，M = 10^6，G = 10^9，即 1 kPa = 10^{3}Pa；1 MPa = 10^{6}Pa；1 Gpa = 10^{9}Pa；工程图纸上，长度尺寸常以 mm 为单位，凡是没有标明单位的，都默认长度单位为 mm，工程上常用的应力单位为

$$1\ \mathrm{MPa}=10^6\mathrm{N/m^2}=10^6\mathrm{N}/10^6\mathrm{mm^2}=1\mathrm{N/mm^2}$$

小贴士

内容、思路和方法

杆件在外力作用下，在其内部产生内力；不同几何形状截面的杆件，其内力在杆件截面上的分布规律是不一样的；不同性质的内力，在截面上的分布规律也不相同；同样的内力，作用在不同截面或不同材料的杆件上，杆件变形和破坏方式也不同，即杆件承受荷载的能力与杆件的截面形状以及材料有关。本章着重掌握的内容为，杆件四种基本变形的应力计算和强度条件。研究的思路是，首先建立应力的概念，接着介绍拉压、剪切、扭转、弯曲杆的应力计算，拉压变形和常见韧性材料、脆性材料的力学性能，从而建立拉压、剪切、扭转、弯曲和组合杆的强度条件。

研究方法是，一观察，即对杆件四种基本变形的模型和实物进行具体观察，从中找出杆件变形规律，然后根据这些规律推出内力分布情况，据此建立内力相对应的应力和强度计算公式；二运用实验手段，得出常用材料在拉压、剪切、扭转、弯曲变形下的力学性能，从而建立相应的强度条件。

第 2 节　轴向拉压杆的应力与强度条件

一、轴向拉压杆横截面上的应力

轴向拉压杆件是最简单的受力杆件，只有轴向力。首先需要明确杆件横截面上内力分布规律，截面上的内力分布是不能直接观察到的，但内力与变形是有关系的。因此，要想找出内力在截面上的分布规律，通常采用的方法是，先进行相应实验，根据实验观察到的变形现象，做出一定的假设，然后以此为依据导出应力计算公式。现取一根等直杆（图4-2a），为了便于观察轴向受拉杆所发生的变形现象，未受力前在杆件表面均匀地画上若干与杆轴纵向平行的纵线，及与轴线垂直的横线，使杆件表面形成许多大小相同的小方格。然后在杆的两端施加一对轴向拉力 $\boldsymbol{F}$（图 4-2b），可以观察到，所有的纵线仍保持为直线，且各纵线都伸长了，但仍互相平行，小方格变成长方格；所有的横线仍保持为直线，且仍垂直于杆轴，只是相对距离增大了。

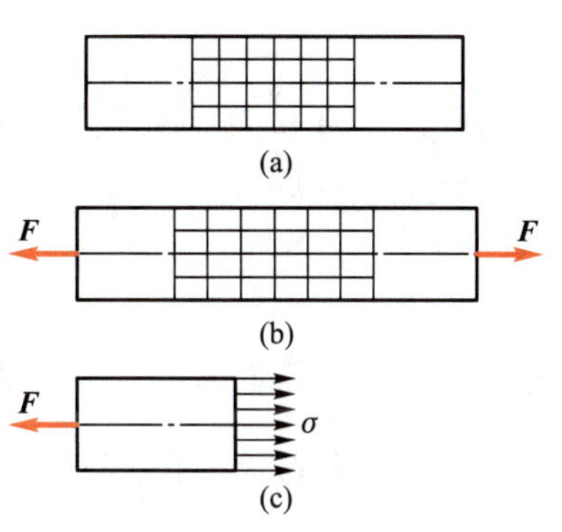

图 4-2　轴向拉伸变形

根据上述现象，可做如下假设：

（1）变形前杆件横截面为平面，变形后杆件横截面仍为平面且与杆轴线垂直，这就是**平面假设**。

（2）杆件可看作是由许多纵向纤维组成的，受拉后，所有纵向纤维的伸长量都相同。

由上述变形推理知，轴力是垂直于横截面的，故它相应的应力也必然垂直于横截面。故横截面上只有正应力，没有切应力。据此知：轴向拉伸时，杆件横截面上各点处只产生正应力，且大小相等(图 4-2c)。

由于拉压杆内力是均匀分布的，则各点处的正应力就等于横截面上的平均正应力，即

$$\sigma=\frac{F_N}{A} \tag{4-1}$$

式中　F_N——轴力；

A——横截面面积。

当杆件受轴向压缩时，上式同样适用。即拉应力为正，压应力为负，称为正的正应力，负的正应力。

二、轴向拉压杆斜截面上的应力

上面研究了拉压杆横截面上的应力计算，那么，其他截面上的应力怎样计算呢？

设图 4-3a 所示等直杆，在其两端分别作用一个大小相等的轴向外力 $\boldsymbol{F}$，现分析任意斜截面 m-n 上的应力。截面 m-n 的方位用其外法线 on 与 x 轴的夹角 α 表示，此时 α 角以从横截面外法线到斜截面外法线逆时针方向转动为正。

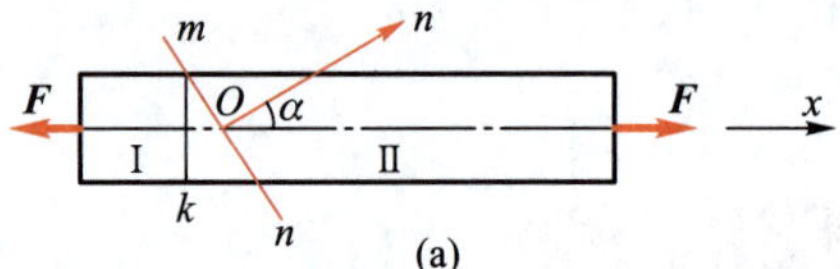

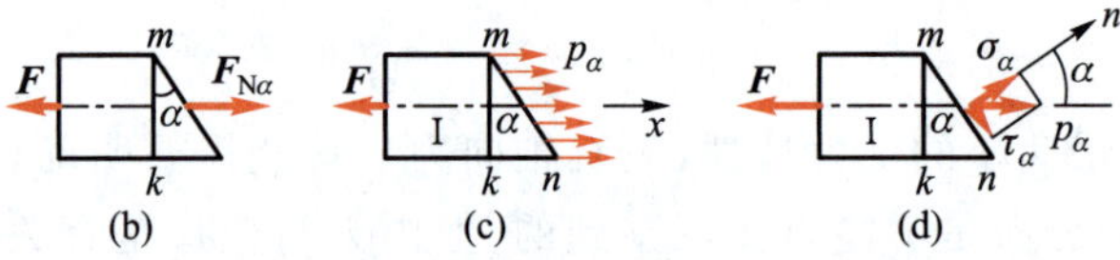

图 4-3　斜截面上的应力

将杆件在 m-n 截面处截开，取左半段为研究对象(图 4-3b)，由静力平衡条件 $\sum F_x=0$ 求得 α 截面上的应力

$$p_\alpha=\frac{F_{N\alpha}}{A_\alpha}=\frac{F_N}{A_\alpha}$$

式中　F_N——横截面 m-k 上的轴力；

A_α——斜截面面积，从几何上知 $A_\alpha=\dfrac{A}{\cos\alpha}$，将它代入上式得

$$p_\alpha=\frac{F_N}{A}\cos\alpha=\sigma\cos\alpha$$

p_α是斜截面任一点处的总应力(图 4-3c)，为研究方便，通常将 p_α分解为垂直于斜截面的正应力 σ_α和沿斜截面切线方向的切应力 τ_α(图 4-3d)，则

$$\sigma_\alpha=p_\alpha\cdot\cos\alpha=\sigma\cos^2\alpha \tag{4-2}$$

$$\tau_\alpha=p_\alpha\sin\alpha=\sigma\cos\alpha\sin\alpha=\frac{1}{2}\sigma\sin 2\alpha \tag{4-3}$$

式(4-2)、式(4-3)表示轴向受拉杆斜截面上任一点应力 σ_α 和 τ_α 的计算公式。

σ_α 和 τ_α 的正负号规定如下：正应力 σ_α 以拉应力为正，压应力为负；切应力 τ_α 以使研究对象绕其中任意一点，有顺时针转动趋势时为正，反之为负。

当 $\alpha=0°$时，正应力达到最大值

$$\sigma_{\max}=\sigma$$

由此可见，轴向拉压杆的最大正应力发生在横截面上。

当 $\alpha=\pm45°$时，切应力绝对值达到最大

$$|\tau_{\max}|=\frac{\sigma}{2}$$

即轴向拉压杆的绝对值最大的切应力发生在与杆轴成 45°的斜截面上。

当 $\alpha=90°$时，$\sigma_\alpha=\tau_\alpha=0$，它表明在平行于杆轴线的纵向截面上无任何应力。

例 4-1　图 4-4a 所示为一阶梯直杆受力情况，其横截面面积 AC 段为 $A_1=400\ \text{mm}^2$，CB 段为 $A_2=200\ \text{mm}^2$，不计自重，试绘出轴力图，并计算各段杆横截面上的正应力。

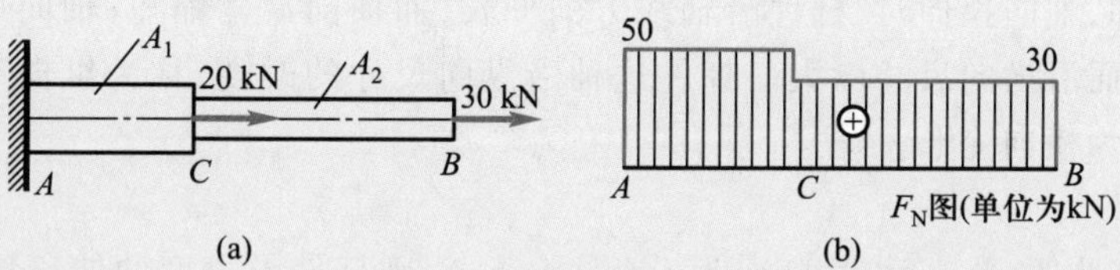

图 4-4　阶梯拉杆的应力

解　(1) 画轴力图。观察知，CB 段上的轴力 $F_{N2}=30\ \text{kN}$(拉力)；CA 段轴力 $F_{N1}=30\ \text{kN}+20\ \text{kN}=50\ \text{kN}$(拉力)。按比例绘出 F_N图，如图 4-4b 所示。

(2) 求各段横截面上的正应力

AC 段　$$\sigma_1=\frac{F_{N1}}{A_1}=\frac{50\times10^3\ \text{N}}{400\ \text{mm}^2}=125\ \text{MPa}$$

CB 段　$$\sigma_2=\frac{F_{N2}}{A_2}=\frac{30\times10^3\ \text{N}}{200\ \text{mm}^2}=150\ \text{MPa}$$

例 4-2　图 4-5 所示拉杆，拉力 $F=12\ \text{kN}$，横截面面积 $A=120\ \text{mm}^2$，试求 $\alpha=30°$、$\alpha=45°$、$\alpha=90°$各斜截面上的正应力和切应力。

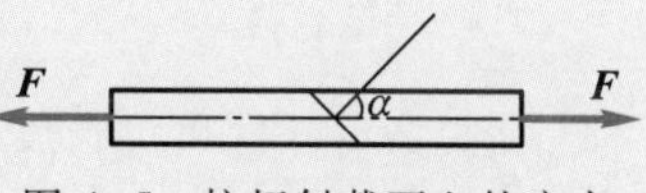

图 4-5　拉杆斜截面上的应力

解　(1) 求横截面上的正应力

由式(4-1)得 $$\sigma=\frac{F_N}{A}=\frac{12\times10^3\text{N}}{120\ \text{mm}^2}=100\ \text{N/mm}^2=100\ \text{MPa}$$

(2) 求 $\alpha=30°$斜截面上的正应力与切应力

由式(4-2)得 $$\sigma_{30°}=\sigma\cos^2 30°=100\ \text{MPa}\times\left(\frac{\sqrt{3}}{2}\right)^2=75\ \text{MPa}$$

由式(4-3)得 $$\tau_{30°}=\frac{1}{2}\sigma\sin 2\alpha=\frac{1}{2}\times100\ \text{MPa}\times\frac{1}{2}=25\ \text{MPa}$$

(3) 同理得

$$\sigma_{45^\circ}=\sigma\cos^2 45^\circ=100\ \text{MPa}\times\left(\frac{\sqrt{2}}{2}\right)^2=50\ \text{MPa}$$

$$\tau_{45^\circ}=\frac{1}{2}\sigma\sin(2\times45^\circ)=50\ \text{MPa}$$

$$\sigma_{90^\circ}=\sigma\cos^2 90^\circ=\sigma\ =0$$

$$\tau_{90^\circ}=\frac{1}{2}\sigma\sin(2\times90^\circ)=0$$

由具体计算又证实：拉压杆横截面上只有正应力，在各斜面上不仅有正应力，而且还有切应力，在纵向截面上正应力、切应力皆为零。

三、轴向拉压时的变形

由观察可知，轴向拉伸时，杆件沿轴线方向伸长，而横向尺寸缩短；轴向压缩时，杆件沿轴线方向缩短，而沿横向尺寸增大。杆件这种沿纵向尺寸的改变，称为**纵向变形**，而沿横向尺寸的改变，称为**横向变形**。

1. 纵向变形

设杆件原长为 L，受拉后，长度变为 L_1（图 4-6a），则杆件沿长度的伸长量 $\Delta L=L_1-L$，称为**纵向绝对变形**，单位是毫米(mm)。显然，拉伸时 ΔL 为正，压缩时 ΔL 为负。

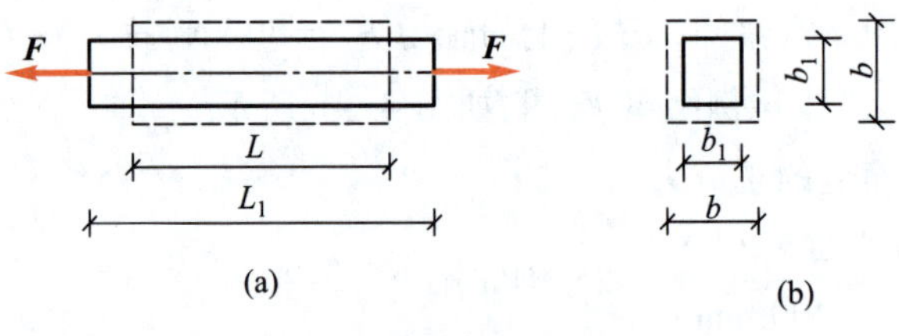

图 4-6　纵向变形

纵向绝对变形除以原长度称为**相对变形**或**线应变**，记为 ε，其表达式为

$$\varepsilon=\frac{\Delta L}{L} \tag{4-4}$$

线应变表示杆件单位长度的变形量，量纲为 1，其正负号规定与纵向绝对变形相同。

2. 横向变形

设轴向拉伸杆件，原来横向尺寸为 b，变形后为 b_1（图 4-6b），则横向绝对缩短量为

$$\Delta b=b_1-b$$

相应地横向相对变形 ε' 为

$$\varepsilon'=\frac{\Delta b}{b}$$

与纵向变形相反，杆件伸长时，横向尺寸减小，Δb 与 ε' 亦为负；杆件压缩时，横向尺寸增大，Δb 与 ε' 均为正值。

3. 泊松比

杆件轴向拉伸、压缩时，其横向相对变形与纵向相对变形之比的绝对值，称为横向变形

因数，又称泊松比，用 ν 表示，即

$$\nu=\left|\frac{\varepsilon'}{\varepsilon}\right|$$

由于 ε' 与 ε 的符号总是相反的，故有 $\varepsilon'=-\nu\varepsilon$。

泊松比是一个量纲为 1 的量。试验证明，当杆件应力不超过某一限度时，ν 为常数。各种材料的 ν 值由实验测定。

4. 胡克定律

拉压实验证明，当应力不超过某一限度时，轴向拉压杆件的纵向绝对变形 ΔL 与外力 F、杆件原长 L 成正比，与杆件横截面面积 A 成反比，即

$$\Delta L\propto\frac{FL}{A}$$

引入比例常数 E，上式可写成等式 $\Delta L=\dfrac{FL}{EA}$。

由于轴向拉压时 $F_N=F$，故上式可改写为

$$\Delta L=\frac{F_N l}{EA} \tag{4-5}$$

这一关系式是由英国胡克 1678 年首先提出，称为**胡克定律**。

将 $\sigma=F_N/A$ 及 $\varepsilon=\Delta L/L$ 代入式(4-5)得

$$\sigma=E\varepsilon \tag{4-6}$$

式(4-5)说明，当杆件应力不超过某一限度时，其纵向绝对变形与轴力、杆长成正比，与横截面面积成反比。式(4-6)是胡克定律的又一表达形式，它可表述为当应力不超过某一限度时，应力与应变成正比。

式(4-5)、式(4-6)中的比例常数 E 称为**弹性模量**，由实验测定。由于应变 ε 是量纲为 1 的量，所以弹性模量 E 的单位与应力的单位相同。

从式(4-5)、式(4-6)还可以看出，当 σ 一定时，E 值越大，ε 就越小。因此弹性模量反映了材料抵抗拉伸或压缩变形的能力。此外，EA 越大，杆件的变形就越小，因此 EA 表示杆件抵抗拉(压)变形的能力，故 EA 称为杆件的**抗拉(压)刚度**。

需要指出的是，应用胡克定律计算变形时，在杆长 L 范围内，F_N、E、A 都应是常量。

例 4-3　试计算图 4-7a 所示支架杆 1 及杆 2 的变形。已知杆 1 为钢杆，$A_1=8\ \text{cm}^2$，$E_1=200\ \text{GPa}$；杆 2 为木杆，$A_2=400\ \text{cm}^2$，$E_2=12\ \text{GPa}$，$F=120\ \text{kN}$。

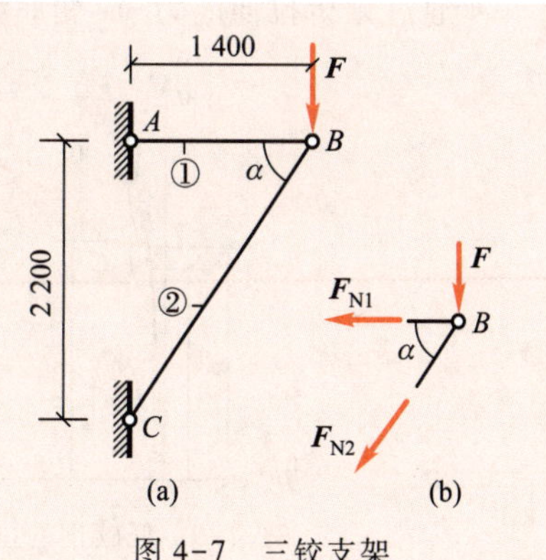

图 4-7　三铰支架

解　(1) 求各杆的轴力，取 B 结点为研究对象(图 4-7b)，列平衡方程

$$\sum F_y=0 \qquad -F-F_{N2}\sin\alpha=0 \tag{a}$$

$$\sum F_x=0 \qquad F_{N1}-F_{N2}\cos\alpha=0 \tag{b}$$

$\tan\alpha=\dfrac{AC}{AB}=\dfrac{2\ 200}{1\ 400}=1.57$，故 $\alpha=57.53°$，$\sin\alpha=0.843$，$\cos\alpha=0.537$，代入式(a)、(b)解得

$$F_{N1}=76.4\ \text{kN}(\text{拉杆}),F_{N2}=-142.3\ \text{kN}(\text{压杆})$$

（2）计算杆的变形，由式(4-5)得

$$\Delta l_1=\frac{F_{N1}l_1}{E_1A_1}=\frac{76.4\times10^3\times1.4}{200\times10^9\times8\times10^{-4}}\text{m}=6.685\times10^{-4}\text{m}=0.669\ \text{mm}$$

$$\Delta l_2=\frac{F_{N2}l_2}{E_2A_2}=\frac{-142.3\times10^3\times\dfrac{2.2}{\sin\alpha}}{12\times10^9\times400\times10^{-4}}\text{m}=-7.74\times10^{-4}\text{m}=-0.774\ \text{mm}$$

四、材料轴向拉压时的力学性能

材料的力学性能是由实验得到的。试件的尺寸和形状对实验结果有很大的影响。为了便于比较不同材料的实验结果，在做实验时，应该将材料做成国家统一的标准试件(图 4-8)。试件的中间部分较细，两端加粗，便于将试件安装在实验机的夹具中。在中间等直部分上标出一段作为工作段，用来测量变形，其长度称为标距 l。为了便于比较不同粗细试件工作段的变形程度，通常对圆截面标准试件的标距 l 与横截面直径 d 的比例加以规定：10 倍试件 $l=10d$ 和 5 倍试件 $l=5d$。矩形截面试件标距和截面面积 A 之间的关系规定为

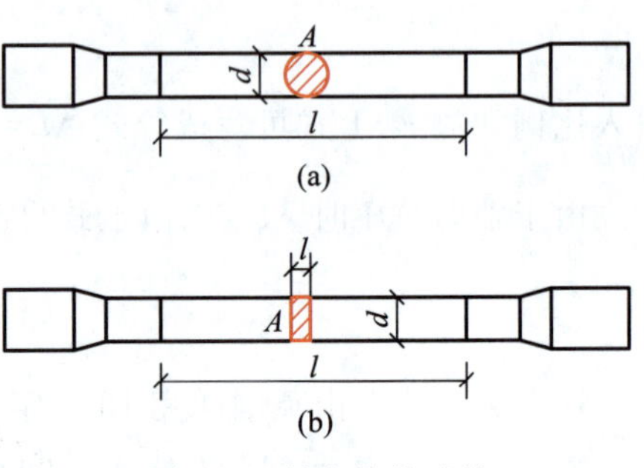

图 4-8　轴向拉伸试件

$$l_{10}=11.3\sqrt{A}(\text{长试件})\text{和}\ l_5=5.65\sqrt{A}(\text{短试件})$$

当选定好标准试件之后，将试件安装在材料实验机上，使试件承受轴向拉伸。通过缓慢的加载过程，实验机会自动记录下试件所受的荷载和变形，得到应力与应变的关系曲线，称为**应力-应变曲线**。

在建筑材料中，将材料分成两大类，即塑性材料和脆性材料。对于不同的材料，其应力-应变曲线有很大的差异。图 4-9 所示为典型的塑性材料——低碳钢的拉伸应力-应变曲线；图 4-10 所示为典型的脆性材料——铸铁的拉伸应力-应变曲线。

通过分析拉伸应力-应变曲线，可以得到材料的若干力学性能指标。

微课
低碳钢拉伸实验

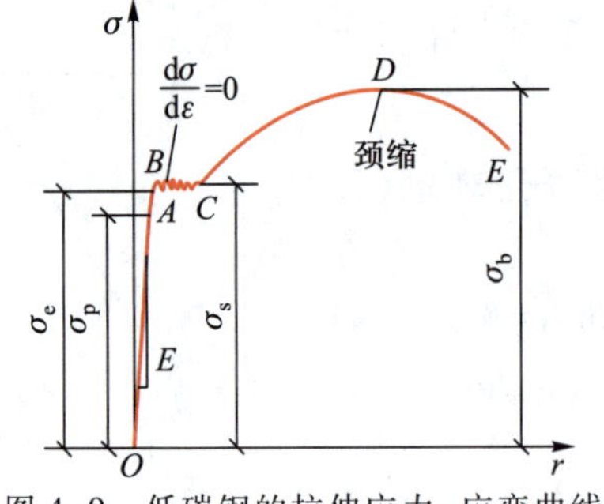

图 4-9　低碳钢的拉伸应力-应变曲线

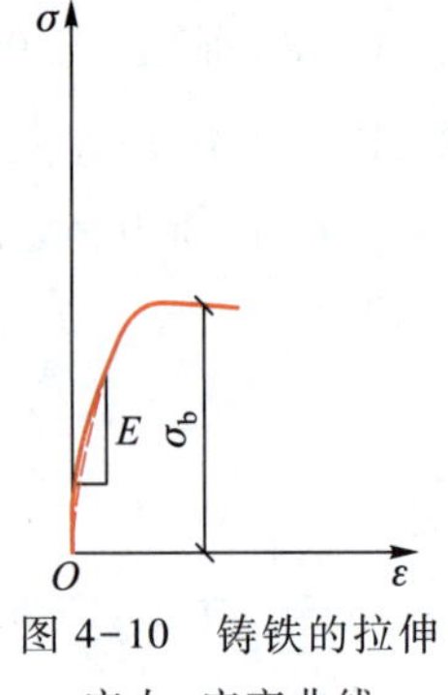

图 4-10　铸铁的拉伸应力-应变曲线

(一) 塑性材料拉伸时的力学性能

1. 弹性模量

应力-应变曲线中的直线段称为线弹性阶段，如图 4-9 中直线段 OA 部分。弹性阶段中的应力与应变成正比，比例常数即为材料的弹性模量 E。对于大多数脆性材料，其应力-应变曲线上没有明显的直线段，图 4-10 中所示为铸铁的应力-应变曲线即属此例。因没有明显的直线部分，常用割线（图中虚线部分）的斜率作为这类材料的弹性模量，称为割线模量。

2. 比例极限与弹性极限

在应力-应变曲线上，线弹性阶段的曲线最高点，称为**比例极限**，用 σ_p 表示。线弹性阶段之后，应力-应变曲线上有一小段微弯的曲线（图 4-9 中的 AB 段）它表示应力超过比例极限以后，应力与应变不再成正比关系；但是，如果在这一阶段，卸去试件上的载荷，试件的变形将随之消失。这表明，这一阶段内的变形都是弹性变形，因而包括线弹性阶段在内，统称为**弹性阶段**（图 4-9 中的 OB 段）。弹性阶段的曲线最高点，称为**弹性极限**，用 σ_e 表示。大部分塑性材料比例极限与弹性极限极为接近，只有通过精密测量才能加以区分，所以在工程应用中一般不用区分。

3. 屈服极限

许多塑性材料的应力-应变曲线中，在弹性阶段之后，出现近似的水平段，这一阶段中应力几乎不变，而变形却急剧增加，这种现象称为**屈服**，如图 4-9 中所示曲线的 BC 段。这一阶段的最低点的应力值，称为**屈服强度**，用 σ_s 表示。

对于没有明显屈服阶段的塑性材料，工程上则规定产生 0.2% 塑性应变时的应力值为其屈服点，称为材料的条件屈服强度，用 $\sigma_{0.2}$ 表示。

4. 强度极限

应力超过屈服强度或条件屈服强度后，要使试件继续变形，必须再继续增加载荷。这一阶段称为**强化阶段**，如图 4-9 中曲线上的 CD 段。这一阶段应力的最高限，称为**强度极限**，用 σ_b 表示。

5. 颈缩与断裂

某些塑性材料（如低碳钢和铜），应力超过强度极限以后，试件开始发生局部变形，局部变形区域内横截面尺寸急剧缩小，这种现象称为**颈缩**。出现颈缩之后，试件变形所需拉力相应减小，应力-应变曲线出现下降阶段，如图 4-9 中曲线上的 DE 段，至 E 点试件拉断。

6 .冷作硬化

在试验过程中，如加载到强化阶段某点 f 时（图 4-11），将荷载逐渐减小到零，明显看到，卸载过程中应力与应变仍保持为直线关系，且卸载直线 fO_1 与弹性阶段内的直线 Oa 近乎平行。在图 4-11 所示的 $\sigma-\varepsilon$ 曲线中，f 点的横坐标可以将沿 O_1f 上升，并且到达 f 点后转向原曲线 fDE，最后到达 E 点。这表明，如果将材料预拉到强化阶段，然后卸载，当再加载时，比例极限和屈服极限得到提高，但塑性变形减少。我们把材料的这种特性称为**冷作硬化**。

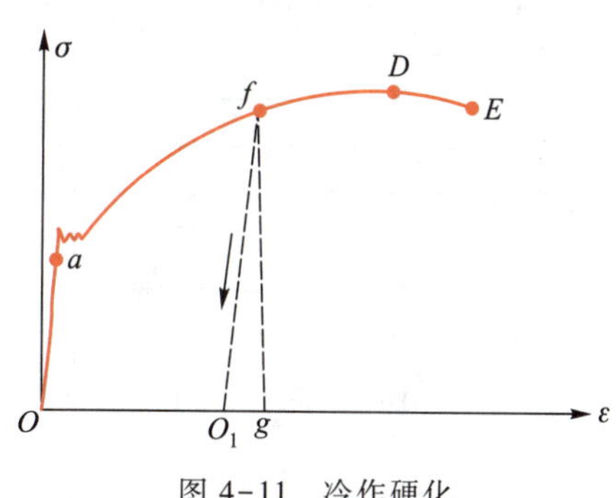

图 4-11　冷作硬化

在工程上常利用钢筋冷作硬化这一特性来提高钢筋的屈服极限。例如可以通过在常温下将钢筋预先拉长一定数值的办法来提高钢筋的屈服极限。这种办法称为**冷拉**。实践证明，按照规定来冷拉钢筋，一般可以节约钢材 10%～20%。钢筋经过冷拉后，虽然强度有所提高，但减少了塑性，从而增加了脆性。这对于承受冲击和振动荷载是非常不利的。所以，在工程实际中，凡是承受冲击和振动荷载作用的结构部位及结构的重要部分，不应使用冷拉钢筋。另外，钢筋在冷拉后并不能提高抗压强度。

(二) 脆性材料拉伸时的力学性能

对于脆性材料，从开始加载直至试件被拉断，试件的变形都很小。而且，大多数脆性材料拉伸的应力-应变曲线上都没有明显的直线段，几乎没有塑性变形。也不会出现屈服和颈缩现象，如图 4-10 所示。因而只有断裂时的应力值，将这个值称为**强度极限**，用 σ_b 表示。

此外，通过拉伸试验还可得到衡量材料塑性能的指标——伸长率 δ 和截面收缩率 ψ

$$\delta=\frac{l_1-l_0}{l_0}\times 100\% \tag{4-7}$$

$$\psi=\frac{A_0-A_1}{A_0}\times 100\% \tag{4-8}$$

式中　l_0——试件原长(规定的标距)；

A_0——试件的初横截面面积；

l_1,A_1——试件拉断后长度(变形后的标距长度)和断口处最小的横截面面积。

伸长率和截面收缩率的数值越大，表明材料的韧性越好。工程中一般 10 倍试件延伸率 **$\delta\geqslant 5\%$ 者为塑性材料；$\delta<5\%$ 者为脆性材料**。

(三) 压缩时材料的力学性能

材料压缩实验，通常采用短试样。低碳钢压缩时的应力-应变曲线如图 4-12 所示。与拉伸时的应力-应变曲线相比较，拉伸和压缩屈服前的曲线基本重合，即拉伸、压缩时的弹性模量及屈服应力相同，但屈服后，由于试件越压越扁，应力-应变曲线不断上升，试件不会发生破坏，也测不出抗压强度极限。

铸铁压缩时的应力-应变曲线如图 4-13 所示，与拉伸时的应力-应变曲线不同的是，压缩时的强度极限却远远大于拉伸时的数值，通常是抗拉强度的 4～5 倍。对于抗拉和抗压强度不同的材料，抗拉强度和抗压强度分别用 σ_b^+ 和 σ_b^- 表示。这种抗压强度明显高于抗拉强度的脆性材料，通常用于制作受压构件。

微课
挤压实例

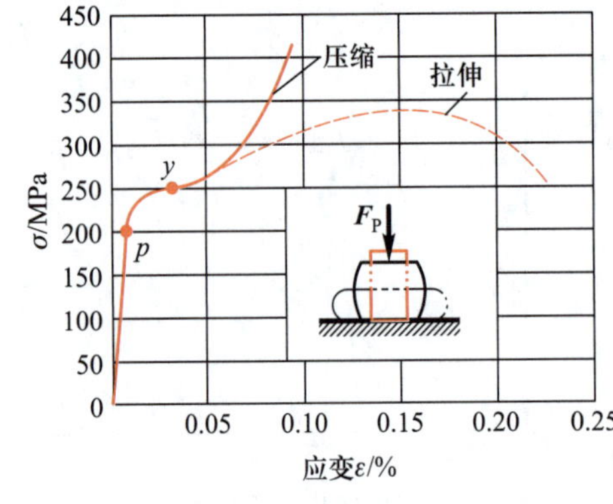

图 4-12　低碳钢压缩时的应力-应变曲线

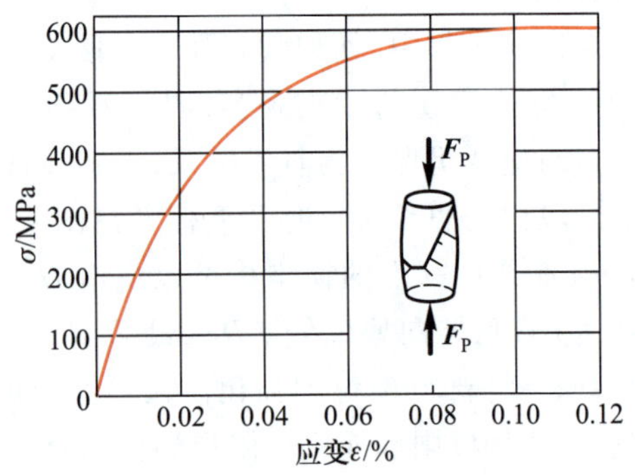

图 4-13　铸铁压缩时的应力-应变曲线

五、轴向拉压杆的强度条件

1. 许用应力与安全因数

由上可知，任何一种材料所能承受的应力总是有一定限度的，超过这一限度，材料就要破坏。我们将某种材料在正常工作状态下所能承受的最大应力，称为该种材料的**极限应力**，用 σ^0 表示。

塑性材料的应力达到屈服极限 σ_s 时，将出现显著的塑性变形，构件将不能正常工作；脆性材料的应力达到强度极限 σ_b 时，构件将会断裂。因此工程上，将这两种情况规定为，不能承担荷载的破坏标志，是不允许发生的。因此，对塑性材料，屈服极限就是它的极限应力 $\sigma^0=\sigma_s$，对脆性材料，强度极限就是它的极限应力 $\sigma^0=\sigma_b$。

在构件设计时，有许多情况难以准确估计，另外，构件使用时还要留有必要的强度储备。为此，规定将极限应力 σ^0 除以一个大于 1 的系数 K 作为构件工作时所允许产生的最大应力，称为**许用应力**，用 $[\sigma]$ 表示，即

$$[\sigma]=\frac{\sigma^0}{K} \tag{4-9}$$

K 称为**安全因数**。由于脆性材料破坏时没有显著的变形“预兆”，而塑性材料的应力达到 σ_s 时，构件也不至于断裂。因此脆性材料的安全因数比韧性材料的大。实际工程中，一般取 $K_s=1.4\sim1.7$，$K_b=2.5\sim3.0$。

材料的许用应力可从有关的设计规范查出。

安全因数的确定是一个比较复杂的问题，取值过大，许用应力就小，可增加安全储备，但用料也增多；反之，安全因数过小，许用应力就高，安全储备就要减少。一般确定安全因数应考虑：荷载的可能变化，对材料均匀性估计的可靠程度，应力计算方法的近似程度，构件的工作条件及重要性等因素。

2. 轴向拉压杆的强度条件

构件工作时，由荷载所引起的实际应力称为**工作应力**。为了保证拉、压杆件在外力作用下能够安全正常工作，要求杆件横截面上的最大工作应力不得超过材料的许用应力，即

$$\sigma_{max}=\frac{F_N}{A}\leqslant[\sigma] \tag{4-10}$$

式(4-10)称为拉、压杆的强度条件。

杆件的最大工作应力 σ_{max} 通常发生在危险截面上。对承受轴向拉、压的等截面直杆，轴力最大的截面就是危险截面；对轴力不变而横截面变化的杆，面积最小的截面是危险截面。

若已知 F_N、A、$[\sigma]$ 中的任意两个量，即可由式(4-10)求出第三个未知量。利用强度条件，可以解决以下三类问题：

(1) **强度校核**。已知 A、$[\sigma]$ 及构件承受的荷载，可用式(4-10)验算杆内最大工作应力是否满足 $\sigma_{max(x)}\leqslant[\sigma]$，如果满足，则构件具有足够的强度；如果不满足，则构件强度不够。

(2) **设计截面**。已知构件所承受的荷载，材料的许用应力 $[\sigma]$，可用式(4-10)求得构件所需的最小横截面面积，即 $A\geqslant F_N/[\sigma]$。

(3) **确定许可荷载**。已知构件的横截面面积 A 及材料的许用应力 $[\sigma]$，由式(4-10)可

求得允许构件所能承受的最大轴力，即$[F_N] \leqslant A \cdot [\sigma]$。然后根据$[F_N]$确定构件的许用荷载$[F]$。

例 4-4　如图 4-14a 所示吊架，斜杆 AB、横梁 CD 及墙体之间均为铰接，各杆自重不计，在 D 点受集中荷载 $F=10$ kN 作用。

（1）若斜杆为木杆，横截面面积 $A=4\ 900\ \mathrm{mm}^2$，许用应力$[\sigma]=6$ MPa，试校核斜杆的强度。

（2）若斜杆为锻钢圆杆，$[\sigma]=120$ MPa，求斜杆的截面尺寸。

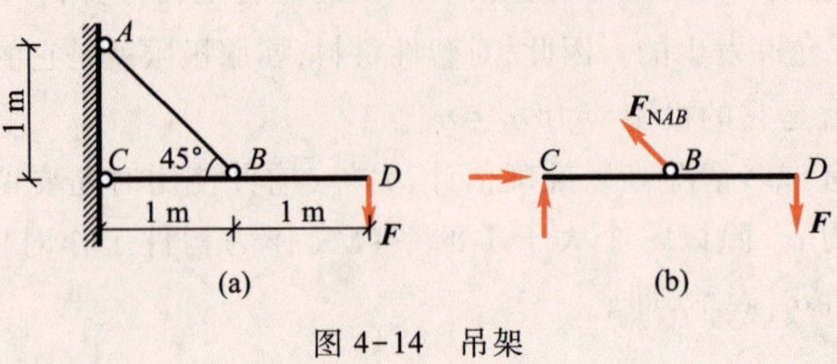

图 4-14　吊架

解　先计算 AC 杆轴力，再用式(4-10)校核，满足者，强度够；不满足者，强度不够。

利用式(4-10)先求出面积 A，再利用圆面积 $A=\dfrac{\pi d^2}{4}$，求直径。

计算斜杆的内力：

斜杆在 A、B 处铰接，为二力杆。设斜杆受拉，它对 CD 梁的拉力用 F_{NAB} 表示。

取 CD 梁为研究对象(图 4-14b)，由平衡方程 $\sum M_C=0$，有

$$1\times F_{NAB}\sin 45°-2\times F=0$$

$$F_{NAB}=\frac{2F}{\sin 45°}=2\sqrt{2}\times 10\ \mathrm{kN}=28.3\ \mathrm{kN}（受拉）$$

（1）当斜杆为木杆时，作强度校核

应力 $\sigma=\dfrac{F_{NAB}}{A}=\dfrac{28.3\times 10^3\ \mathrm{N}}{4\ 900\ \mathrm{mm}^2}=5.78\ \mathrm{MPa}<[\sigma]=6\ \mathrm{MPa}$

故斜杆满足强度要求。

（2）当斜杆为锻钢圆杆时，求截面尺寸

由强度条件式(4-10)，有

$$\sigma_{\max}=\frac{F_{N\max}}{A}=\frac{F_{NAB}}{A}\leqslant[\sigma]$$

故面积为
$$A\geqslant\frac{F_{NAB}}{[\sigma]}=\frac{28.3\times 10^3\ \mathrm{N}}{120\ \mathrm{N/mm}^2}=235.9\ \mathrm{mm}^2$$

由于圆杆横截面积 $A=\dfrac{\pi d^2}{4}$，则直径为 $d\geqslant\sqrt{\dfrac{4A}{\pi}}=\sqrt{\dfrac{4\times 235.9\ \mathrm{mm}^2}{\pi}}=17.33$ mm，取 $d=18$ mm。

例 4-5　图 4-15 所示支架，AB 为刚性杆，BC 为直径 $d=20$ mm 的钢杆，许用应力$[\sigma]=160$ MPa，在杆 AB 作用一外力 F，试求许可荷载$[F]$。

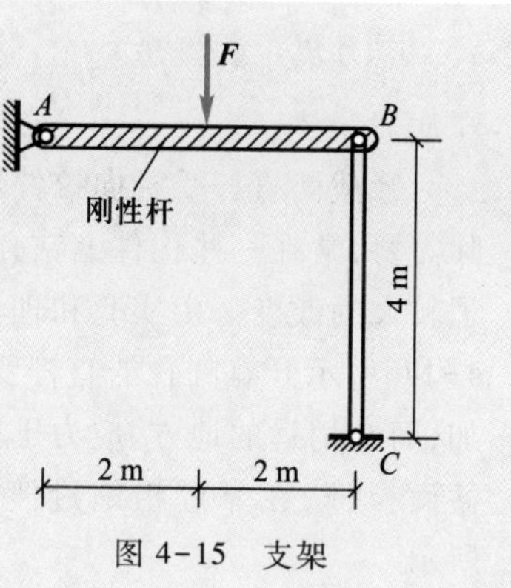

图 4-15　支架

解　(1) 取 AB 杆为研究对象，由 $\sum M_A=0$，得

$$F_{NBC}=\frac{F}{2} \tag{a}$$

(2) 由式$[F_{NBC}]\leqslant[\sigma]\cdot A$ 有

$$[F_{NBC}]=[\sigma]\cdot A=160\times10^6\times\frac{\pi\times0.02^2}{4}\text{N}=50.27\text{ kN}$$

由式(a)得，$[F]=2[F_{NBC}]=2\times50.24\text{ kN}=100.54\text{ kN}$

例 4-6　起重机如图 4-16a 所示，起重机的起重量 $F=40$ kN，绳索 AB 的许用应力$[\sigma]=45$ MPa，试根据绳索的强度条件选择其直径 d。

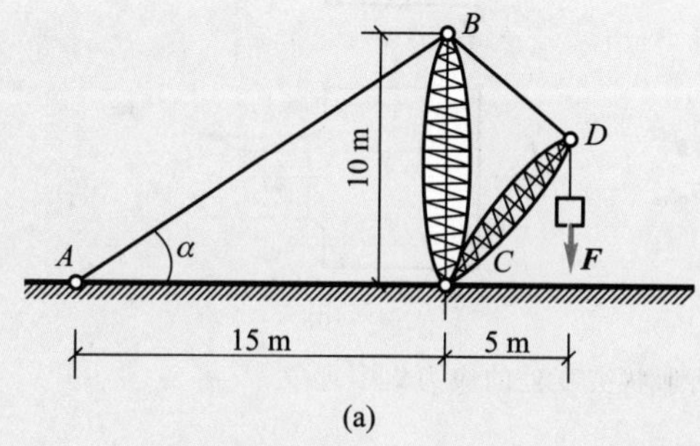

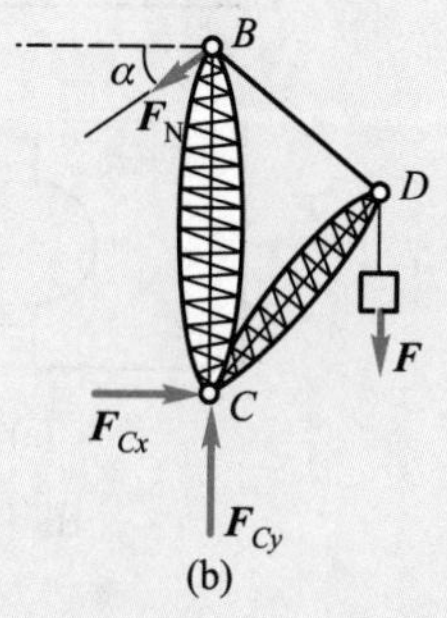

图 4-16　起重机

解　先求绳索 AB 的轴力。取 BCD 为研究对象，受力图如图 4-16b 所示，列平衡方程

$$\sum M_C=0,\qquad F_N\cos\alpha\times10\text{ m}-F\times5\text{ m}=0$$

解得

$$F_N=\frac{40\text{ kN}\times5}{10\cos\alpha} \tag{a}$$

因为 $AB=\sqrt{10^2+15^2}\text{ m}=18.03\text{ m}$，所以 $\cos\alpha=\frac{15}{18.03}=0.832$，代入(a)式得

$$F_N=\frac{40\text{ kN}\times5}{10\times0.832}=24.04\text{ kN}$$

再由强度条件求出绳索的直径

$$\sigma_{max}=\frac{F_{N\max}}{A}=\frac{F_N}{A}=\frac{F_N}{\frac{1}{4}\pi d^2}\leqslant[\sigma]$$

故绳索直径 d 为

$$d\geqslant\sqrt{\frac{4F_N}{\pi[\sigma]}}=\sqrt{\frac{4\times24.04\times10^3}{3.14\times45\times10^6}}\text{ m}=0.026\ 1\text{ m}=26.1\text{ mm}$$

取 $d=27$ mm

六、应力集中的概念

1. 应力集中

等截面直杆受轴向拉伸和压缩时，横截面上的应力是均匀分布的。但是工程上由于实际需要，常在一些构件上钻孔、开槽以及制成阶梯形等，使构件截面的形状和尺寸突然发生了较大的改变。由实验和理论证明，构件在截面突变处的应力不再是均匀分布了。例如图4-17a所示开有圆孔的直杆受到轴向拉伸时，在圆孔附近的局部区域内，应力的数值剧烈增加，而在稍远的地方，应力迅速降低而趋于均匀。又如图4-17b所示具有明显粗细过渡的圆截面拉杆，在靠近粗细过渡处应力很大，在粗细过渡的横截面上，其应力分布如图4-17b所示。

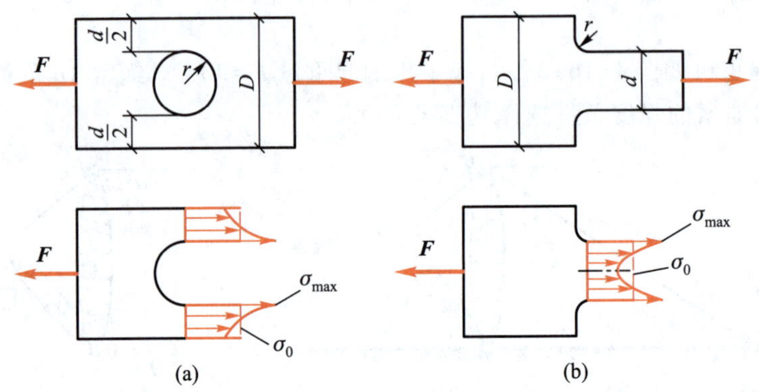

图4-17 几何形状突变处的应力集中现象

在力学上，把物体上由于几何形状或截面尺寸的突然变化，而引起该局部应力明显增高的现象，称为**应力集中**。应力集中的程度用**应力集中因数**描述。所谓应力集中因数，就是应力集中处横截面上的最大正应力 σ_{max} 与不考虑应力集中时的应力 σ_a 之比，用 K 来表示，即

$$K=\frac{\sigma_{max}}{\sigma_a} \tag{4-11}$$

2. 应力集中的利弊及其应用

应力集中，是生活、生产中常遇到的受力现象，它有利也有弊。例如在生活中，用手拉住易拉罐顶的小拉片，稍一用力，随着“砰”的一声，易拉罐便被打开了，这便是“应力集中”现象在生活中的应用。

现在许多食品都用塑料袋包装，在这些塑料袋离封口不远处的边上，常会看到一个三角形的缺口或一条很短的切缝，在这些缺口和切缝处撕塑料袋时，因在缺口和切缝的根部会产生很大的应力，因此稍一用力就可以把塑料袋沿缺口或切缝撕开。

布店的售货员，在扯布前，先在扯布处剪一个小口子也是为了在扯布时造成应力集中，便于扯开布。

玻璃店在切割玻璃时，先用金刚石刀在玻璃表面划一刀痕，再把刀痕两侧的玻璃轻轻一掰，玻璃就沿刀痕断开。实践证明，不利用应力集中，还真想不出别的更好办法来切割玻璃。

在构件设计时，为避免几何形状的突然变化，尽可能做到光滑、逐渐过渡；构件中若有开孔，应对孔边进行加强（例如增加孔边的厚度）。但由于材料中的缺陷（夹杂、微裂纹等）不

可避免，应力集中也总是存在。所以应对结构进行定时检测、跟踪检修，对发现的裂纹部位应进行及时修理，消灭隐患于未然。

总之，应力集中是一把双刃剑，利用它可以为生活、生产带来方便；避免它或降低它，可使制造的构件、用具，为我们服务的时间更长。扬应力集中之“善”，抑应力集中之“恶”，是人们不懈的追求。

*第 3 节　剪切与挤压的概念

工程中，经常遇到杆件与杆件的连接计算，常见连接方式为螺栓、铆钉和焊接，它们的连接计算都涉及剪切和挤压的概念，简介如下。

1. 剪切基本概念

所谓剪切，是指构件受到与其轴线相垂直、大小相等、方向相反且作用线相距很近的两个外力作用（图 4-18a），剪切变形是使构件产生沿着与外力作用线平行的受剪面 $m-m$，发生相对错动的变形（图 4-18b）。

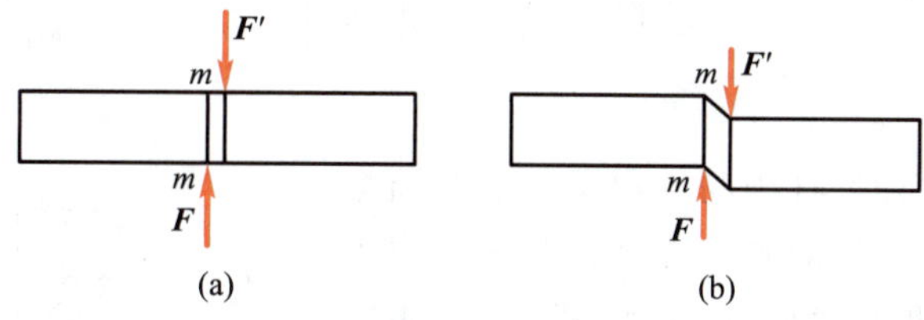

图 4-18　剪切

工程中，剪切变形往往出现在构件的连接部位。如连接两块钢板的普通螺栓接头（图 4-19a）和焊缝（图 4-19b）等。这里的螺栓杆和焊缝等连接件就是主要承受剪切作用的部位。

根据剪切面的个数可分为单剪切（图 4-19a）和双剪切（图 4-20）。单剪切仅有一个剪切面，而双剪切和多剪切情况，则有两个或两个以上剪切面。

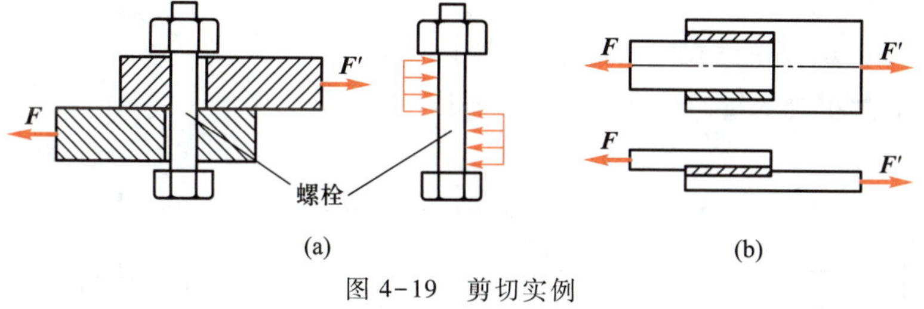

图 4-19　剪切实例

2. 挤压基本概念

连接件在发生剪切变形的同时，在传递力的接触面上受到较大的压力作用，从而出现局部压缩变形，这种现象称为**挤压**。发生挤压的接触面，称为**挤压面**。挤压面上的压力称为挤压力，用 $\boldsymbol{F}_c$ 表示。如图 4-21 所示，上钢板孔左侧与铆钉上部左侧互相挤压，下钢板孔右侧与铆钉下部右侧互相挤压。当挤压力过大时，相互接触面处将产生局部显著的塑性变形，铆钉孔被压成长圆孔。工程机械上常用的平键经常发生挤压破坏。

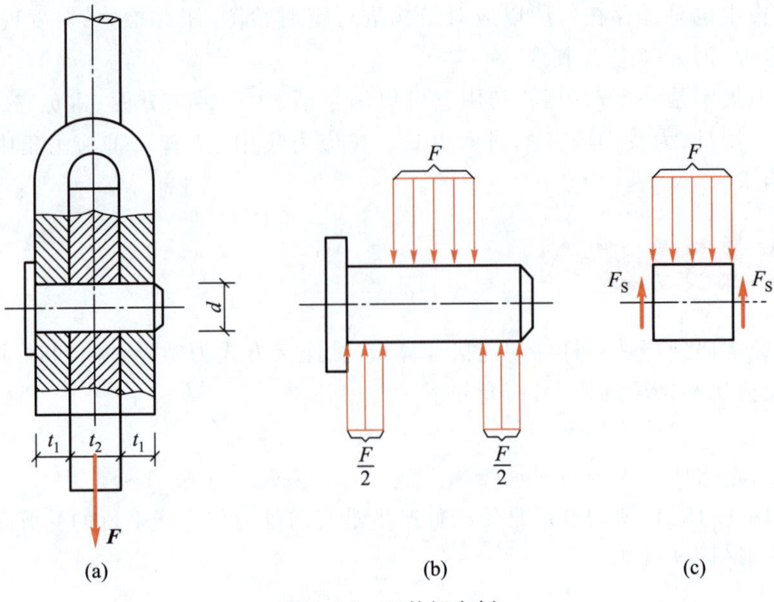

图 4-20　双剪切实例

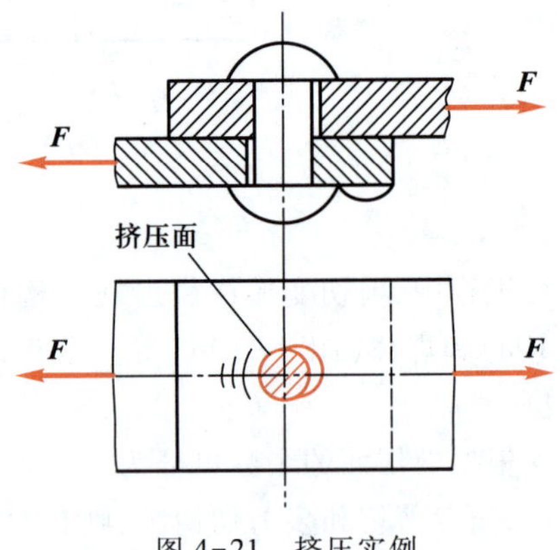

图 4-21　挤压实例

3. 剪切胡克定律

杆件发生剪切变形时，杆内与外力平行的截面会产生相对错动。如图 4-22a 所示，在杆件受剪部位中的某点 A 取一微小的正六面体，并将其放大，如图 4-22b所示。剪切变形时，在切应力作用下，截面发生相对错动，使正六面体变为斜平行六面体，如图4-22b中虚线所示。图中线段 ee'（或 ff'）为平行于外力 $\boldsymbol{F}$ 的面 $efgh$ 相对于面 $abcd$ 的滑移量，称为绝对剪切变形。相对剪切变形为

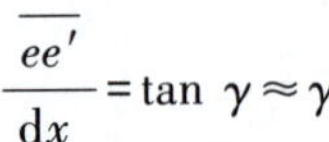

$$\frac{\overline{ee'}}{\mathrm{d}x}=\tan\gamma\approx\gamma$$

相对剪切变形称为**切应变**或**角应变**，显然切应变 γ 是矩形直角的微小改变量，其单位为弧度（rad）。

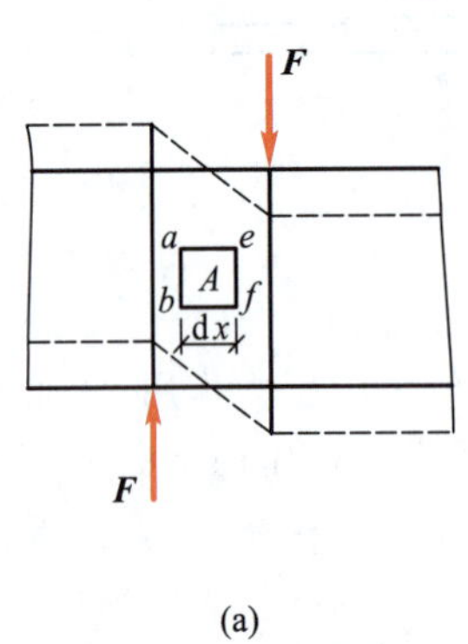

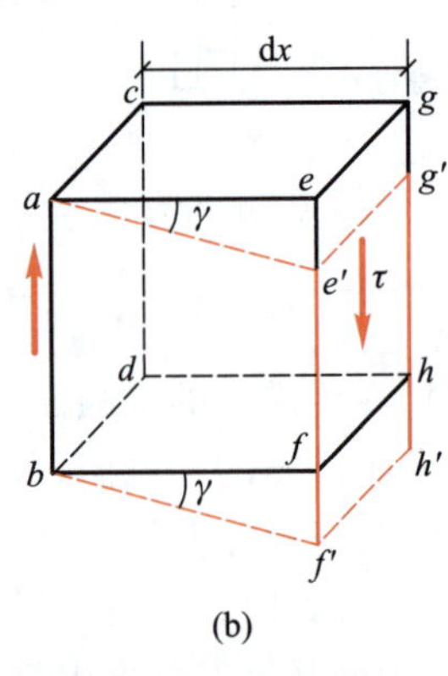

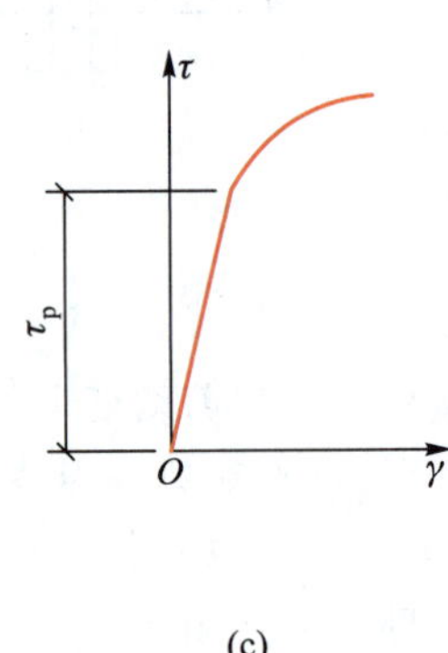

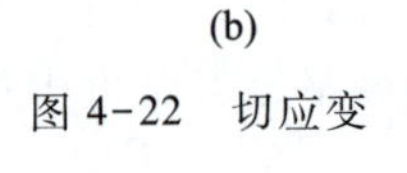

图 4-22　切应变

τ 与 γ 的关系，如同 σ 与 ε 一样。实验证明，当切应力不超过材料的比例极限 τ_p 时，切应力 τ 与切应变 γ 成正比，如图 4-22c 所示，即

$$\tau = G\gamma \tag{4-12}$$

该式称为**剪切胡克定律**。式中 G 称为材料的剪切弹性模量，G 越大表示材料抵抗剪切变形的能力越强，是材料的刚度指标，其单位与应力相同，常采用 GPa。各种材料的 G 值均由实验测定。对于各向同性材料，其弹性模量 E、剪切弹性模量 G 和泊松比 ν 三者之间的关系为

$$G = \frac{E}{2(1+\nu)} \tag{4-13}$$

小贴士

关于剪切变形

剪切变形是四大基本变形之一，常有挤压变形伴随着产生，是连接件的重要内容，不能不有所了解；但是这部分内容，在钢结构中还要具体讲授，对于少学时力学教材来说，没有必要定性讲授，只了解剪切、挤压的概念就可以了。因此，对剪切变形的要求是，只作定性了解，不作具体计算。

*第 4 节　圆轴扭转时的应力与强度计算

一、圆轴扭转时的应力

1. 扭转试验现象与分析

图 4-23a 所示为一圆轴，在其表面画上若干条纵向线和圆周线，形成矩形网格。在弹性范围内，扭转变形后（图 4-23b），可观察到以下现象：

（1）各纵向线都倾斜了一个微小的角度 γ，矩形网格变成了平行四边形。

（2）各圆周线的形状、大小及间距保持不变，但它们都绕轴线转动了不同的角度。

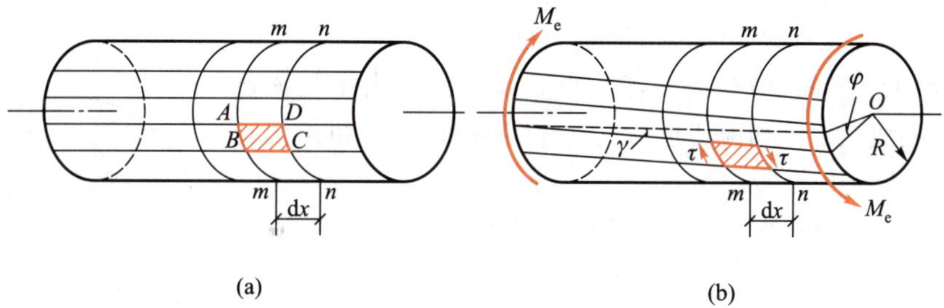

图 4-23　圆轴扭转试验

根据以上观察到的现象，可以作出如下的假设及推断：

（1）由于各圆周线的形状、大小及间距保持不变，可以假设圆轴的横截面在扭转后仍保持为平面，各横截面像刚性平面一样绕轴线作相对转动。这一假设称为圆轴扭转时的**平面假设**。

（2）由于各圆周线的间距保持不变，可以推断横截面上没有正应力。

（3）由于矩形网格歪斜成了平行四边形，由圆周线划分成的每段圆轴体左右横截面发生了相对转动，故可推断横截面上必有切应力 τ，且切应力的方向垂直于半径。

（4）由于各纵向线都倾斜了一个角度 γ，故各矩形网格的直角都改变了 γ 角，直角的改变量称为**切应变**。切应变 γ 是切应力 τ 引起的。

2. 切应力互等定理

当圆轴发生扭转变形时，任意截出一个微小正六面体，称为**单元体**。设单元体边长分别为 $\mathrm{d}x$、$\mathrm{d}y$、$\mathrm{d}z$，如图 4-24 所示，已知单元体左右两侧面上，无正应力，只有切应力 τ。这两个面上的切应力数值相等，但方向相反，于是这两个面上的剪力组成一个力偶，其力偶矩为 $(\tau \mathrm{d}y\mathrm{d}z)\mathrm{d}x$。单元体的前、后两个面上无任何应力。因为单元体是平衡的，所以它的上、下两个面上必存在大小相等、方向相反的切应力 τ'，它们组成的力偶矩为 $(\tau'\mathrm{d}x\mathrm{d}z)\mathrm{d}y$，应与左、右面上的力偶平衡，即 $(\tau'\mathrm{d}x\mathrm{d}z)\mathrm{d}y=(\tau\mathrm{d}y\mathrm{d}z)\mathrm{d}x$，化简得

$$\tau'=\tau \tag{4-14}$$

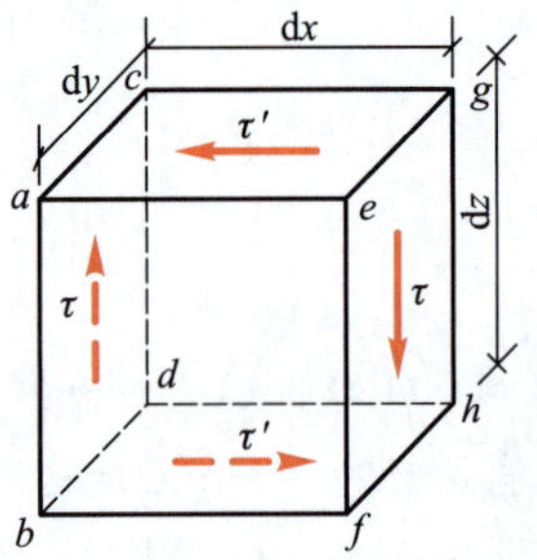

图 4-24　切应力互等定律

上式表明，在单元体相互垂直的两个平面上，垂直于两个平面的交线的切应力必然成对出现，且数值相等；且同时指向或同时背离这一交线，这一规律称为**切应力互等定理**。

上述单元体上的两个侧面上只有切应力，而无正应力，这种受力状态称为纯剪切应力状态。切应力互等定理对于纯剪切应力状态或其他应力状态都是适用的。

二、圆轴扭转时横截面上切应力的计算公式

圆轴扭转时横截面上任一点处切应力大小的计算公式为（推导从略）

$$\tau_{\rho}=\frac{T\rho}{I_{\mathrm{p}}} \tag{4-15}$$

式中　T——横截面上的扭矩，以绝对值代入；

ρ——横截面上欲求应力的点处到圆心的距离；

I_{p}——横截面对圆心的极惯性矩（见附录一）。

由式(4-15)可知，横截面上任一点处切应力的大小与该点到圆心的距离成正比。切应力的方向与半径垂直，并与扭矩的转向一致（图 4-25）。

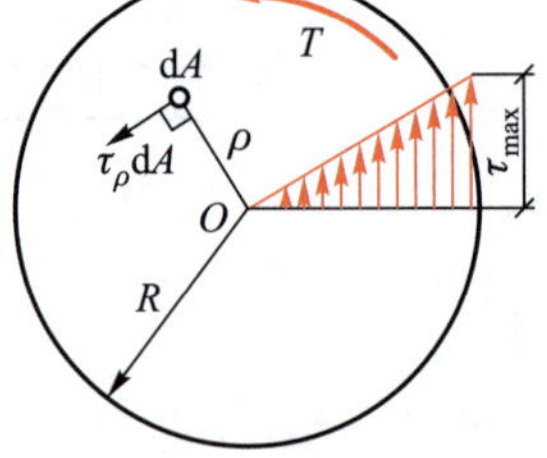

由式(4-15)可知，当 $\rho=R$ 时，切应力最大，最大切应力为

$$\tau_{\max}=\frac{TR}{I_{\mathrm{p}}}$$

令 $W_{\mathrm{p}}=\dfrac{I_{\mathrm{p}}}{R}$，则有

$$\tau_{\max}=\frac{T}{W_{\mathrm{p}}} \tag{4-16}$$

图 4-25　圆轴扭转时横截面上切应力分布

式中　W_{p}——扭转截面系数。

极惯性矩 I_p 和扭转截面系数 W_p 是只与构件横截面形状、尺寸有关的几何量。直径为 D 的圆形截面和外径为 D、内径为 d 的圆环形截面，它们对圆心的极惯性矩和扭转截面系数分别为

圆截面：
$$\left.\begin{aligned} I_p &= \frac{\pi D^4}{32} \\ W_p &= \frac{\pi D^3}{16} \end{aligned}\right\} \tag{4-17}$$

圆环形截面：
$$\left.\begin{aligned} I_p &= \frac{\pi D^4}{32}(1-\alpha^4) \\ W_p &= \frac{\pi D^3}{16}(1-\alpha^4) \end{aligned}\right\} \tag{4-18}$$

式中　$\alpha=\frac{d}{D}$——内、外径的比值。

极惯性矩 I_p 的单位为 mm^4 或 m^4，扭转截面系数 W_p 的单位为 mm^3 或 m^3。

应该注意，扭转时应力的计算公式(4-16)只适用于圆轴。

例 4-7　空心圆轴的横截面外径 $D=90$ mm，内径 $d=85$ mm，横截面上的扭矩 $T=1.5$ kN·m(图 4-26)。求横截面上内外边缘处的切应力，并绘制横截面上切应力的分布图。

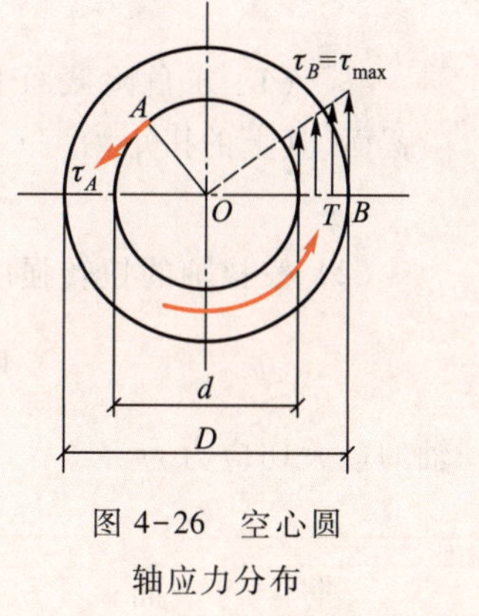

图 4-26　空心圆轴应力分布

解　(1) 计算极惯性矩。极惯性矩为

$$I_p=\frac{\pi}{32}(D^4-d^4)=\frac{\pi}{32}\times(90^4-85^4)\,mm^4=1.32\times10^6\,mm^4$$

(2) 计算切应力。内外边缘处的切应力分别为

$$\tau_{内}=\tau_A=\frac{T}{I_p}\cdot\frac{d}{2}=\frac{1.5\times10^3\,N\cdot m\times\frac{85}{2}\times10^{-3}\,m}{1.32\times10^6\times10^{-12}\,m^4}$$
$$=48.3\times10^6\,Pa=48.3\ MPa$$

$$\tau_{外}=\tau_B=\frac{T}{I_p}\cdot\frac{D}{2}=\frac{1.5\times10^3\,N\cdot m\times\frac{90}{2}\times10^{-3}\,m}{1.32\times10^6\times10^{-12}\,m^4}$$
$$=51.1\times10^6\,Pa=51.1\ MPa$$

横截面上切应力的分布图如图 4-26 所示。

三、圆轴的强度计算

为使圆轴扭转时能正常工作，必须要求轴内的最大切应力 τ_{max} 不超过材料的许用切应力 $[\tau]$，若用 T_{max} 表示危险截面上的扭矩，则圆轴扭转时的强度条件为

$$\tau_{max}=\frac{T_{max}}{W_p}\leqslant[\tau] \tag{4-19}$$

式中　$[\tau]$——材料的许用切应力，通过试验测得。

利用式(4-19)可以解决圆轴的强度校核、设计截面尺寸和确定许用荷载三类强度计算问题。

例 4-8　如图 4-27a 所示的空心圆轴，外径 $D=100$ mm，内径 $d=80$ mm，外力偶矩 $M_{e1}=6$ kN·m，$M_{e2}=4$ kN·m。材料的许用切应力 $[\tau]=50$ MPa，试对该轴进行强度校核。

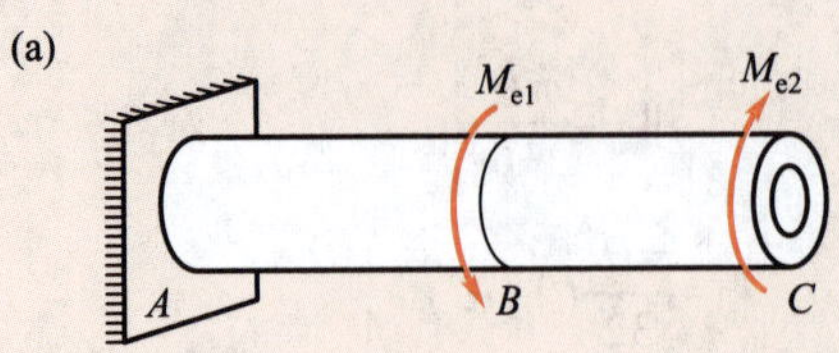

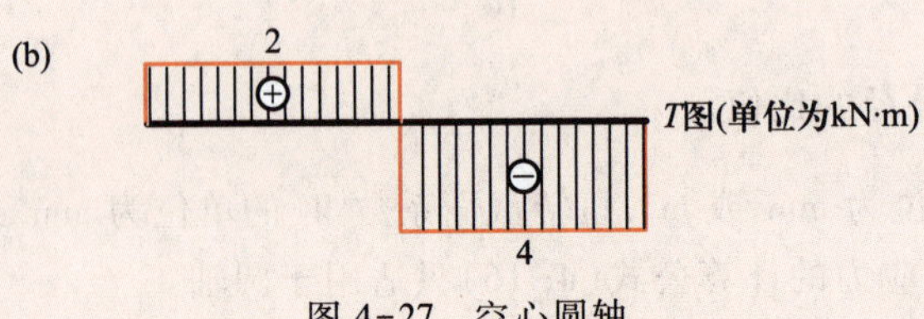

图 4-27　空心圆轴

解　(1) 求危险截面上的扭矩。绘出轴的扭矩图如图 4-27b 所示，BC 段各横截面为危险截面，其上的扭矩为

$$T_{max}=4\ \text{kN}\cdot\text{m}$$

(2) 校核轴的扭转强度。截面的扭转截面系数为

$$W_p=\frac{\pi}{16}\times0.1^3\times(1-0.8^4)\ \text{m}^3=1.16\times10^{-4}\ \text{m}^3$$

轴的最大切应力为

$$\tau_{max}=\frac{T_{max}}{W_p}=\frac{4\times10^3\ \text{N}\cdot\text{m}}{1.16\times10^{-4}\ \text{m}^3}=34.5\times10^6\ \text{Pa}$$

$$=34.5\ \text{MPa}<[\tau]=50\ \text{MPa}$$

该轴的强度符合要求。

第 5 节　梁的应力与强度计算

一、梁纯弯曲时横截面上的正应力公式

(一) 纯弯曲时梁横截面上正应力的计算

梁弯曲时，横截面上如果只有弯矩而无剪力，称为**纯弯曲**。如果梁上既有弯矩又有剪力，则称为**横力弯曲**。如图 4-28 所示简支梁，其 CD 段是纯弯曲，而 AC 和 DB 段则是横力弯曲。

为了使所研究问题简单化，先研究梁纯弯曲时，横截面上的正应力计算公式，然后，再推广到梁的横力弯曲。推导此公式需要从三方面考虑。

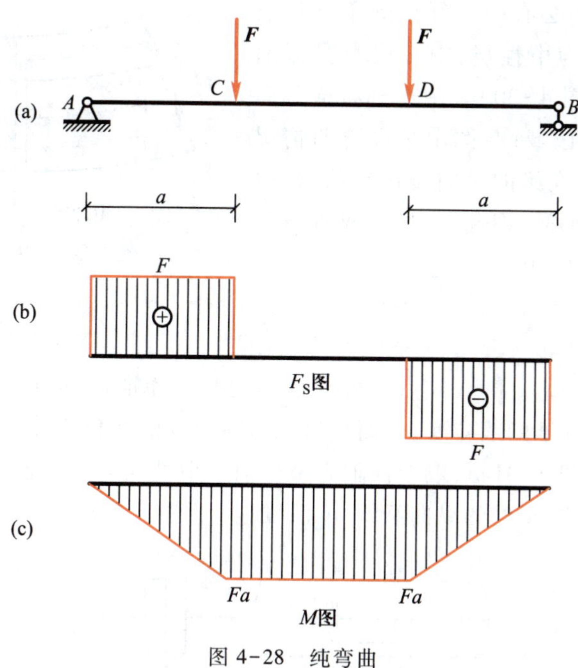

图 4-28　纯弯曲

1. 几何方面

梁横截面上的正应力与纵向线应变的变化规律有关,应先研究该截面上任一点处的纵向线应变,从而找出正应力沿该截面的变化规律。为此,需观察梁弯曲时的表面变形情况。

(1) 实验现象及假设。取一根矩形截面梁,在其表面画上一些纵向直线和横向直线,如图 4-29a 所示。然后在梁两端加一对大小相等,转向相反,力偶矩为 M 的外力偶,使梁处于纯弯曲状态(图 4-29b)。从实验中可观察到如下现象:

1) 所有纵直线均变为弧线,上部纵线缩短,下部纵线伸长;

2) 所有横向直线仍为直线,只是各横向线之间作相对转动,但仍与变形后的纵向线正交;

3) 变形后横截面的高度不变,而宽度在纵向线伸长区减小,在纵向线缩短区增大。

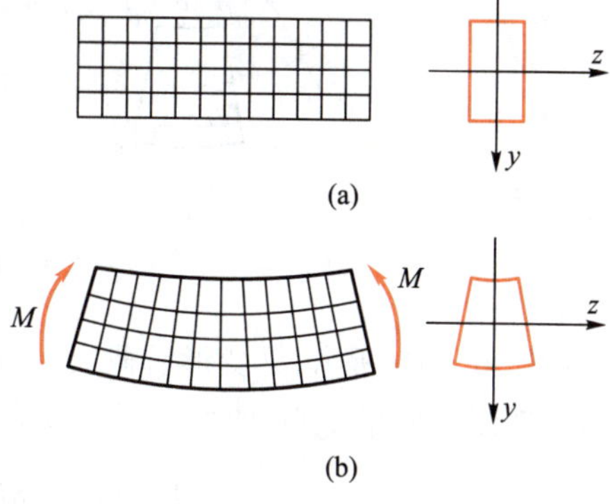

图 4-29　梁的弯曲变形

根据上面观察到的现象,并将表面横向直线看作梁的横截面,可作如下假设:

平面假设　变形前为平面的横截面,变形后仍为平面,它像刚性平面一样旋转了一个角度,但仍垂直于梁变形后的轴线。

单向受力假设　认为梁由无数根纵向纤维组成,各纵向纤维只是轴向拉伸或压缩,各纵向纤维之间无挤压现象。

根据上述假设,可以将我们研究的梁想象成这样的情况:它是由若干层纵向纤维组成的,且纵向纤维之间没有挤压作用,像简单拉伸与压缩一样,纵向纤维只有伸长与缩短。

根据平面假设,梁变形后,由于横截面的转动,使梁的下部纤维伸长,上部纤维缩短;由变形的连续性知，中间必有一层纤维既不伸长也不缩短。此层纤维称为**中性层**，中性层与横截面的交线，称为**中性轴**（图 4-30）。中性轴将横截面分为受拉和受压两个区域；在图示平面弯曲情况下的梁，由于外力作用在梁的纵向对称平面内，故梁的变形也对称于此平面，因此，中性轴应垂直于横截面的对称轴 y（图4-30）。

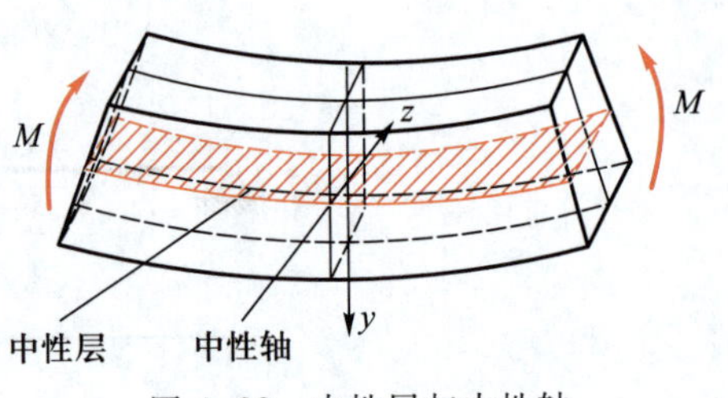

图 4-30　中性层与中性轴

概括地说，梁在纯弯曲条件下，各横截面仍保持为平面并绕中性轴作相对转动，各纵向纤维处于拉伸（压缩）状态。

（2）横截面上任一点处的线应变。根据上述的假设和推理，通过几何关系便可求出横截面上任一点处纵向纤维的线应变，从而找出纵向线应变的变化规律。为此，在梁上截取一微分段 $\mathrm{d}x$ 进行分析（图 4-31a），取中性轴为坐标轴 z，取截面的对称轴为坐标轴 y（y 轴向下为正）。现分析距中性层 y 处的纵向纤维 ab 的线应变。

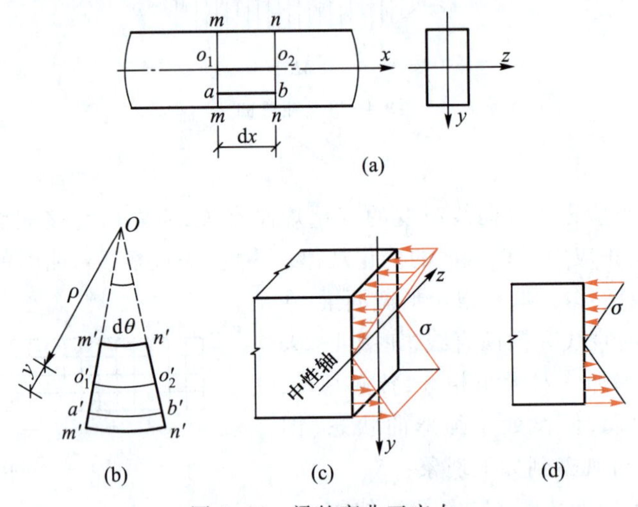

图 4-31　梁的弯曲正应力

如图 4-31b 所示，梁变形后截面 $m-m$、$n-n$ 间相对转角为 $\mathrm{d}\theta$，纤维 ab 由直线变成弧线，O 为中性层的曲率中心，曲率半径用 ρ 表示。则纤维 ab 的纵向变形为

$$\mathrm{d}x' = \widehat{a'b'} - \overline{ab} = \widehat{a'b'} - \overline{o_1o_2} = \widehat{a'b'} - \widehat{o_1'o_2'}$$
$$= (\rho+y)\mathrm{d}\theta - \rho\mathrm{d}\theta = y\mathrm{d}\theta$$

其线应变为

$$\varepsilon = \frac{\mathrm{d}x'}{\mathrm{d}x} = \frac{y\mathrm{d}\theta}{\rho\mathrm{d}\theta} = \frac{y}{\rho} \tag{a}$$

式（a）表明，同一横截面上各点处的纵向线应变 ε 与该点到中性轴的距离 y 成正比。

2. 物理方面

根据单向受力假设，若应力未超过材料的比例极限，则

$$\sigma = E\varepsilon$$

将式（a）代入上式，得

$$\sigma = E\varepsilon = E\frac{y}{\rho} \tag{b}$$

这就是**横截面上正应力变化规律的表达式**。由式(b)可知,横截面上任一点处的正应力与该点到中性轴的距离成正比;并以中性轴为界,一侧为拉应力,另一侧为压应力。在距中性轴等距离的各点处的正应力相等。中性轴上各点处的正应力为零,距中性轴最远点处将产生正应力的最大值或最小值。这一变化可如图 4-31c,d 所示。

3. 静力学方面

如图 4-32 所示,在梁的横截面上取微面积 dA,其上的法向微内力为 σdA,微内力沿梁轴线方向的各力为 $\int_A \sigma dA$,它应等于该横截面上的轴力 F_N,同时它对 z 轴的合力偶矩为 $\int_A y\sigma dA$。并应等于该横截面上的弯矩 M,故有

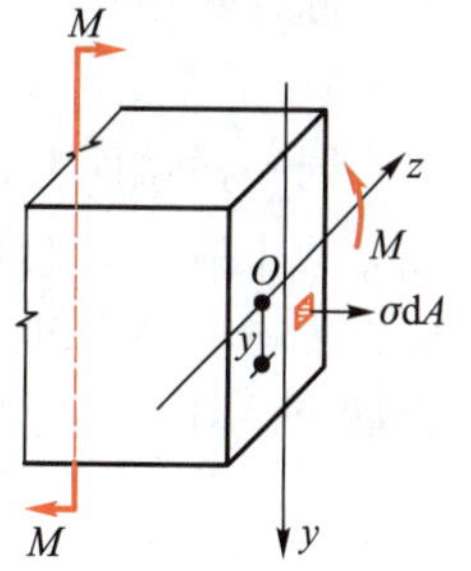

M z M O σdA y M y

图 4-32　梁纯弯曲时横截面上的内力与应力

$$F_N = \int_A \sigma dA = 0 \tag{c}$$

$$M = \int_A y\sigma dA \tag{d}$$

将式(b)代入式(c),得

$$F_N = \frac{E}{\rho}\int_A \sigma dA = 0$$

因 $\frac{E}{\rho} \neq 0$,则有

$$\int_A \sigma dA = 0$$

$$S_z = 0$$

S_z 是横截面对中性轴 z 的面积矩,$S_z = 0$,说明**横截面上的中性轴 z 轴一定是形心轴**。

将式(b)代入式(d),得

$$M = \frac{E}{\rho}\int_A y^2 dA$$

令 $\int_A y^2 dA = I_z$,则有 $M = \frac{E}{\rho}I_z$,即

$$\frac{E}{\rho} = \frac{M}{EI_z} \tag{4-20}$$

将式(4-20)代入式(b)可得纯弯曲梁横截面上任一点处的正应力计算公式为

$$\sigma = E\frac{y}{\rho} = Ey\frac{M}{EI_z} = \frac{My}{I_z} \tag{4-21}$$

式中　M——所求正应力所在横截面上的弯矩;

y——所求正应力点到中性轴的距离;

I_z——横截面对中性轴 z 的惯性矩,只与横截面的形状、尺寸有关,单位为 m^4 或 mm^4;是横截面的几何特征之一。

应用式(4-21)计算正应力时,通常不考虑式中 M 和 y 的正负号,而以其绝对值代入,正

应力 σ 的正负号可根据梁的变形情况直接判断。以中性轴为界，根据实际情况判断正应力 σ 的正负。式(4-21)只适用于线弹性范围内($\sigma_{max}<\sigma_{\rho}$)的平面弯曲。

通常在梁弯曲时，横截面上既有弯矩又有剪力时，称为横力弯曲。可以证明，对横力弯曲的梁，当跨度与横截面高度之比大于 5 时，用式(4-21)计算的正应力是足够精确的，且跨高比越大，误差越小。由统计知，实际工程中的梁，一般都符合上述条件，故上述公式广泛应用于实际计算中。

(二) 横截面上正应力的分布规律和最大正应力

在同一横截面上，弯矩 M 和惯性矩 I_z 为定值，因此，从式(4-21)可以看出，梁横截面上某点处的正应力 σ 与该点到中性轴的距离 y 成正比，当 $y=0$ 时，$\sigma=0$，即中性轴上各点处的正应力为零。中性轴两侧，一侧受拉，另一侧受压。离中性轴最远的上、下边缘 $y=y_{max}$ 处正应力最大，一边为最大拉应力 σ_{tmax}，另一边为最大压应力 σ_{cmax}(图 4-33)。最大应力值为

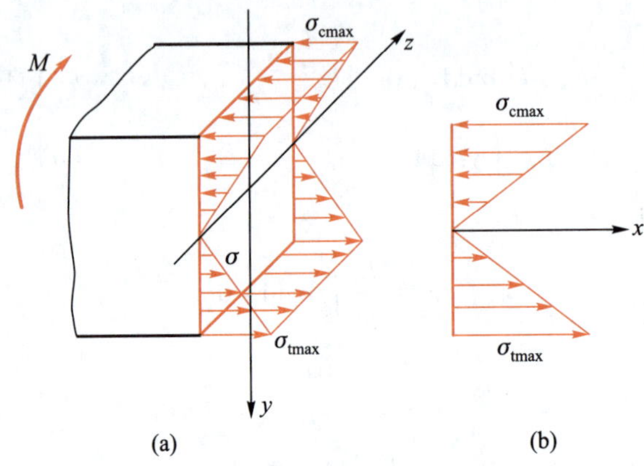

图 4-33　梁横截面上正应力分布

$$\sigma_{max}=\frac{My_{max}}{I_z}$$

设 $W_z=\frac{I_z}{y_{max}}$，则最大正应力可表示为

$$\sigma_{max}=\frac{M}{W_z} \tag{4-22}$$

式中　W_z——截面对中性轴 z 的抗弯截面系数，只与截面的形状及尺寸有关，是衡量截面抗弯能力的一个几何量，常用单位为 mm^3 或 m^3。

(三) 常用的截面几何性质

由上面所讲应力公式知，计算杆件的应力，都涉及截面的几何性质。所谓截面几何性质，系指只与截面形状、尺寸等有关的几何量，如面积、形心、静矩、惯性矩、惯性积和惯性半径等。它们是研究杆件或结构内力、应力和变形的重要元素，它们的大小将直接影响杆件和结构内力、应力与变形的大小，必须熟练掌握其概念和计算，才能熟练地掌握杆件或结构的强度、刚度和稳定计算。

1. 静矩与形心

(1) 静矩。积分 $\int_A y\mathrm{d}A$ 和 $\int_A x\mathrm{d}A$ 分别定义为该截面对 x 轴和 y 轴的**静矩**，分别用 S_x 和 S_y

表示，即

$$\left.\begin{aligned} S_x &= \int_A y\mathrm{d}A \\ S_y &= \int_A x\mathrm{d}A \end{aligned}\right\} \tag{4-23}$$

由定义知，静矩与所选坐标轴的位置有关，同一截面对不同坐标轴有不同的静矩。静矩是一个代数量，其值可正、可负、可为零。静矩的常用单位是 mm^3 或 m^3。

（2）形心。对于截面的形心 C 的坐标为（证明略）

$$\left.\begin{aligned} x_C &= \frac{\int_A x\mathrm{d}A}{A} \\ y_C &= \frac{\int_A y\mathrm{d}A}{A} \end{aligned}\right\} \tag{4-24}$$

式中　A——截面面积。

利用上式很容易证明：若截面对称于某轴，则形心必在该对称轴上；若截面有两个对称轴，则形心必为该两对称轴的交点。在确定形心位置时，常常利用这个性质，以减少计算工作量。截面的形心坐标与静矩间的关系为

$$\left.\begin{aligned} S_x &= Ay_C \\ S_y &= Ax_C \end{aligned}\right\} \tag{4-25}$$

由上式知，若已知截面的静矩，则可由式确定截面形心的位置；反之，若已知截面形心位置，则可由式求得截面的静矩；若截面对某轴（例如 x 轴）的静矩为零（$S_x=0$），则该轴一定通过此截面的形心（$y_C=0$）。通过截面形心的轴称为截面的**形心轴**。反之，截面对其形心轴的静矩一定为零。

（3）组合截面的静矩与形心。工程中，经常遇到这样的一些截面，它们是由若干简单截面（如矩形、三角形、半圆形等）所组成，称为**组合截面**。根据静矩的定义，组合截面对某轴的静矩应等于其各组成部分对该轴静矩之和，即

$$\left.\begin{aligned} S_x &= \sum S_{xi} = \sum A_i y_{Ci} \\ S_y &= \sum S_{yi} = \sum A_i x_{Ci} \end{aligned}\right\} \tag{4-26}$$

由上式得，组合截面形心的计算公式为

$$\left.\begin{aligned} x_C &= \frac{S_y}{A} = \frac{\sum A_i x_{Ci}}{\sum A_i} \\ y_C &= \frac{S_x}{A} = \frac{\sum A_i y_{Ci}}{\sum A_i} \end{aligned}\right\} \tag{4-27}$$

式中　A_i, x_{Ci}, y_{Ci}——各个简单截面的面积及形心坐标。

2. 惯性矩和弯曲截面系数的计算

几种常见简单截面，如矩形、圆形及圆环形等的惯性矩 I_z 和弯曲截面系数 W_z 列于表 4-1 中，以备查用。由简单截面组合而成的截面的惯性矩计算，详见附录Ⅰ。型钢截面的惯性矩和弯曲截面系数可由附录Ⅱ型钢规格表查得。

表 4-1　常见简单截面的惯性矩与弯曲截面系数

截面	惯性矩	弯曲截面系数
矩形	$I_z=\frac{bh^3}{12}$ $I_y=\frac{hb^3}{12}$	$W_z=\frac{bh^2}{6}$ $W_y=\frac{hb^2}{6}$
圆形	$I_z=I_y=\frac{\pi d^4}{64}$	$W_z=W_y=\frac{\pi d^3}{32}$
圆环形	$I_z=I_y=\frac{\pi D^4(1-\alpha^4)}{64}$ $\left(\alpha=\frac{d}{D}\right)$	$W_z=W_y=\frac{\pi D^3(1-\alpha^4)}{32}$ $\left(\alpha=\frac{d}{D}\right)$

小贴士

梁的正应力与强度计算

梁的正应力公式推导过程，是认识杆件变形的一个窗口，所以在此不惜篇幅详细进行了推导。为了节省篇幅、降低难度，对于拉压、剪切、扭转杆的应力公式推导过程就省略了。建议根据梁正应力公式推导过程，去理解拉压、剪切、扭转杆的应力公式和梁的切应力公式。梁的强度计算也是典型的强度计算，希望在梁的强度计算上下点工夫。

另外，梁中性轴的确定，横截面上受拉区、受压区的判断及正应力的分布情况，是强度计算时确定危险点的依据，应在理解概念的基础上通过分析作出判断，切忌死记结论，生搬硬套。

例 4-9　求图 4-34 所示 T 形截面梁的最大拉应力和最大压应力。已知 T 形截面对中性轴的惯性矩 $I_z=7.64\times10^6\ \mathrm{mm}^4$，且 $y_1=52$ mm。

解　(1) 绘制梁的弯矩图。梁的弯矩图如图 4-34c 所示。由图可知，梁的最大正弯矩发生在截面 C 上，$M_C=2.5$ kN · m；最大负弯矩发生在截面 B 上，$M_B=4$ kN · m。

(2) 计算 C 截面上的最大拉应力和最大压应力。

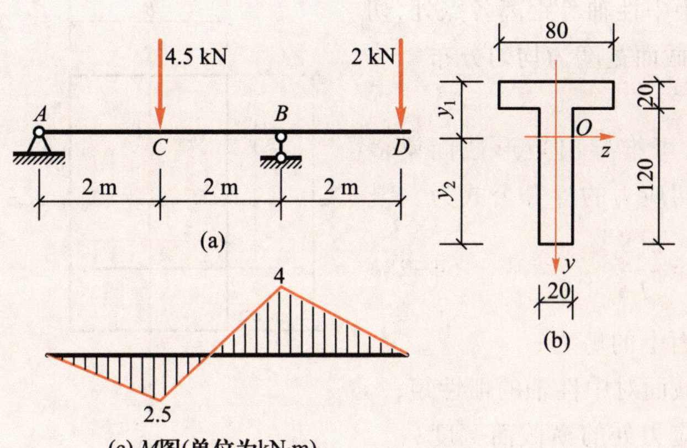

图 4-34　T 形截面外伸梁

$$\sigma_{tC}=\frac{M_C y_2}{I_z}=\frac{2.5\times10^3\,\text{N}\cdot\text{m}\times8.8\times10^{-2}\,\text{m}}{7.64\times10^{-6}\,\text{m}^4}$$

$$=28.8\times10^6\,\text{Pa}=28.8\ \text{MPa}$$

$$\sigma_{cC}=\frac{M_B y_1}{I_z}=\frac{2.5\times10^3\,\text{N}\cdot\text{m}\times5.2\times10^{-2}\,\text{m}}{7.64\times10^{-6}\,\text{m}^4}$$

$$=17.0\times10^6\,\text{Pa}=17.0\ \text{MPa}$$

（3）计算 B 截面上的最大拉应力和最大压应力。

$$\sigma_{tB}=\frac{M_B y_1}{I_z}=\frac{4\times10^3\,\text{N}\cdot\text{m}\times5.2\times10^{-2}\,\text{m}}{7.64\times10^{-6}\,\text{m}^4}$$

$$=27.2\times10^6\,\text{Pa}=27.2\ \text{MPa}$$

$$\sigma_{cB}=\frac{M_B y_2}{I_z}=\frac{4\times10^3\,\text{N}\cdot\text{m}\times8.8\times10^{-2}\,\text{m}}{7.64\times10^{-6}\,\text{m}^4}$$

$$=46.1\times10^6\,\text{Pa}=46.1\ \text{MPa}$$

综合以上知，梁的最大拉、压应力分别为

$$\sigma_{tmax}=\sigma_{tC}=28.8\ \text{MPa}$$

$$\sigma_{cmax}=\sigma_{cB}=46.1\ \text{MPa}$$

二、梁横截面上的切应力

梁在横力弯曲时，横截面上有剪力 F_S，也就自然地在横截面上产生切应力 τ。下面以矩形截面梁为例，研究它的分布情况。首先对切应力分布规律作出假设，根据假设，给出矩形截面梁切应力公式，并对工字形截面梁的切应力作简要介绍。

1. 切应力分布规律假设

对于高度 h 大于宽度 b 的矩形截面梁，其横截面上的剪力 F_S 沿 y 轴方向，如图 4-35 所示。假设切应力分布规律如下：

（1）横截面上各点处的切应力 τ，都与剪力 F_S 方向一致。

（2）横截面上距中性轴等距离各点处，切应力大小相等，即沿截面宽度为均匀分布。

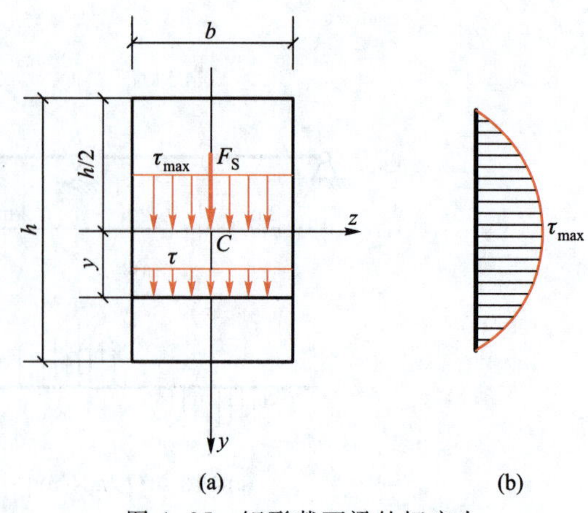

图 4-35　矩形截面梁的切应力

2. 矩形截面梁的切应力计算公式

根据以上假设，可推导出矩形截面梁横截面上任意一点处切应力的计算公式为

$$\tau=\frac{F_S S_z^*}{I_z b} \tag{4-28}$$

式中　F_S——横截面上的剪力；

I_z——整个截面对中性轴的惯性矩；

b——求切应力处的横截面宽度；

S_z^*——横截面上求切应力点处的水平线以上（或以下）部分的面积 A^* 对中性轴的静矩（见附录Ⅰ）。

用上式计算时，F_S 与 S_z^* 均用绝对值代入即可。

由式（4-28）看出，对于同一横截面，F_S、I_z 及 b 都为常量，故横截面上的切应力 τ 是随静矩 S_z^* 的变化而变化的。现求图 4-35a 所示矩形截面上任意一点的切应力，该点至中性轴的距离为 y，该点水平线以下部分面积 A^* 对中性轴的静矩为

$$S_z^*=A^*\bar{y}=b\left(\frac{h}{2}-y\right)\times\left[y+\frac{1}{2}\left(\frac{h}{2}-y\right)\right]=\frac{b}{2}\left[\left(\frac{h}{2}\right)^2-y^2\right]$$

将上式及 $I_z=\dfrac{bh^3}{12}$ 代入式（4-28），得

$$\tau=\frac{3F_S}{2bh}\left(1-\frac{4y^2}{h^2}\right)$$

上式表明切应力沿截面高度按二次抛物线规律分布（图 4-35b）。在上、下边缘 $y=\pm\dfrac{h}{2}$ 处，切应力为零；在中性轴上（$y=0$），切应力最大，其值为

$$\tau_{max}=\frac{3F_S}{2bh}=1.5\frac{F_S}{A}$$

由上式可知，矩形截面梁横截面上的最大切应力值等于截面上平均切应力值的 1.5 倍。

例 4-10　一矩形截面简支梁如图 4-36 所示。已知 $l=3$ m，$h=160$ mm，$b=100$ mm，$h_1=40$ mm，$F=3$ kN，试求 $m-m$ 截面上 K 点处的切应力。

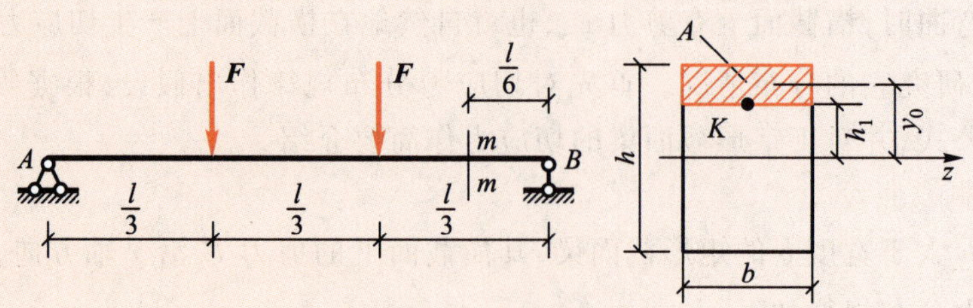

图 4-36　矩形截面简支梁

解　(1) 求支座反力及 $m-m$ 截面上的剪力

$$F_A=F_B=F=3\ \text{kN},F_S=-F_B=-3\ \text{kN}$$

(2) 计算截面的惯性矩和静矩 S_z^*。截面对中性轴的惯性矩、静矩 S_z^* 分别为

$$I_z=\frac{bh^3}{12}=\frac{100\ \text{mm}\times160^3\ \text{mm}^3}{12}=34.1\times10^6\ \text{mm}^4$$

$$S_z^*=A^*y_0=100\ \text{mm}\times40\ \text{mm}\times60\ \text{mm}=24\times10^4\ \text{mm}^3$$

(3) 计算 $m-m$ 截面上 K 点处的切应力

$$\tau=\frac{F_S S_z^*}{I_z d}=\frac{3\times10^3\text{N}\times24\times10^4\ \text{mm}^3}{34.1\times10^6\ \text{mm}^4\times100\ \text{mm}}=0.21\ \text{MPa}$$

三、梁弯曲时的强度计算

在一般情况下,梁横截面上同时存在着正应力和切应力。最大正应力发生在最大弯矩所在截面离中性轴最远的边缘处,此处切应力为零,其应力状态是单向拉伸或压缩。最大切应力发生在最大剪力所在截面的中性轴上各点处,此处正应力为零,其应力状态是纯剪切。因此,应该分别建立梁的正应力强度条件和切应力强度条件。

(一) 梁的强度条件

1. 梁的正应力强度条件

与拉压的强度条件一样,梁的最大工作正应力,应小于或等于梁的许用正应力,即

$$\sigma_{max}\leqslant[\sigma]$$

对于等截面直梁,上式可写为

$$\sigma_{max}=\frac{M_{max}}{W_z}\leqslant[\sigma] \tag{4-29}$$

式中　$[\sigma]$——材料的许用正应力,其值可在有关设计规范中查得。

对于抗拉和抗压强度不同的脆性材料,则要求梁的最大拉应力 σ_{tmax} 不超过材料的许用拉应力$[\sigma_t]$,最大压应力 σ_{cmax} 不超过材料的许用压应力$[\sigma_c]$,即

$$\sigma_{tmax}\leqslant[\sigma_t] \tag{4-30a}$$

$$\sigma_{cmax}\leqslant[\sigma_c] \tag{4-30b}$$

2. 切应力强度条件

与剪切、扭转杆的强度条件一样,梁的最大工作切应力,应小于或等于梁的许用切应力,即梁的切应力强度条件为

$$\tau_{max}\leqslant[\tau]$$

式中　$[\tau]$——材料的许用切应力,其值可在有关设计规范中查得。

对于工字钢梁切应力强度条件为

$$\tau_{max}=\frac{F_S}{\dfrac{I_z}{S_z}\cdot d}\leqslant[\tau] \tag{4-31}$$

(二) 梁的强度计算

对于一般的跨度与横截面高度的比值较大的梁,其主要应力是正应力,因此通常只需进

行梁的正应力强度计算。但是，对于以下三种情况还必须进行切应力强度计算：

（1）薄壁截面梁。例如，自行焊接的工字形截面梁等。

（2）对于最大弯矩较小而最大剪力却很大的梁。例如，跨度与横截面高度比值较小的短粗梁、集中荷载作用在支座附近的梁等。

（3）木梁。由于木材顺纹的抗剪能力很差，当截面上切应力很大时，木梁也可能沿中性层发生剪切破坏。

利用梁的强度条件，可以解决梁的强度校核、设计截面尺寸和确定许用荷载三类强度计算问题。

例 4-11　图 4-37a 所示为支承在墙上木栅的计算简图。已知材料的许用应力 $[\sigma]=12$ MPa，$[\tau]=1.2$ MPa。试校核梁的强度。

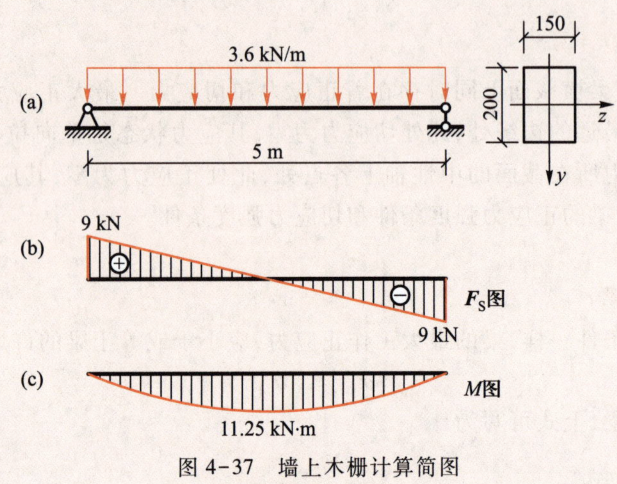

图 4-37　墙上木栅计算简图

解　（1）绘制剪力图和弯矩图。梁的剪力图和弯矩图分别如图 4-37b、c 所示。由图知，最大剪力和最大弯矩分别为

$$F_{S\max}=9\ \text{kN},\ M_{\max}=11.25\ \text{kN}\cdot\text{m}$$

（2）校核正应力强度

$$\sigma_{\max}=\frac{M_{\max}}{W_z}=\frac{11.25\times10^3\ \text{N}\cdot\text{m}}{\frac{1}{6}\times0.15\ \text{m}\times0.2^2\ \text{m}^2}=11.25\times10^6\ \text{Pa}$$

$$=11.25\ \text{MPa}<[\sigma]=12\ \text{MPa}$$

满足正应力强度条件。

（3）校核切应力强度

$$\tau_{\max}=\frac{3}{2}\times\frac{F_{S\max}}{A}=\frac{3}{2}\times\frac{9\times10^3\ \text{N}}{0.15\ \text{m}\times0.2\ \text{m}}=0.45\times10^6\ \text{Pa}$$

$$=0.45\ \text{MPa}<[\tau]=1.2\ \text{MPa}$$

满足切应力强度条件。

例 4-12　图 4-38a 所示是用 45c 号工字钢制成的悬臂梁，长 $l=6$ m，材料的许用应力 $[\sigma]=150$ MPa，不计梁的自重。试按正应力强度条件确定梁的许用荷载。

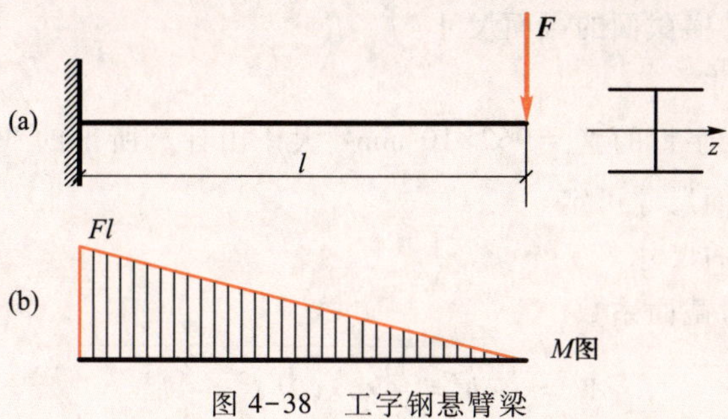

图 4-38　工字钢悬臂梁

解　绘制弯矩图（图 4-38b）。由图知，最大弯矩发生在梁固定端截面上，其值 $M_{max}=Fl$。查型钢规格表，45c 号工字钢的 $W_z=1\ 570\ \text{cm}^3$。由梁的正应力强度条件

$$\sigma_{max}=\frac{M_{max}}{W_z}=\frac{Fl}{W_z}\leqslant[\sigma]$$

得

$$F\leqslant[F]=\frac{[\sigma]W_z}{l}=\frac{150\times10^6\text{Pa}\times1\ 570\times10^{-6}\text{m}^3}{6\ \text{m}}=39.3\times10^3\text{N}=39.3\ \text{kN}$$

例 4-13　某简支梁的计算简图如图 4-39a 所示。已知该梁跨中所承受的最大集中荷载为 $F=40$ kN，梁的跨度 $l=15$ m，该梁要求用 Q235 号钢做成，其许用应力 $[\sigma]=160$ MPa。若该梁用工字形型钢、矩形（设 $h/b=2$）和圆形截面做成，试分别设计这三个截面的截面尺寸，试确定其横截面面积，并比较其重量。

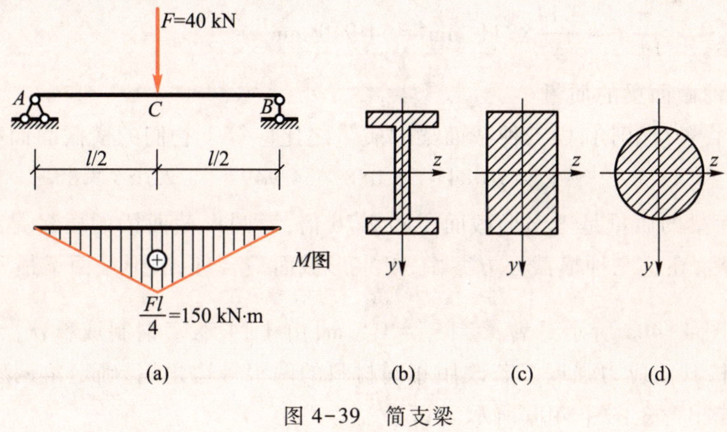

图 4-39　简支梁

解　（1）绘出梁的弯矩图，求出最大弯矩

$$M_{max}=\frac{Fl}{4}=\frac{40\times15}{4}\text{kN}\cdot\text{m}=150\ \text{kN}\cdot\text{m}$$

（2）计算梁的抗弯截面系数 W_z

$$W_z \geqslant \frac{M_{max}}{[\sigma]} = \frac{150\times10^6\text{ N}\cdot\text{mm}}{160\text{ N/mm}^2} = 938\times10^3\text{ mm}^3$$

(3) 分别计算三种横截面的截面尺寸

1) 工字形截面尺寸

由附录查得 36c 工字钢的 $W_z = 962\times10^3\text{ mm}^3$，大于由计算所得的 $W_z = 938\times10^3\text{ mm}^3$，故可选用 36c 工字钢，其截面尺寸可定。

2) 计算矩形截面的尺寸

由矩形截面的抗弯截面系数

$$W_z = \frac{1}{6}bh^2 = \frac{1}{6}\times b\times(2b)^2 = \frac{2}{3}b^3$$

所以
$$b = \sqrt[3]{\frac{3W_z}{2}} = \sqrt[3]{\frac{3\times938\times10^3}{2}}\text{ mm} = 112\text{ mm}$$

故
$$h = 2b = 2\times112\text{ mm} = 224\text{ mm}$$

3) 计算圆形截面的尺寸

由圆形截面的抗弯截面系数 $W_z = \frac{\pi d^3}{32}$，所以

$$d = \sqrt[3]{\frac{32W_z}{\pi}} = \sqrt[3]{\frac{32\times938\times10^3}{3.14}}\text{ mm} = 211\text{ mm}$$

三种横截面形状及布置情况如图 4-39b、c、d 所示。

4) 计算三种横截面的截面面积

工字形截面　查 36c 号工字钢得 $A_{工} = 9\ 084\text{ mm}^2$

矩形截面　$A_{矩} = b\times h = 112\times224\text{ mm}^2 = 25\ 088\text{ mm}^2$

圆形截面　$A_{圆} = \frac{\pi}{4}d^2 = \frac{3.14}{4}\times211^2\text{ mm}^2 = 34\ 949\text{ mm}^2$

5) 比较三种截面梁的质量

在梁的材料、长度相同时，三种截面梁的质量之比应等于它们的横截面面积之比，即

$$A_{工} : A_{矩} : A_{圆} = 9\ 084 : 25\ 088 : 34\ 949 = 1 : 2.76 : 3.85$$

即矩形截面梁的质量是工字形截面梁的 2.76 倍，而圆形截面梁的质量是工字形截面梁的 3.85 倍。显然，在这三种横截面方案中，工字形截面最合理，圆形截面梁最不合理。

例 4-14　图 4-40a 所示悬臂梁，长 $l = 1.5$ m，由 I 14 工字钢制成，$[\sigma] = 160$ MPa，$q = 10$ kN/m，试校核其正应力强度。若改用相同材料的两根等边角钢，确定角钢型号。

解　(1) 作出弯矩图 4-40b 所示

$$M_{max} = \frac{ql^2}{2} = \frac{10\times1.5^2}{2}\text{ kN}\cdot\text{m} = 11.25\text{ kN}\cdot\text{m}$$

(2) 查型钢表得 I 14 工字钢 $W_z = 102\times10^3\text{ mm}^3$，则

$$\sigma_{max} = \frac{M_{max}}{W_z} = \frac{11.25\times16^6\text{ N}\cdot\text{mm}}{102\times10^3\text{ mm}^3} = 110.3\text{ MPa} < [\sigma]$$

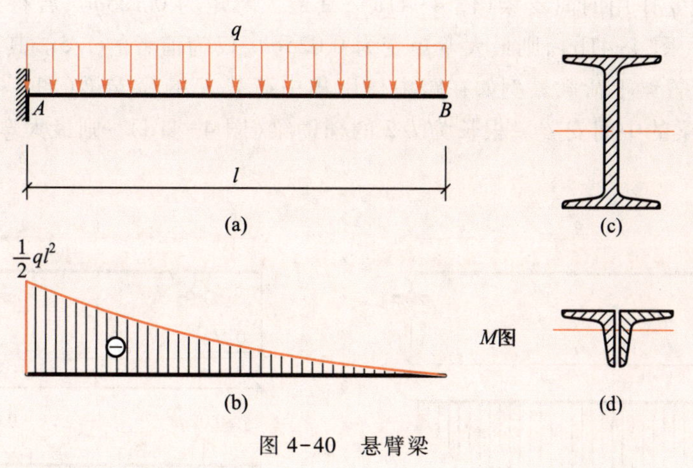

图 4-40　悬臂梁

满足强度条件。

(3) 确定等边角钢型号

$$\sigma_{max}=\frac{M_{max}}{W_z}\leqslant[\sigma]$$

$$W_z\geqslant\frac{M_{max}}{[\sigma]}=\frac{11.25\times10^6}{160}\text{mm}^3=70.3\times10^3\text{mm}^3$$

由于是两根角钢组成(图 4-40),故每根角钢必须满足

$$W_z\geqslant\frac{70.3\times10^3}{2}\text{mm}^3=35.15\times10^3\text{mm}^3$$

查型钢表,选用∟10(∟100×16),$W_z=37.82\times10^3\text{mm}^3$。

小贴士

注意提高分析问题与解决问题的能力

通过拉压、剪切、扭转、弯曲四种基本变形强度计算的学习,可体会到四种基本变形的研究方法及解决问题的模式基本上是相同的,具体内容虽互有差异,却具有对应的关系。学习中要善于前后联系,新旧对比,以掌握解决同类问题共同的思路和规律,以便提高分析问题与解决问题的能力。

四、提高梁弯曲强度的主要措施

由梁的正应力强度条件看出,欲提高梁的强度,一方面应降低最大弯矩 M_{max},另一方面则应增大弯曲截面系数 W_z。从以上两方面出发,工程上提高梁弯曲强度的主要措施采取以下几方面。

(一) 合理布置梁的支座和荷载

当荷载一定时,梁的最大弯矩 M_{max} 与梁的跨度有关,因此,首先应合理布置梁的支座。

例如受均布荷载 q 作用的简支梁(图 4-41a),其最大弯矩为 $0.125ql^2$,若将梁两端支座向跨中方向移动 $0.2l$(图 4-41b),则最大弯矩变为 $0.025ql^2$,仅为前者的 1/5。其次,若结构允许,应尽可能合理布置梁上荷载。例如在跨中作用集中荷载 F 的简支梁(图 4-41c),其最大弯矩为 $Fl/4$,若在梁的中间安置一根长为 $l/2$ 的辅助梁(图 4-41d),则最大弯矩变为 $Fl/8$,即为前者的一半。

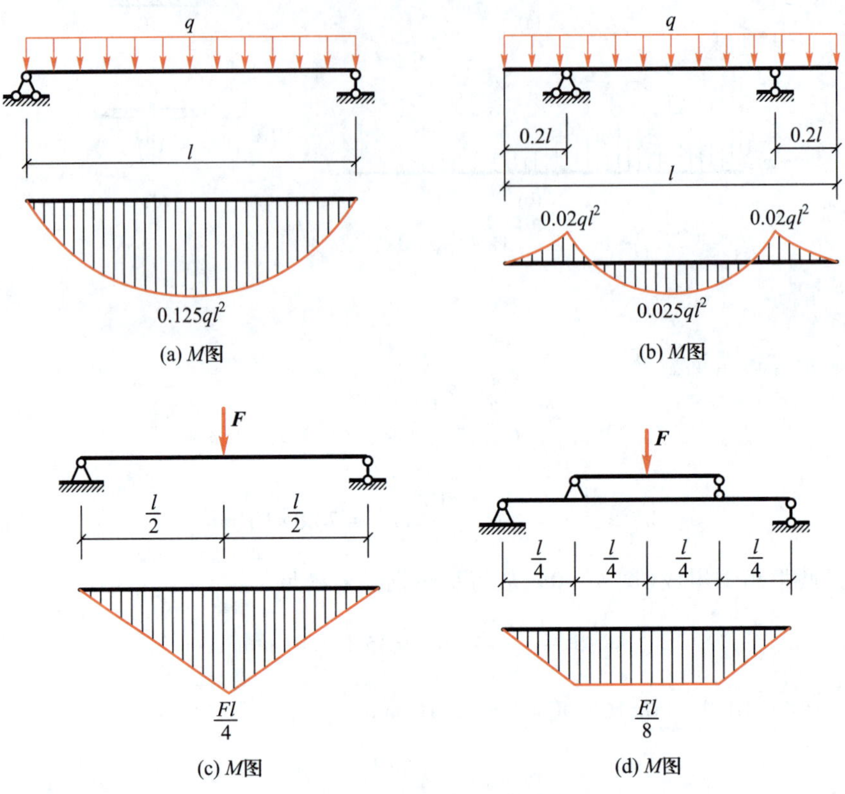

图 4-41 合理布置梁的荷载

(二) 采用合理的截面

梁的最大弯矩确定后,梁的弯曲强度取决于抗弯截面系数。梁的抗弯截面系数 W_z 越大,正应力越小。因此,在设计中,应当力求在不增加材料(用横截面面积来衡量)的前提下,使 W_z 值尽可能增大,即应使截面的 W_z/A 比值尽可能大,这种截面称为合理截面(但做什么事都要有尺度,也不是越大越好,而是适可而止)。例如宽为 b、高为 $h(h>b)$ 的矩形截面梁,如将截面竖置(图 4-42a),则 $W_{z1}=bh^2/6$,而将截面横置(图4-42b),则 $W_{z2}=hb^2/6$,所以 $W_{z1}>W_{z2}$。显然,竖置比横置合理。另外,由于梁横截面上的正应力沿截面高度线性分布,中性轴附近应力很小,该处材料远未发挥作用,若将这些材料移置到离中性轴较远处,可使它们得到充分利用,形成合理截面。因此,工程中常采用工字形、箱形截面等。

在讨论合理截面时,还应考虑材料的力学性能。对于抗压强度大于抗拉强度的脆性材料,如果采用对称于中性轴的横截面,则由于弯曲拉应力达到材料的许用拉应力$[\sigma_t]$时,弯曲压应力没有达到许用压应力$[\sigma_c]$,受压一侧的材料没有充分利用。因此,应采用不对称于中性轴的横截面,并使中性轴偏向受拉的一侧,如图 4-43 所示。理想的情况是满足下式:

$$\frac{y_1}{y_2}=\frac{[\sigma_t]}{[\sigma_c]}$$

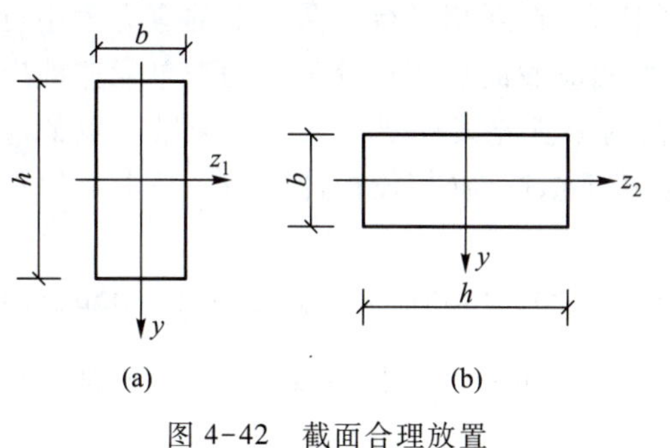

图 4-42　截面合理放置

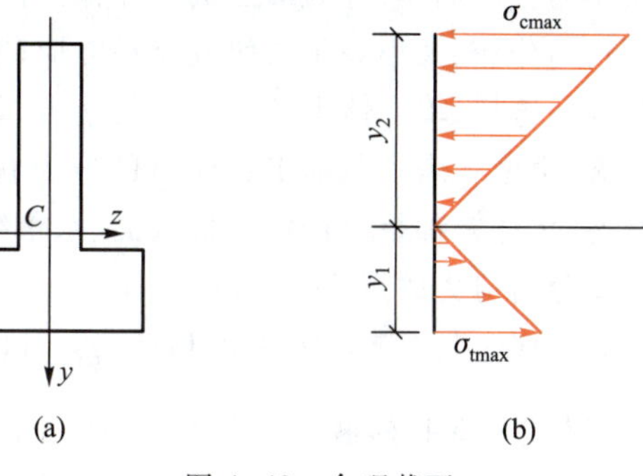

图 4-43　合理截面

(三) 采用变截面梁

对于等截面梁,当梁危险截面上危险点处的应力值达到材料的许用应力时,其他截面上的应力值均小于许用应力,此时构件材料没有充分利用。为提高材料的利用率、提高梁的强度,可以设计成各截面应力值均同时达到许用应力值,这种梁称为**等强度梁**。其弯曲截面系数 W_z,可按下式确定:

$$W_z(x)=\frac{M(x)}{[\sigma]}$$

显然,等强度梁是最合理的结构形式。但是,由于等强度梁外形复杂,加工制造困难,所以工程中一般只采用近似等强度的变截面梁,例如图 4-44 所示各梁。

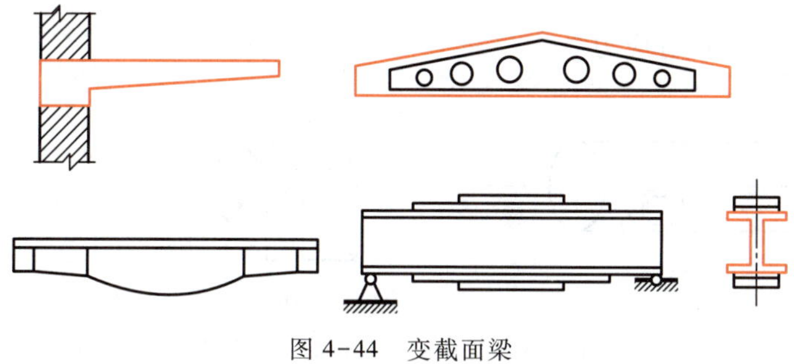

图 4-44　变截面梁

*五、平面应力状态与强度理论简介

(一) 平面应力状态简介

1. 点的应力状态

构件在同一截面上,各点的应力一般都不相等。例如,直梁弯曲时,横截面上各点正应力 σ 的大小,随其到中性轴的距离不同而不同,在梁的中性轴上其正应力等于零,在上、下边缘处则正应力为最大,其间沿梁的高度 σ 成直线规律变化。在工程中,把通过构件内任意一点,所有截面上应力分布的情况,称为该**点的应力状态**。

2. 单元体

研究点的应力状态，需要围绕所研究的点，切取一个微小的正六面体作为研究对象，这个微小的正六面体，称为该点的**单元体**。由于单元体十分微小，故可以认为单元体各面上的应力均匀分布，大小等于所研究点在对应截面上的应力；在互相平行的截面上的应力大小也应相等。这样，单元体上各个面上的应力，就是构件相应截面在该点处的应力。单元体的应力状态，也就代表了截面上相应点的应力状态。在具体研究某种变形某一截面某一点的应力状态时，通常都是沿构件的横截面、水平纵截面、铅垂纵截面（假设构件的轴线是水平的），围绕要分析应力的点 K，截取单元体。

（1）轴向拉压杆。在杆上任取一点 K（图 4-45a），其单元体和面上的应力如图 4-45b、c 所示。其左右面是杆横截面上 K 点处的微小面，故仅有正应力 $\sigma=\dfrac{F}{A}$，上、下面和前、后面都是杆上纵向截面上的微小面，所以没有应力。

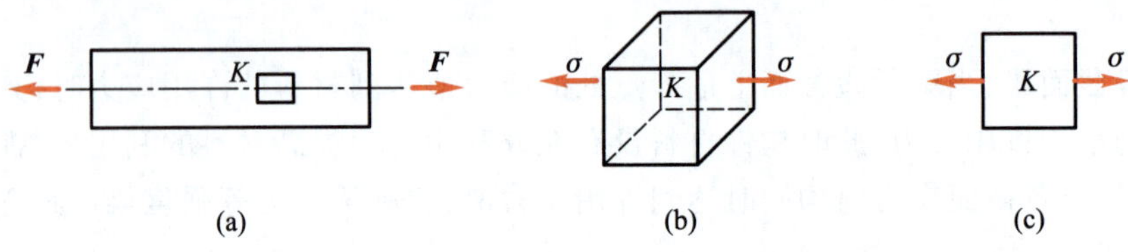

图 4-45　拉压杆某点的应力状态

（2）受扭圆轴杆。在圆轴表面上任取一点 K（图 4-46a），其单元体及各面上的应力如图 4-46b、c 所示。其左右面是横截面上 K 点附近的微小面，仅有切应力，其大小等于横截面上 K 点的切应力，且 $\tau_x=\dfrac{T\rho}{I_p}$，根据切应力互等定律，上、下面（纵向截面上 K 点附近的微小面）上，$\tau_y=-\tau_x$，前、后面上没有应力。

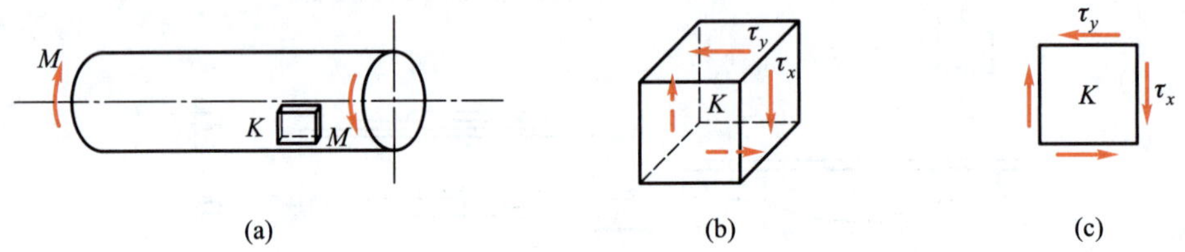

图 4-46　受扭圆轴某点的应力状态

（3）横力弯曲梁。在梁上任取一点 K（图 4-47a），其单元体及各面上的应力如图4-47b、c 所示。在左、右截面上，既有正应力，又有切应力，其大小等于该横截面上 K 点处的应力

$$\sigma_x=\frac{M}{I_z}y,\quad \tau_x=\frac{F_S\cdot S_z^*}{I_z\cdot b}$$

根据切应力互等定理，上、下表面上的切应力 $\tau_y=-\tau_x$，前、后表面上没有应力。

3. 点的应力状态分类

当杆件进行拉压、扭转、弯曲变形时，各截面上的应力是不一样的，在某个截面上切应力为零。在工程中，该截面上的正应力，称为**主应力**。将主应力所在的截面，称为**主平面**。通

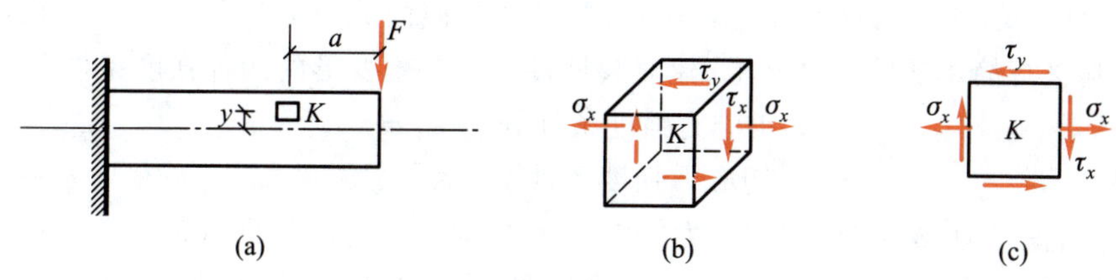

图 4-47　横力弯曲梁某点的应力状态

常根据单元体上主应力的情况，把应力状态分为三类：

（1）单向应力状态。当单元体上只有一对主应力不为零时，称为单向应力状态（图4-48a、d）。例如，拉、压杆及纯弯曲变形直梁上各点（中性层上的点除外）的应力状态，都属于单向应力状态。

（2）双向应力状态。当单元体上有两对主应力不等于零时，称为双向应力状态（图4-48b、e）。

（3）三向应力状态。当单元体上三对主应力均不为零时，称为三向应力状态（图 4-48c）。

单元体上的 3 个主应力按代数值大小排列为

$$\sigma_1>\sigma_2>\sigma_3$$

三向应力状态又称**空间应力状态**，双向、单向及纯剪切应力状态又称为**平面应力状态**，处于平面应力状态的单元体，可以简化为平面简图来表示（图 4-48d、e）。

在应力状态里，有时会遇到一种特例，即单元体的四个侧面上只有切应力而无正应力，称为**纯剪切应力状态**（图 4-48f）。

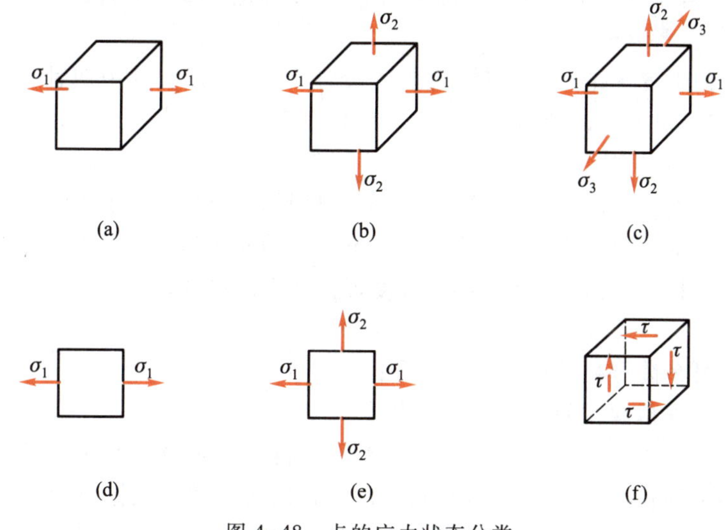

图 4-48　点的应力状态分类

（二）强度理论简介

1. 强度理论的概念

在土木工程、机械和电力中，所建造的每一个结构或者构件，受到荷载作用后不至于发生垮坍现象，这就是结构或构件的强度问题。在前面几章中，都建立起了杆件发生基本变形时的强度条件。我们知道,材料发生破坏时,总是某些截面的应力达到了某一个极限值。因此,在对材料进行简单实验的基础上,建立起杆件发生基本变形的两种强度条件是

正应力强度条件 $\sigma_{max} \leqslant [\sigma]$

切应力强度条件 $\tau_{max} \leqslant [\tau]$

而式中的许用正应力 $[\sigma]$ 和许用切应力 $[\tau]$,它们分别等于对试件进行轴向拉压或剪切试验确定的材料极限应力(屈服极限 σ_s、τ_s 或强度极限 σ_b、τ_b),除以安全因数而得到的。

按理说,根据上述两种强度计算,构件的强度问题应该得到解决了。但是通过大量的工程实践证明,仅用前面所述的强度条件对构件进行强度计算,是远远不能满足土木工程、机械和电力构件设计需要的。也就是说,即使构件满足了前面所述的两种强度条件,构件受力后也可能会发生破坏。这是为什么呢?通过人们对构件强度问题的深入细致的研究证明:由于构件内部存在着各种各样的应力状态,材料在不同的应力状态下,所处的物理环境也就不同,可能会发生意想不到的破坏现象。对于前面所述的正应力强度条件,它只适合材料处于单向应力状态的情况(图 4-48a),而对于切应力强度条件,则它只适合于材料处于纯剪切应力状态的情况(图 4-48f)。而对处于复杂应力状态中的情况(图 4-48b、c),则是不适用的。因此,必须解决复杂应力状态下的强度计算问题,建立与之相适应的强度计算公式,以满足工程结构设计的需要。

人们通过丰富的工程实践和科学实验,发现构件的破坏形式可以归结为两类:一类是断裂破坏,一类是屈服破坏(或剪切破坏)。人们进行了认真的分析和研究,并对两类破坏的主要原因提出了种种假说,并依据这些假说建立了相应的强度条件。**通常把这些对材料破坏现象的原因提出的假说,称之为强度理论**。显然,这些假说的正确性必须经受工程实践的检验。实际上,也正是在反复实验和实践的基础上,强度理论才日趋完善。

2. 常用四种强度理论简介

历史上提出的强度理论很多,但经过工程设计和生产实践,其中四种强度理论最为常用,并且基本上能满足工程设计的需要。这四种强度理论,只适用于常温,静荷载作用,材料均匀、连续、各向同性条件下材料的强度校核。

(1) 最大拉应力理论(第一强度理论)。不论材料处于何种应力状态,只要复杂应力状态下三个主应力中的最大拉应力 σ_1,达到材料单向拉伸断裂时的抗拉强度极限 σ_b 时,材料便发生断裂破坏。按此理论,得到按第一强度理论建立的强度条件为

$$\sigma_1 \leqslant [\sigma]$$

式中　σ_1——构件危险点处的最大主拉应力;

$[\sigma]$——材料在单向拉伸时的许用应力。

(2) 最大拉应变理论(第二强度理论)。无论材料处于何种应力状态,只要单元体的三个主应变中的最大伸长线应变 ε_1 达到材料单向拉伸断裂时的最大拉应变极限值 ε_{tmax},材料即发生断裂破坏。按此理论,得到按第二强度理论建立的强度条件为

$$\sigma_1-\mu(\sigma_2+\sigma_3) \leqslant [\sigma]$$

(3) 最大切应力理论(第三强度理论)。认为材料的破坏是由于最大切应力的作用,其强度条件为

$$\sqrt{\sigma^2+4\tau^2} \leqslant [\sigma]$$

(4) 形状改变比能理论(第四强度理论)。认为材料的破坏原因是材料内部某点的形状

改变比能密度达到材料在单向拉伸屈服时形状改变比能密度的极限值，其强度条件为

$$\sqrt{\sigma^2+3\tau^2} \leqslant [\sigma]$$

第 6 节　组合变形杆的应力与强度计算

一、组合变形概念

前面分别讨论了杆件在拉压、剪切、扭转和弯曲等各种基本变形情况下的强度计算。但是，在实际工程结构中，有些构件的受力情况是很复杂的，受力后的变形常常不只是某一种单一的基本变形，而是同时发生两种或两种以上的基本变形。例如，图 4-49a 所示的烟囱，除因自重引起的轴向压缩变形外，还有因水平方向的风荷载引起的弯曲变形；图 4-49b 所示的挡土墙，也同时受自重引起的压缩变形和土壤压力产生的弯曲变形；图 4-49c 所示的厂房立柱，由于受到多种偏心压力和水平力的共同作用，此立柱产生了压缩与弯曲变形的联合作用。图 4-49d 所示的屋架上的檩条，由于屋面传来的荷载不是作用在檩条的纵向对称平面内，因而将由两个平面内的弯曲变形组合成斜弯曲；图 4-49e 所示的圆弧梁，由于梁上的荷载没有作用在梁的纵向对称平面内，该梁同时产生扭转和弯曲变形。

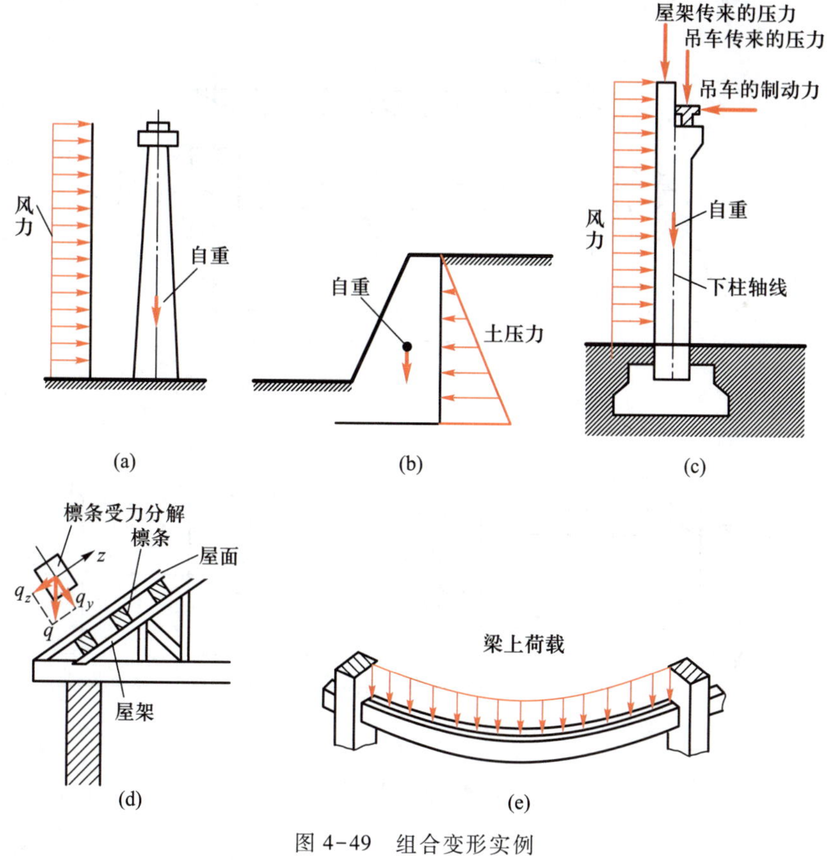

图 4-49　组合变形实例

上述这些构件，由于受复杂荷载的作用，同时发生两种或两种以上的基本变形，这种变形情况，称为**组合变形**。

组合变形时的强度分析问题，主要是应力计算。只要构件的变形很小，材料服从胡克定律，力的独立作用原理是成立的，即每一种荷载引起的变形和内力不受其他荷载的影响，因此可以应用叠加法来解决组合变形问题。据此分析组合变形的方法归结如下：

(1) 外力分析。首先将作用在杆件上的实际外力进行简化。横向力向弯曲中心简化，并沿截面的形心主轴方向分解；纵向力向截面形心简化。简化后的各外力分别对应着一种基本变形。

(2) 内力分析。根据杆上作用的外力，进行内力分析，必要时绘出内力图，从而确定危险截面，并求出危险截面上的内力值。

(3) 应力分析。按危险截面上的内力值，分析危险截面上的应力分布，确定危险点所在位置，同时计算出危险点上的应力。

(4) 强度分析。根据危险点的应力状态和杆件材料的强度指标，按强度理论进行强度计算。

二、斜弯曲强度计算

现以图 4-50a 所示的悬臂梁为例，说明斜弯曲的概念及其应力计算的一般步骤。

设矩形截面的悬臂梁在自由端处，作用一个垂直于梁轴并通过截面形心的集中荷载 $\boldsymbol{F}$，它与截面的形心主轴 y 成 φ 角(图 4-50a)。

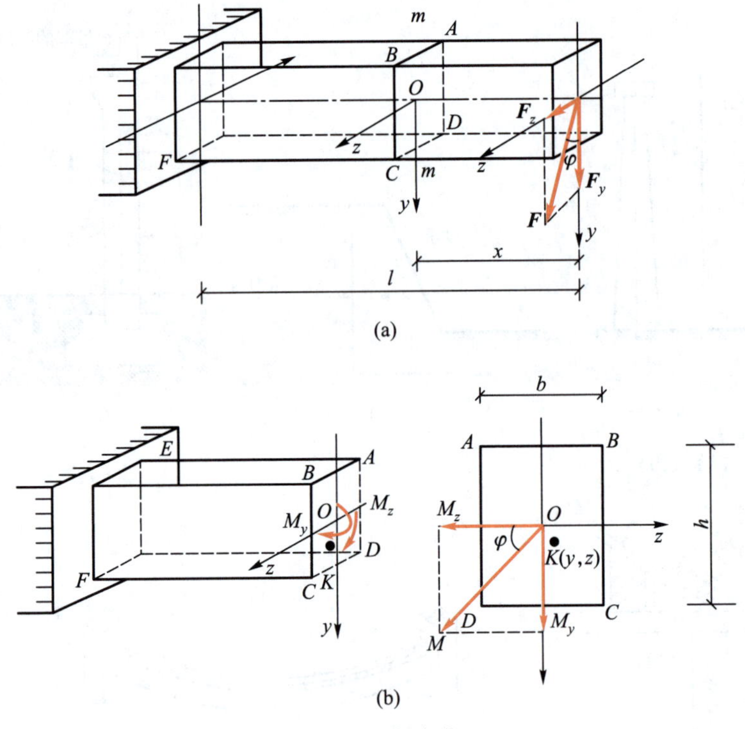

图 4-50　斜弯曲

1. 外力分析

由于外力作用平面虽然通过截面的弯曲中心，但它并不通过也不平行于杆件的任一形心主轴，则梁不发生平面弯曲。此时，可将力 $\boldsymbol{F}$ 沿 y、z 两个形心主轴方向分解，得到两个

分力

$$F_y=F\cos\varphi,F_z=F\sin\varphi$$

在 $\boldsymbol{F}_y$ 作用下，梁将在 Oxy 平面内弯曲，在 $\boldsymbol{F}_z$ 作用下，梁将在 Oxz 平面内弯曲，两者均属平面弯曲情况。因此梁在倾斜力作用下，相当于受到两个方向的平面弯曲，梁的挠曲线此时不再是一条平面曲线，也不在外力作用的平面内，通常把这种弯曲称为**斜弯曲**。

2. 内力分析

与平面弯曲情况一样，在斜弯曲梁的横截面上也有剪力和弯矩两种内力。但由于剪力在一般情况下影响较小，因此在进行内力分析时，主要计算弯矩的影响。在分力 $\boldsymbol{F}_y$ 和 $\boldsymbol{F}_z$ 分别作用下，梁上距自由端为 x 的任一截面 $m-m$ 的弯矩为

$$M_z=F_y\cdot x=F\cos\varphi\cdot x$$

$$M_y=F_z\cdot x=F\sin\varphi\cdot x$$

令 $M=Fx$，它表示力 $\boldsymbol{F}$ 对截面 $m-m$ 引起的总弯矩。如图 4-50b 所示，显然，总弯矩 M 与作用在纵向对称平面内的弯矩 M_z 和 M_y 有如下关系

$$M_z=M\cos\varphi,M_y=M\sin\varphi,M=\sqrt{M_z^2+M_y^2}$$

M_z 和 M_y 将分别使梁在 Oxy 和 Oxz 两个形心主惯性平面内发生平面弯曲。因此，斜弯曲即为两个平面内的平面弯曲变形的组合。

3. 应力分析

应用平面弯曲时的正应力计算公式，即可求得截面 $m-m$ 上任意一点 $K(y,z)$ 处由 M_z 和 M_y 所引起的弯曲正应力，它们分别是

$$\sigma'=\frac{M_zy}{I_z}=\frac{M\cos\varphi\cdot y}{I_z}$$

$$\sigma''=\frac{M_yz}{I_y}=\frac{M\sin\varphi\cdot z}{I_y}$$

根据叠加原理，梁的横截面上的任意点 K 处总的弯曲正应力为这两个正应力的代数和，即

$$\sigma=\sigma'+\sigma''=\pm\frac{M_zy}{I_z}\pm\frac{M_yz}{I_y}=\pm\frac{M\cos\varphi\cdot y}{I_z}\pm\frac{M\sin\varphi\cdot z}{I_y}\tag{4-32}$$

式中　I_z,I_y——梁的横截面对形心主轴 z 和 y 的形心主惯性矩。

至于正应力的正负号，可以直接观察由弯矩 M_z 和 M_y 分别引起的正应力是拉应力还是压应力来决定。以正号表示拉应力，负号表示压应力。

4. 确定危险截面，进行强度计算

显然，对图 4-50a 所示的悬臂梁来说，危险截面就在固定端截面处，其上 M_z 和 M_y 同时达到最大值。至于危险点也不难看出，就是 E、F 两点（图 4-50b），其中 E 点有最大拉应力，F 点有最大压应力，并且都属于单向应力状态，其应力可以直接代数和相加。若材料的抗拉压强度相等，强度条件可表示为

$$\sigma_{\max}=M_{\max}\left(\frac{\cos\varphi}{W_z}+\frac{\sin\varphi}{W_y}\right)=\frac{M_{\max}}{W_z}\left(\cos\varphi+\frac{W_z}{W_y}\sin\varphi\right)\leqslant[\sigma]\tag{4-33}$$

式中　$M_{\max}$——构件危险截面上的最大弯矩。

例 4-15　一屋架上的木檩条采用 100 mm×140 mm 的矩形截面，跨度 4 m，简支在屋架上，承受屋面分布荷载 $q=1$ kN/m（包括檩条自重），如图 4-51 所示。设木材的许用应力 $[\sigma]=10$ MPa，试验算檩条的强度。

解　(1) 内力计算。把檩条看作简支梁，在分布荷载作用下，跨中截面为危险截面，最大弯矩为

$$M_{\max}=\frac{1}{8}ql^2=\frac{1\times4^2}{8}\text{kN}\cdot\text{m}=2\ \text{kN}\cdot\text{m}$$

(2) 截面几何性质的计算。由已知截面尺寸可算得

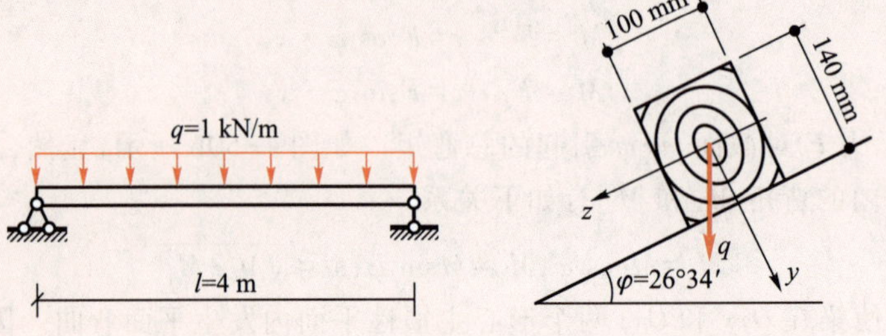

图 4-51　屋架上的木檩条

$$W_z=\left(\frac{100\times140^2}{6}\right)\text{mm}^3=327\times10^3\ \text{mm}^3$$

$$W_y=\left(\frac{140\times100^2}{6}\right)\text{mm}^3=233\times10^3\ \text{mm}^3$$

(3) 强度校核。根据强度条件式(4-33)，可算得檩条的最大正应力为

$$\sigma_{\max}=M_{\max}\left(\frac{\cos\varphi}{W_z}+\frac{\sin\varphi}{W_y}\right)\leqslant[\sigma]$$

$$\begin{aligned}\sigma_{\max}&=2\times10^6\times\left(\frac{\cos 26°34'}{327\times10^3}+\frac{\sin 26°34'}{233\times10^3}\right)\text{MPa}\\&=(5.47+3.84)\text{MPa}\\&=9.31\ \text{MPa}\leqslant[\sigma]=10\ \text{MPa}\end{aligned}$$

檩条的强度条件满足要求。

三、弯曲与拉（压）组合计算

若杆件同时受到横向力和轴向拉（压）力的作用，则杆件将发生弯曲与拉伸（压缩）组合变形。现以图 4-52a 所示 AB 杆为例，具体说明弯曲与拉伸（压缩）组合变形时杆件的强度分析方法。

1. 外力分析，确定杆件有几种基本变形

由图可见，两端铰支的 AB 杆在均布横向荷载 q 的作用下产生弯曲变形，又在轴向力 F 的作用下将产生轴向拉伸变形。因此，AB 杆同时发生弯曲与拉伸两种基本变形。

2. 内力分析，确定危险截面

根据 AB 杆所受的外力，可以绘出轴力图和弯矩图如图 4-52b、c 所示。所以杆件中点处

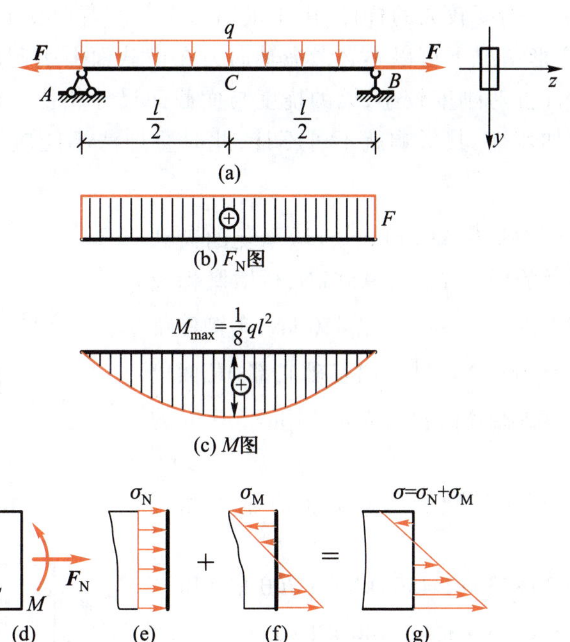

图 4-52　弯曲与拉伸组合变形

的截面上，同时作用有两种内力，其值均达到最大值，是此梁的危险截面，记为截面 C，如图 4-52d 所示。其弯矩值为 $M_{\max}=\dfrac{ql^2}{8}$，$F_N=F$。

3. 应力分析，确定危险点

在危险截面 C 上，轴向力 F_N 引起的正应力如图 4-52e 所示，沿截面均匀分布的，其值为

$$\sigma_N=\frac{F_N}{A}$$

弯矩 $M_{\max}$ 所引起的正应力如图 4-52f 所示，沿截面高度按直线规律分布。其值为

$$\sigma_M=\frac{M_{\max}y}{A}$$

应用叠加法，截面上任意点处的正应力处于单向应力状态，按代数和计算其应力大小为

$$\sigma=\sigma_N+\sigma_M=\frac{F_N}{A}+\frac{M_{\max}y}{I_z}$$

正应力分布规律如图 4-52g 所示。显然，最大正应力和最小正应力将发生在离中性轴最远的下边缘和上边缘处，其计算式为

$$\sigma_{\substack{\max\\\min}}=\frac{F_N}{A}\pm\frac{M_{\max}}{W_z}$$

4. 强度计算

由于危险截面的上、下边缘处均为单向应力状态，所以弯曲和拉伸（压缩）组合变形时的强度计算可用下式表示

$$\sigma_{\substack{\max\\\min}}=\frac{F_N}{A}\pm\frac{M_{\max}}{W_z}\leqslant[\sigma] \tag{4-34}$$

应该指出，对于抗弯刚度较大的杆件，由于横向力引起的弯曲变形（挠度）与横截面尺寸相比很小，因此在小变形情况下可以不必考虑轴向力在横截面上引起的附加弯矩的影响，而用叠加法计算。若杆件抗弯刚度较小，梁的挠度与横截面尺寸相比不能忽略，轴向力在横截面上将引起较大的附加弯矩，其影响就不可不计，此时叠加法不能应用，而应考虑横向力和轴向力间的相互影响。

例 4-16　一桥墩如图 4-53 所示。桥墩承受的荷载为上部结构传递给桥墩的压力 $F_0=1\ 920$ kN，桥墩墩帽及墩身的自重 $F_1=330$ kN，基础自重 $F_2=1\ 450$ kN，车辆经梁部传下的水平制动 $F_T=300$ kN。试绘出基础底部 AB 面上的正应力分布图。已知基础底面积为 $b\times h=8\ \text{m}\times 3.6\ \text{m}$ 的矩形。

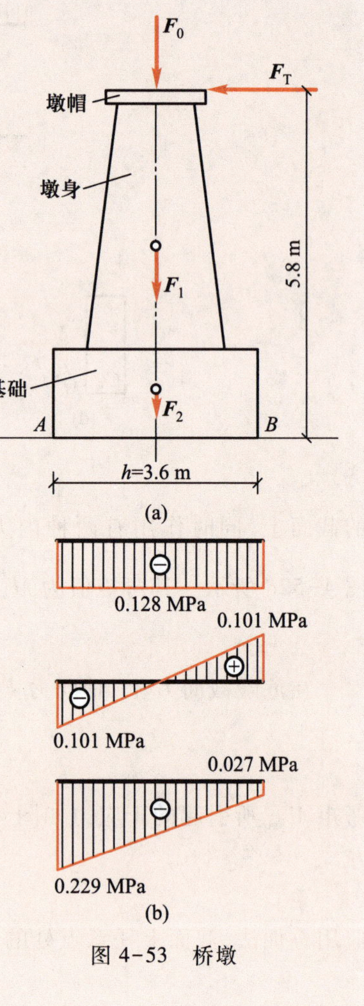

图 4-53　桥墩

解　(1) 内力计算。基础底部截面上有轴力和弯矩，其数值分别为

$$F_N=F_0+F_1+F_2=(1\ 920+330+1\ 450)\text{ kN}=3\ 700\text{ kN}(\text{压})$$

$$M_T=(300\times 5.8)\text{ kN}\cdot\text{m}=1\ 740\text{ kN}\cdot\text{m}$$

(2) 应力计算。由轴力 F_N 在基础底部产生的正应力为

$$\sigma_N=\frac{F_N}{A}=\left[-\frac{3\ 700\times 10^3}{8\times 3.6\times 10^3}\right]\text{ MPa}=-0.128\text{ MPa}$$

由弯矩 M_z 在基础底部截面的右边缘和左边缘引起的正应力为

$$\sigma_z=\pm\frac{M_z}{W_z}=\pm\frac{1\ 740\times 10^6}{\frac{1}{6}\times 8\times 10^3\times(3.6\times 10^3)^2}\text{ MPa}$$

$$=\pm 0.101\text{ MPa}$$

所以在基础底部的左、右边缘处的正应力分别为

$$\sigma=\sigma_N+\sigma_M=\frac{F_N}{A}\pm\frac{M_z}{W_z}$$

$$=(-0.128\pm 0.101)\text{ MPa}$$

$$=\begin{cases}-0.027\text{ MPa}(\text{右})\\-0.229\text{ MPa}(\text{左})\end{cases}$$

基础底部截面上正应力分布规律如图 4-53b 所示。

四、偏心压缩与截面核心的概念

如果压力的作用线平行于杆的轴线，但不通过截面的形心，则将引起**偏心压缩**。偏心压缩实际上仍是弯曲与压缩的组合变形问题。

1. 外力分析

图 4-54a 表示一偏心压缩的杆件。外力 F 作用点在截面的一根形心主轴上，其作用点

到截面形心 O 的距离 e 称为偏心距。由于外力作用在一根形心主轴上而产生的偏心压缩，称为**单向偏心压缩**。

为了分析图 4-54a 所示杆件的内力，可将偏心力 F 向截面形心简化，其简化结果形成如图 4-54b 所示的两种荷载的共同作用，即一个通过杆轴线的压力 F 和一个力偶矩 $M=Fe$。用截面法可求得该杆件任意截面上的内力，如图 4-54c 所示，横截面上有轴力 $F_N=-F$，弯矩 $M_z=m=Fe$。

2. 应力计算

根据叠加原理，将轴力 F_N 引起的正应力 $\sigma_N=\frac{F_N}{A}$ 和弯矩 M_z 引起的正应力 $\sigma_M=\pm\frac{M_z}{I_z}y$ 相加，就可以得到这种单向偏心压缩时杆件中任意横截面上任一点的正应力计算式。

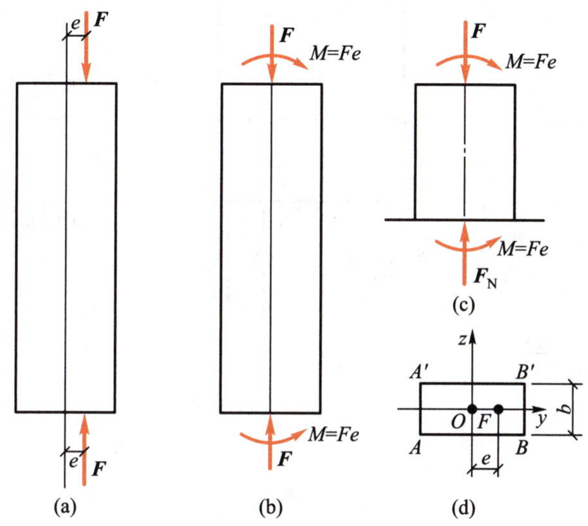

图 4-54　单向偏心压缩

$$\sigma=\sigma_N+\sigma_M=-\frac{F_N}{A}\pm\frac{M_z}{I_z}y$$

考虑到 $M_z=Fe$　有

$$\sigma=-\frac{F_N}{A}\pm\frac{Fe}{I_z}y$$

上式中 F、y、e 均代入绝对值，正负号均可由观察变形确定。

显然，最大正应力和最小正应力分别发生在横截面的左、右两条边缘线上，其计算式为

$$\sigma_{\substack{max\\min}}=-\frac{F_N}{A}\pm\frac{Fe}{W_z}$$

由图 4-54d 可以看出：单向偏心压缩时，距偏心力 F 较近的一侧边缘 BB' 处总是产生压应力，其值为 $\sigma_{min}=-\frac{F_N}{A}-\frac{Fe}{W_z}$；而最大正应力 $\sigma_{max}=-\frac{F_N}{A}+\frac{Fe}{W_z}$ 总发生在距偏心力较远的那侧边缘 AA' 处，其值可能是压应力（图 4-55a），也可能是拉应力（图 4-55c）。若将面积 $A=bh$ 和

抗弯截面模量 $W_z=\dfrac{1}{6}bh^2$ 代入上式，即得

$$\sigma_{\substack{max\\min}}=-\frac{F}{bh}\pm\frac{Fe}{\frac{1}{6}bh^2}=-\frac{F}{bh}\left(1\mp\frac{6e}{h}\right) \tag{4-35}$$

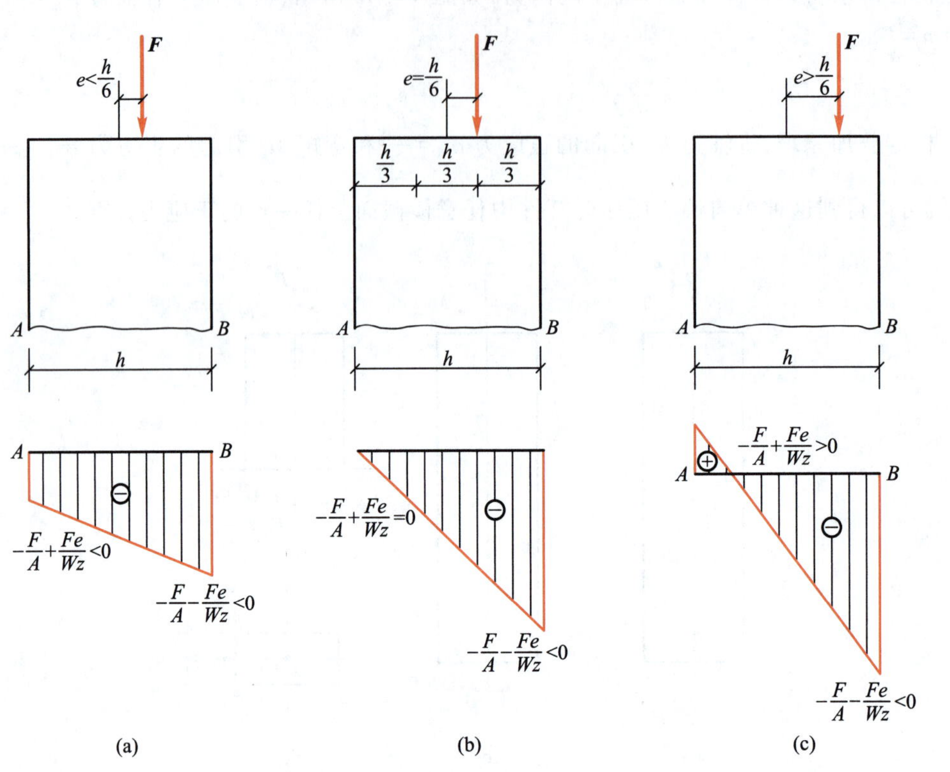

图 4-55　单向偏心压缩应力分布

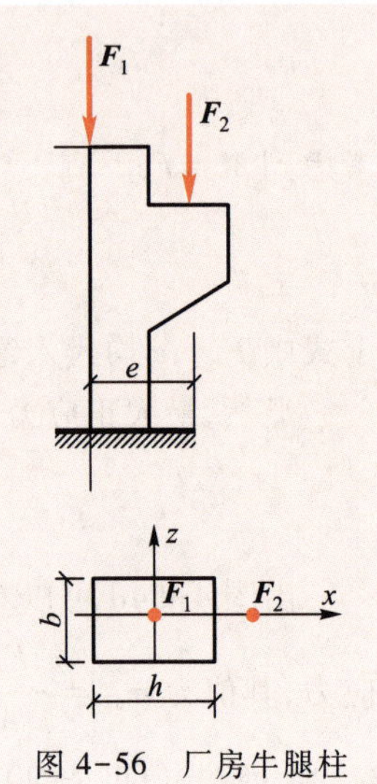

图 4-56　厂房牛腿柱

例 4-17　图 4-56 所示矩形截面柱，柱顶有屋架传来的压力 $F_1=200\ \text{kN}$，牛腿上承受吊车梁传来的压力 $F_2=90\ \text{kN}$，F_2与柱轴线的偏心距 $e=0.2\ \text{m}$。已知柱宽 $b=200\ \text{mm}$，求：

（1）若 $h=300\ \text{mm}$，则柱截面中的最大拉压力和最大压应力各为多少？

（2）要使柱截面不产生拉应力，截面高度 h 应为多少？在所选的 h 尺寸下，柱截面中的最大拉应力和最大压应力为多少？

解　（1）求 σ_{max} 和 σ_{min}

将荷载力向截面形心平移，得柱的轴心压力为

$$F=F_1+F_2=290\ \text{kN}$$

截面的弯矩为

$$M_z=F_2\cdot e=90\times0.2=18\ \text{kN}\cdot\text{m}$$

所以
$$\sigma_{max}=-\frac{F}{A}+\frac{M_z}{W_z}=-\frac{290\times10^3}{200\times300}\text{N/mm}+\frac{18\times10^6}{\frac{200\times300^2}{6}}\text{N/mm}$$
$$=-4.83\ \text{MPa}+6.00\ \text{MPa}=1.17\ \text{MPa}$$

σ_{max}为最大拉应力。

$$\sigma_{min}=-\frac{F}{A}-\frac{M_z}{W_z}=-4.83\ \text{MPa}-6.00\ \text{MPa}=-10.83\ \text{MPa}$$

σ_{min}即为最大压应力。

(2) 求 h 及 σ_{max}

要使截面不产生拉应力,应满足

$$\sigma_{max}=-\frac{F}{A}+\frac{M_z}{W_z}\leqslant0$$

即
$$-\frac{290\times10^3}{200h}+\frac{18\times10^6}{\frac{200h^2}{6}}\leqslant0$$

解得
$$h\geqslant372.4\ \text{mm}$$

取
$$h=380\ \text{mm}$$

(3) 当 $h=380$ mm 时,求截面的最大应力 σ_{max} 和最小应力 σ_{min}

$$\sigma_{max}=-\frac{F}{A}+\frac{M_z}{W_z}=\left(-\frac{290\times10^3}{200\times380}-\frac{18\times10^6}{\frac{200\times380^2}{6}}\right)\text{N/mm}$$
$$=(-3.82+3.74)\ \text{MPa}=-0.08\ \text{MPa}$$
$$\sigma_{min}=-\frac{P}{A}-\frac{M_z}{W_z}=\left(-\frac{290\times10^3}{200\times380}-\frac{18\times10^6}{\frac{200\times380^2}{6}}\right)\text{N/mm}$$
$$=(-3.82-3.74)\ \text{MPa}=-7.56\ \text{MPa}$$

可见,整个截面上均为压应力

五、截面核心的概念

单向偏心受压柱的最大拉应力公式是

$$\sigma_{tmax}=-\frac{F}{A}+\frac{Fe}{W}$$

如果 $\left|\frac{Fe}{W}\right|>\left|\frac{F}{A}\right|$ 时,则横截面上将出现拉应力,这对用脆性材料制作的柱,如砖石、石柱、混凝土柱是不利的。最好使横截面不出现拉应力,这样必须使

$$\sigma_{tmax}=-\frac{F}{A}+\frac{Fe}{W}\leqslant0$$

或使偏心距 e 为

$$e \leqslant \frac{W}{A} \tag{4-36}$$

对于直径为 d 的圆形截面

$$W=\frac{\pi d^3}{32}, A=\frac{\pi d^2}{4}$$

所以

$$e \leqslant \frac{d}{8}$$

上式说明，当压力 $\boldsymbol{F}$ 的作用点位于截面形心附近的某一区域内时，柱截面上将不会出现拉应力。在力学中，将偏心压缩不产生拉应力的外力作用范围，称为**截面核心**，如图 4-57a 阴影所示。

对于矩形截面，其截面核心如图 4-57b 所示的阴影菱形。当压力 $\boldsymbol{F}$ 作用在 z 轴上时，将 $W_y=\frac{hb^2}{6}, A=bh$ 代入式(4-37)得 $e=\frac{b}{6}$；同理，当力 $\boldsymbol{F}$ 作用在 y 轴上时，将 $W_z=\frac{bh^2}{6}, A=bh$ 代入式(4-36)，得 $e \leqslant \frac{h}{6}$。

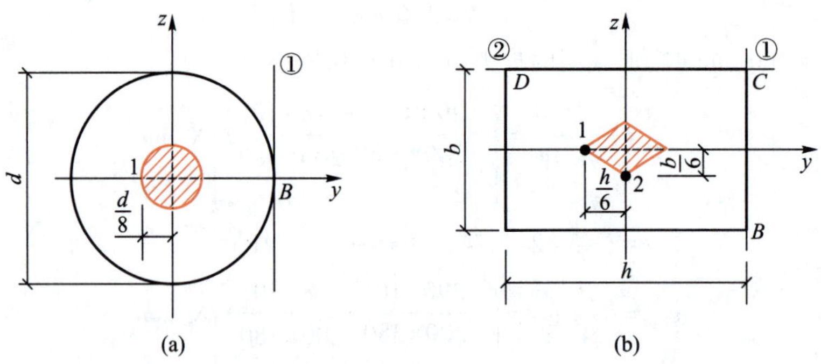

图 4-57　圆与矩形截面核心

通过以上分析可以看出，截面核心的形状、尺寸与压力 F 的大小无关，只与柱的横截面形状和尺寸有关。这样，可先根据截面的形状和尺寸，确定截面核心的范围，然后只要使压力 $\boldsymbol{F}$ 的作用点在截面核心之内，就可达到使整个截面不出现拉应力的目的。

思考题

4-1　何谓应力？它的常用单位是什么？

4-2　何谓纵向变形？何谓横向变形？二者有什么关系？

4-3　低碳钢在拉伸试验中表现为哪几个阶段？有哪些特征点？怎样从 $\sigma-\varepsilon$ 曲线上求出拉压弹性模量 E 的值？

4-4　何谓塑性材料？何谓脆性材料？塑性材料和脆性材料的力学特性有哪些主要

区别？

4-5　指出下列概念的区别：

(1) 线应变和延伸率；

(2) 工作应力、极限应力和许用应力；

(3) 屈服极限和强度极限。

4-6　何谓应力集中？它有什么利弊？

4-7　剪切和挤压的实用计算采用了什么假设？为什么这样做？

4-8　剪切的受力特点和变形特点与挤压比较有何不同？

4-9　挤压应力与一般的压应力有何区别？

4-10　研究圆轴扭转时，所作的平面假设是什么？横截面上产生的切应力是如何分布的？

4-11　思考题 4-11 图所示的两个传动轴，哪一种轮系的布置对提高轴的承载能力有利？

4-12　思考题 4-12 图所示，为圆截面扭转时的切应力分布，试分析哪些是正确的？哪些是错误的？

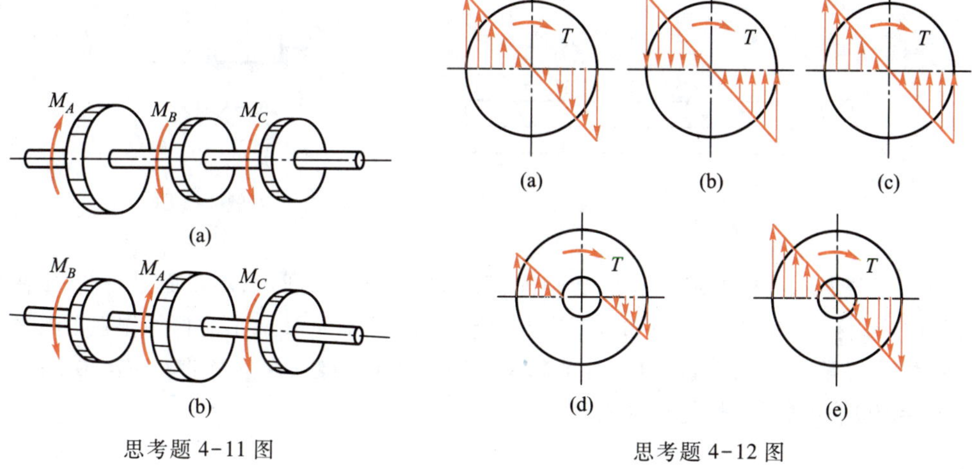

思考题 4-11 图　　思考题 4-12 图

4-13　从力学角度，为什么说空心截面比实心截面较为合理？

4-14　何谓中性层？何谓中性轴？中性轴如何确定？

4-15　直梁弯曲时，横截面上正应力沿截面高度和宽度是怎样分布的？

4-16　应用梁正应力公式计算横截面上的正应力时，如何确定正、负号？

4-17　梁横截面上的切应力沿高度如何分布？最大切应力计算公式中各符号含义是什么？

4-18　以正应力考虑，应采取哪些措施提高梁的抗弯强度？

4-19　何谓一点处的应力状态？什么是单元体？如何截取单元体？

4-20　何谓强度理论？常用强度理论有哪些？

4-21　分析组合变形问题的步骤是什么？如何确定危险截面和危险点？

4-22　常见组合变形的种类有哪几种？试举例说明之。

4-23　用叠加原理处理组合变形问题，将外力分组时应注意些什么？

4-24　拉弯组合变形杆件的危险点位置如何确定？建立强度条件时为什么不必利用强度理论？

4-25　何谓截面核心？

习题

4-1　一等直圆杆的直径 $d=10$ mm，所受轴向荷载如习题 4-1 图所示。杆件材料的抗拉、抗压性能不同，求该杆的最大工作应力。

4-2　习题 4-2 图所示为一高 10 m 的石砌桥墩，其横截面尺寸如图示。已知轴向压力 $F=800$ kN，材料的重度 $\gamma=23$ kN/m^3，试求桥墩底面上压应力的大小。

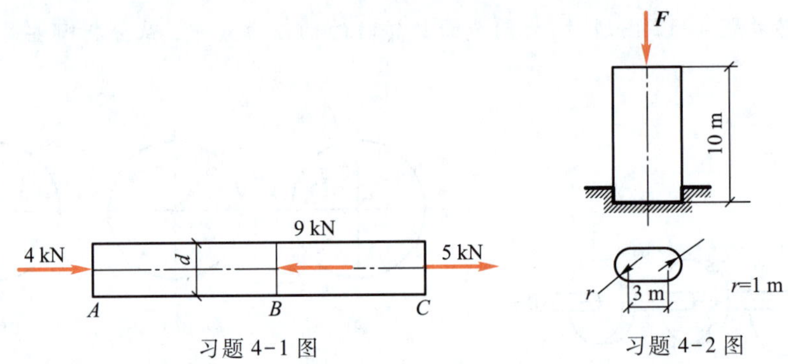

习题 4-1 图　　习题 4-2 图

4-3　圆截面木直杆的尺寸和所受轴向荷载如习题 4-3 图示，B 截面是杆件的中点截面，材料的许用拉应力 $[\sigma_t]=6.5$ MPa，许用压应力 $[\sigma_C]=6.5$ MPa，试对杆件作强度校核。

4-4　如习题 4-4 图所示，用绳索吊起 $W=100$ kN 的重物，绳索的直径 $d=40$ mm，许用应力 $[\sigma]=100$ MPa，试校核绳索的强度。

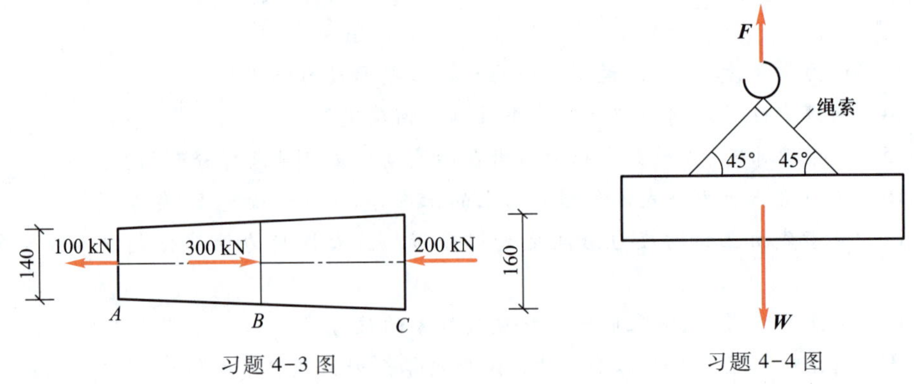

习题 4-3 图　　习题 4-4 图

4-5　习题 4-5 图所示支架，杆①为直径 $d=16$ mm 的圆形钢杆，许用应力 $[\sigma]_1=140$ MPa；杆②为边长 $a=100$ mm 的方形截面木杆，许用应力 $[\sigma]_2=4.5$ MPa。已知结点 B 处

挂一重物 $G=40$ kN，试校核两杆的强度。

4-6 杆件受力如习题 4-6 图所示，已知 CD 杆为刚性杆，AB 杆为钢杆，直径 $d=30$ mm，$[\sigma]=160$ MPa。试求结构的许用荷载 $[\boldsymbol{F}]$。

4-7 在习题 4-7 图所示简易吊车中，BC 为钢杆，AB 为木杆。木杆 AB 的横截面面积 $A_1=100\ \text{cm}^2$，许用应力 $[\sigma]_1=7$ MPa；钢杆 BC 的横截面面积 $A_2=6\ \text{cm}^2$，许用拉应力 $[\sigma]_2=160$ MPa。试求许可吊重 F。

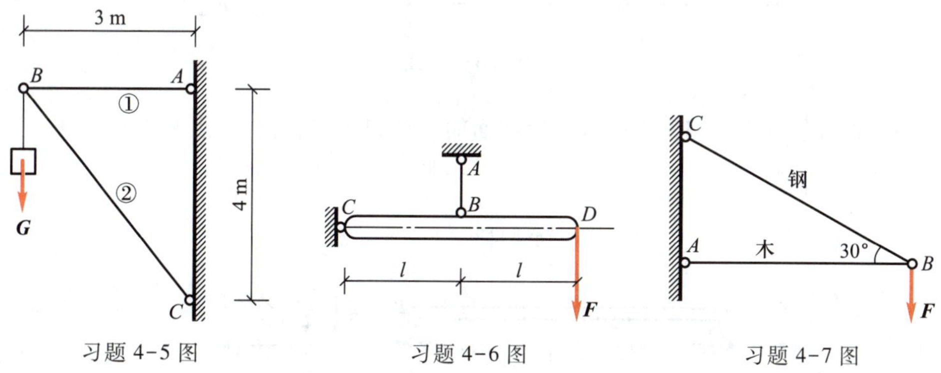

习题 4-5 图　　习题 4-6 图　　习题 4-7 图

4-8 习题 4-8 图所示一雨篷的结构计算简图。水平梁 AB 受到均布荷载 $q=10$ kN/m 的作用，B 端用圆钢杆 BC 拉住，钢杆的许用应力 $[\sigma]=160$ MPa，试选择钢杆的直径。

4-9 如习题 4-9 图所示，圆轴 AB 段为实心圆截面，$D=20$ mm，BC 段为空心圆截面，$d=10$ mm。已知材料的许用切应力为 $[\tau]=50$ MPa，求 M 的许可值。

4-10 如习题 4-10 图所示一实心圆轴，外力偶矩 $M_{eA}=6.5\ \text{kN}\cdot\text{m}$，$M_{eB}=2.5\ \text{kN}\cdot\text{m}$，$M_{eC}=4\ \text{kN}\cdot\text{m}$，许用切应力 $[\tau]=50$ MPa，试确定该轴的直径。

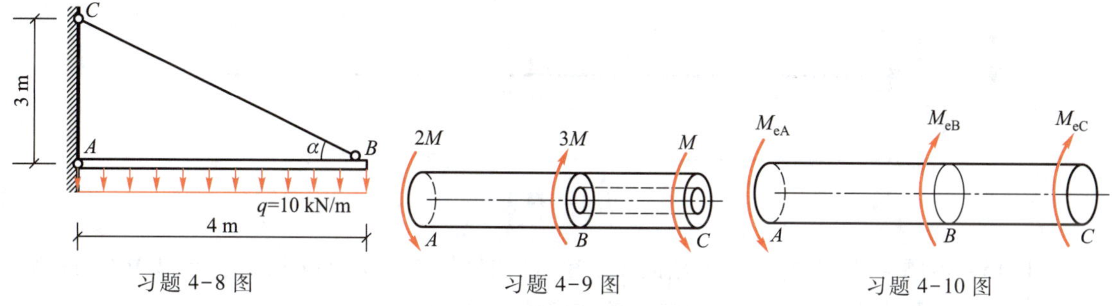

习题 4-8 图　　习题 4-9 图　　习题 4-10 图

4-11 习题 4-11 图所示传动轴的转速 $n=300$ r/min，主动轮 C 输入外力矩 $M_C=955\ \text{N}\cdot\text{m}$，从动轮 A、B、D 的输出外力矩分别为 $M_A=159.2\ \text{N}\cdot\text{m}$，$M_B=318.3\ \text{N}\cdot\text{m}$，$M_D=477.5\ \text{N}\cdot\text{m}$，已知材料的切变模量 $G=80$ GPa，许用切应力 $[\tau]=40$ MP；试按轴的强度准则设计轴的直径。

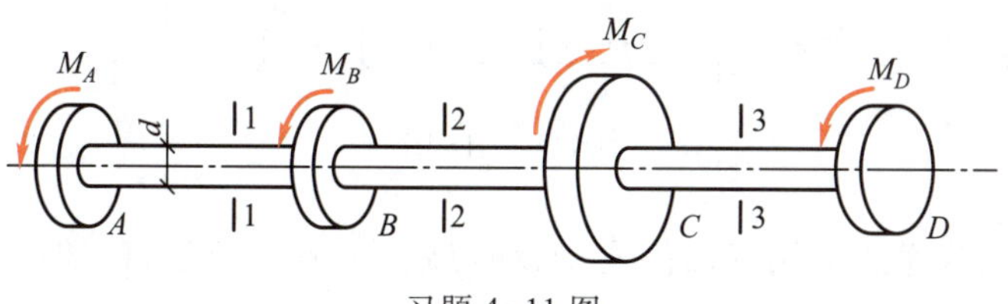

习题 4-11 图

4-12　长为 l 的矩形截面悬臂梁，在自由端处作用一集中力 F，如习题 4-12 图所示。已知 $F=3$ kN，$h=180$ mm，$b=120$ mm，$y=60$ mm，$l=3$ m，$a=2$ m，试求 C 截面上 K 点的正应力。

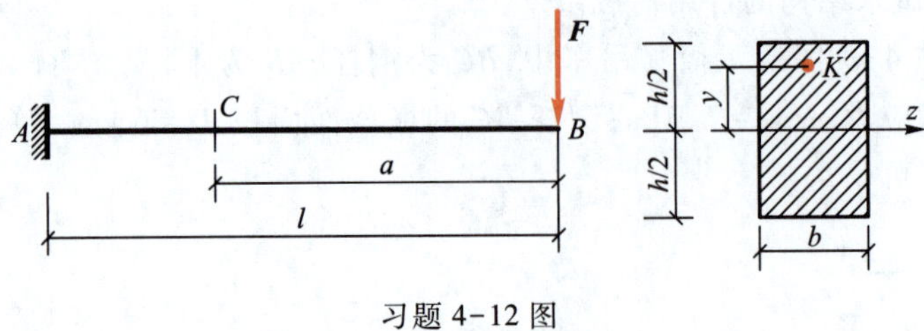

习题 4-12 图

4-13　试计算习题 4-13 图所示矩形截面简支梁，1-1 截面上 a 点和 b 点的正应力和切应力。

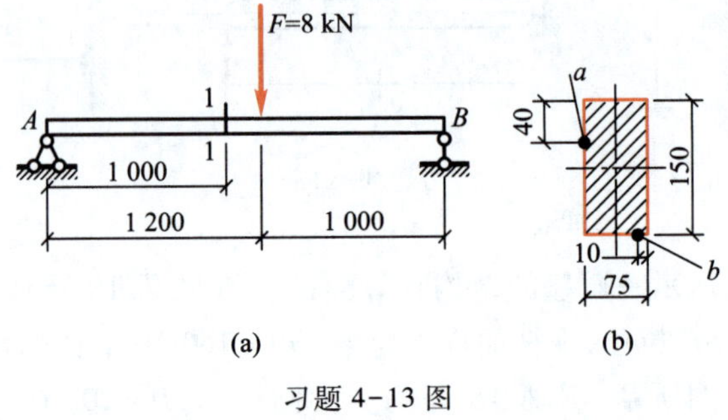

习题 4-13 图

4-14　如习题 4-14 图所示一悬臂梁，跨度 $l=1.5$ m，自由端受集中力 $F=32$ kN 作用，梁由 No22a 工字钢制成，自重按 $q=0.33$ kN/m 计算，$[\sigma]=160$ MPa。试校核梁的正应力强度。

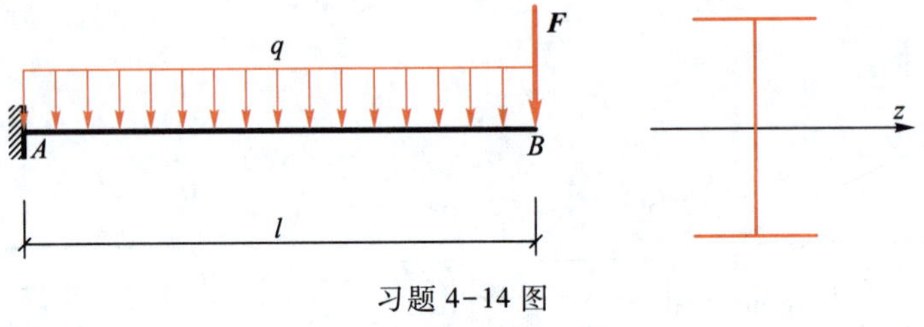

习题 4-14 图

4-15　习题 4-15 图所示 T 形截面铸铁梁，已知材料的许用拉应力 $[\sigma_1]=32$ MPa，许用压应力 $[\sigma_y]=70$ MPa。试按正应力强度条件校核梁的强度。

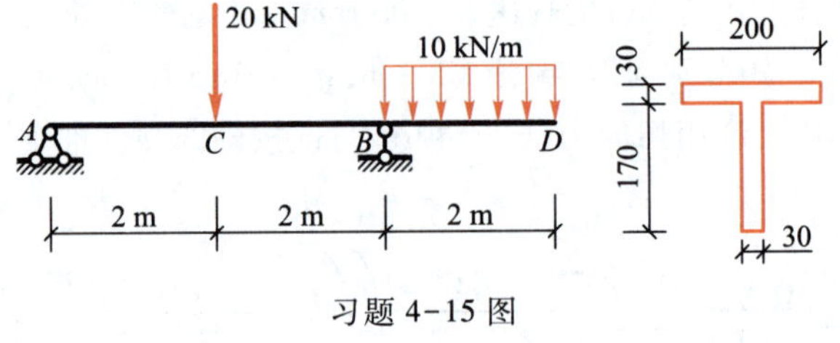

习题 4-15 图

4-16　一热轧普通工字钢截面简支梁，如习题 4-16 图所示，已知：$l=6$ m，$F_1=15$ kN，

$F_2=21\ \text{kN}$，钢材的许用应力$[\sigma]=170\ \text{MPa}$。试校核该梁强度。

4-17　由两根槽钢组成的外伸梁，受力如习题 4-17 图所示。已知 $F=20\ \text{kN}$，材料的许用应力$[\sigma]=170\ \text{MPa}$。试选择槽钢的型号。

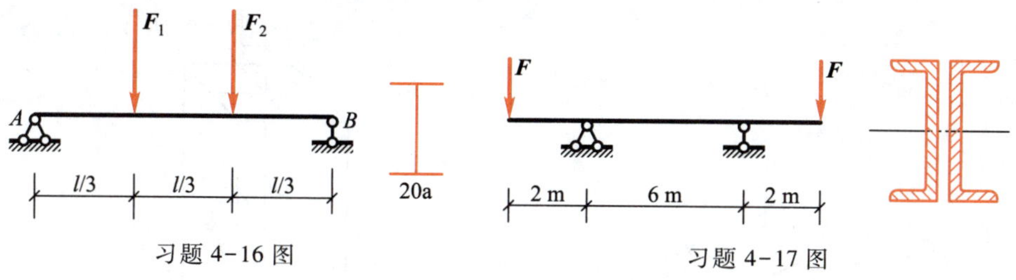

习题 4-16 图　　习题 4-17 图

4-18　矩形截面简支梁梁跨度 $l=2\ \text{m}$，$a=0.4\ \text{m}$，受 $F=100\ \text{kN}$ 作用。梁由木材制成，截面尺寸如习题 4-18 图所示，材料许用应力为$[\sigma]=80\ \text{MPa}$，$[\tau]=10\ \text{MPa}$。试作梁的强度计算。

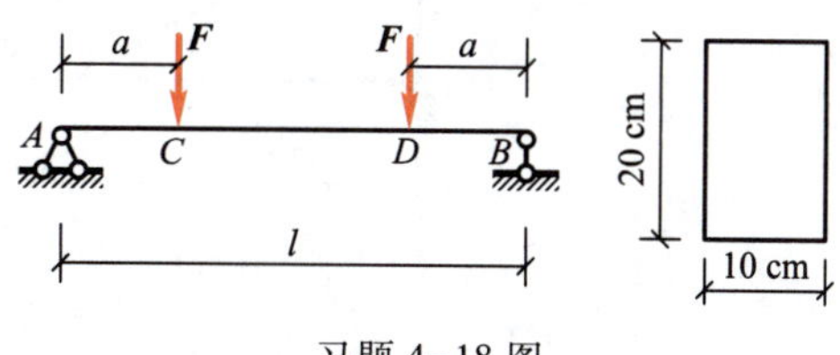

习题 4-18 图

4-19　习题 4-19 图所示悬臂梁，由两根不等边角钢 $2\angle 125\times80\times10$ 组成，已知材料的许用应力$[\sigma]=160\ \text{MPa}$，试确定梁的许用荷载$[F]$。

4-20　矩形截面悬臂梁如习题 4-20 图所示，已知 $F_1=0.5\ \text{kN}$，$F_2=0.8\ \text{kN}$，$b=100\ \text{mm}$，$h=150\ \text{mm}$。试计算梁的最大正应力及所在位置并进行梁的强度校核。已知梁的材料是木材，其许用应力为$[\sigma]=10\ \text{MPa}$。

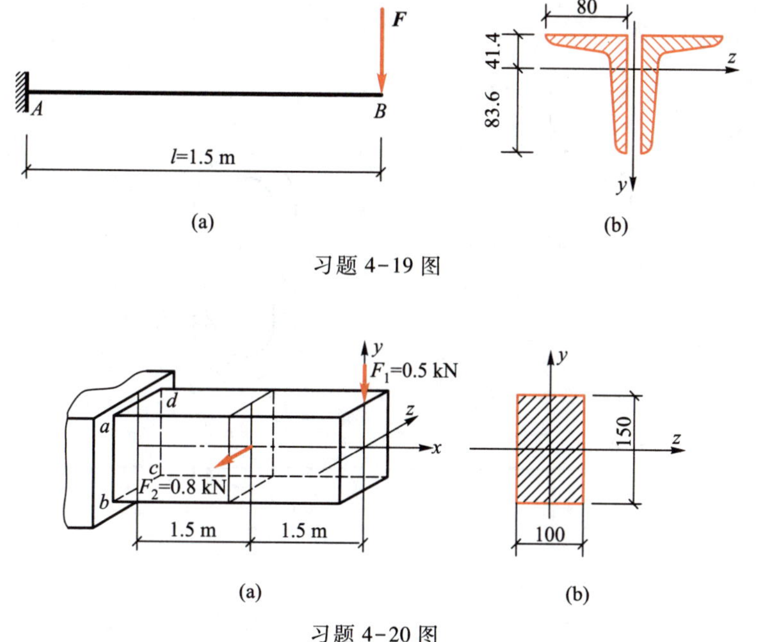

习题 4-19 图

习题 4-20 图

4-21　习题 4-21 图所示结构，横梁 AB 受到一集中力 $F=20\ \text{kN}$，横梁采用 22a 号工字钢，其容许应力$[\sigma]=160$ MPa。试对横梁进行强度校核。

4-22　习题 4-22 图所示方形截面柱，受一偏心力 $F=20$ kN 作用，柱的自重不计。试计算最大正应力和最小正应力。

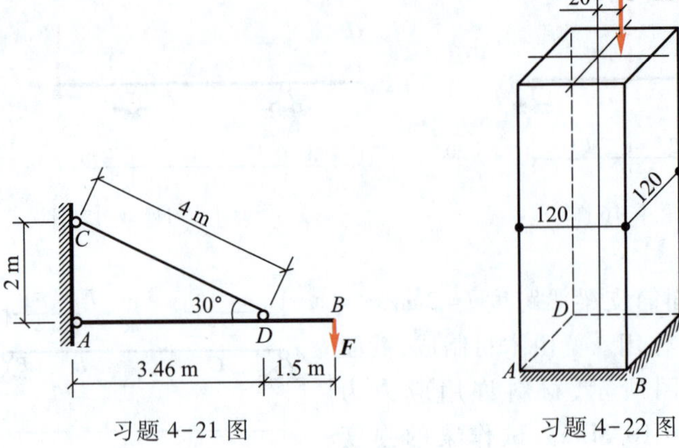

习题 4-21 图　　习题 4-22 图

4-23　习题 4-23 图所示砖柱的横截面为矩形，面积 $bh=0.2\ \text{m}^2$，柱顶作用一荷载 F 离形心$\dfrac{b}{6}$的 A 点处，砖柱自重 $F_W=40$ kN。砖的容许压应力$[\sigma]^-=1.08$ MPa。试按压应力强度条件确定柱顶的许用荷载。

4-24　习题 4-24 图所示链条中的一环，受到拉力 $F=10$ kN 的作用。已知链环的横截面为直径 $d=50$ mm 的圆，材料的容许应力$[\sigma]=80$ MPa，试校核链条的强度。

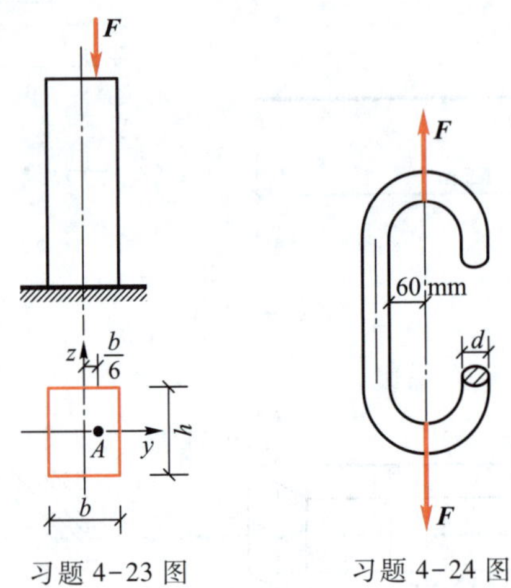

习题 4-23 图　　习题 4-24 图

第 5 章

压杆的稳定性计算

第 1 节　稳定与失稳的概念

关于稳定与失稳的概念，是针对平衡状态而言的。可以借助图 5-1 来理解，小球在平衡位置 A 处，施加瞬时水平干扰力后，小球会绕 A 点来回摆动，最终仍会停在 A 处，此时称小球在 A 处的平衡为**稳定平衡**；小球在平衡位置 B 处，施加瞬时水平干扰力后，小球不借助外力不能回到原来的平衡位置，此时称小球在 B 处的平衡为**不稳定平衡**；小球在平衡位置 C 处，施加瞬时水平干扰力后，小球可以在水平 CD 段任意处平衡，此时称小球在 C 处的平衡为**随遇平衡**。C 处的小球，施加瞬时水平干扰力后，不借助外力同样不能回到原来的平衡位置，因此，随遇平衡也是不稳定平衡。

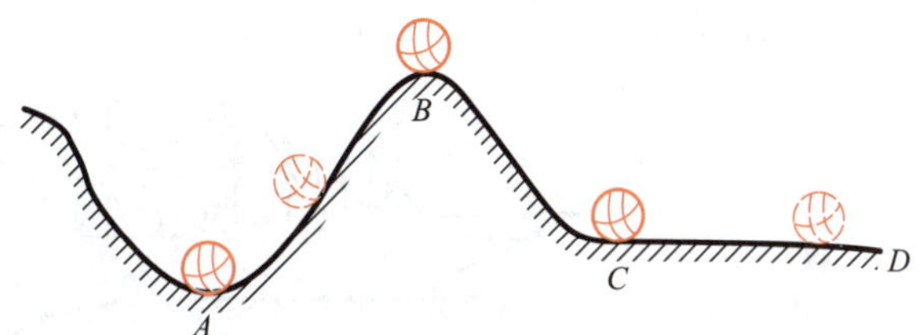

图 5-1　稳定平衡与不稳定平衡

其实，上述情况比比皆是。请看下面的小实验。将一根小锯条竖直放在桌面上，用食指逐渐对锯条施加压力（图 5-2b），其计算简图如图 5-2a 所示。这时的锯条相当于工程中的简支压杆。当压力没有达到某一量值时，给锯条一个水平干扰力，锯条会来回摆动，最终停留在直线位置，它相当于小球处于 A 位置，即锯条处于稳定平衡状态，简称**稳定**；当压力继续增大达到某一量值时，施加瞬时水平干扰力后，锯条不仅不能恢复原有的直线形状，而且继续弯曲，甚至折断，此时，锯条的原有直线状态的平衡变得不稳定。由此可见，锯条直线平衡状态是否稳定，决定于压力的大小。当压力小于某一量值时，锯条直线状态的平衡是稳定的；当达到或超过某一量值时，锯条直线状态的平衡是不稳定的，简称**失稳**，也称**屈曲**，其界限值称为**临界力**，用 F_{cr} 表示。

试问，为什么要研究这种失稳现象呢？通过下面的具体计算和工程上一些破坏现象就明白了。

按第 4 章讲的压杆强度条件，可计算出锯条的许可荷载。锯条宽 11 mm，厚 0.6 mm，许用应力 $[\sigma]=200$ MPa。其许可荷载为

$$[F]\leqslant A[\sigma]=11\ \text{mm}\times0.6\ \text{mm}\times200\ \text{MPa}=1\ 320\ \text{N}$$

1 320 N 相当于 132 kg 的重量，约为两个中等小伙子的体重。然而食指在此处施加的压力小得不能与人的重量相比。由此可见，轴向受压直杆的承载能力除了强度方面之外，还有一个重要

微课
压杆稳定的概念

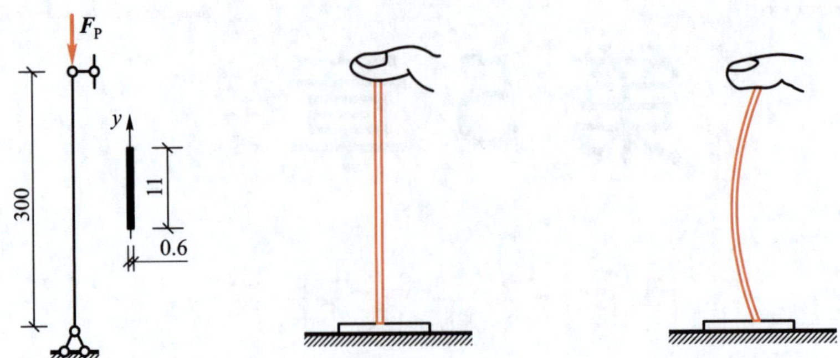

(a) 受压锯条的计算简图　(b) 锯条保持直线平衡状态　(c) 由直线平衡状态突然转变为曲线平衡状态

图 5-2　锯条受压小实验

方面，那就是压杆的失稳问题。且大量压杆破坏实例证明，轴心压杆的破坏大部分为失稳破坏。

1907 年 8 月 9 日，在加拿大离魁北克城 14.4 km 处，横跨圣劳伦斯河的大铁桥，在施工中，突然压杆失稳倒塌。事故发生在收工前 15 min，工程进展如图 5-3 所示，桥上有 74 人坠河遇难。

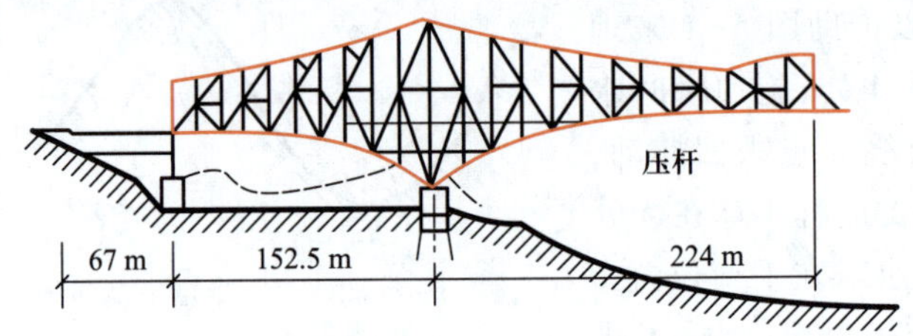

图 5-3　加拿大魁北克大铁桥失稳倒塌

1973 年 8 月 28 日，基本建成的宁夏银川园林场礼堂（兼库房），因漏雨揭瓦翻修，屋盖突然倒塌，当即造成 3 人死亡，1 人重伤，2 人轻伤，损失 5.15 万元。该工程原下达计划为砖木结构库房，在施工时任意改变使用性质，扩大施工面积，木屋架改成三铰式轻型钢屋架。施工图纸没有经过有关部门审查。在施工放样时，擅自将屋架的腹杆减少，增加了受压构件的自由长度（图 5-4a、b）。经事故调查核算，屋架的一部分上弦杆和腹杆的稳定性不够，是导致屋架倒塌的直接原因（图 5-4c）。

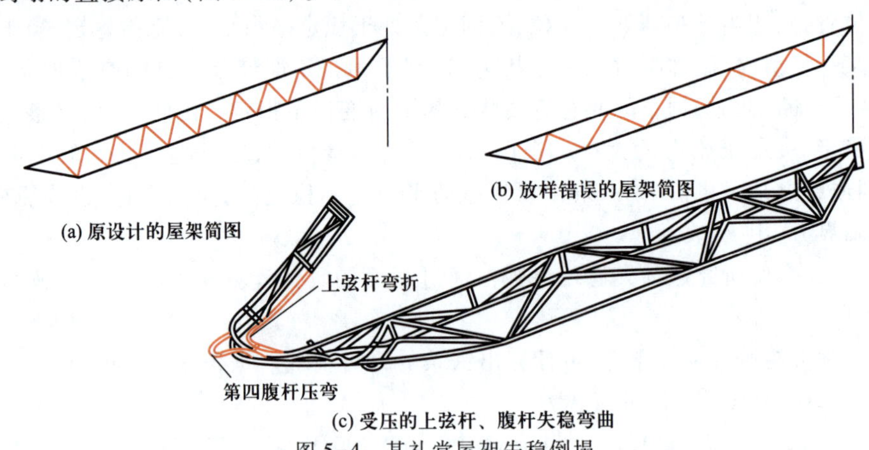

(a) 原设计的屋架简图　(b) 放样错误的屋架简图

(c) 受压的上弦杆、腹杆失稳弯曲

图 5-4　某礼堂屋架失稳倒塌

1983 年 10 月 4 日，北京某科研楼工地的钢管脚手架，在距地面 5～6 m 处突然弯曲。刹那间，这座高达 52.4 m，长 17.25 m，总重 565.4 kN 的大型脚手架轰然坍塌。造成 5 人死亡，7 人受伤；脚手架所用建筑材料大部分报废，经济损失 4.6 万元；工期推迟一个月。现场调查结果表明，该钢管脚手架存在严重缺陷，致使结构失稳坍塌。

再如，2008 年元月 10 日至 29 日，我国南方湖南、江西、浙江、安徽、湖北、河南等省、区、市的一些地区遭受了百年一遇的低温、雨雪、冰冻灾害。大雪、冻雨形成的覆冰厚厚地裹在高压输电线和铁塔上面，大大超出了设防的覆冰厚度（图 5-5a），覆冰造成铁塔的竖直荷载加大，不均匀覆冰造成电线纵向的不平衡张力，断线造成冲击等因素，致使格构式铁塔中许多杆件的受力大大超过设计值。一些受压构件首先失稳弯曲，是引起铁塔倒塌，甚至形成一连串倒塔事故的重要原因（图 5-5b）。南方电网受灾给电网公司造成了严重的经济损失。长期停电，更给交通运输、居民生活、工农业生产造成了巨大损失。亲爱的读者，想想看，根据这些活生生的惨痛教训，在工程中不考虑稳定性问题行吗？

(a) 电线上的覆冰 　　(b) 倒塌的电塔

图 5-5　电网铁塔在冰灾中失稳倒塌

小知识

除了压杆可能失稳之外，工程中还有一些构件也可能失稳。如图 5-6 所示，为小实验模拟薄梁、薄壁圆筒的失稳状况。它们的失稳特征，都表现为平衡形态的突然转变。

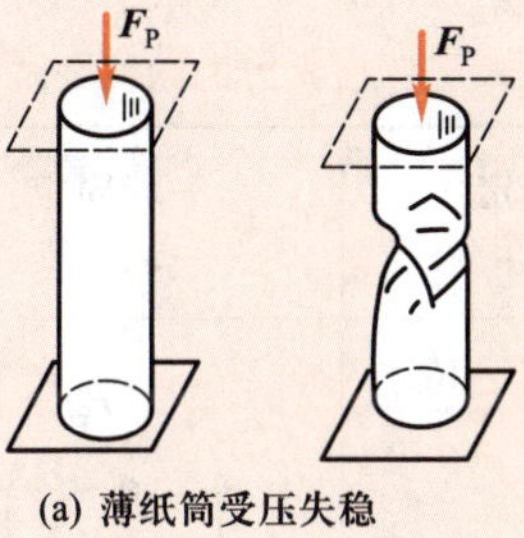

(a) 薄纸筒受压失稳 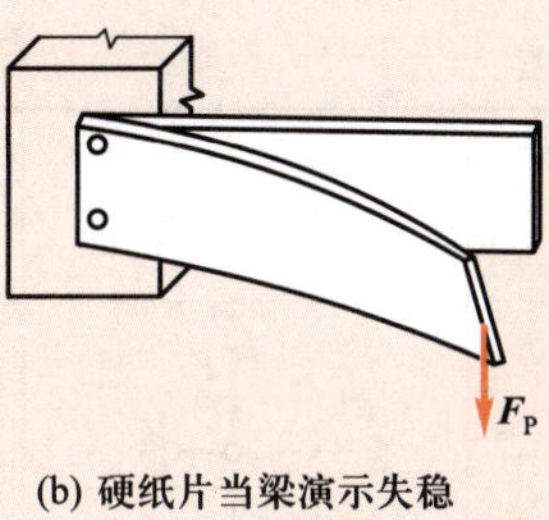　　(b) 硬纸片当梁演示失稳

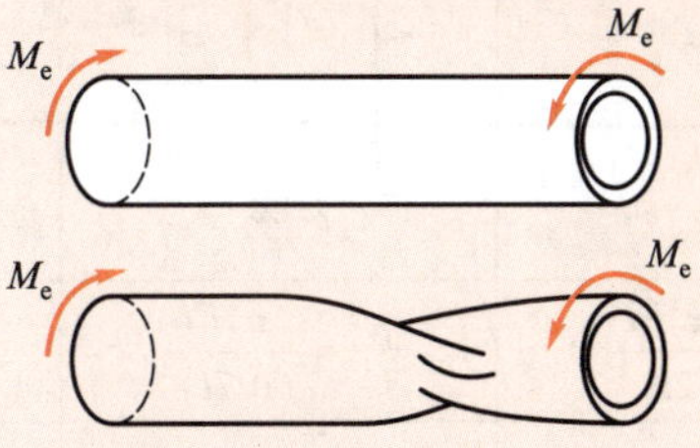

(c) 薄纸筒(端部衬瓶盖施力)扭转失稳 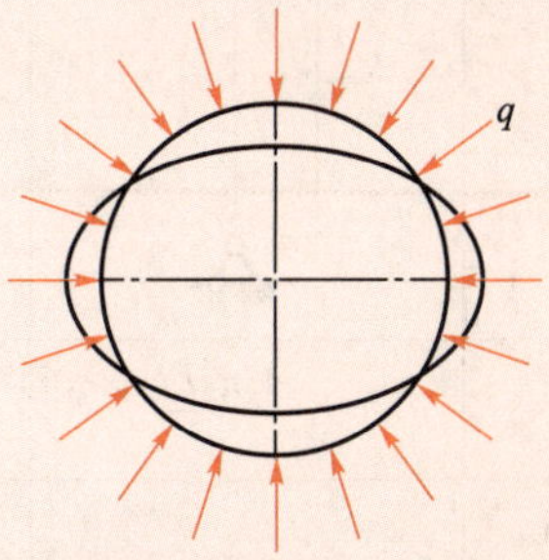　　(d) 饮料瓶在均布径向压力作用下失稳

图 5-6　薄梁、薄壁圆筒失稳情况

第 2 节 压杆的临界力与临界应力

一、临界力欧拉公式

在上一节用小锯条模拟压杆稳定性问题时，当压力达到临界力 F_{cr} 时，压杆从稳定的平衡状态过渡到不稳定的平衡状态，如果把稳定性理解为保持原有平衡状态的能力，那么临界力 F_{cr} 便是压杆稳定性的标志：F_{cr} 大，保持原有平衡状态的能力强，不易失稳；F_{cr} 小，保持原有平衡状态的能力弱，则容易失稳。由此看出，确定压杆的临界力是多么重要了。

表 5-1 中所示压杆计算简图，是稳定性理论分析的四种计算模型，是将工程实际中的受压杆件，抽象成为均质材料制成、轴线为直线（表中图形虚线）、外压力与轴线重合的“中心受压杆”。从这些理论模型出发，在弹性变形范围内，可导出压杆的临界力公式。因首先是数学家欧拉导出的，故称**临界力欧拉公式**。

由于杆端支承形式不同，临界力值必然不同，各种支承情况下的临界力计算公式列于表 5-1中。为了使各种支承情况下的欧拉公式形式相同，而引入了长度因数 μ（即压杆两端约束对临界力的影响因数。两端铰支为 1，两端固定为 0.5，一端固定一端自由为 2，一端固定一端铰支为 0.7）。因此，细长压杆在不同支承情况下的临界力计算公式写成统一形式为

$$F_{cr}=\frac{\pi^2 EI}{(\mu l)^2}=\frac{\pi^2 EI}{l_0^2} \tag{5-1}$$

式中 E——弹性模量；

I——轴惯性矩；

l——压杆实际长度；

l_0——压杆计算长度；

μ——长度因数。

表 5-1 各种支承情况下等截面细长压杆临界力的欧拉公式

支承情况	两端铰支	一端固定 一端自由	一端固定 一端铰支	两端固定
挠曲线形状	F_{cr}; l	F_{cr}; l; l	F_{cr}; l; $0.7l$	F_{cr}; l; $0.5l$
临界力公式	$F_{cr}=\frac{\pi^2 EI}{l^2}$	$F_{cr}=\frac{\pi^2 EI}{(2l)^2}$	$F_{cr}\approx\frac{\pi^2 EI}{(0.7l)^2}$	$F_{cr}=\frac{\pi^2 EI}{(0.5l)^2}$
计算长度 l_0	l	$2l$	$0.7l$	$0.5l$
长度因数 μ	1	2	0.7	0.5

小贴士

最小形心主惯性矩 I_{min}

对于轴心压杆来说，临界力就是它的最大承载力。式(5-1)就是计算压杆临界力的通用公式，变换长度因数 μ 就能求出各种支承情况下的压杆临界力。当轴向外力 $F\leqslant F_{cr}$ 时压杆就不会失稳。在用式(5-1)计算压杆的临界力时，压杆将在 EI 值最小的纵向平面内失稳，因此，式中的轴惯性矩 I 应取截面的最小形心主惯性矩 I_{min}。

例 5-1　图 5-2 所示钢锯条，弹性模量 $E=2.1\times10^5$ MPa，长 300 mm，宽 11 mm，厚 0.6 mm，试用欧拉公式计算锯条的临界压力。

解　锯条失稳弯曲时，最小轴惯性矩

$$I_y=\frac{11\ \text{mm}\times(0.6\ \text{mm})^3}{12}=0.198\ \text{mm}^4$$

锯条的支承约束抽象为两端铰支，长度因数 $\mu=1$。则

$$F_{cr}=\frac{\pi^2EI_y}{(\mu l)^2}=\frac{\pi^2\times2.1\times10^5\ \text{MPa}\times0.198\ \text{mm}^4}{(1\times300\ \text{mm})^2}=4.56\ \text{N}$$

即锯条失稳时的临界压力不到 5 N，小于一袋食盐的重量。前面已按压杆强度计算，锯条的许可荷载 $[F]=1\ 320$ N，即锯条临界力不及强度计算许可荷载的 1/250。

例 5-2　一根两端铰支的 I22a 工字钢压杆，长 $l=5$ m，钢的弹性模量 $E=200$ GPa。试确定此压杆的临界力。

解　查型钢表得 I22a 工字钢的惯性矩为

$$I_z=3\ 400\ \text{cm}^4,\ I_y=225\ \text{cm}^4,\ \text{取}\ I_{min}=225\ \text{cm}^4$$

由表 5-1 知

$$F_{cr}=\frac{\pi^2EI}{l^2}=\frac{\pi^2\times200\times10^9\times225\times10^{-8}}{5^2}\ \text{N}=177.47\times10^3\ \text{N}=177.47\ \text{kN}$$

即若轴向压力超过 177.47 kN 时，此压杆会失稳。

例 5-3　一长 $l=5$ m，直径 $d=100$ mm 的细长钢压杆，支承情况如图 5-7 所示，在 xy 平面内为两端铰支，在 xz 平面内为一端铰支一端固定。已知钢的弹性模量 $E=200$ GPa，求此钢压杆的临界力。

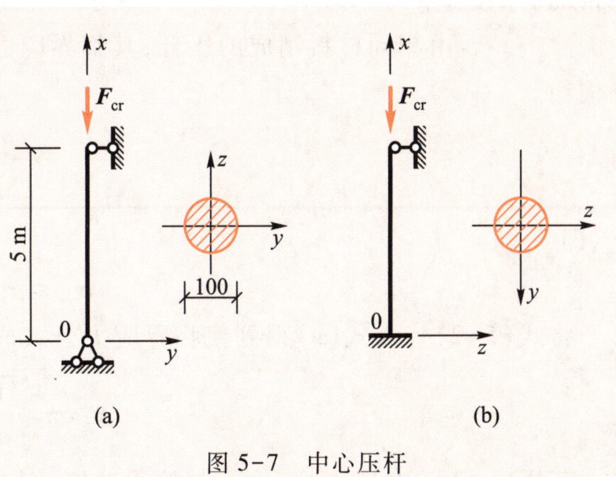

图 5-7　中心压杆

解　由于钢压杆在各个纵向平面内的抗弯刚度 EI 相同，故失稳将发生在杆端约束最弱的纵向平面内，而 xy 平面内的杆端约束最弱，故失稳将发生在 xy 平面内。xy 平面内的杆端约束为两端铰支，因此临界力为

$$F_{cr}=\frac{\pi^2 EI}{l^2}=\frac{\pi^2\times200\times10^9\times\frac{\pi\times(100\times10^{-3})^4}{64}}{5^2}\ \text{N}=387\ \text{kN}$$

二、压杆的临界应力

若压杆的长度、材料、截面形状和支承完全相同，而面积不同，当轴向外力逐渐增加时，试问，哪个压杆先失稳呢？读者会毫不迟疑地回答，截面小的先失稳。再问，为什么呢？读者会用强度的概念来回答这一问题。也就是说，读者明白了只讲临界力还不行，还必须引入临界应力的概念。

(一) 临界应力与柔度

当压杆在临界力 F_{cr} 作用下处于平衡时，其横截面上的压应力为$\frac{F_{cr}}{A}$，此压应力称为**临界应力**，用 σ_{cr} 表示，即

$$\sigma_{cr}=\frac{F_{cr}}{A}=\frac{\pi^2 E}{(\mu l)^2}\cdot\frac{I}{A}$$

利用惯性半径 $i=\sqrt{\frac{I}{A}}$，则上式成为

$$\sigma_{cr}=\frac{\pi^2 E}{(\mu l)^2}\cdot i^2=\frac{\pi^2 E}{\left(\frac{\mu l}{i}\right)^2}$$

令 $\lambda=\frac{\mu l}{i}$，则临界应力的计算公式可简化为

$$\sigma_{cr}=\frac{\pi^2 E}{\lambda^2} \tag{5-2}$$

式(5-2)称为临界应力欧拉公式，是临界力欧拉公式的另一种表达形式。$\lambda=\frac{\mu l}{i}$称为**柔度**或**长细比**。柔度 λ 与 i、μ、l 有关，i 取决于压杆的横截面形状和尺寸，μ 取决于压杆的支承情况。因此，柔度 λ 综合反映了压杆的长度、截面形状和尺寸以及压杆支承情况对临界应力的影响。若由相同材料制成的压杆，其临界应力仅取决于 λ，λ 值越大，则 σ_{cr} 越小，压杆就易失稳。

(二) 欧拉公式的适用范围

欧拉公式是在弹性条件下推导出来的，因此临界应力 σ_{cr} 不应超过材料的比例极限 σ_p，即

$$\sigma_{cr}\leqslant\sigma_p \tag{a}$$

将式(5-2)代入式(a)得到使临界应力公式成立的柔度条件为

$$\lambda\geqslant\pi\sqrt{\frac{E}{\sigma_p}}$$

若用 λ_p 表示对应于 $\sigma_{cr}=\sigma_p$ 时的柔度值，则有

$$\lambda_p = \pi\sqrt{\frac{E}{\sigma_p}} \tag{5-3}$$

显然，当 $\lambda \geqslant \lambda_p$ 时，欧拉公式才适用。通常将 $\lambda \geqslant \lambda_p$ 的杆件称为**大柔度杆**或**细长压杆**。即只有细长压杆才能用欧拉式(5-1)、式(5-2)来计算杆件的临界力和临界应力。对于常用材料的 λ_p 值可根据式(5-3)求得。如以 Q235 钢为例，$E = 200$ GPa，$\sigma_p = 200$ MPa，$\lambda_p = 100$。所以说，由 Q235 钢制成的压杆，其柔度 $\lambda \geqslant \lambda_p = 100$ 时，才能应用欧拉公式计算临界力或临界应力。

(三) 临界应力总图

对临界应力超过比例极限($\lambda<\lambda_p$)的压杆，可分为两类：

1. 短粗杆或小柔度杆

一般来说，短粗杆不会发生失稳，它的承压能力取决于材料的抗压强度，属强度问题。

2. 中柔度杆

在工程中，这类杆是常见的。对于这类压杆大多都采用以实验为基础的经验公式，来计算临界应力。目前，我国在建筑上采用抛物线临界应力经验公式

$$\sigma_{cr} = a - b\lambda^2$$

临界力公式则为

$$F_{cr} = \sigma_{cr}A = (a - b\lambda^2)A$$

式中　λ——压杆的长细比；

a、b——与材料有关的常数，其值随材料的不同而不同。例如

Q235 钢：$\sigma_{cr} = (235 - 0.006\ 68\lambda^2)$ MPa　　($\lambda \leqslant 123$)

16Mn 钢：$\sigma_{cr} = (345 - 0.001\ 61\lambda^2)$ MPa　　($\lambda \leqslant 109$)

由以上讨论可知，无论大柔度杆还是中柔度杆，其临界应力均为杆的长细比的函数。临界应力与长细比 λ 的关系曲线，称为**临界应力总图**。

图 5-8 为 Q235 钢的临界应力总图。图中曲线 ACB 部分是按欧拉公式绘制的(双曲线)，曲线 DC 是按经验公式绘制的(抛物线)，二曲线交于 C 点，C 点的横坐标为 $\lambda_C = 123$，纵坐标为 $\sigma_C = 134$ MPa。这里以 $\lambda_C = 123$ 而不是以 $\lambda_p = 100$ 作为两曲线的分界点，这是因为欧拉公式是以理想压杆导出的，与实际存在差异，因而将分界点做了修正，这样更能反映压杆的实际情况。所以，在实际应用中，对 Q235 钢制成的压杆，当 $\lambda \geqslant \lambda_C$($\lambda_C = 123$)时，才能按欧拉公式计算临界应力(或临界力)，当 $\lambda < 123$ 时，则用经验公式算之。

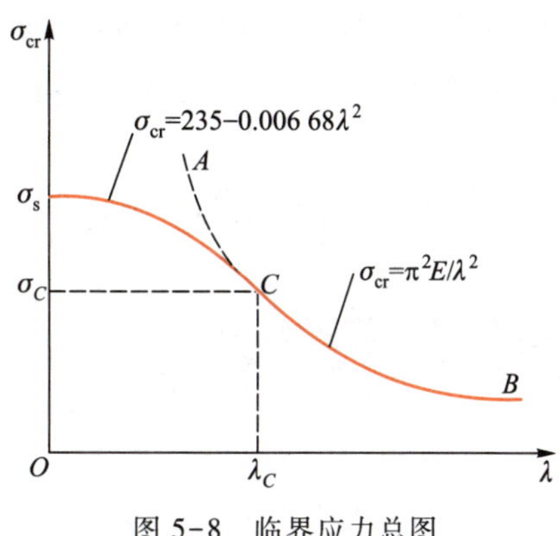

图 5-8　临界应力总图

例 5-4　三根圆截面压杆直径均为 160 mm，材料均为 Q235 钢，$E = 200$ GPa，$\sigma_p = 200$ MPa，$\sigma_s = 240$ MPa，两端均为铰支。长度分别为 $l_1 = 5$ m，$l_2 = 2.5$ m，$l_3 = 1.25$ m。试计算各杆的临界力。

解　(1) 计算相关数据

$$A=\frac{\pi}{4}d^2=\frac{\pi}{4}\times0.16^2=2\times10^{-2}\ \mathrm{m}^2$$

$$I=\frac{\pi}{64}d^4=\frac{\pi}{64}\times0.16^4=3.22\times10^{-5}\ \mathrm{m}^4$$

$$i=\frac{d}{4}=4\times10^{-2}\ \mathrm{m}$$

$$\mu=1$$

(2) 计算各杆的临界力

第一根杆：$l_1=5\ \mathrm{m}$

$$\lambda_1=\frac{\mu l_1}{i}=\frac{1\times5}{4\times10^{-2}}=125$$

因为 $\lambda_1>\lambda_p$，所以此杆属于大柔度杆，应用欧拉公式计算临界力

$$F_{cr}=\frac{\pi^2 EI}{(\mu l_1)^2}=\frac{\pi^2\times200\times10^9\times3.22\times10^{-5}}{(1\times5)^2}\ \mathrm{N}=2\ 540\ \mathrm{kN}$$

第二根杆：$l_2=2.5\ \mathrm{m}$

$$\lambda_2=\frac{\mu l_2}{i}=\frac{1\times2.5}{4\times10^{-2}}=62.5$$

因为 $\lambda_s<\lambda_2<\lambda_p$，所以第二根杆属于中柔度杆，现用抛物线经验公式计算临界应力。

$$\sigma_{cr}=a-b\lambda^2=(235-0.006\ 68\times62.5^2)\ \mathrm{MPa}=208.91\ \mathrm{MPa}$$

则临界力为 $F_{cr}=\sigma_{cr}A=(208.91\times10^6\times2\times10^{-2})\ \mathrm{N}=4\ 178.2\ \mathrm{kN}$

第三根杆：$l_3=1.25\ \mathrm{m}$，属于短粗杆，按强度方法计算临界力

$$F_{cr}=\sigma_s A=240\times10^6\times2\times10^{-2}\ \mathrm{N}=4\ 800\ \mathrm{kN}$$

从中看出，对于同样的压杆，因长度不同，其承载力差别是很大的。

第 3 节　压杆的稳定计算

当压杆中的应力达到其临界应力时，压杆将要失去稳定。因此，正常情况下的压杆，其横截面上的应力应小于临界应力。在工程中，为了保证压杆具有足够的稳定性，要求横截面上的工作应力不能超过压杆的临界应力的容许应力$[\sigma_{cr}]$。

工程中为了简便起见，对压杆的稳定计算常常采用**折减因数法**，即将材料的许用应力$[\sigma]$乘上一个折减因数 φ 作为压杆的许用临界应力$[\sigma_{cr}]$，即

$$[\sigma_{cr}]=\varphi[\sigma] \tag{b}$$

而压杆中的应力达到临界应力时，压杆将要失稳。因此正常工作的压杆，其横截面上的应力应小于许用临界应力。即

$$\sigma \leqslant [\sigma_{cr}] \tag{c}$$

将式(b)代入式(c)得

$$\sigma \leqslant \varphi[\sigma] \tag{5-4}$$

式(5-4)就是按折减因数法进行压杆稳定计算的稳定条件。式中 φ 是随 λ 值变化而变化的。即给定一个 λ 值，就对应一个 φ 值。工程上为了应用方便，在有关结构设计规范中都列出了常用建筑材料随 λ 变化而变化的 φ 值，现摘录一部分制成表 5-2 以便查阅。

表 5-2　几种常见材料的折减因数 φ

λ	折减系数 φ		
	Q235A 钢（低碳钢）	16Mn 钢	木材
20	0.981	0.973	0.932
40	0.927	0.895	0.822
60	0.842	0.776	0.658
70	0.789	0.705	0.575
80	0.731	0.627	0.460
90	0.669	0.546	0.371
100	0.604	0.462	0.300
110	0.536	0.384	0.248
120	0.466	0.325	0.208
130	0.401	0.279	0.178
140	0.349	0.242	0.153
150	0.306	0.213	0.134
160	0.272	0.188	0.117
170	0.243	0.168	0.102
180	0.218	0.151	0.093
190	0.197	0.136	0.083
200	0.180	0.124	0.075

下面只讨论折减因数法的稳定条件应用。将式(5-4)改写成

$$\frac{F}{\varphi A} \leqslant [\sigma] \tag{5-5}$$

式中　F——实际作用在压杆上的轴向压力；

φ——压杆的折减因数；

A——压杆的横截面面积。

应用稳定条件，可对压杆进行三个方面的计算。

(1) 稳定性校核。若已知压杆的材料、杆长、截面尺寸、杆端的约束条件和作用力，就可根据式(5-5)校核杆件，是否满足稳定条件。

(2) 设计截面。若已知压杆的材料、杆长和杆端的约束条件，需要设计压杆的截面时，由于稳定条件中截面尺寸、型号未知，所以柔度 λ 和折减系数 φ 也未知。因此，计算时一般先假定 $\varphi=0.5$，试选截面尺寸、型号，算得 λ 后再查 φ'。若 φ' 与假设的 φ 值相差较大，则再选二者的中间值重新试算，直至二者相差不大，最后再进行稳定校核。

(3) 确定许用荷载。若已知压杆的材料、杆长、杆端的约束条件、截面的形状与尺寸，求压杆所能承受的许用荷载，可根据式(5-5)计算许用荷载

$$[F]\leqslant\varphi A[\sigma] \tag{5-6}$$

小贴士

当表 5-2 中没有相应柔度时怎样确定折减因数 φ?

当用折减因数法进行压杆的稳定计算时，需要根据柔度 λ 查折减因数 φ，往往计算的柔度 λ 在表上没有对应的值，则不能直接查出 φ 值，这时需用直线插值法计算。以 Q235 钢为准举例如下：当 $\lambda=70$ 时，查表 5-2 得 $\varphi=0.789$；当 $\lambda=80$ 时，查表 5-2 得 $\varphi=0.731$，问当 $\lambda=74$ 时，$\varphi=$? 其计算式为 $\varphi=0.789-\dfrac{0.789-0.731}{80-70}\times(74-70)=0.766$

例 5-5　如图 5-9 所示两端铰支的正方形截面 $a=120$ mm 的木杆，所受轴向压力 $F=30$ kN，杆长 $l=4$ m，许用应力 $[\sigma]=10$ MPa。试校核该压杆的稳定性。

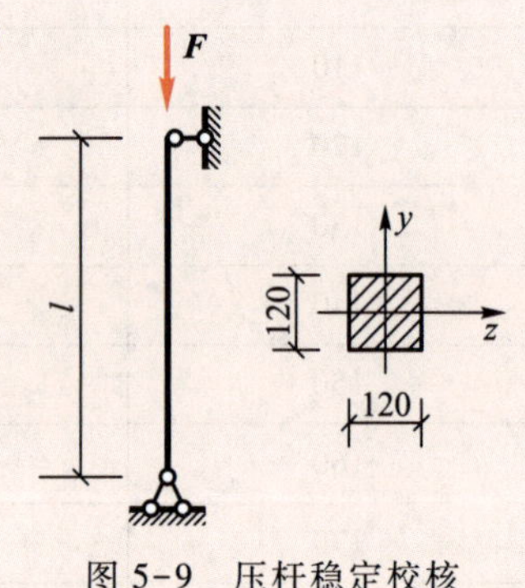

图 5-9　压杆稳定校核

解　正方形截面的惯性半径为

$$i=\sqrt{\frac{I_z}{A}}=\sqrt{\frac{\frac{a^4}{12}}{a^2}}=\frac{a}{\sqrt{12}}=\frac{120}{\sqrt{12}}\text{mm}=34.64\text{ mm}$$

$$\lambda=\frac{\mu l}{i}=\frac{1\times4}{34.64\times10^{-3}}=115$$

查表 5-2，用直线插值法得

$$\varphi=0.248-\frac{0.248-0.208}{10}\times(115-110)=0.228$$

$$\frac{F}{\varphi A}=\frac{30\times10^3}{0.228\times120\times120}\text{MPa}=9.12\text{ MPa}<[\sigma]$$

所以该压杆满足稳定条件，安全。

例 5-6　如图 5-10 所示三铰支架，已知 AB 杆和 BC 杆都为圆形截面，直径 $d=50$ mm。材料为 Q235 钢，材料的许用应力 $[\sigma]=160$ MPa。在结点 B 处作用一竖向荷载 F，AB 杆的长度 $l=1.5$ m，按稳定条件考虑计算该三铰支架的许用荷载 $[F]$。

解　(1) 取 B 点作为隔离体,求各杆的内力,如图 5-10c 所示。

$\sum F_x=0\quad F_{NBA}-F\sin 30°=0$

$$F_{NBA}=\frac{1}{2}F(\text{压杆})$$

$\sum F_y=0\quad F_{NBC}-F\cos 30°=0$

$$F_{NBC}=\frac{\sqrt{3}}{2}F(\text{拉杆})$$

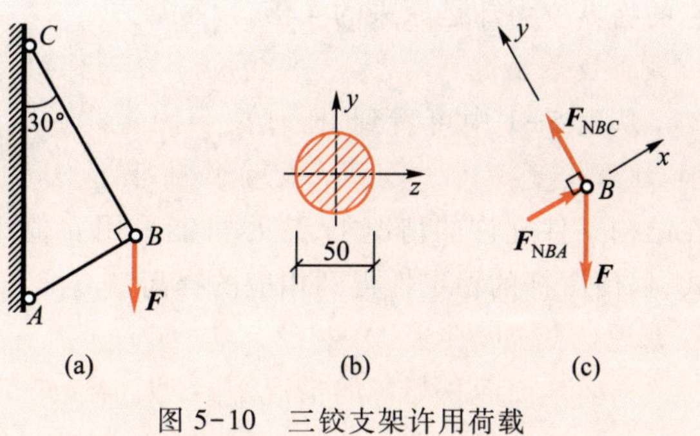

图 5-10　三铰支架许用荷载

所以 AB 杆是压杆,受到的压力为$\frac{1}{2}F$。

(2) 计算有关数据

$$A=\frac{\pi}{4}d^2=\frac{\pi}{4}\times 50^2\ \text{mm}^2=1\ 962.5\ \text{mm}^2$$

$$i=\frac{d}{4}=\frac{50\ \text{mm}}{4}=12.5\ \text{mm}$$

$$\lambda=\frac{\mu l}{i}=\frac{1\times 1.5}{12.5\times 10^{-3}}=120$$

查表 5-2 得

$$\varphi=0.466$$

(3) 计算许用荷载[F]

将 AB 压杆的压力$\frac{1}{2}F$ 代入式(5-6)得

$$[F_{cr}]\leqslant 2\varphi A[\sigma]=2\times 0.466\times 1\ 962.5\times 10^{-6}\times 160\times 10^{6}\ \text{N}=292.6\ \text{kN}$$

从压杆的稳定性考虑,许用荷载[F_{cr}]可取 292 kN。

第 4 节　提高压杆稳定性的主要措施

提高压杆稳定性的措施应从影响压杆临界力或临界应力的各种因素着手去考虑。

1. 合理选用材料

在其他条件相同的情况下,选用弹性模量 E 较大的材料可以提高大柔度压杆的承载能力。例如钢制压杆的临界力大于铜、铸铁压杆的临界力。由于各种钢材的弹性模量 E 值差不多,因此,对大柔度杆来说,选用优质钢材对提高临界力或临界应力意义不大,反而造成材料的浪费。但对于中柔度杆,其临界应力与材料强度有关,强度越高的材料,临界应力越大。所以,对中柔度杆而言,选择优质钢材将有助于提高压杆的稳定性。

2. 减小压杆的长度

在其他条件相同的情况下,杆长 l 越短,则 λ 越小,临界应力就越大。因此,减小杆长显然提高了压杆的稳定性。可以通过改变结构或增加支点来减小杆长。如图 5-11 两端铰支的细长压杆,若在中点处增加一支承,则其计算长度为原来的一半,柔度即为原来的一半,而它的临界应力却是原来的 4 倍。

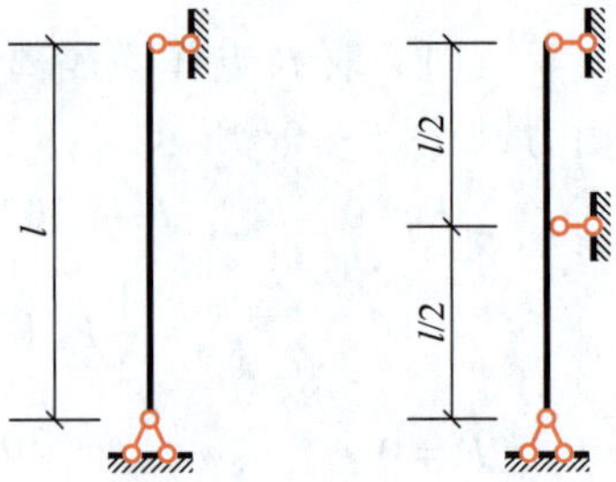

3. 改善支承情况

从表 5-1 中可看到，压杆两端固定得越牢，μ 值就越小，计算长度 μl 小，柔度 λ 也就小，临界应力就大。因此，在结构条件允许的情况下，应尽可能采用 μ 值小的支承形式，以便压杆的稳定性得到相应的提高。

l　l/2　l/2

图 5-11　减小压杆长度

4. 合理选择截面形状

当横截面面积相等的情况下，增大惯性矩 I，从而达到增大惯性半径 i，减小柔度 λ，提高压杆的稳定性。例如图 5-12b 所示的空心环形截面比图 5-12a 所示的实心圆截面合理。

当压杆在各个弯曲平面内的支承条件相同时，即 μ 值相同，则压杆的失稳发生在最小刚度平面内。因此，应尽量使截面的 $I_z = I_y$，这样可使压杆在各个弯曲平面内具有相同的稳定性。例如图 5-13b 的组合截面要比图 5-13a 的组合截面要好。

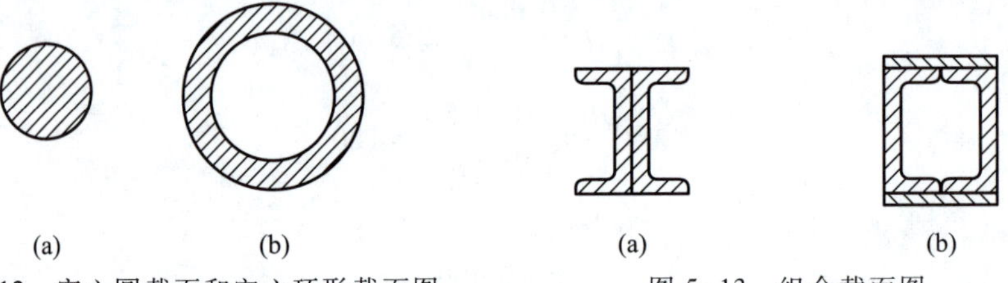

(a)　(b)

图 5-12　实心圆截面和空心环形截面图

(a)　(b)

图 5-13　组合截面图

当压杆在两个弯曲平面内的支承条件不同时，则可采用 $I_z \neq I_y$ 的截面来与相应的支承条件配合，使得压杆在两个弯曲平面内的柔度值相等，即 $\lambda_z = \lambda_y$，从而达到在两个方向上抵抗失稳的能力相等。图 5-14a 列出了型钢表中的四种截面，在每个截面上都画出一根形心轴（通过形心的轴线）。截面有无数根形心轴，唯独对这根形心轴的截面二次矩最小，在这个方向截面抵抗弯曲的能力最弱。当支承约束各向相同时，受压构件会绕这根轴失稳——失稳弯曲时，截面绕这根轴转动。可见，单独用这类杆件承压，还未做到充分地利用材料。

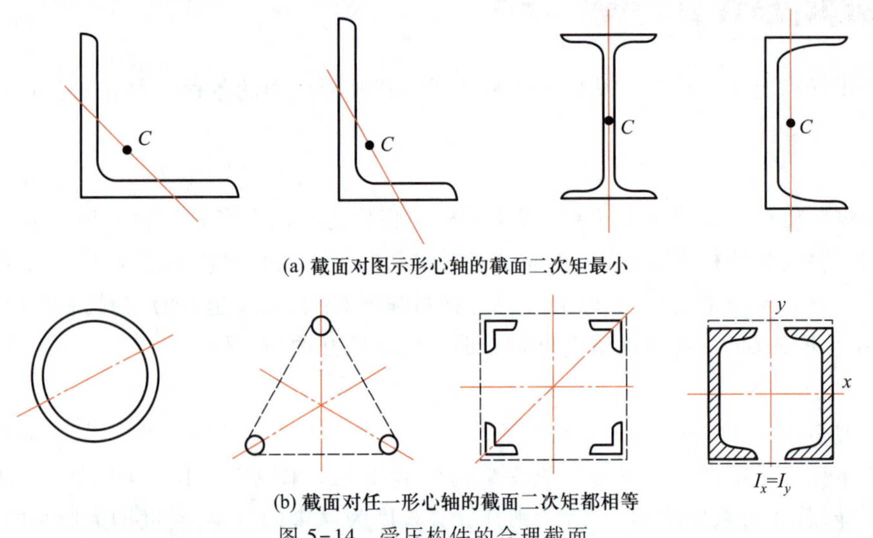

(a) 截面对图示形心轴的截面二次矩最小

(b) 截面对任一形心轴的截面二次矩都相等

图 5-14　受压构件的合理截面

图 5-14b 中的截面多为组合截面，材料布置在远离中性轴的地方，截面二次矩已经得到了很大的提高。而且，轮廓为圆形、正方形、正三角形的截面具有三根或三根以上的对称轴，截面对任何一根形心轴的截面二次矩都相等；调整两根槽钢的间距使 $I_x = I_y$，也能使截面对任何一根形心轴的截面二次矩都相等。选用这类截面的杆件承压，最能充分地利用材料，因此在工程中应用最广。

小实验

用纸条做稳定实验

裁一段纸条做实验（图 5-15）：试将纸条竖着立在桌面上。纸条太薄，抗弯能力太弱。由于纸条不可能做到绝对平展竖直，自重便使纸条的初始弯曲迅速扩大（图 5-15a）；若将纸条折成“角钢”形状，它就能够承受自重，立在桌面上了（图 5-15b）。分别在两种截面的图形上大致画出失稳弯曲时的中性轴，不难比较二者对中性轴的截面二次矩的大小（图 5-15c）。可见，改变截面的形状，增大截面二次矩，是提高压杆稳定性的措施之一。

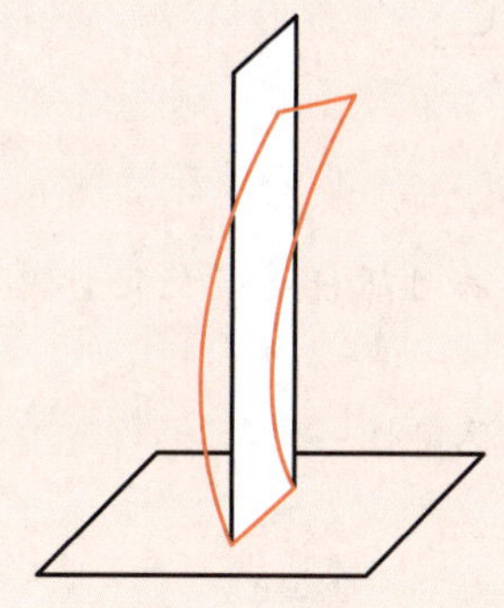

(a) 自重使初始弯曲迅速扩大

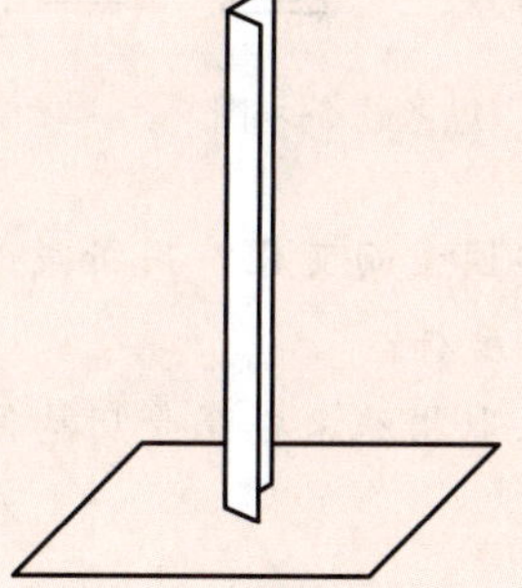

(b) 折成“角钢”形状就能立住

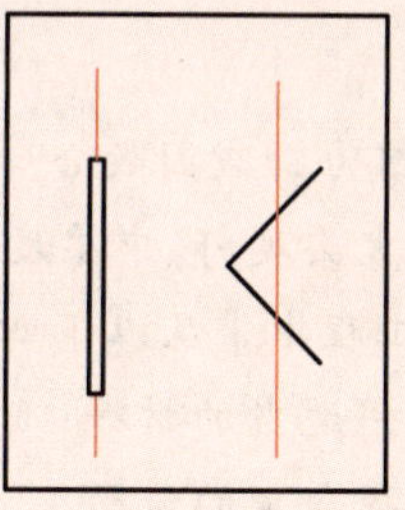

(c) 二者对中性轴的截面二次矩相差甚远

图 5-15　用纸条做稳定实验

思考题

5-1　何谓稳定平衡状态和不稳定平衡状态？试问压杆失稳时是处于什么状态？

5-2　思考题 5-2 图所示四根压杆，它们的材料和截面均相同，试判断哪根杆的临界力最小？

5-3　下面两种说法是否正确？两种说法是否一致？

（1）临界力是使压杆丧失稳定的最小荷载。

（2）临界力是压杆维持原有直线平衡状态的最大荷载。

5-4　在材料、杆长、支座约束各向相同的前提下，受压构件绕获得最小截面二次矩的形心轴失稳（失稳弯曲时，横截面绕该轴转动）。试在思考题 5-4 图所示各压杆的截面上，标出受压构件失稳弯曲时截面绕哪根轴转动。

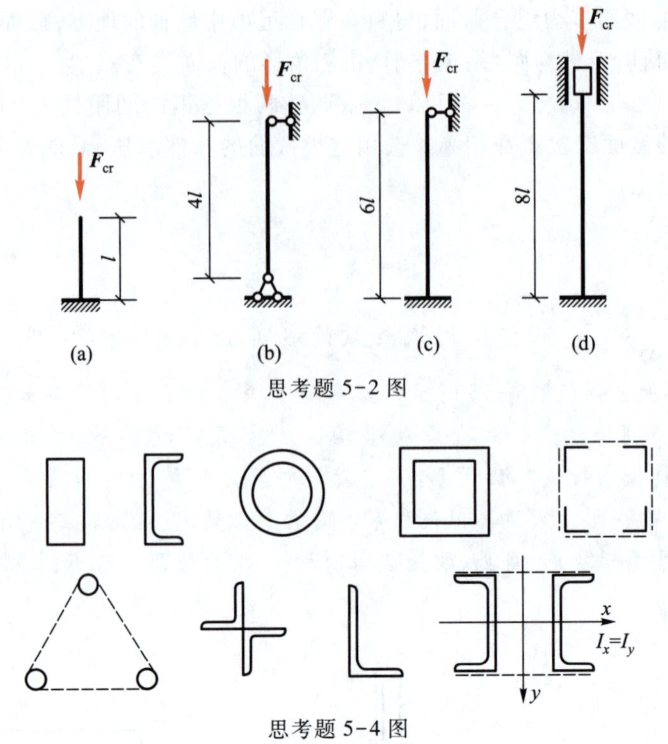

思考题 5-2 图

思考题 5-4 图

5-5　何为折减因数 φ？它随哪些因素而变化？用折减因数法对压杆进行稳定计算时，是否要区别大柔度杆、中柔度杆和小柔度杆？

5-6　工程中常从以下四个方面采取措施来提高受压构件的稳定性：

(1) 选用适当的材料；

(2) 选择合理的截面；

(3) 加强支承约束；

(4) 减小自由长度。

试在思考题 5-6 图中的空白处选填所采取措施的编号。

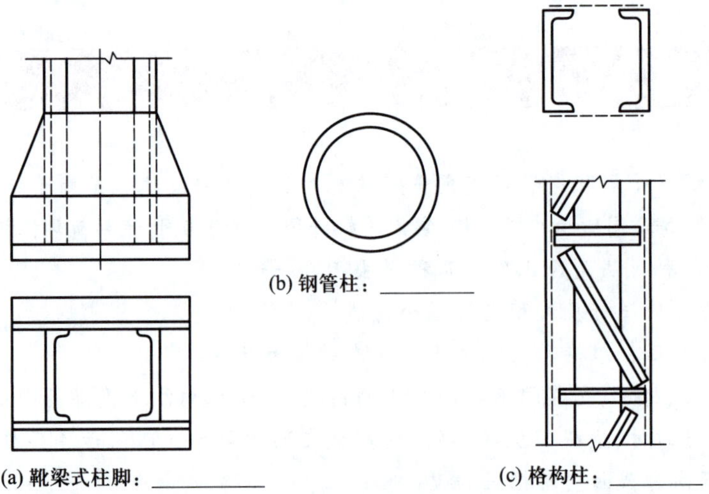

思考题 5-6 图

习题

5-1　一长 $l=4$ m,直径 $d=100$ mm 的细长钢压杆,支承情况如习题 5-1 图所示,在 xy 平面内为两端铰支,在 xz 平面内为一端铰支、一端固定。已知钢的弹性模量 $E=200$ GPa,求此压杆的临界力。

5-2　有一两端铰支的圆形截面受压杆,用 Q235 钢制成,材料的弹性模量 $E=200$ GPa,屈服点应力 $\sigma_s=240$ MPa,$\lambda_p=123$,直径 $d=40$ mm,试分别计算下面两种情况下压杆的临界应力与临界力:(1) 杆长 $l=1.5$ m;(2) 杆长 $l=0.5$ m。

5-3　某压杆材料弹性模量 $E=200$ GPa,$\lambda_p=100$。当柱子实际柔度 $\lambda=125$ 时,试分别计算横截面为习题 5-3 图所示圆形和矩形截面时柱子的临界压力。

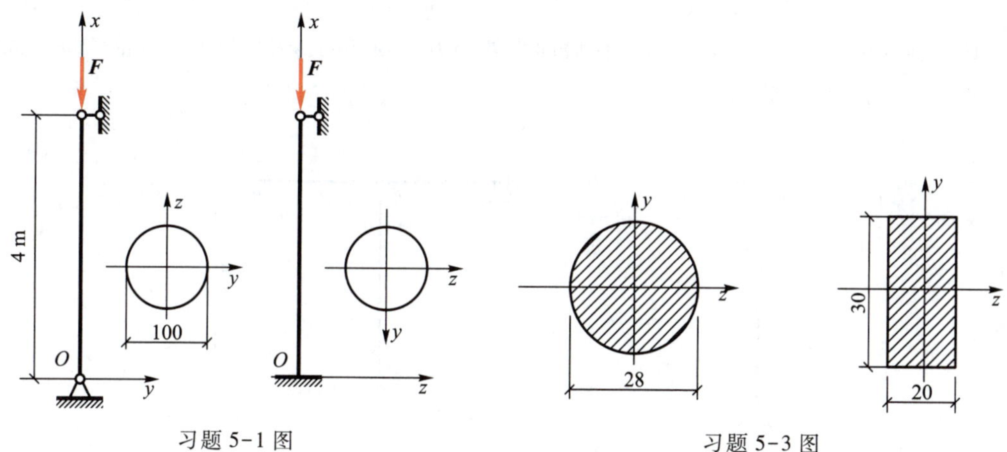

习题 5-1 图　　习题 5-3 图

5-4　有一两端铰支的细长木柱如图示,已知柱长 $l=3$ m,横截面为 80 mm×140 mm 的矩形,木材的弹性模量 $E=10$ GPa。求此木柱的临界力。

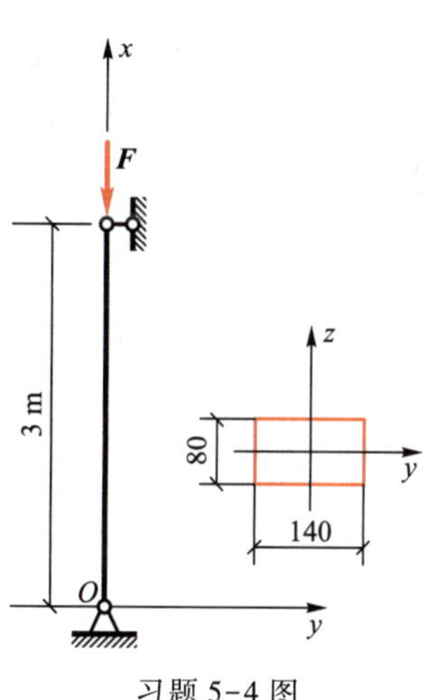

习题 5-4 图

5-5　三根两端铰支的圆截面压杆,直径均为 160 mm,长度分别为 $l_1=6$ m,$l_2=3$ m,$l_3=1.5$ m,材料为 Q235 钢,弹性模量 $E=200$ GPa,$\lambda_p=100$,$\sigma_s=235$ MPa,求三根压杆的临界力。

5-6　长度为 2 m 两端铰支的空心圆截面钢压杆,其外径 $D=105$ mm,内径 $d=88$ mm,承受的轴向压力 $F=250$ kN,许用应力 $[\sigma]=160$ MPa,试校核其稳定性。

5-7　习题 5-7 图所示木屋架中 AB 杆的截面为边长 $a=110$ mm 的正方形,杆长 $l=3.6$ m,承受的轴向压力 $F=25$ kN。木材的强度等级为 TC13,许用应力 $[\sigma]=10$ MPa。试校核 AB 杆的稳定性(只考虑在桁架平面内的失稳)。

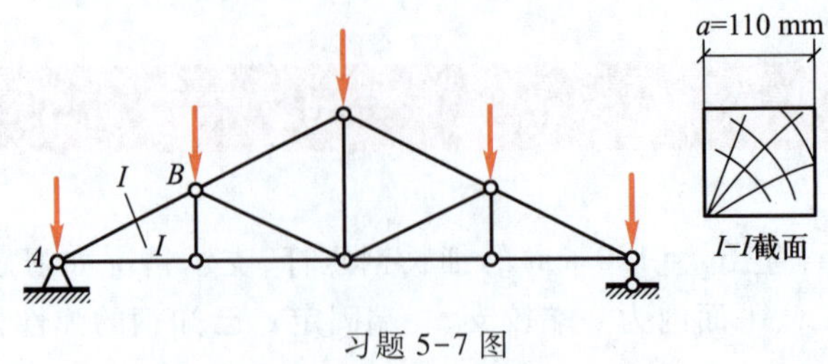

习题 5-7 图

5-8　新 195 型柴油机的挺杆长度 $L=257$ mm，直径 $d=8$ mm，弹性模量 $E=210$ GPa，作用于挺杆的最大轴向压力为 1.76 kN。已知稳定安全系数 $\eta_w=3$，试校核压杆的稳定性。

5-9　如习题 5-9 图所示 Q235 钢制成的一端固定、一端自由的压杆。已知该压杆受到轴向压力 $F=250$ kN，材料的许用应力 $[\sigma]=160$ MPa。试用稳定条件选择合适的工字钢型号。

5-10　习题 5-10 图所示立柱 CD 的高 $h=4$ m，材料为 Q235 钢，其许用应力 $[\sigma]=160$ MPa，弹性模量 $E=200$ GPa，若立柱截面为外径 $D=100$ mm，内径 $d=80$ mm 的空心钢管，试求梁上 AB 的许用荷载 $[F]$。

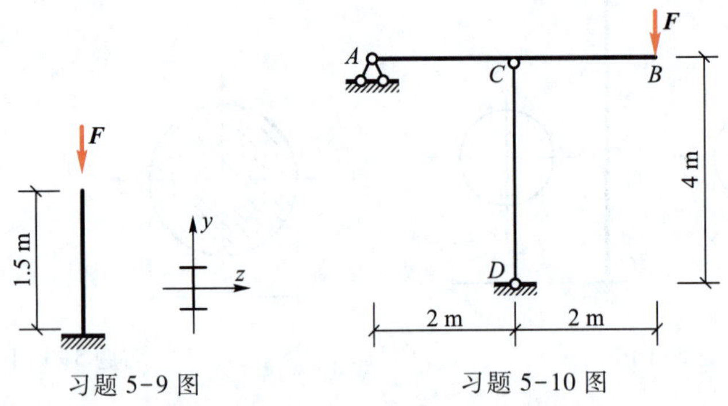

习题 5-9 图　　习题 5-10 图

5-11　习题 5-11 图所示支架，BD 杆为正方形截面的木杆，其长度 $l=2$ m，截面边长 $a=0.1$ m，木材的许用应力 $[\sigma]=10$ MPa，试从满足 BD 杆的稳定条件考虑，计算该支架能承受的最大荷载 F_{max}。

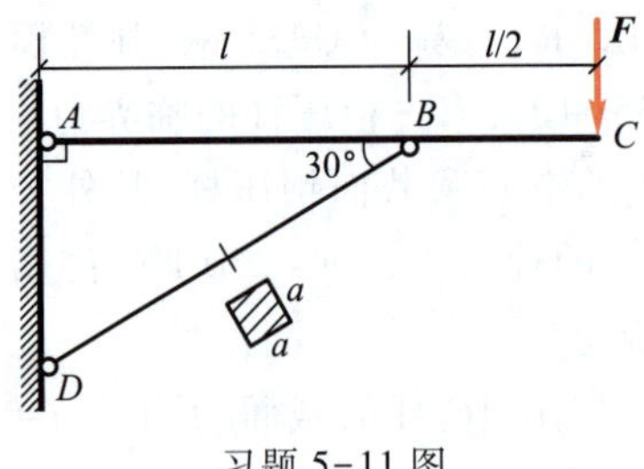

习题 5-11 图

第二篇
结构的内力与位移计算

杆系结构是结构类型之一。所谓杆系结构,系指由若干杆件用铰结点和刚结点联合组成的承重体系。具体研究的内容为:杆系结构计算简图的几何组成分析,静定结构的内力和位移计算,用力法、位移法、力矩分配法计算超静定结构内力,用静力法作单跨静定梁的影响线及其应用等。看了这些内容,可能有人会好奇地问,为什么在此不学习强度、刚度和稳定性计算呢?这是因为,无论是杆件或是杆系结构,进行强度、刚度和稳定性计算的基础是内力和位移,因杆件比较简单,有了上述知识,就可直接进行强度、刚度和稳定性计算。而结构较复杂时,有了上述知识还不能直接进行强度、刚度和稳定性计算,还要讲授一些其他知识,那就不是本课程研究的范围了,而是建筑结构课程的研究任务了。

第6章

平面体系的几何组成分析

第1节　几何组成分析的概念

对于平面体系的几何组成分析，首先要明确这样的概念，体系的几何形状改变与结构变形，是性质完全不同的两码事。前者指的是体系在杆件不发生变形的情况下，其几何形状发生的改变，与受力无关；后者则指，当结构在外荷载作用下，杆件截面上产生内力，从而引起结构的变形。结构的变形通常是微小的，在体系的几何组成分析中，不涉及杆系结构的变形问题，即在平面体系的几何组成分析中，将所有杆件当作刚体看待。

1. 几何不变体系与几何可变体系

所谓杆系体系，是指由杆件组成的承载系统。按其几何组成方式分类，可分为几何可变体系和几何不变体系两大类。图6-1a所示体系为铰接四边形，是一个四链杆机构，其几何形状是不稳固的，随时可以改变其状态，这样的体系称为**几何可变体系**。

几何可变体系

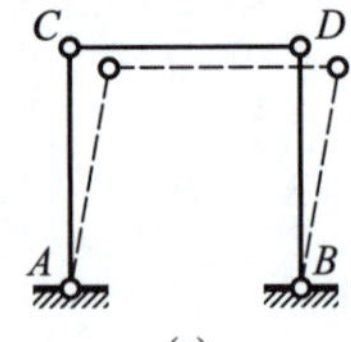

(a)

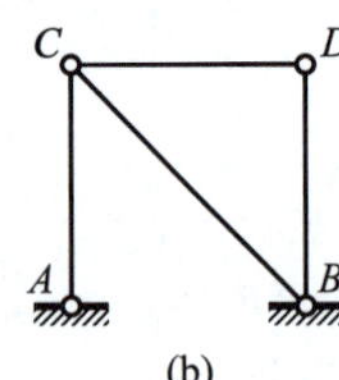

(b)

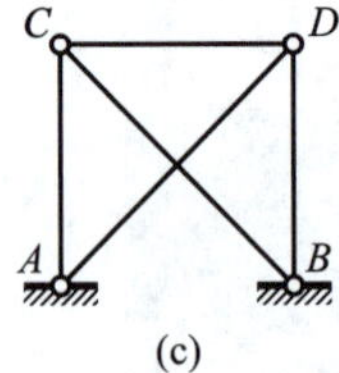

(c)

图6-1　几何可变体系与几何不变体系

图6-1b所示体系与图6-1a相比，多了一根斜撑杆 *CB*，成为由两个铰接三角形 *ABC* 与 *BCD* 组成的体系。显然，它在任意荷载作用下，其几何形状和位置能稳固地保持不变，这样的体系称为**几何不变体系**。如果在图6-1b所示体系上再增加斜杆 *AD*，便形成图6-1c所示具有一个多余杆件的几何不变体系。显然，**多余约束**是相对于形成几何不变体系的最少约束数而言的。严格地说，图6-1b所示体系应称为无多余约束的几何不变体系，即图中四根链杆中的每一根杆都是构成几何不变体系所必不可少的，它们称为**必要约束**。至于图6-1c所示体系中，究竟哪一根链杆属于多余约束，可有多种分析方式。实际上，图中五根链杆中的任一根都可以视作多余约束，而并非一定是斜杆 *AD*。

2. 几何组成分析

所谓几何组成分析是指，在设计结构或选择计算简图时，首先要判定体系是几何不变体系或是几何可变体系，只有几何不变体系，才能用于结构。在工程中，将判定体系为几何不

变体系或是几何可变体系的过程，称为**体系的几何组成分析**或称**几何构造分析**。

3. 瞬变体系与常变体系

在图 6-2a 所示的体系中，杆件 AB、AC 共线，A 点既可绕 B 点沿 1-1 弧线运动，同时又可沿 C 点沿 2-2 弧线运动。由于这两弧相切，A 点必然可沿着公共切线方向作微小运动。从这个角度上看，它是一个几何可变体系。

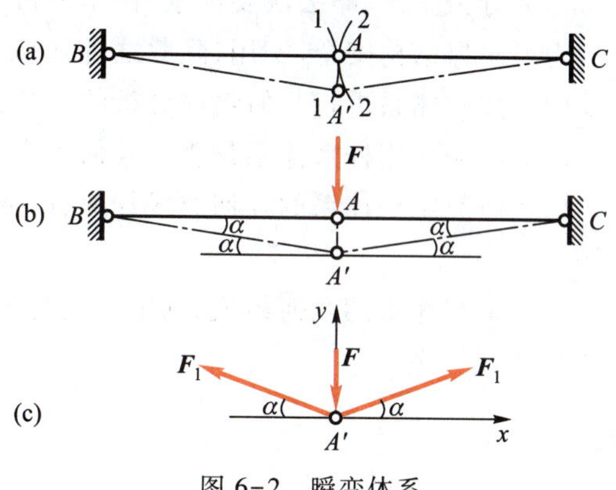

图 6-2 瞬变体系

当 A 点作微小运动至 A'，圆弧线 1-1 与 2-2由相切变成相离时，A 点既不能沿圆弧线 1-1 运动，也不能沿圆弧线 2-2 运动。这样，A 点就被完全固定了。

这种原先是几何可变，在瞬时可发生微小几何变形，其后再不能继续发生几何变形的体系，称为**瞬变体系**，即瞬变体系是几何可变体系的特殊情况，它属于几何可变体系范畴。为明确起见，几何可变体系又可进一步区分为瞬变体系和常变体系。**常变体系**是指可以发生较大几何变形的体系，如图 6-1a 所示。

在此值得提出的是：瞬变体系虽然发生微小几何变形后变成了几何不变体系。但瞬变体系仍不能作为结构。为什么呢？请看图 6-2b 所示，瞬变体系发生微小几何变形后变成的几何不变体系。取 A'点为研究对象，其受力图如图 6-2c 所示。由平衡条件，有 $F_1=\dfrac{F}{2\sin\alpha}$，当 $\alpha\to 0$ 时，$\sin\alpha\to 0$，$F_1\to\infty$，即瞬变体系在外载很小的情况下，可以发生很大内力。因此，在结构设计中，即使接近瞬变体系的计算简图，也应设法避免。

4. 刚片与刚片系

在体系的几何组成分析中，由于不考虑杆件本身的变形，因此，可以把一根杆件或已知几何不变部分看作一个刚体，在平面体系中又可将刚体称为刚片。刚片可大可小，它大至地球、一幢高楼，也可小至一片梁、一根链杆。由此可知，平面体系的几何组成分析，实际就变成考察体系中各刚片间的连接方式了。因此，能否准确、灵活地划分刚片，是能否顺利进行几何组成分析的关键。

5. 实铰与虚铰

由两根杆件端部相交所形成的铰，称为**实铰**，如图 6-3a 所示。由两根杆件中间相交或延长线相交形成的铰，称为**虚铰**，如图 6-3b、c 所示。之所以这样的铰称之为**虚铰**，是由于在这个交点 O 处并没有形成真正的铰，所以称它为虚铰。在此要特别指明，实铰与虚铰的约束作用是一样的。

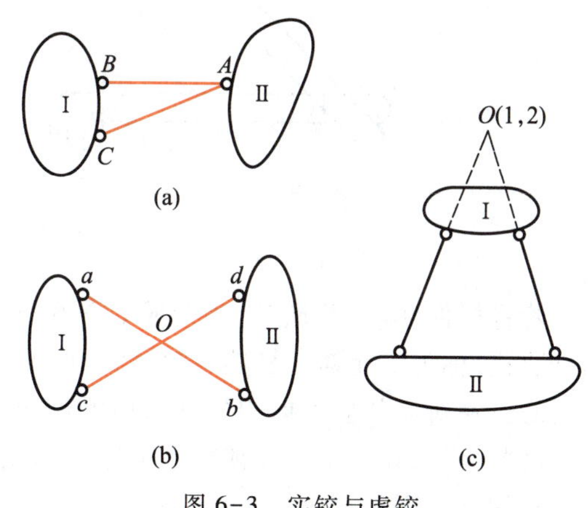

图 6-3 实铰与虚铰

6. 几何组成分析的目的

第 1 章研究了结构计算简图的画法，它

的简化原则是：

(1) 基本正确地反映结构的实际受力情况，使结构计算确保结构设计的精确度；

(2) 分清主次，略去次要因素，便于分析和计算。

为了确保结构安全、实用，除此之外还应再加上一条，那就是结构计算简图必须是几何不变的。故对体系进行几何组成分析的目的是：

(1) 判断所用杆系体系是否为几何不变体系，以决定其是否可以作为结构使用。

(2) 研究结构体系的几何组成规律，以便合理布置构件，保证所设计的结构安全、实用、经济。

(3) 根据体系的几何组成，确定结构是静定结构还是超静定结构，以便选择合理的计算方法和计算程序。

小贴士

为什么研究平面体系的几何组成分析

在绪论中，研究了结构计算简图的画法，而且特别强调，结构计算简图必须是几何不变的。那么，怎样才能保证结构计算简图几何不变呢？这就是平面体系几何组成分析要解决的问题。在研究第一篇内容时，它涉及不到这个问题；本篇马上要涉及这一内容，所以，在讲杆系结构的内力和位移计算之前，必须先研究平面体系的几何组成分析。

第 2 节　平面几何不变体系的基本组成规则

读者有无这样的经验？如果将三根木片用三个铆钉铆住(图 6-4a)，所形成的三角形一定是几何不变的，且无多余联系，其简图如图 6-4b 所示。如没有这一经验，不妨试一试。这便是一个最简单、最基本且无多余联系的**铰接三角形几何不变规则**，其他几何不变体系规则都可由它推演出来。

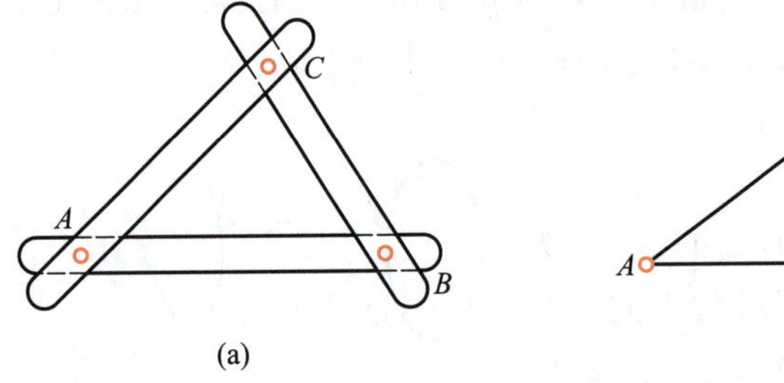

图 6-4　铰接三角形

若将杆件 AB 视作刚片，则变成如图 6-5a 所示结构，用两根不共线的链杆构成的一个铰结点装置，称为**二元体**。显然，在平面内增加一个结点，即增加了两个自由度(确定物体在平面内的位置所需独立坐标的数目)，但增加两根不共线的链杆也增加了两个约束。

由此可见，在一个已知体系上依次增加或撤去二元体，不会改变原体系的自由度数。于是得到如下规则。

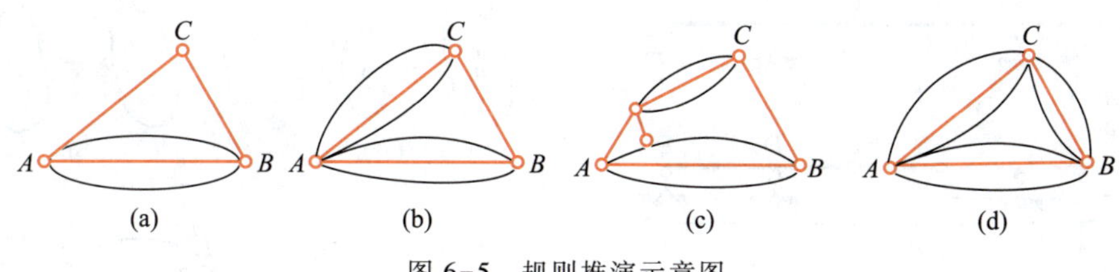

图 6-5　规则推演示意图

规则 Ⅰ（二元体规则）　在已知体系上增加或撤去二元体，不影响原体系的几何性质。换言之，已知体系是几何不变的，增加或撤去二元体，体系仍然是几何不变的；已知体系是几何可变的，增加或撤去二元体，体系仍然是几何可变的。

若将图 6-5a 中的 AC 杆视为刚片，则变成如图 6-5b 所示的体系。它是由两个刚片用一铰与一根不通过此铰的链杆相连接，显然它仍是几何不变的。由此又得到下列规则：

规则 Ⅱ（两刚片规则）　两刚片用一个铰和一根不通过此铰的链杆相连接，所构成的体系是几何不变的，且无多余联系。

因一个铰相当于两根链杆，图 6-5b 又可变为图 6-5c 所示体系。因此又得两刚片规则的另一种形式：

两刚片用三根既不相互平行又不汇交一点的链杆相连接，所构成的体系是几何不变的，且无多余联系。

若再将图 6-5b 中 BC 杆视作刚片，则变成如图 6-5d 所示的体系。它是由三个刚片用三个不在同一直线上的铰相连接，显然它也是几何不变的。由此又得如下规则：

规则 Ⅲ（三刚片规则）　三刚片用三个不在同一直线上的铰两两相连接，所构成的体系是几何不变的，且无多余联系。

以上三个几何不变体系的组成规则，它既规定了刚片之间必不可少的最小联系数目，又规定了它们之间应遵循的连接方式，因此它们是构成几何不变体系的必要与充分条件。

由推演过程知，这三个几何不变体系组成规则，是相互联系的。对同一个体系可用不同的规则进行几何组成分析，其结果是相同的。因此，用它们进行几何组成分析时，不必拘泥于用哪个规则，而是哪个规则方便就采用哪个规则。如对图 6-6a 所示体系进行几何组成分析，该体系有 5 根支链杆与基础相连，故将基础作为刚片分析较容易。先考虑刚片 AB 与基础连接，显然它符合两刚片规则的另一种形式（图 6-6b），故它是几何不变的。现将它们合成一个大刚片（图 6-6c），然后将刚片 CDE 视为刚片 Ⅲ（图 6-6d），三刚片用三个不在同一直线上的铰相连接，符合三刚片规则，故知该体系是几何不变的。

在讨论两刚片规则和三刚片规则时，都曾提出一些应避免的情况，如连接两刚片的三根链杆既不能同时相交一点也不能互相平行；连接三刚片的三个铰不能在同一直线上等。在此要问，如果出现了这些情形其结果又如何呢？

如图 6-7a 所示，三根链杆同时交于 O 点，这样 A、B 两刚片可以绕 O 点作微小的相对转动，当转动一个小角度后，这三根链杆不再同时相交一点，则不再产生相对转动，故它是**瞬变体系**。

若三根链杆相互平行，但不等长（图 6-7b），则仍为瞬变体系。其理由为，当三根不等长链杆相互平行时，也可以认为这三根链杆也同时相交一点，不过交点在无穷远处而已。若 B 刚片相对 A 刚片发生转动，三根平行链杆不再平行了，也不相交一点了，故此体系也为瞬变体系。

微课
两刚片三杆交于一点

微课
两刚片平行不等长

微课
两刚片平行且等长

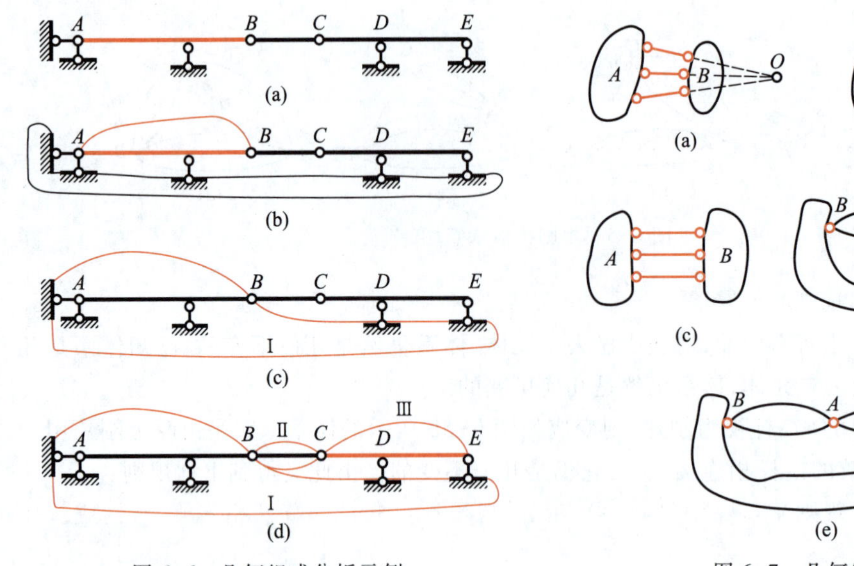

图 6-6　几何组成分析示例

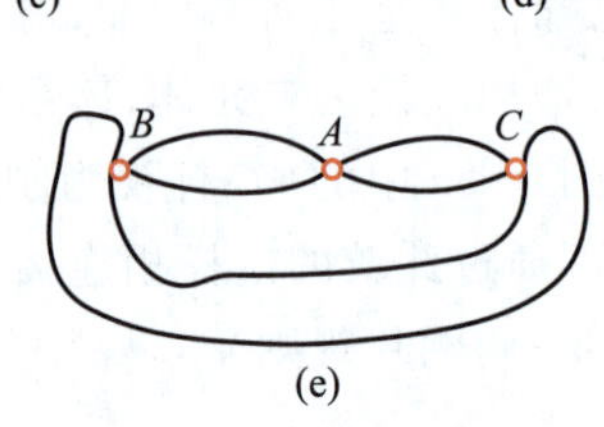

图 6-7　几何组成特例

若三根链杆平行，且等长（图 6-7c），则 A、B 两刚片产生相对运动后，此三根链杆仍相互平行，即在任何时刻、任何位置，这三链杆都是平行的，所以在任何时刻都能产生相对运动，因此它为常变体系。

若两刚片用一铰与通过此铰的链杆相连接（图 6-7d），则 A 点可作上下微小运动，当产生微小运动后，链杆 CA 不再通过 B 点，符合两刚片规则，是几何不变的，故知此体系为瞬变体系。

现在再研究连接三刚片的三个铰在同一直线上的情形。如图 6-7e 所示，三刚片Ⅰ、Ⅱ、Ⅲ，用同一直线上的 A、B、C 三铰相连接，则铰 A 将在以 B 点为圆心，以 BA 为半径；以及以 C 为圆心，以 CA 为半径的两圆弧的公切线上，而 A 点即为公切点，所以 A 点可以在此公切线上作微小的上下运动，当产生一微小的运动后，A、B、C 三点不在同一直线上，故不会再发生运动，所以它是一个瞬变体系。由上述推演过程又一次得知，几何瞬变体系与几何常变体系都不能作为结构计算简图，只有几何不变体系才能作为结构的计算简图，所以在定义什么是几何不变体系的规则时，指出这些特例是十分必要的。

小故事

啊！搭脚手架还有这么深的学问

一位学生跟我讲，一天，队长叫他带两个人，用脚手架材料搭建一个临时工棚，学生心想，这不是小菜一碟，三人高兴地去搭建了。搭好后发现有点倾斜，想把它正过来。于是东添一根杆，西插一根杆，添来添去添了不少杆，但就是正不过来。队长路过看了这种情形，二话不说，围着工棚转了两圈，指挥他们先把工棚推正，然后在一个地方加了一根杆件，工棚就再不倾斜了。他们感到惊讶，队长说：你们刚搭建的工棚为瞬变体系，你们后来添加的杆件都是多余杆件，我加的这根杆件为必要杆件，所以一加上去就不倾斜了。学生把头一拍说：啊！搭脚手架还有这么深的学问。

第 3 节　几何组成分析示例

进行几何组成分析的依据是，平面几何不变体系的三个基本组成规则。这三个规则看似简单，它却能灵活地解决常见结构的几何组成分析问题。要顺利地用这三个规则去分析形式多样的平面杆系，关键在于选择哪些部分作为刚片，哪些部分作为约束，这就是几何组成分析的难点所在，通常可以作以下选择：

一根杆件或某个几何不变部分（包括地基），都可选作刚片；体系中的铰都是约束，至于链杆什么时候为约束，什么时候为刚片，不能泛泛而论，要具体问题具体分析。当用三刚片规则，划分刚片时，要注意两个相交原则。所谓两个相交原则，系指划分刚片时要使刚片与刚片之间的连接为两个联系。这样做的目的在于，便于用几何不变体系的三刚片规则，来判定体系的几何不变性。如少于两个联系，表示联系不够，那一定是几何常变体了；如果多于两联系，表明联系多余，此体系可能是具有多余联系的几何不变体系，也有可能是具有多余联系的几何可变体系。

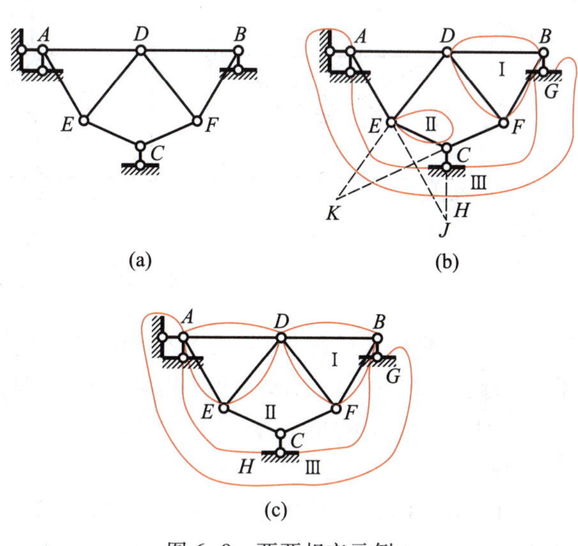

图 6-8　两两相交示例

如图 6-8a 所示体系，如果将 △*DBF*、链杆 *EC*、地基 *ACB* 划分为刚片 Ⅰ、Ⅱ、Ⅲ（图 6-8b），那么刚片 Ⅰ、Ⅱ 用链杆 *DE*、*FC* 连接交于 *K* 点，刚片 Ⅰ、Ⅲ 用链杆 *AD*、*BG* 连接交于 *B* 点，刚片 Ⅱ、Ⅲ 用链杆 *AE*、*CH* 连接交于 *J* 点。它属于三刚片用三个不在同一直线上的 *K*、*B*、*J* 虚铰相连接，符合三刚片规则，所以此体系是几何不变的，且无多余联系。

如若不是按两两相交规则划分的话，而是任意划分，那就无法判断其几何不变性。如图 6-8c 所示的三刚片，它们之间的连接不属于两两相交原则，因而也无法判断它的几何不变性。所以在进行几何组成分析时，贯彻两两相交原则是十分必要的。

由分析若干几何组成题可知，体系的几何组成分析方法是灵活多样的，但也不是无规律可循。下面介绍三种常见的几何组成分析方法。

（1）当体系上有二元体时，应先去掉二元体使体系简化，以便于应用规则。但需注意，每次只能依次去掉体系外围的二元体而不能从中间任意抽取。例如图 6-9 节点 *F* 处有一个二元体 *D*-*F*-*E*，拆除后，节点 *E* 处暴露出二元体 *D*-*E*-*C*，再拆除后，又可在节点 *D* 处暴露二元体 *A*-*D*-*C*，剩下为铰接三角形 *ABC*。所以它是几何不变的，故原体系为几何不变体系。也可以继续在节点 *C* 处拆除二元体 *A*-*C*-*B*，剩下的只是大地了，这说明原体系相对于大地是不能动的，即为几何不变体系。

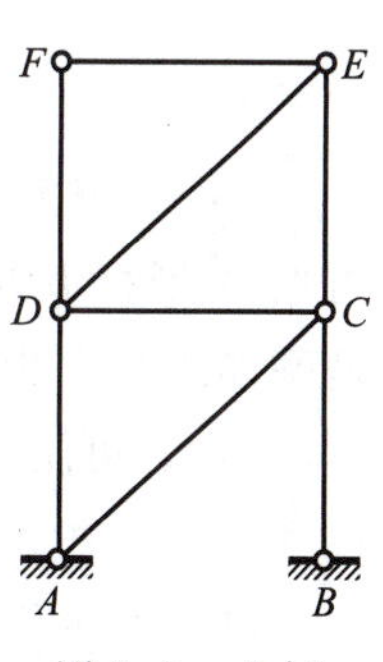

图 6-9　几何组成分析示例

也可从一个刚片（例如地基或铰接三角形等）开始，依次增加二元体，扩大刚片范围，使之变成原体系，便可应用规则。仍以图 6-9 为例，将地基视为一个刚片，增加二元体 *A-C-B* 使地基刚片扩大，在此基础上依次增加二元体 *A-D-C*、*D-E-C*、*D-F-E*，变为原体系，根据二元体规则，可判定此体系是几何不变体系，且无多余联系。

（2）当体系用三根支链杆按规则Ⅱ与基础相连接时，可以去掉这些支链杆，只对体系本身进行几何组成分析。

如图 6-10a 所示体系，可先去掉三根支链杆变成图 6-10b 所示体系，然后再对此体系进行几何组成分析。

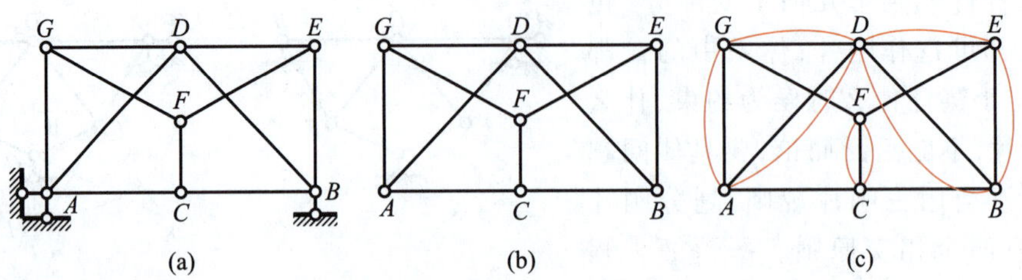

图 6-10　几何组成分析示例

根据两两相交原则，划分成图 6-10c 所示的刚片体系，根据规则Ⅲ，此体系是几何不变的，且无多余联系。故原体系也是几何不变的，且无多余联系。

在此需要指出的是，当体系的支链杆多于三根时，不能去掉支链杆单独进行几何组成分析，必须以整个体系进行几何组成分析。

如图 6-11a 所示的体系，有四根支链杆，就不能去掉这四根支链杆，变成图 6-11b 所示的体系进行几何组成分析。应依次去掉二元体 *E-F-C*、*B-C-G*、*A-D-E*、*A-E-B*、*A-B-H*、*J-A-I*，将图 6-11a 变成基础了，因此可判定此体系是几何不变的，且无多余联系。故原体系是几何不变的，且无多余联系。

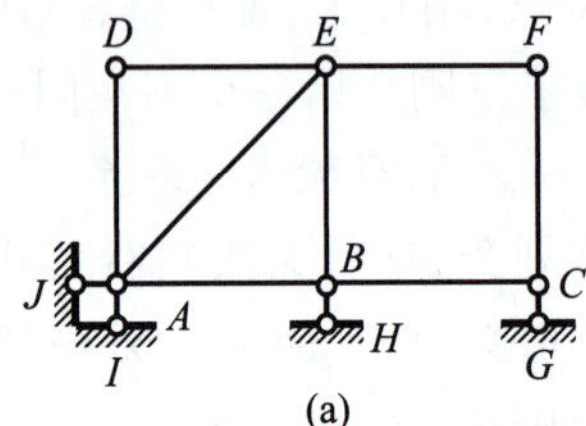

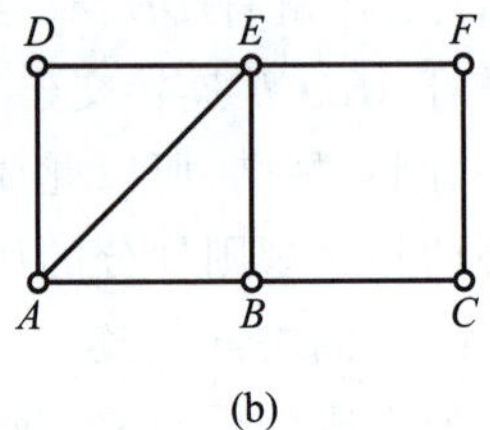

图 6-11　几何组成分析示例

（3）利用等效代换进行几何组成分析。对图 6-12a 所示体系作几何组成分析，由观察可见，T 形杆 *BDE* 可作为刚片Ⅰ。折杆 *AD* 也是一个刚片，但由于它只用两只铰 *A*、*D* 分别与地基和刚片Ⅰ相连，其约束作用与通过 *A*、*D* 铰的一根直链杆完全等效，如图 6-12a 中虚线所示。因此，可用直链杆 *AD* 等效代换折杆 *AD*。同理，可用链杆 *CE* 等效代换折杆 *CE*。于是，图 6-12a 所示体系可由图 6-12b 所示体系等效代换。

由图 6-12b 可见，刚片Ⅰ与地基用不交于同一点的三根链杆相连，根据两刚片规则，构成几何不变体系，且无多余联系。

以上是对体系进行几何组成分析过程中，常采用的一些可使问题简化的方法。但实际

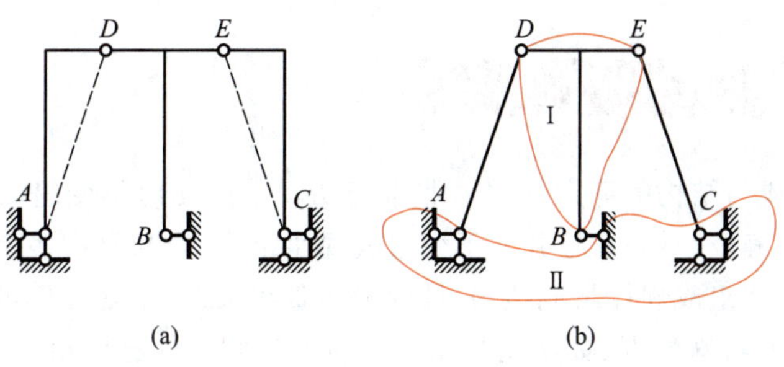

图 6-12 几何组成分析示例

问题往往复杂得多，不一定简单套用上述方法，其关键是灵活运用上述各种方法，迅速找出各部分之间的连接方式，用规则判断它们的几何不变性。当分析进行不下去时，多是所选择的刚片或约束不恰当，应重新选择刚片或约束再试，直到会分析为止。

为了进一步说明几何组成分析题的分析过程，下面再举几例示范。

例 6-1 试对图 6-13a 所示体系进行几何组成分析。

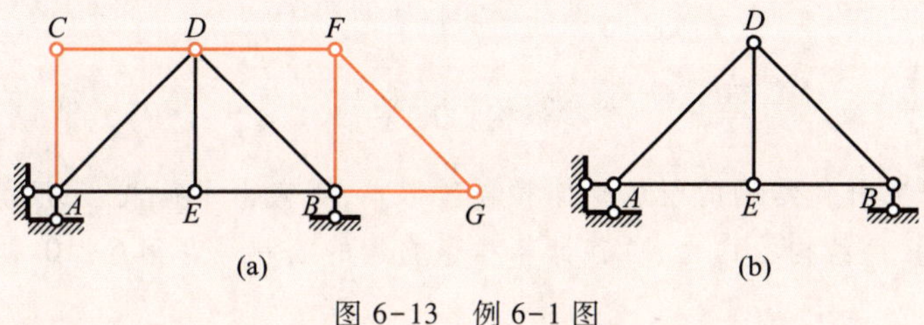

图 6-13 例 6-1 图

解 首先将二元体 A-C-D、F-G-B、D-F-B 去掉，如图 6-13b 所示，再将 $AEBD$ 及其基础作为刚片，利用两刚片规则，判定此体系是几何不变的，且无多余联系。

例 6-2 试对图 6-14 所示体系进行几何组成分析。

解 分别将图 6-14 中的 AC、BD、基础分别视为刚片Ⅰ、Ⅱ、Ⅲ，刚片Ⅰ和Ⅲ以铰 A 相连，刚片Ⅱ和Ⅲ用铰 B 连接，刚片Ⅰ和刚片Ⅱ用 CD、EF 两链杆相连，相当于一个虚铰 O。而连接三刚片的三个铰 A、B、O 不在一直线上，符合三刚片规则，故体系为几何不变体系，且无多余约束。

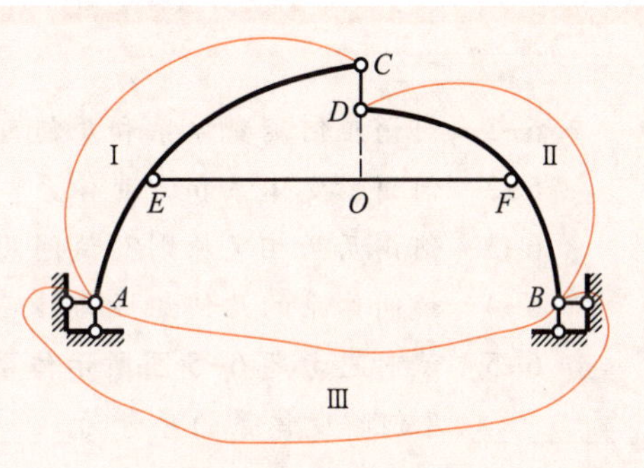

图 6-14 例 6-2 图

例 6-3 试对图 6-15 所示体系进行几何组成分析。

解 将 AB 视为刚片与地基用三根链杆相连接，符合两刚片规则，为几何不变体系。在其上增加二元体 A-E-C、B-D-F，又成为一个大的几何不变体系，显然 CD 链杆是多余约束。因此体系是几何不变的，且有一多余约束。

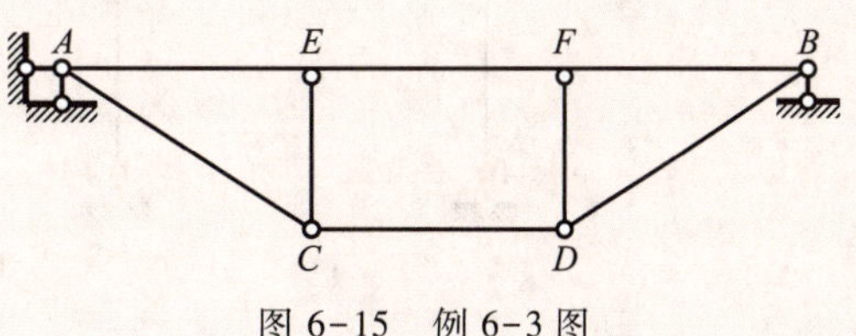

图 6-15 例 6-3 图

第 4 节　结构的几何组成与静定性的关系

结构的几何组成与结构的静定性关系非常密切。若按几何不变组成规律组成结构，且无多余约束，一定是静定结构；若按几何不变组成规律组成结构，且有多余联系，一定是超静定结构；若按几何不变组成规律组成结构，且少于必要约束，一定是几何可变结构；若结构按几何不变组成规律的特殊情况，如两刚片用一铰与通过此铰的链杆相连接（图 6-7d），三刚片的三个铰在同一直线上的情形（图 6-7e）等，所组成的结构一定是瞬变结构。

因此，在设计结构的几何组成时，一定要按几何不变组成规律设计。这样做，既安全又节省材料。

由此可知，静定结构的几何构造特征是几何不变且无多余约束。凡符合上述组成规则的体系，一定是静定结构。超静定结构的几何构造特征是几何不变且有多余约束。凡符合上述组成规则的体系，都属于超静定结构。

小贴士

结构力学

结构力学研究杆件结构的组成规律和合理形式，研究由于荷载、温度变化、支座移动等因素作用下，杆件结构的内力、位移计算和影响线的绘制等。第 6~10 章为结构力学的部分研究内容。

思考题

6-1　何谓几何不变体系和几何可变体系？何谓几何组成分析？

6-2　何谓瞬变体系和常变体系？什么体系可用于结构？

6-3　何谓两两相交原则？试问几何组成分析常见方法有哪些？

6-4　试问体系的几何组成与静定性有什么关系？

6-5　试对思考题 6-5 图所示体系进行几何组成分析。试确定几何不变体系的序号为________，几何瞬变体系的序号为________，几何常变体系的序号为________。

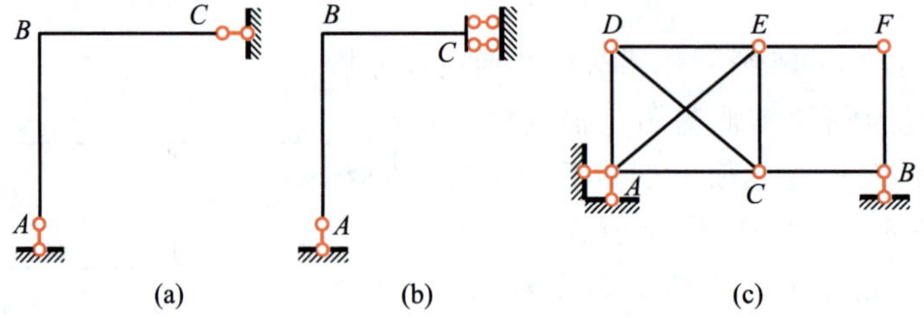

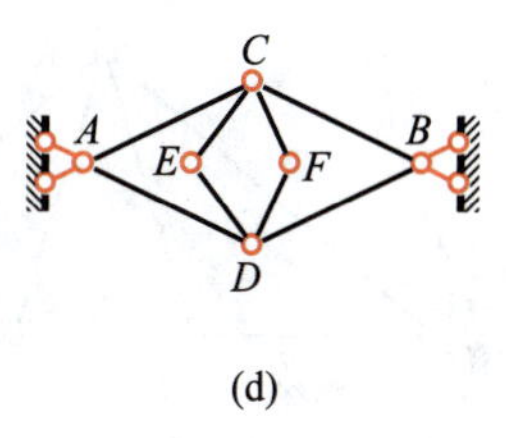

(d)

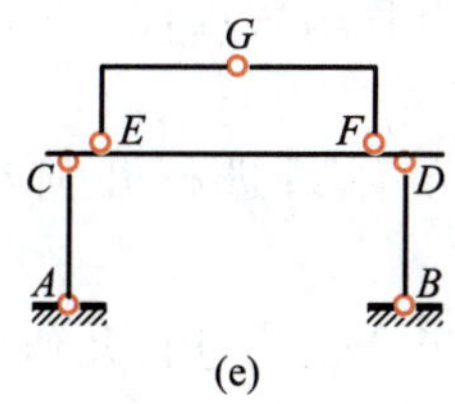

(e)

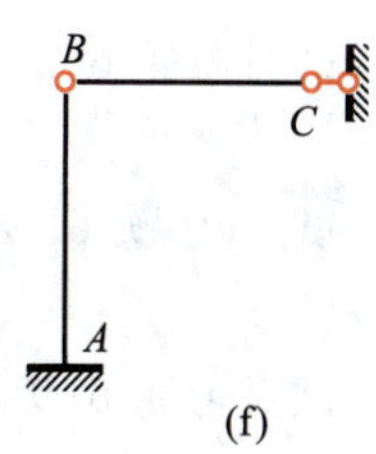

(f)

思考题 6-5 图

习题

6-1 试对习题 6-1 图所示多跨静定连续梁,进行几何组成分析。

习题 6-1 图

6-2 试对习题 6-2 图所示体系进行几何组成分析。

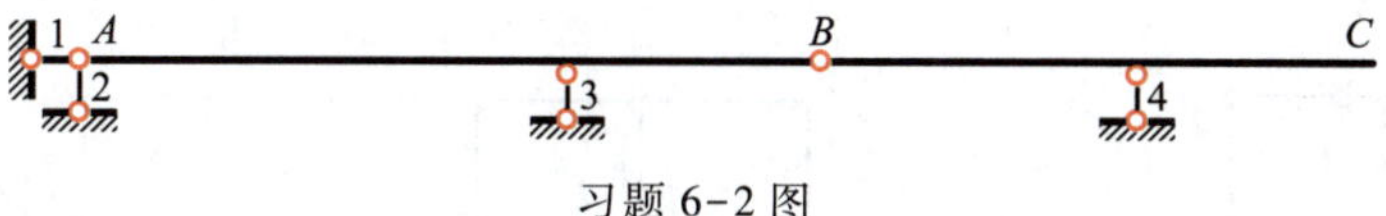

习题 6-2 图

6-3 试对习题 6-3 图所示桁架进行几何组成分析。

6-4 试对习题 6-4 图所示体系进行几何组成分析。

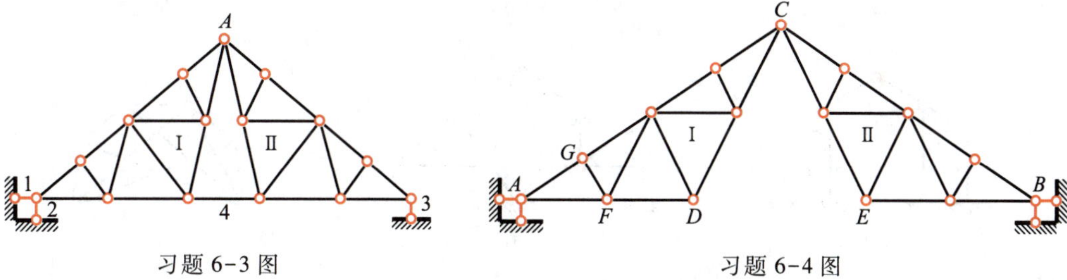

习题 6-3 图　　习题 6-4 图

6-5 试对习题 6-5 图所示体系进行几何组成分析。

6-6 试对习题 6-6 图所示组合结构进行几何组成分析。

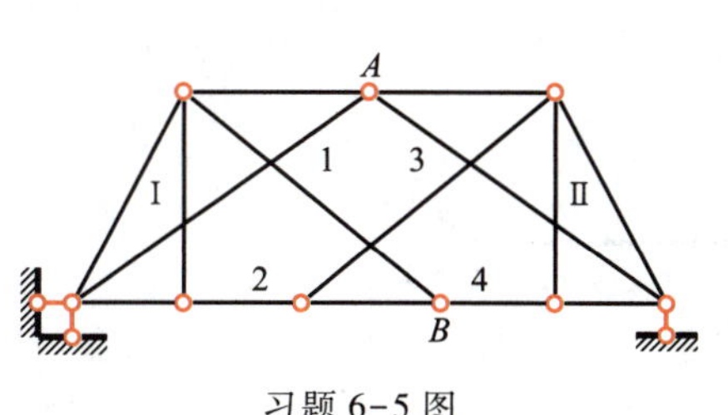

习题 6-5 图

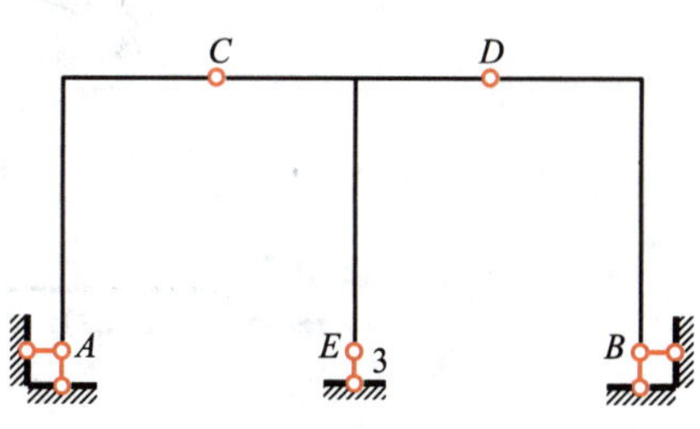

习题 6-6 图

6-7　试对习题 6-7 图所示组合结构进行几何组成分析。

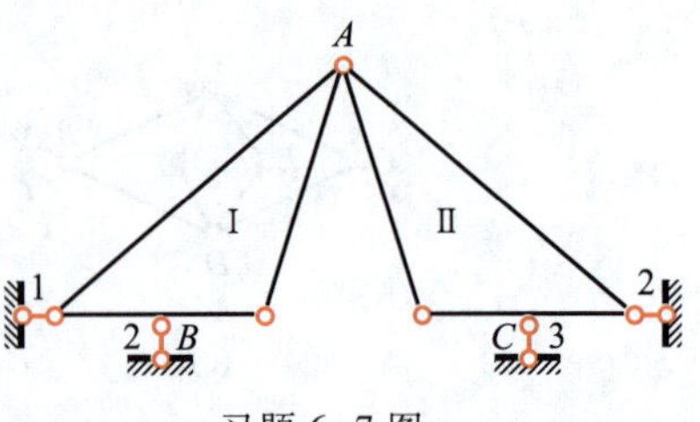

习题 6-7 图

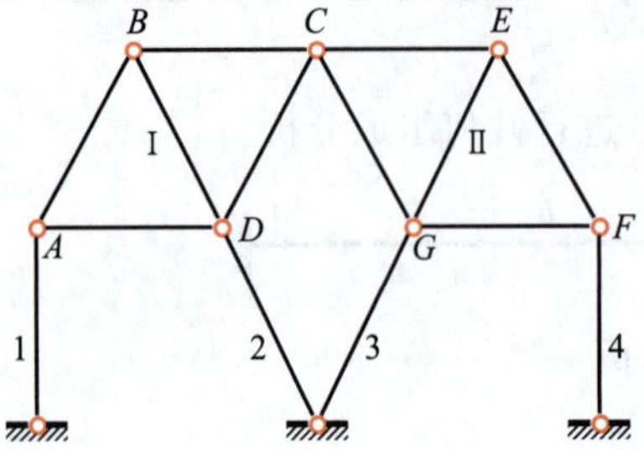

6-8　试对习题 6-8 图所示体系进行几何组成分析。

6-9　试对习题 6-9 图所示组合结构进行几何组成分析。

6-10　试对习题 6-10 图所示体系进行几何组成分析。

6-11　试对习题 6-11 图所示体系进行几何组成分析。

习题 6-8 图

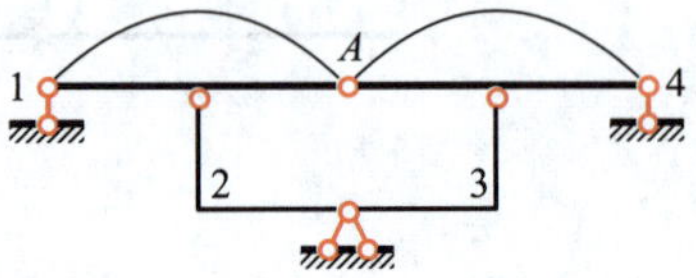

习题 6-9 图

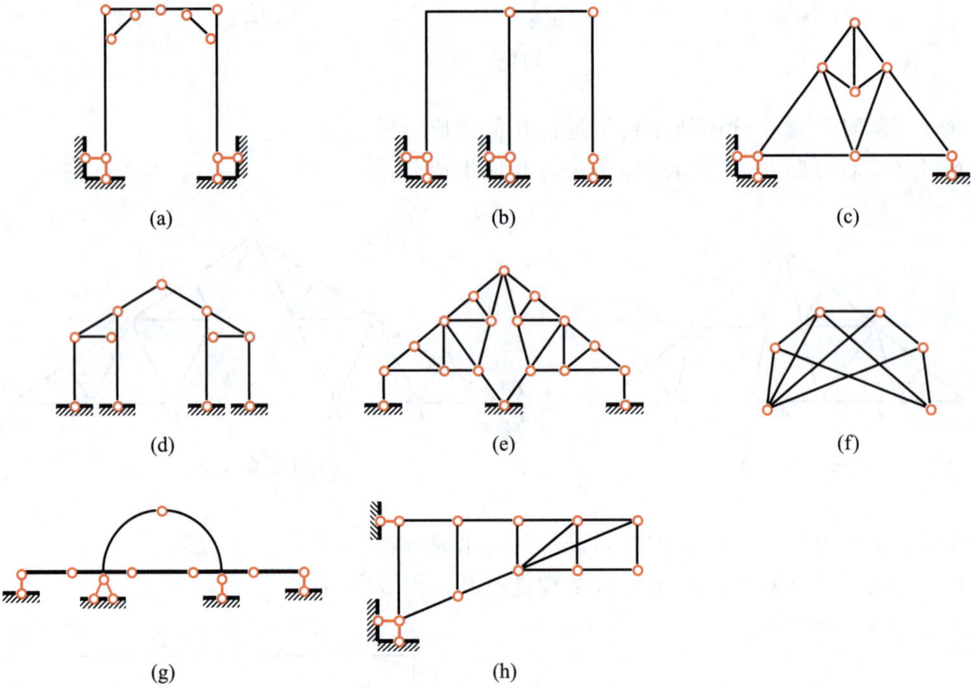

(a)　(b)　(c)

(d)　(e)　(f)

(g)　(h)

习题 6-10 图

习题 6-11 图

第7章

静定结构的内力计算

第1节 多跨静定梁

一、工程实例和计算简图

多跨静定梁,是由单跨静定梁通过铰连接而成的静定结构。多跨静定梁一般要跨越几个相连的跨度,它是工程中广泛使用的一种结构形式,最常见的有公路桥梁(图7-1 a)和房屋中的檩条梁(图7-2a)等,其计算简图及层次图分别如图7-1b、c和图7-2b、c所示。

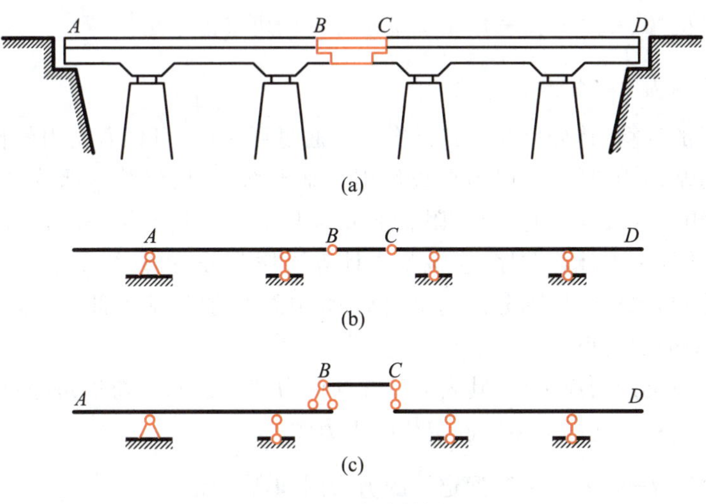

图7-1 公路桥梁

多跨静定梁有两种基本形式:第一种如图7-1b所示,其特点是无铰跨和双铰跨交替出现;第二种如图7-2b所示,其特点是第一跨无中间铰,其余各跨各有一个中间铰。

二、多跨静定梁的几何组成

就几何组成而言,多跨静定梁的各个部分可分为基本部分和附属部分。在图7-1b中,*AB*梁由三根支座链杆与基础相连接,是几何不变体系,能独立承受荷载,称为**基本部分**。*CD*梁在竖向荷载作用下能独立维持平衡,故在竖向荷载作用下*CD*梁也可看作基本部分。而*BC*梁则必须依靠*AB*梁和*CD*梁的支承才能承受荷载并维持平衡,称为**附属部分**。在图7-2b中,

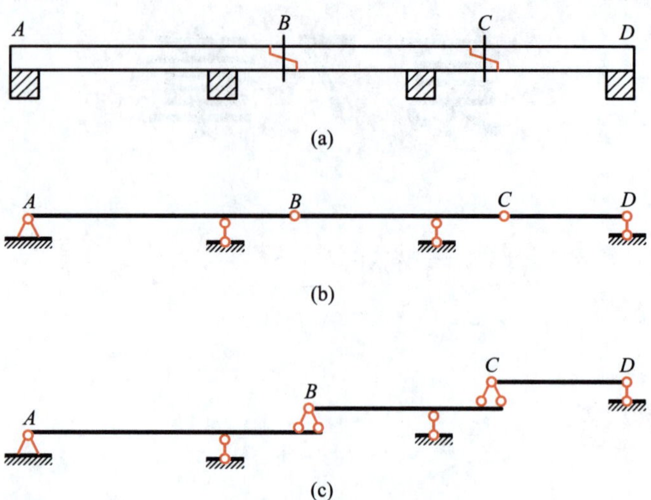

图 7-2　房屋中的檩条梁

微课
多跨静定梁的约束力求解

AB 梁是基本部分，而 *BC* 梁、*CD* 梁则是附属部分。为清晰起见，可将它们的支承关系分别用图 7-1c 和图 7-2c 表示，这样的图形称为**层次图**。

从层次图中可以看出：基本部分一旦遭受破坏，附属部分的几何不变性也将随之失去；而附属部分遭受破坏，在竖向荷载作用下基本部分仍可维持平衡。

三、多跨静定梁的内力计算和内力图绘制

多跨静定梁的计算，首先要绘出其层次图。通过层次图，可以看出力的传递过程。因为基本部分直接与基础相连接，所以当荷载作用于基本部分时，仅基本部分受力，附属部分不受力；当荷载作用于附属部分时，由于附属部分与基本部分相连接，故基本部分也受力。因此，多跨静定梁的约束力计算顺序，应该是先计算附属部分，再计算基本部分。即从附属程度最高的部分算起，求出附属部分的约束力后，将其反向加于基本部分，即为基本部分的荷载，再计算基本部分的约束力。

当求出每一段梁的约束力后，其内力计算和内力图的绘制就与单跨静定梁一样，最后将各段梁的内力图连在一起即为多跨静定梁的内力图。

例 7-1　作图 7-3a 所示多跨静定梁的剪力图和弯矩图。

解　首先作出多跨静定梁的层次图和层次受力图。容易得到 *BE* 属于基本部分，*AB* 和 *EG* 均为附属部分。层次图和层次受力图如图 7-3b、c 所示。

（1）求各梁段的支座反力。

如图 7-3c 所示，各段根据平衡条件可求出支座反力分别为 $F_{Ay}=-5\ \text{kN}$，$F_{By}=10\ \text{kN}$，$F_{Ey}=-4\ \text{kN}$，$F_{Fy}=16\ \text{kN}$，$F_{Cy}=28.5\ \text{kN}$，$F_{Dy}=17.5\ \text{kN}$。

（2）分段作出各梁段的剪力图和弯矩图，即组成多跨静定梁的剪力图和弯矩图，如图 7-3d、e 所示。

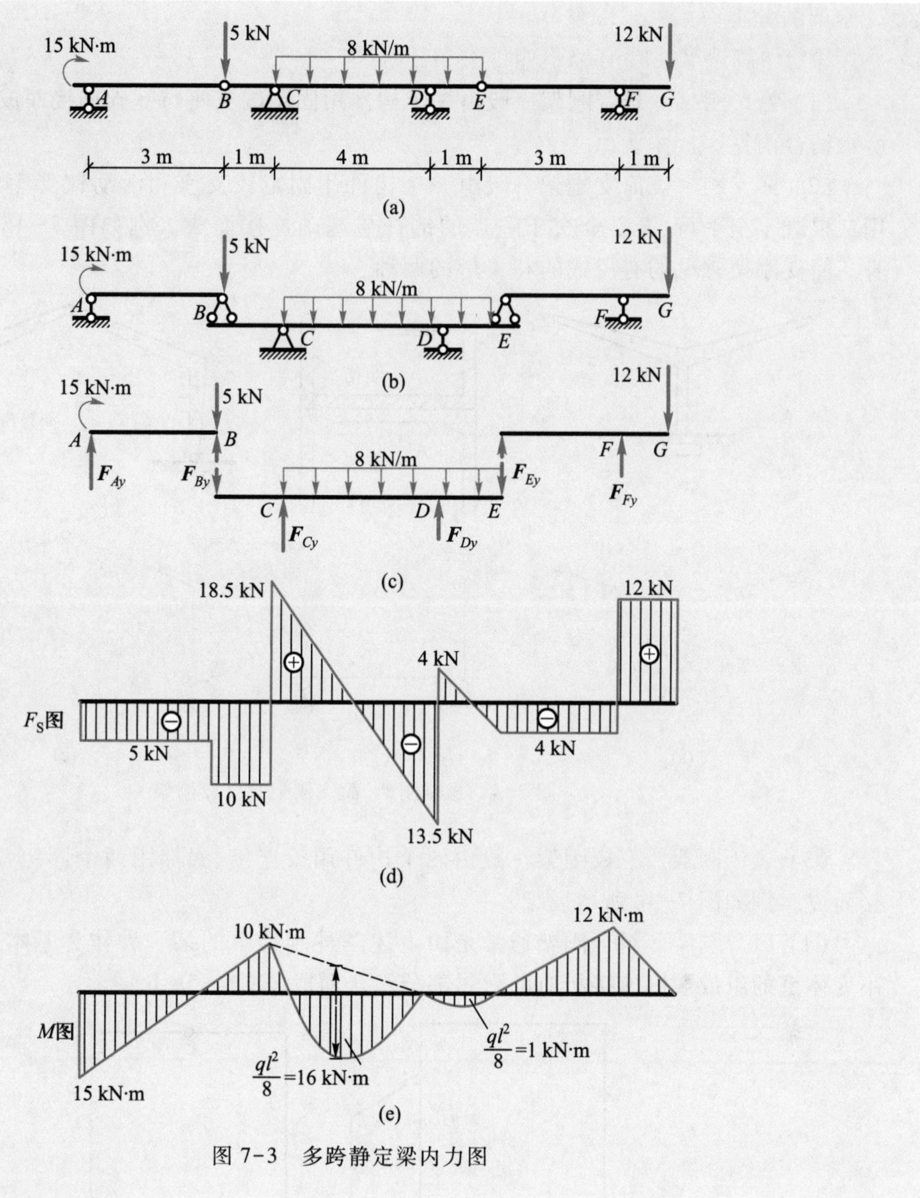

图 7-3　多跨静定梁内力图

第 2 节　静定平面刚架

一、工程实例和计算简图

1. 刚架的特点

刚架是由直杆组成的，具有刚结点的结构。在刚架中的刚结点处，刚结在一起的各杆不能发生相对移动和转动，变形前后各杆的夹角保持不变，故**刚结点可以承受和传递弯矩**。由于存在刚结点，使刚架中的杆件较少，内部空间较大，比较容易制作，所以在工程中得到广泛应用。

2. 刚架的分类

静定平面刚架主要有以下四种类型：

（1）悬臂刚架。悬臂刚架一般由一个构件用固定端支座与基础连接而成。例如图 7-4a 所示站台雨篷。

（2）简支刚架。简支刚架一般由一个构件用固定铰支座和活动铰支座与基础连接，或用三根既不全平行、又不全交于一点的链杆与基础连接而成。例如图 7-4b 所示渡槽的槽身。简支刚架常见的有门式的和 T 形的两种。

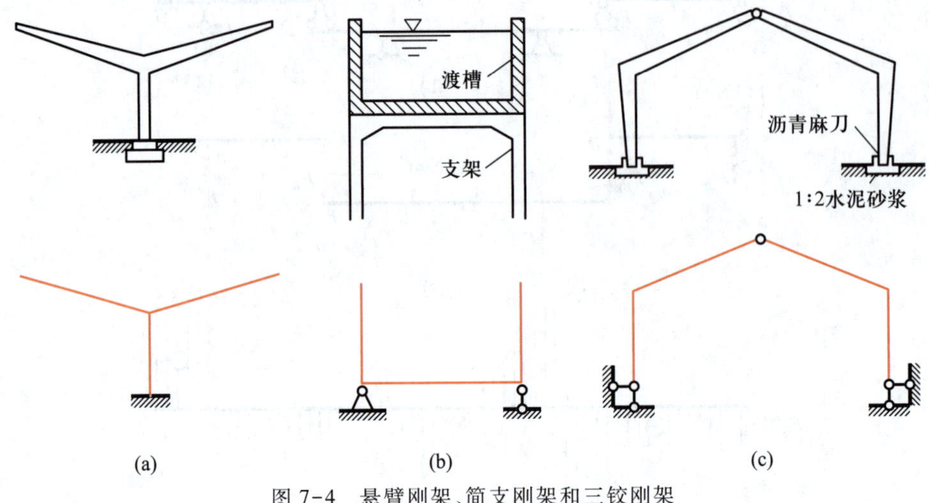

图 7-4　悬臂刚架、简支刚架和三铰刚架

（3）三铰刚架。三铰刚架一般由两个构件用铰连接，底部用两个固定铰支座与基础连接而成。例如图 7-4c 所示屋架。

（4）组合刚架。组合刚架通常是由上述三种刚架中的某一种作为基本部分，再按几何不变体系的组成规则连接相应的附属部分组合而成（图 7-5a、b）。

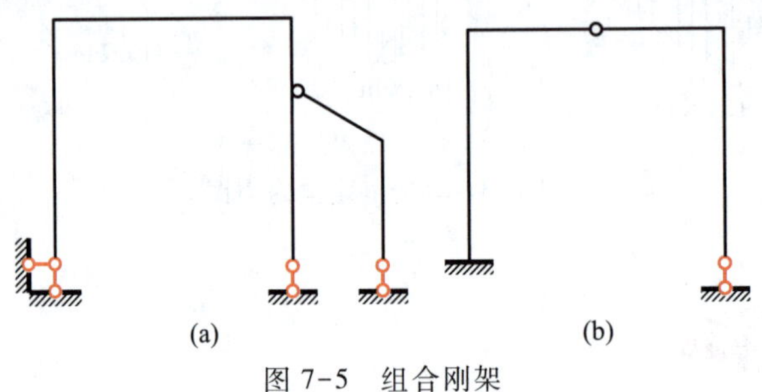

图 7-5　组合刚架

二、静定平面刚架的内力计算和内力图绘制

在一般情况下，刚架中各杆的内力有弯矩、剪力和轴力。由于刚架中有横向放置的杆件，也有竖向放置的杆件，为了使杆件内力表达清晰，在内力符号的右下方以两个下标注明内力所属的截面，第一个下标表示该内力所属杆端的截面；第二个下标表示杆段的另一端截面。例如，杆段 AB 的 A 端的弯矩、剪力和轴力分别用 M_{AB}、F_{SAB} 和 F_{NAB} 表示；而 B 端的弯矩、剪力和轴力分别用 M_{BA}、F_{SBA} 和 F_{NBA} 表示。

在刚架的内力计算中，弯矩可自行规定正负，例如可规定以使刚架内侧纤维受拉的为正，但须注明受拉的一侧；弯矩图绘在杆的受拉一侧。剪力和轴力的正负号规定同前，即剪力以使隔离体产生顺时针转动趋势时为正，反之为负；轴力以拉力为正，压力为负。剪力图和轴力图可绘在杆的任一侧，但须标明正负号。

例 7-2　试绘制图 7-6a 所示悬臂刚架的内力图。

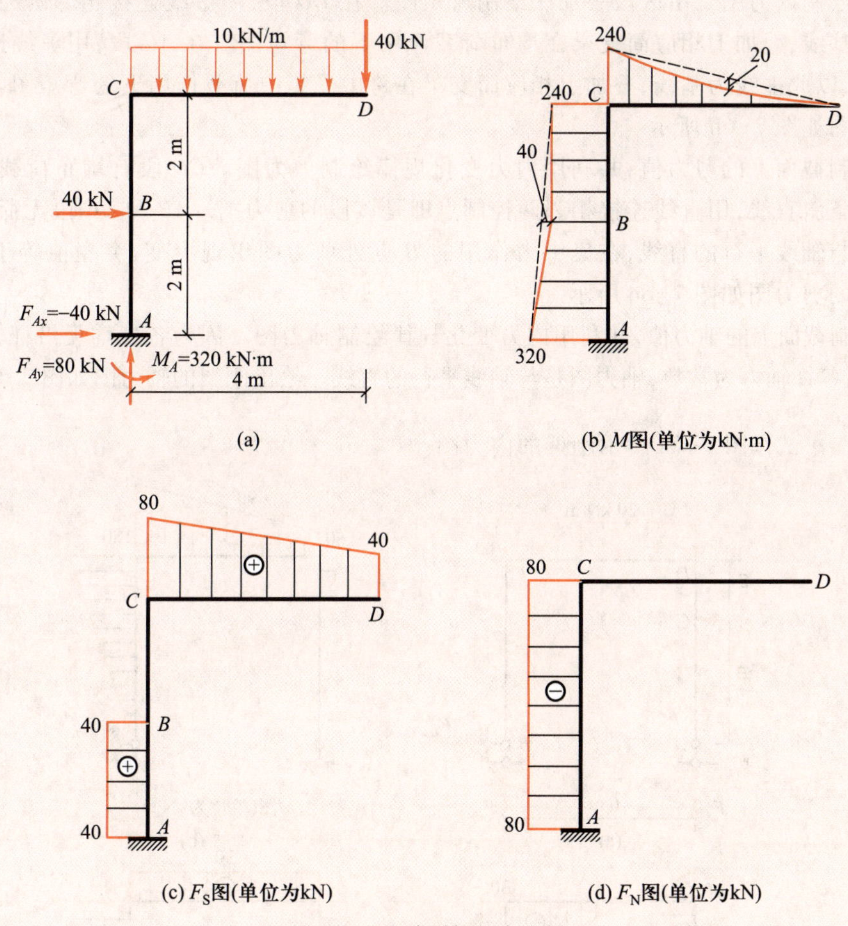

图 7-6　悬臂刚架的内力图

解　(1) 求支座反力。由刚架整体的平衡方程，求出支座 A 处的反力为

$$F_{Ax}=-40\ \text{kN},\ F_{Ay}=80\ \text{kN},\quad M_A=320\ \text{kN}\cdot\text{m}$$

对悬臂刚架也可不计算支座反力，直接计算内力。

(2) 求控制截面上的内力。将刚架分为 AB、BC 和 CD 三段，取每段杆的两端为控制截面。从自由端开始，根据刚架内力的计算规律，可得各控制截面上的内力为

$$M_{DC}=0$$

$$M_{CD}=-40\ \text{kN}\times4\ \text{m}-10\ \text{kN/m}\times4\ \text{m}\times2\ \text{m}=-240\ \text{kN}\cdot\text{m}\quad(\text{上侧受拉})$$

$$M_{CA}=M_{CD}=-240\ \text{kN}\cdot\text{m}\quad(\text{左侧受拉})$$

$$M_{AC}=-320\ \text{kN}\cdot\text{m}\quad(\text{左侧受拉})$$

$$F_{SDC}=40\ \text{kN},F_{SCD}=40\ \text{kN}+10\ \text{kN/m}\times4\text{m}=80\ \text{kN},F_{SCB}=F_{SBC}=0$$

$$F_{SAB}=F_{SBA}=40\ \text{kN}$$

$$F_{NDC}=F_{NCD}=0$$

$$F_{NAC}=F_{NCA}=-80\ \text{kN}$$

（3）绘制内力图。由区段叠加法绘制弯矩图。在 *CD* 段，用虚线连接相邻两控制点，以此虚线为基线，叠加上相应简支梁在均布荷载作用下的弯矩图。在 *AC* 段，用虚线连接相邻两控制点，以此虚线为基线，叠加上相应简支梁在跨中受集中荷载作用下的弯矩图。绘出刚架的弯矩图如图 7-6b 所示。

由控制截面上的剪力值，并利用内力变化规律绘制剪力图。*CD* 段有均布荷载作用，剪力图是一条斜直线，用直线连接相邻两控制点即是该段的剪力图。*AB* 和 *BC* 段无荷载作用，剪力图是与轴线平行的直线，在集中力作用的 *B* 点处剪力图出现突变，突变值等于 40 kN。绘出刚架的剪力图如图 7-6c 所示。

由控制截面上的轴力值，并利用内力变化规律绘制轴力图。因为各杆均无沿杆轴方向的荷载，所以各杆轴力为常数，轴力图是与轴线平行的直线。绘出刚架的轴力图如图 7-6d 所示。

例 7-3　试作图 7-7a 所示刚架的内力图。

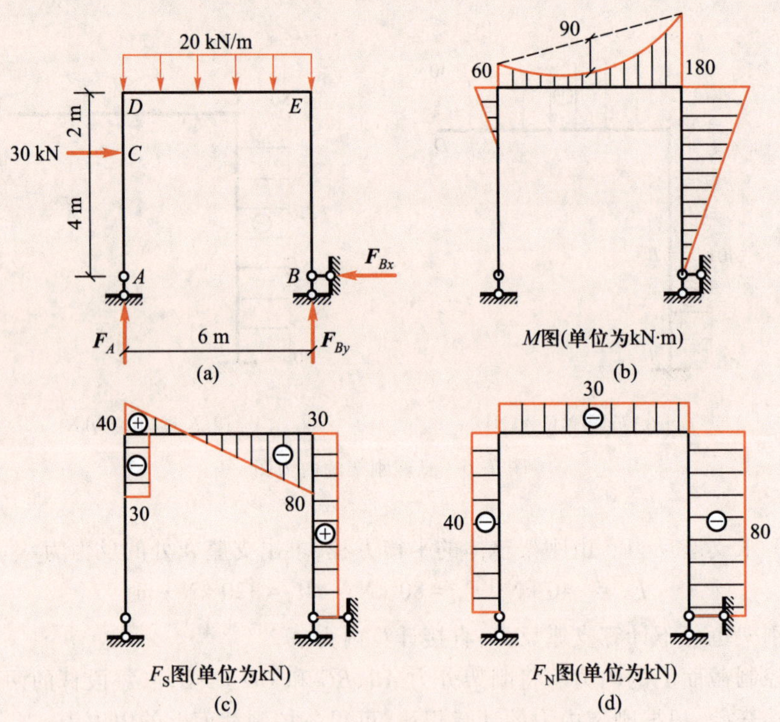

图 7-7　门式刚架内力图

解　（1）求支座反力。取整个刚架为脱离体，假设反力方向如图 7-7a 所示。由平衡条件得

$$\sum F_x=0,F_{Bx}=30\text{kN}(\leftarrow)$$

$\sum M_B=0, F_A\times6\ \text{m}+30\ \text{kN}\times4\ \text{m}-20\ \text{kN/m}\times6\ \text{m}\times3\ \text{m}=0, F_A=40\ \text{kN}(\uparrow)$

$\sum M_A=0, F_{By}\times6\ \text{m}-30\ \text{kN/m}\times4\ \text{m}-20\ \text{kN/m}\times6\ \text{m}\times3\ \text{m}=0, F_{By}=80\ \text{kN}(\uparrow)$

（2）分段求各杆端内力

AC 段　$M_{AC}=M_{CA}=0, F_{SAC}=F_{SCA}=0, F_{NCA}=-40\ \text{kN}$

CD 段　$M_{CD}=0, M_{DC}=30\ \text{kN}\times2\ \text{m}=60\ \text{kN}\cdot\text{m}$（左侧受拉），$F_{SCD}=-30\ \text{kN}, F_{SDC}=-30\text{kN}, F_{NCD}=F_{NDC}=-40\ \text{kN}$

BE 段　$M_{BE}=0, M_{EB}=30\ \text{kN}\times6\ \text{m}=180\ \text{kN}\cdot\text{m}$（右侧受拉），$F_{SBE}=F_{SEB}=30\ \text{kN}, F_{NBE}=F_{NEB}=-80\ \text{kN}$

DE 段　求 DE 杆两端的内力时，可以分别利用结点 D 和 E 由平衡条件求得（图 7-8）。

结点 D　$\sum F_x=0, F_{NDE}=-30\ \text{kN}$

$\sum F_y=0, F_{SDE}=40\ \text{kN}$

$\sum M_D=0, M_{DE}=60\ \text{kN}\cdot\text{m}$（上侧受拉）

结点 E　$\sum F_x=0, F_{NED}=-30\ \text{kN}$

$\sum F_y=0, F_{SED}=-80\ \text{kN}$

$\sum M_E=0, M_{ED}=180\ \text{kN}\cdot\text{m}$（上侧受拉）

（3）分别作 M、F_S、F_N 图，如图 7-7b、c、d 所示。在作 M 图时，DE 段的弯矩因两端弯矩值已求得，在此两纵标值的顶点以虚线相连，从虚线的中点向下叠加简支梁在均布荷载作用下的弯矩图，叠加的跨中弯矩值为

$$\frac{ql^2}{8}=\frac{20\ \text{kN/m}\times(6\ \text{m})^2}{8}=90\ \text{kN}\cdot\text{m}$$

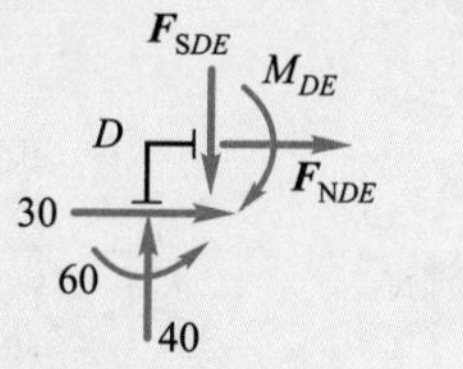

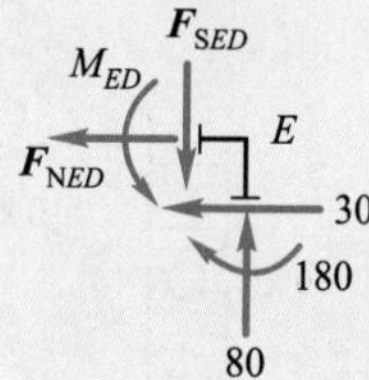

图 7-8　结点 D 和 E 受力图

例 7-4　试计算并作出图 7-9 所示三铰刚架的弯矩图。

解　（1）求支座反力。三铰刚架的支座反力分成两步计算：

1）取刚架整体分析，如图 7-9a 所示，则

$$\sum M_B=0,\qquad -F_{Ay}\times8\ \text{m}+(20\ \text{kN/m}\times4\ \text{m})\times6\ \text{m}=0$$

$$\sum F_y=0,\qquad F_{Ay}+F_{By}-20\ \text{kN/m}\times4\ \text{m}=0$$

$$\sum F_x=0,\qquad F_{Ax}-F_{Bx}=0$$

解得 $F_{Ay}=60\ \text{kN}(\uparrow), F_{By}=20\ \text{kN}(\uparrow)$

2）取 CB 部分分析，如图 7-9b 所示，则

$$\sum M_C=0, -F_{Bx}\times8\ \text{m}+F_{By}\times4\ \text{m}=0$$

解得 $F_{Bx}=10\ \text{kN}(\leftarrow)$

将 F_{Bx} 之值代入上式 $F_{Ax}-F_{Bx}=0$ 得　$F_{Ax}=10\ \text{kN}(\rightarrow)$

（2）计算弯矩值，作弯矩图。将刚架划分为 AD、DC、CE 和 EB 四段，只有 DC 是均载段，其他三段无荷载。

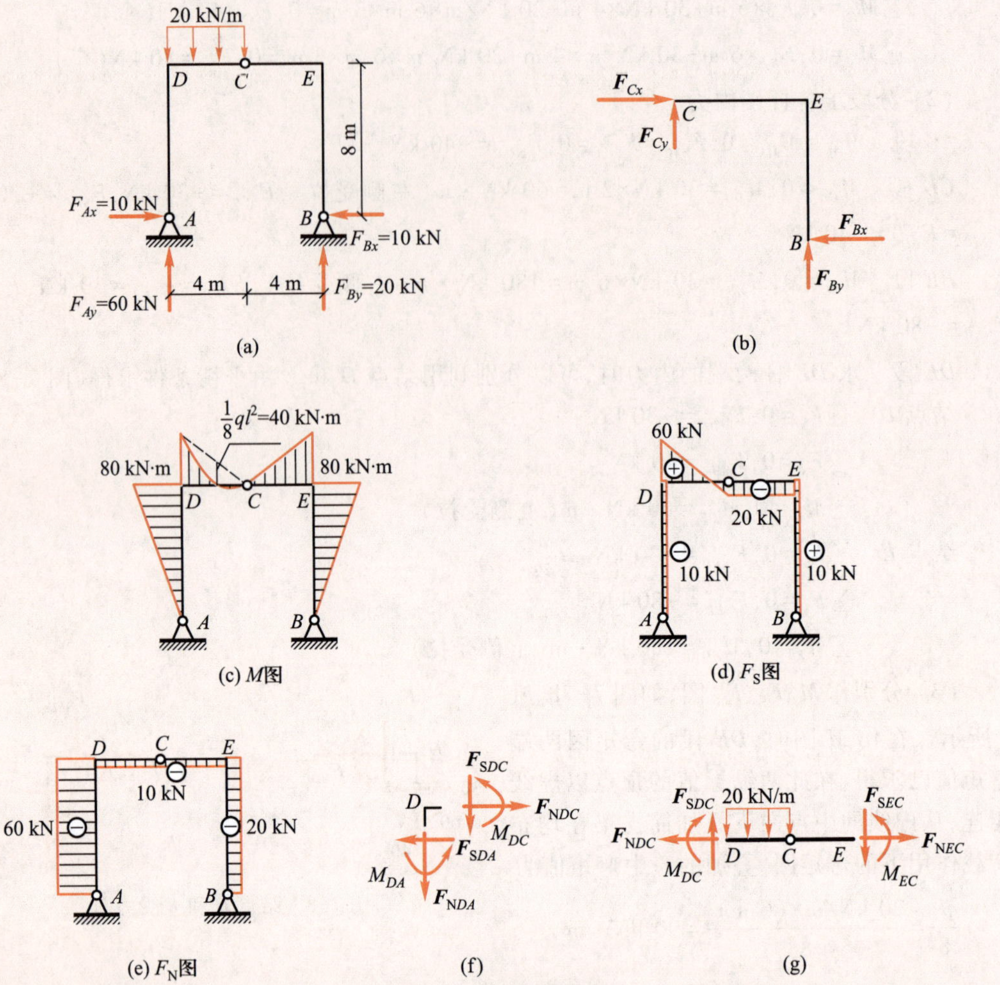

图 7-9　三铰刚架内力图

AD 段：$M_{AD}=0$。再取水平 D 截面以下外力计算 $M_{DA}=-F_{Ax}\times 8\ \text{m}=-10\times 8\ \text{kN}\cdot\text{m}=-80\ \text{kN}\cdot\text{m}$（外侧受拉）。画出 M_{DA} 并与 A 点连线即为该段弯矩图。

EB 段：$M_{BE}=0$。再取水平 E 截面以下外力计算 $M_{EB}=-F_{Bx}\times 8\ \text{m}=-10\times 8\ \text{kN}\cdot\text{m}=-80\ \text{kN}\cdot\text{m}$（外侧受拉）。画出 M_{EB} 并与 B 点连线即为该段弯矩图。

CE 段：因 C 点为铰，故 $M_C=M_{CD}=M_{CE}=0$。结点 E 上力偶矩平衡，故 $M_{EB}=M_{EC}=-80\ \text{kN}\cdot\text{m}$（外侧受拉）。画出 M_{EC} 并与 C 点连线即为该段弯矩图。

DC 段：结点 D 上力偶矩平衡，故 $M_{DA}=M_{DC}=-80\ \text{kN}\cdot\text{m}$（外侧受拉）。画出 M_{DC} 并与 C 点虚线连接，再在中点向下叠加 $ql^2/8=20\ \text{kN/m}\times(4\text{m})^2/8=40\ \text{kN}\cdot\text{m}$，此点与 M_{DC}、C 点以抛物线连接即得该段弯矩图。全刚架弯矩图如图 7-9b 所示。

(3) 计算剪力，作剪力图。AD、BE、CE 段无荷载，其剪力图均为杆轴平行线，DC 是均载段，剪力图为斜直线。取由 A 截面以下外力可简便得到：$F_{SAD}=-F_{Ax}=-10\ \text{kN}$。同理，$F_{SBE}=F_{Bx}=10\ \text{kN}$。由此，可作出 AD、BE 段剪力图（图 7-9d）。取 DC 段分析，受力图如图 7-9e 所示，则由$\sum M_C=0:-M_{DC}-F_{SCD}\times4\ m-(20\ kN/m\times4^2\ m^2)/2=0$，得$F_{SCD}=-20\ kN$。由$\sum F_y=0:F_{SDC}-20\ kN/m\times4\ m-F_{SCD}=0$，得$F_{SDC}=60\ kN$。画出$F_{SDC}$、$F_{SCD}$并连成直线即为 DC 段的剪力图。过F_{SCD}作杆轴平行线至 E 截面即为 CE 段的剪力图。全刚架剪力图如图 7-9c 所示。

(4) 计算轴力，作轴力图。只有 DC 是均载段且为横向荷载，AD、BE、CE 三杆段上均无荷载，故各杆轴力图均为杆轴平行线。

取 D 结点分析，受力图如图 7-9f 所示。由$\sum F_x=0:F_{NDC}-F_{SDA}=0$，得$F_{NDC}=F_{SDA}=-10\ kN$。$\sum F_y=0:-F_{NDA}-F_{SDC}=0$，得$F_{NDA}=-F_{SDC}=-60\ kN$。标出$F_{NDA}$、$F_{NDC}$，作杆轴平行线，即得此二杆轴力图（图 7-9e）。同理，取 E 结点分析，得$F_{NEB}=-20\ kN$，画出之并作 BE 杆轴的平行线，即得 BE 杆的轴力图。全刚架轴力图如图 7-9e 所示。

(5) 结果校核。计算过程未涉及 DE 部分的平衡，可用其校核计算结果。其受力图如图 7-9g 所示，各内、外力均已知。$\sum F_y=F_{SDC}+F_{SEC}-20\ kN/m\times4\ m=0$，可见计算结果正确。也可计算$\sum M_D=M_{DC}-M_{EC}+F_{SEC}\times8\ m-20\ kN/m\times4^2\ m^2=80\ kN\cdot m-80\ kN\cdot m+20\ kN\times8\ m-160\ kN\cdot m=0$，可见计算结果正确。

第 3 节 静定平面桁架

一、工程实例和计算简图

1. 桁架的特点

梁和刚架承受荷载时，主要产生弯曲内力，截面上的受力分布是不均匀的，构件的材料不能得到充分的利用。桁架则弥补了上述结构的不足。**桁架是由直杆组成，全部由铰结点连接而成的结构**。在结点荷载作用下，桁架各杆的内力只有轴力，截面上受力分布是均匀的，充分发挥了材料的作用。同时，减轻了结构的自重。因此，桁架是大跨度结构中应用得非常广泛的一种结构，例如，民用房屋和工业厂房中的屋架（图 7-10a）、托架，铁路和公路桥梁（图 7-10b），建筑起重设备中的塔架，以及建筑施工中的支架等。

2. 桁架的计算假设

为了便于计算，通常对工程实际中平面桁架的计算简图作如下假设：

(1) 桁架的结点都是光滑的理想铰。

(2) 各杆的轴线都是直线，且在同一平面内，并通过铰的中心。

(3) 荷载和支座反力都作用于结点上，并位于桁架的平面内。

符合上述假设的桁架称为**理想桁架**，理想桁架中各杆的内力只有轴力。然而，工程实际中的桁架与理想桁架有着较大的差别。例如，在图 7-11a 所示的钢屋架（图 7-11b 为其计算简图）中，各杆是通过焊接、铆接而连接在一起的，结点具有很大的刚性，不完全符合理想铰的情况。此外，各杆的轴线不可能绝对平直，各杆的轴线也不可能完全交于一点，荷载也不可能绝对地作用于结点上。因此，实际桁架中的各杆不可能只承受轴力。通常把根据计算简图求出的内力称为**主内力**，把由于实际情况与理想情况不完全相符而产生的附加内力称为**次内力**。理论分析和实测表明，在一般情况下次内力可忽略不计。本书仅讨论主内力的

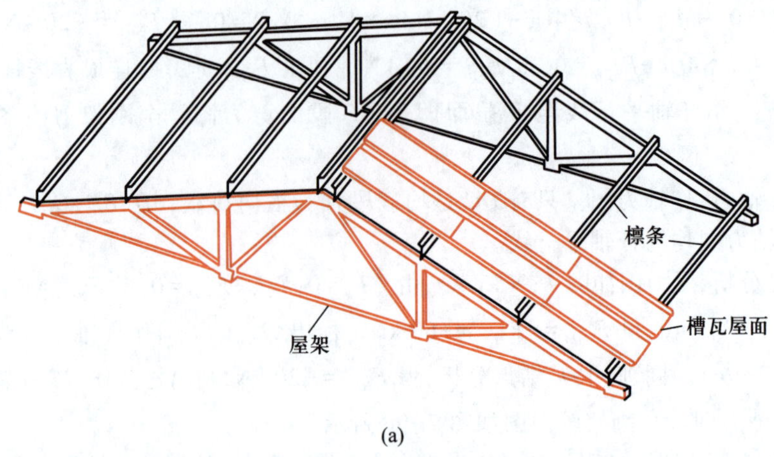

(a)

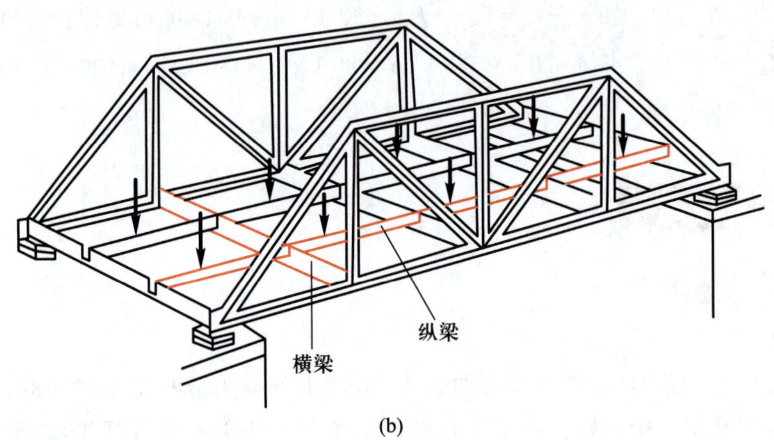

(b)

图 7-10　工业厂房屋架和铁路、公路桥梁

计算。

在图 7-11a、b 中，桁架上、下边缘的杆件分别称为**上弦杆**和**下弦杆**，上、下弦杆之间的杆件称为**腹杆**，腹杆又分为**竖杆**和**斜杆**。弦杆相邻两结点之间的水平距离 d 称为**节间长度**，两支座之间的水平距离 l 称为**跨度**，桁架最高点至支座连线的垂直距离 h 称为**桁高**。

3 .桁架的分类

按桁架的几何组成规律可把平面静定桁架分为以下三类：

（1）简单桁架。由基础或一个铰接三角形开始，依次增加二元体而组成的桁架称为**简单桁架**，如图 7-11b 所示。

（2）联合桁架。由几个简单桁架按照几何不变体系的组成规则，联合组成的桁架称为**联合桁架**，如图 7-12a 所示。

（3）复杂桁架。凡不按上述两种方式组成的桁架均称为**复杂桁架**，如图 7-12b 所示。

此外，桁架还可以按其外形分为**平行弦桁架**、**抛物线形桁架**、**三角形桁架**、**梯形桁架**等，分别如图 7-13a、b、c、d 所示。

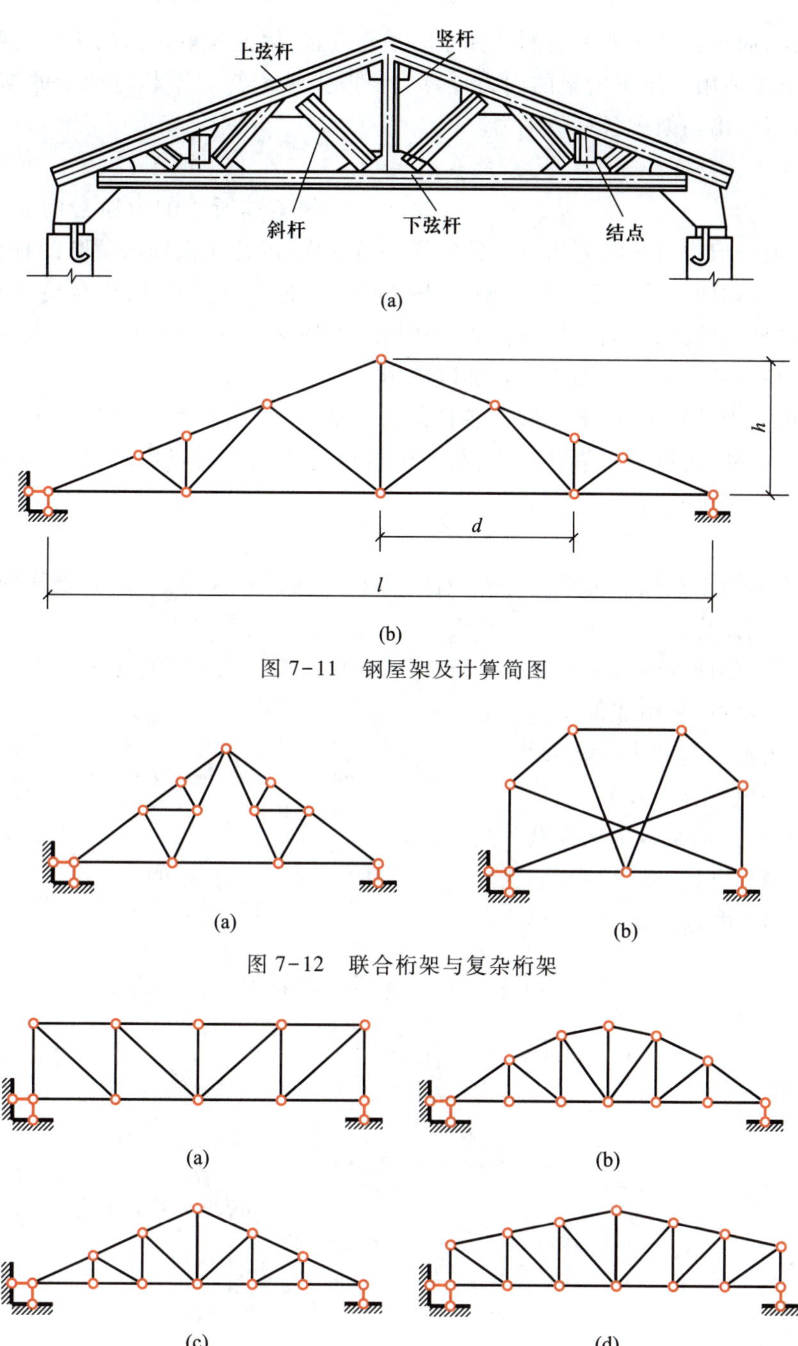

图 7-11 钢屋架及计算简图

图 7-12 联合桁架与复杂桁架

图 7-13 桁架按其外形分类

二、静定平面桁架的内力计算

1. 内力计算的方法

静定平面桁架内力计算的方法通常为**结点法**和**截面法**。

结点法是截取桁架的一个结点为隔离体，利用该结点的静力平衡方程来计算截断杆的轴力。由于作用于桁架任一结点上的各力(包括荷载、支座反力和杆件的轴力)构成了一个平面汇交力系，而该力系只能列出两个独立的平衡方程，因此所取结点的未知力数目不能超过两个。结点法适用于简单桁架的内力计算。一般先从未知力不超过两个的结点开始，依次计算，就可以求出桁架中各杆的轴力。

截面法是用一截面（平面或曲面）截取桁架的某一部分（两个结点以上）为隔离体，利用该部分的静力平衡方程来计算截断杆的轴力。由于隔离体所受的力通常构成平面一般力系，而一个平面一般力系只能列出三个独立的平衡方程，因此用截面法截断的杆件数目一般不应超过三根。截面法适用于求桁架中某些指定杆件的轴力。另外，联合桁架必须先用截面法求出联系杆的轴力，然后与简单桁架一样用结点法求各杆的轴力。一般地，在桁架的内力计算中，往往是结点法和截面法联合加以应用。

在桁架的内力计算中，一般先假定各杆的轴力为拉力，若计算的结果为负值，则该杆的轴力为压力。此外，为避免求解联立方程，应恰当地选取矩心和投影轴，尽可能使一个平衡方程中只包含一个未知力。

2. 零杆的判定

桁架中有时会出现轴力为零的杆件，称为**零杆**。在计算内力之前，如果能把零杆找出，将会使计算得到简化。通常在下列几种情况中会出现零杆：

（1）不共线的两杆组成的结点上无荷载作用时，该两杆均为零杆（图 7-14a）。

（2）不共线的两杆组成的结点上有荷载作用时，若荷载与其中一杆共线，则另一杆必为零杆（图 7-14b）。

（3）三杆组成的结点上无荷载作用时，若其中有两杆共线，则另一杆必为零杆，且共线的两杆内力相等（图 7-14c）。

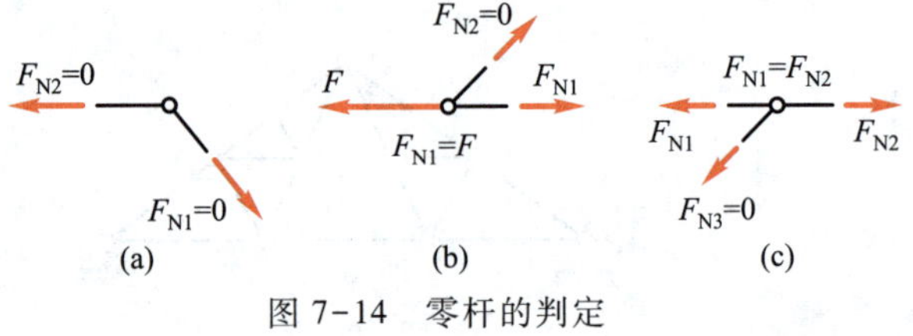

图 7-14　零杆的判定

例 7-5　试计算图 7-15 所示静定平面桁架各杆的轴力。

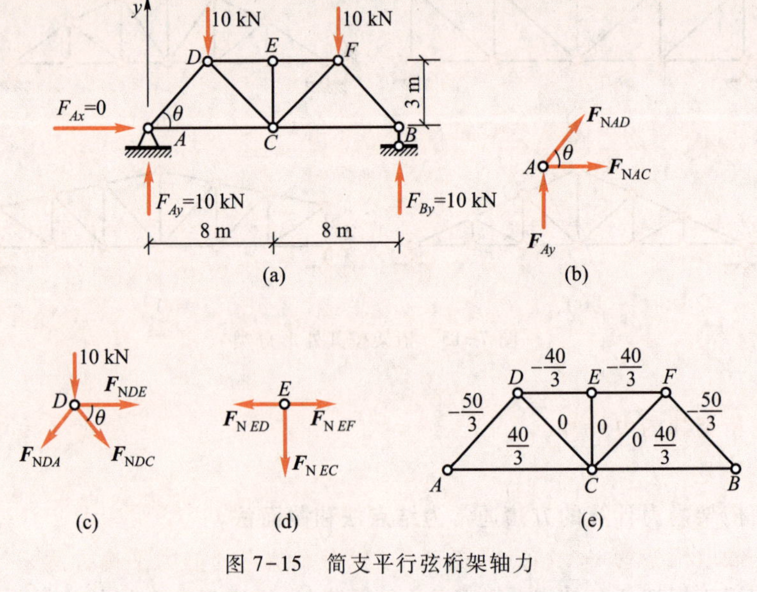

图 7-15　简支平行弦桁架轴力

解　这是一个简支平行弦桁架。在求解前,任一结点上未知力都不止两个。如 A 结点上两个支座反力及杆 AC 与杆 AD 的轴力都未知,有四个未知力。B 结点上有一个支座反力及杆 BC 与 BF 的两个轴力共三个未知力。D、E、F 结点各有三个未知轴力杆。C 结点五个杆轴力都未知。因此,通过分析,本题应先取整体为分析对象,求出三个支座反力。然后再取结点分析,求杆件轴力。

(1) 求支座反力。取整个桁架为分析对象,画出受力图如图 7-15a 所示。列出平衡方程

$$\sum F_x=0, F_{Ax}=0$$

$$\sum M_A=0, F_{By}\times 16\ \text{m}-10\ \text{kN}\times 4\ \text{m}-10\ \text{kN}\times 12\ \text{m}=0$$

$$\sum F_y=0, F_{Ay}+F_{By}-20\ \text{kN}=0$$

解得 $F_{Ax}=0$,$F_{Ay}=10\ \text{kN}(\uparrow)$,$F_{By}=10\ \text{kN}(\uparrow)$。

这个结果由结构及荷载的对称性也可直接得出。

(2) 求桁架内力。由于该桁架结构及其荷载都正对称,故只需计算一半桁架杆件。另一半桁架的杆件轴力由对称性即可得到。也就是说,这里只需计算 AC、AD、CD、DE 和 CE 五杆的轴力。

1) 先取结点 A 分析,受力图如图 7-15b 所示,则

$$\sum F_x=0, F_{NAC}+F_{NAD}\cos\theta=0$$

$$\sum F_y=0, F_{NAD}\sin\theta+F_{Ay}=0$$

因 $\sin\theta=\dfrac{3}{5}$,$\cos\theta=\dfrac{4}{5}$　故解得

$$F_{NAC}=\frac{40}{3}\text{kN}(拉), F_{NAD}=-\frac{50}{3}\text{kN}(压)$$

2) 再取结点 D 分析,受力图如图 7-15c 所示,同理可解得

$$F_{NDE}=-\frac{40}{3}\ \text{kN}(压), F_{NDC}=0$$

3) 取结点 E 分析,受力图如图 7-15d 所示,解得

$$F_{NEF}=-\frac{40}{3}\text{kN}, F_{NEC}=0$$

由对称性可得

$$F_{NBF}=F_{NAD}=-\frac{50}{3}\text{kN}(压)$$

$$F_{NBC}=F_{NAC}=\frac{40}{3}\text{kN}(拉)$$

$$F_{NFC}=F_{NDC}=0$$

根据工程习惯,计算出的桁架各杆件轴力通常标注在桁架简图上的相应杆件旁,如图 7-15e 所示。

小贴士

关于对称结构

结构对称,这是中国人常采用的一种结构形式。平常所说的结构对称,只指结构的几何形状对称;从严格意义上来讲,结构对称不仅几何形状对称,而且还要支座、EA 或 EI 对称。对称结构至少应有一个对称轴,可沿对称轴折叠、重合。在对称荷载作用下,其内力、变形也对称。遇到这种结构内力、位移计算题时,只计算一半就是了,另一半用对称获得。本书没有专门讲对称结构的简化计算,如要了解这一内容,可参考多学时相应教材。

3. 截面法

这种方法是用一截面(可为平面,也可为曲面)截取桁架的一部分为分析对象,画出其受力图,并据此建立平衡方程来求解桁架杆件的轴力。截面法的分析对象是桁架的一部分,它可以是一个铰或一根杆,也可以是联系在一起的多个铰或多根杆。所谓“截取”,就是要截断所选定部分与周围其余部分联系的杆件并取出分析对象。如果截面法只截取了单个铰为分析对象,则其受力图与结点法相似。其差别有两点:① 结点法的分析对象是单独的理想铰,而截面法截取出的铰上却留有余下的短杆段。② 结点法受力图画出的是杆件对铰的约束(反)力,因其与相应杆件的轴力大小相等、拉压性质相同,故有时不加区分地把计算出的杆件约束力“当作”杆件轴力。而截面法受力图画出的是被截断杆件的轴力,计算结果就是杆件轴力,显得更直接。不过,截面法截取的分析对象通常不宜是单个铰,而应是含有铰和杆件的更大的部分,这样才能发挥自身的优势。这种情况下,所取分析对象受的力系通常是平面一般力系,故最多可求解出 3 个未知力。因此,一般情况下截面法所取的分析对象上未知轴力不宜超过 3 个。截面法通过选择适当方位的投影轴与矩心,可使一个平衡方程只含 1 个未知量,能简化计算过程。

如果截面法分析对象上未知轴力超过了 3 个,则除特殊力系(如含有 n 个未知力的平面力系中 n-1 个未知力汇交于一点或相互平行)外,一般要另取其他分析对象同时分析,建立含三个以上方程的联立方程组来求解。在计算桁架时应尽量避免这种情况出现。

例 7-6　已知桁架荷载及尺寸如图 7-16 所示。试计算杆件 1、2、3 的轴力。

解　这是一个简支桁架,应先求出支座反力。否则,无论取哪个结点,未知力都超过 2 个,无法求解。

(1) 求支座反力。取桁架整体分析,画出受力图如图 7-16a 所示。由平衡得

$$\sum F_x=0, F_{Ax}=0$$

$$\sum M_A=0, F_B\times 15\ \text{m}-10\ \text{kN}\times 3\ \text{m}-20\ \text{kN}\times 12\ \text{m}=0$$

解得 $F_B=18\ \text{kN}(\uparrow)$

$$\sum F_y=0, F_{Ay}+F_B-10\ \text{kN}-20\ \text{kN}=0$$

解得 $F_{Ay}=12\ \text{kN}(\uparrow)$

验算:$\sum M_B=-F_{Ay}\times 15\ \text{m}+10\ \text{kN}\times 12\ \text{m}+20\ \text{kN}\times 3\ \text{m}=0$,说明反力计算无误。

(2) 求杆件轴力。用 m-m 截面将 1、2、3 杆截断,取桁架左部分为分析对象,画出受力

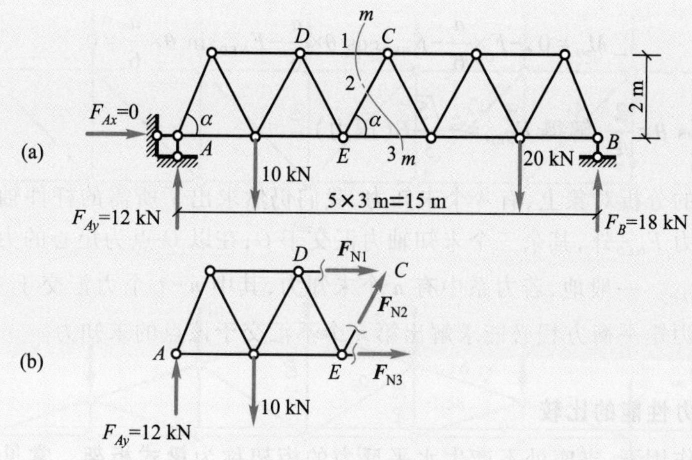

图 7-16　简支桁架轴力

图如图 7-16b 所示。建立平衡方程

$$\sum M_E=0,-12\ \text{kN}\times 6\ \text{m}+10\ \text{kN}\times 3\ \text{m}-F_{N1}\times 2\ \text{m}=0$$

解得 $F_{N1}=-21$ kN(压力)

$$\sum M_C=0,-12\ \text{kN}\times 7.5\ \text{m}+10\ \text{kN}\times 4.5\ \text{m}+F_{N3}\times 2\ \text{m}=0$$

解得 $F_{N3}=22.5$ kN(拉力)

$$\sum F_y=0,12\ \text{kN}-10\ \text{kN}+F_{N2}\sin\alpha=0$$

因 $\sin\alpha=4/5$,解得 $F_{N2}=-2.5$ kN(压力)

*例 7-7　求图 7-17a 所示桁架中杆 ED 的轴力。已知 $ABCD$ 为正方形,$EH//AC$,$HG//AB$,C、E、G、B 四点共线,荷载 F 竖直向下。

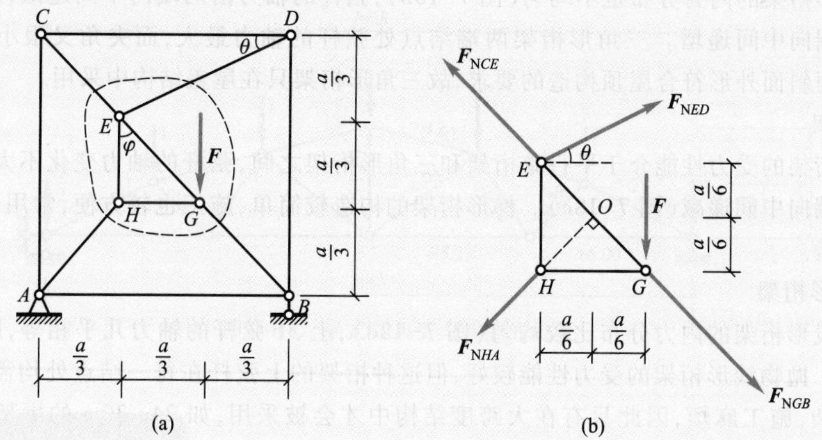

图 7-17　静定桁架指定杆件轴力

解　通过认真分析,以图示闭合截面截取三角形 EHG 为分析对象,画出受力图如图 7-17b 所示。延长 F_{NHA} 的作用线交 EG 杆于 O。由几何关系知,O 为等腰直角三角形 EHG 斜边的中点。设 $\angle EDC=\theta$,由平衡条件

角形屋架结构。

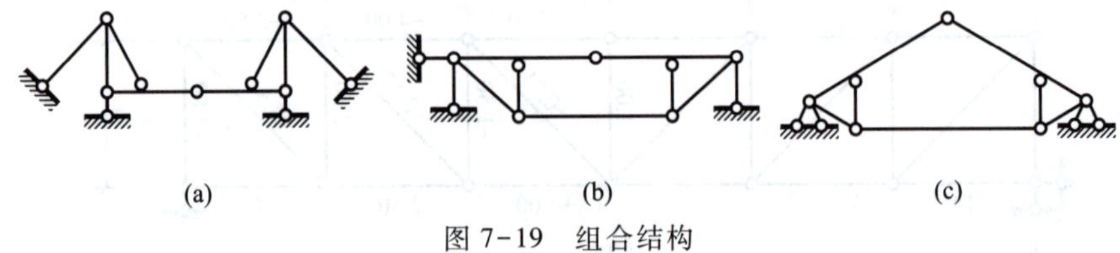

图 7-19　组合结构

计算组合结构的内力，也是用截面法和结点法。具体计算时，应注意以下几点：

（1）用结点法时，不取组合结点或受弯杆端部铰结点为分析对象。因为此类结点上有梁式杆，分析起来很不方便。

（2）用截面法时，不截断受弯杆。因为受弯杆横截面上一般有剪力、弯矩和轴力三种内力，截断后未知内力太多，增加计算难度。

（3）在取脱离体时，组合结点应采用拆开的办法，二力杆可直接截断。

（4）受弯杆按梁和刚架的计算方法求内力，画出内力图（包括弯矩图、剪力图和轴力图）。二力杆求出轴力即可，也可标注在结构图中相应杆的旁边。

例 7-8　试计算图 7-20 所示组合结构的内力。

解　这是一个简支组合结构。应先求出支座反力，再计算杆件内力。

（1）求支座反力　取整体为分析，受力图如图 7-20a 所示，则

$$\sum F_x=0,F_{Ax}=0$$

$$\sum M_B=0,-F_{Ay}\times 12\ \text{m}-(20\times 12)\ \text{kN}\times 6\ \text{m}=0,\text{得}\ F_{Ay}=120\ \text{kN}(\uparrow)$$

$$\sum F_y=0,F_{Ay}+F_B-20\ \text{kN}\times 12\ \text{m}=0,\text{得}\ F_B=120\ \text{kN}(\uparrow)$$

也可由结称性平衡直接得 $F_{Ay}=F_B=120\ \text{kN}(\uparrow)$

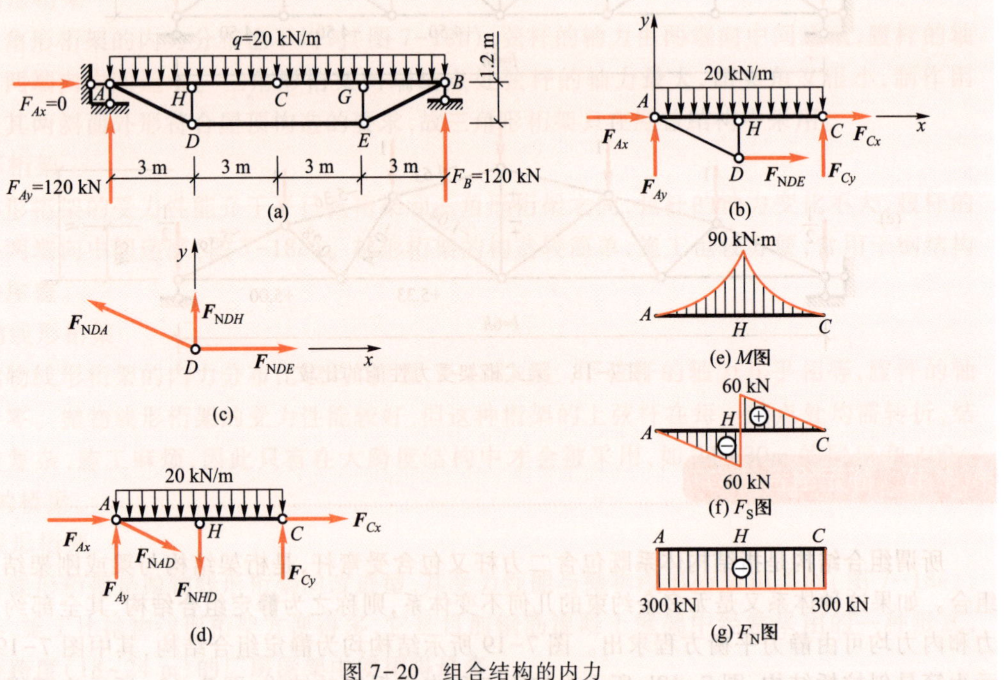

图 7-20　组合结构的内力

（2）求二力杆的轴力。从以下三方面分析。

1）拆开铰 C，截断杆 DE，取其左部分结构分析，受力图如图 7-20b 所示，则

$$\sum M_C=0, F_{NDE}\times1.2\ \text{m}+(20\times6)\ \text{kN}\times3\ \text{m}-F_{Ay}\times6\ \text{m}=0$$

解得 $F_{NDE}=300\ \text{kN}$（拉）

$$\sum F_x=0, F_{Cx}+F_{NDE}=0, \text{解得}\quad F_{Cx}=-300\ \text{kN}(\leftarrow)$$

$$\sum F_y=0, F_{Cy}+F_{Ay}-(20\times6)\ \text{kN}=0, \text{解得 } F_{Cy}=0$$

2）取结点 D 分析，受力图如图 7-20c 所示，则

$$\sum F_x=0, 300\ \text{kN}-F_{NDA}\cos\theta=0$$

因 $\cos\theta=\dfrac{3}{3.231}$，解得 $F_{NDA}=323.1\ \text{kN}$（拉）

$$\sum F_y=0, F_{NDH}+F_{NDA}\sin\theta=0$$

因 $\sin\theta=\dfrac{1.2}{3.231}$　解得 $F_{NDH}=-120\ \text{kN}$（压）

3）由对称性知：$F_{NEB}=F_{NDA}=323.1\ \text{kN}$（拉），$F_{NEG}=F_{NDH}=-120\ \text{kN}$（压）

（3）计算并绘制受弯杆的内力图。由于结构与荷载均对称，故只需计算并绘制一半结构的内力图即可。因此取左半结构 AC 分析，受力图如图 7-20d 所示，注意除横向力外还有轴向力和斜向力。内力图分为 AH、HC 两个均载段绘制。经计算，绘制出 AC 段的弯矩图，剪力图和轴力图分别如图 7-20e、f、g 所示。

第 5 节　三铰拱

一、三铰拱的组成

1. 拱的分类

拱结构是一种重要的结构形式，在桥梁和房屋建筑中经常采用。拱在我国建筑结构上的应用历史悠久，例如河北赵县的石拱桥。因支承及连接形式不同，拱可分为无铰拱（图 7-21a）、两铰拱（图 7-21b）及三铰拱（图 7-21c）。三铰拱是由两根曲杆与基础用不在一直线上的三个铰两两相连组成的。由几何组成分析知，无铰拱和两铰拱都是超静定的，三铰拱是静定的。

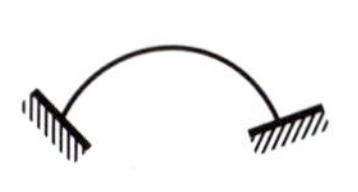

(a) 无铰拱

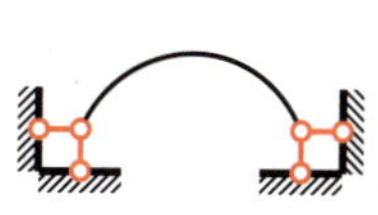

(b) 两铰拱

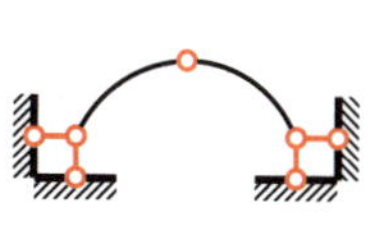

(c) 三铰拱

图 7-21　拱之实例

在桥梁和房屋建筑工程中，拱式结构的应用比较广泛，它适用于宽敞的大厅，如礼堂、展览馆、体育馆等。在拱结构中，由于水平推力的存在，使得拱对其基础的要求较高，若基础不能承受水平推力，可用一根拉杆来代替水平支座链杆承受拱的推力，如图7-22a 所示屋面承重结构。图 7-22b 是它的计算简图。这种拱称为**拉杆拱**。为增加拱下的

净空，拉杆拱的拉杆位置可适当提高（图 7-22c）；也可以将拉杆做成折线形，并用吊杆悬挂，如图 7-22d 所示。

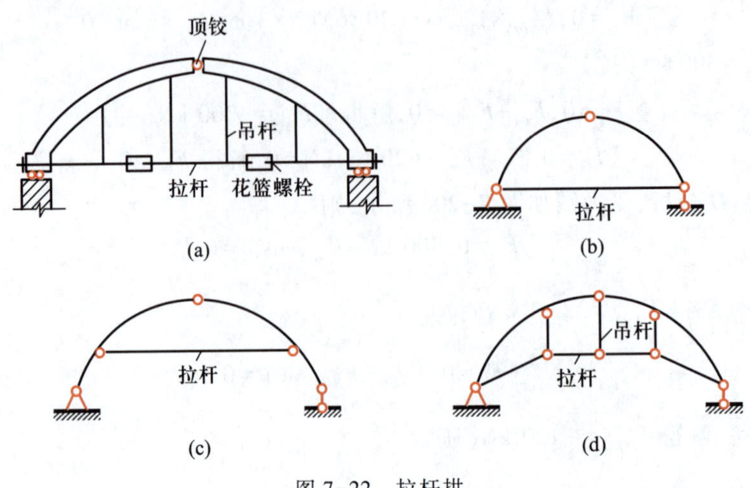

图 7-22　拉杆拱

2. 拱的各部分名称

拱与基础的连接处称为**拱趾**，或称**拱脚**。拱轴线的最高点称为**拱顶**。拱顶到两拱趾连线的高度 f 称为**拱高**，两个拱趾间的水平距离 l 称为**跨度**，如图 7-23 所示。拱高与拱跨的比值 f/l 称为**高跨比**，高跨比是影响拱的受力性能的重要几何参数。

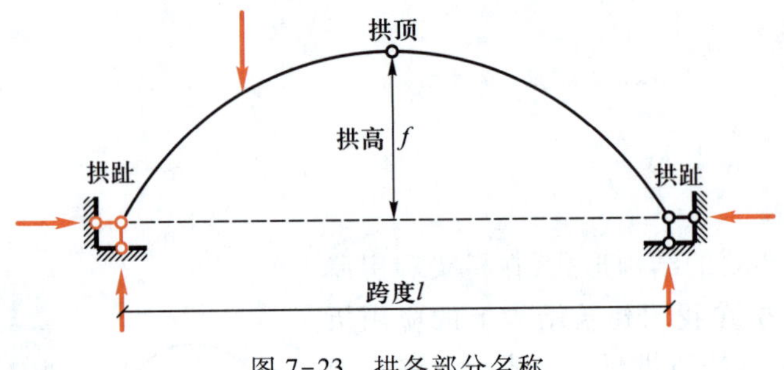

图 7-23　拱各部分名称

二、三铰拱的内力计算

现以图 7-24a 所示三铰拱为例，说明三铰拱内力计算过程。该拱的两支座在同一水平线上，且只承受竖向荷载。

1. 求支座反力

取拱整体为隔离体，由平衡方程 $\sum M_B=0$，得

$$F_{Ay}=\frac{1}{l}(F_1b_1+F_2b_2)$$

由 $\sum M_A=0$，得

$$F_{By}=\frac{1}{l}(F_1a_1+F_2a_2)$$

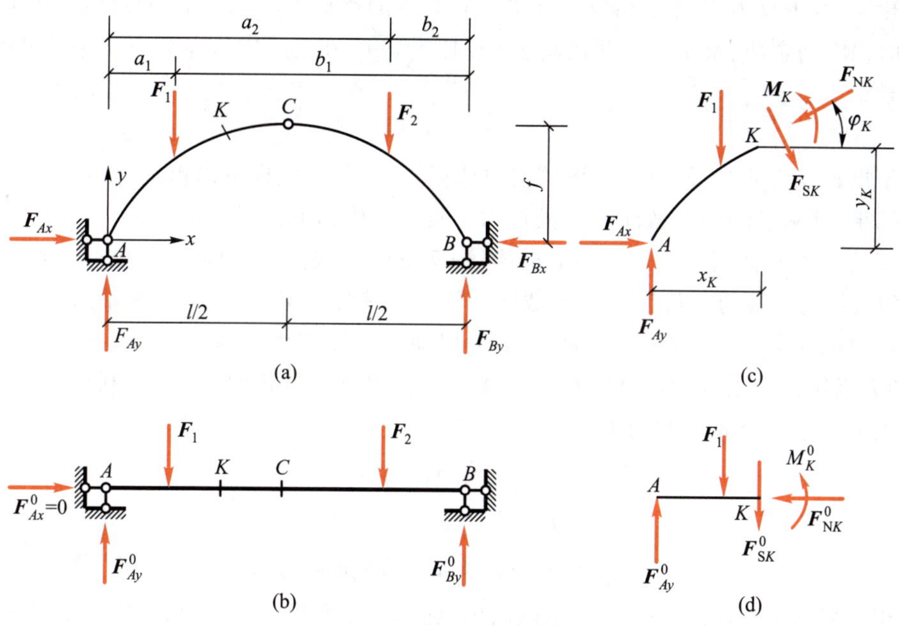

图 7-24　三铰拱内力计算

由 $\sum F_y=0$,得

$$F_{Ax}=F_{Bx}=F_x$$

再取左半个拱为隔离体,由平衡方程 $\sum M_C=0$,得

$$F_{Ax}=\frac{1}{f}\left[F_{Ay}\times\frac{l}{2}-F_1\times\left(\frac{l}{2}-a_1\right)\right]$$

与三铰拱同跨度同荷载的相应简支梁如图 7-24b 所示,其支座反力为

$$\begin{cases}F_{Ay}^0=\dfrac{1}{l}(F_1b_1+F_2b_2)\\[2ex]F_{By}^0=\dfrac{1}{l}(F_1a_1+F_2a_2)\\[2ex]F_{Ax}^0=0\end{cases}$$

同时,可以计算出相应简支梁 C 截面上的弯矩为

$$M_C^0=F_{Ay}^0\times\frac{l}{2}-F_1\times\left(\frac{l}{2}-a_1\right)$$

比较以上各式,可得三铰拱的支座反力与相应简支梁的支座反力之间的关系为

$$\left.\begin{aligned}&F_{Ay}=F_{Ay}^0\\&F_{By}=F_{By}^0\\&F_{Ax}=F_{Bx}=F_x=\frac{M_C^0}{f}\end{aligned}\right\}\tag{7-1}$$

利用上式,可以借助相应简支梁的支座反力和内力的计算结果来求三铰拱的支座反力。由式(7-1)可以看出,只受竖向荷载作用的三铰拱,两固定铰支座的竖向反力与相应简

支梁的相同，水平反力 F_x 等于相应简支梁截面 C 处的弯矩 M_C^0 与拱高 f 的比值。当荷载与跨度不变时，M_C^0 为定值，水平反力与拱高 f 成反比。若 $f\to 0$，则 $F_x\to\infty$，此时三个铰共线，成为瞬变体系。

2. 求任一截面 K 上的内力

由于拱轴线为曲线，使得三铰拱的内力计算较为复杂，但也可以借助其相应简支梁的内力计算结果，来求拱的任一截面 K 上的内力。具体分析如下：

取三铰拱的 K 截面以左部分为隔离体（图 7-24c）。设 K 截面形心的坐标分别为 x_K、y_K，K 截面的法线与 x 轴的夹角为 φ_K。K 截面上的内力有弯矩 M_K、剪力 F_{SK} 和轴力 F_{NK}。规定弯矩以使拱内侧纤维受拉为正，反之为负；剪力以使隔离体产生顺时针转动趋势时为正，反之为负；轴力以压力为正，拉力为负（在隔离体图上将内力均按正向画出）。利用平衡方程，可以求出拱的任意截面 K 上的内力为

$$\left.\begin{aligned}M_K&=[F_{Ay}x_K-F_1(x_K-a_1)]-F_xy_K\\F_{SK}&=(F_{Ay}-F_1)\cos\varphi_K-F_x\sin\varphi_K\\F_{NK}&=(F_{Ay}-F_1)\sin\varphi_K+F_x\cos\varphi_K\end{aligned}\right\}\tag{a}$$

在相应简支梁上取图 7-24d 所示隔离体，利用平衡方程，可以求出相应简支梁 K 截面上的内力为

$$\left.\begin{aligned}M_K^0&=F_{Ay}^0x_K-F_1(x_K-a_1)\\F_{SK}^0&=F_{Ay}^0-F_1\\F_{NK}^0&=0\end{aligned}\right\}$$

利用上式与式（7-1），式（a）可写为

$$\left.\begin{aligned}M_K&=M_K^0-F_xy_K\\F_{SK}&=F_{SK}^0\cos\varphi_K-F_x\sin\varphi_K\\F_{NK}&=F_{SK}^0\sin\varphi_K+F_x\cos\varphi_K\end{aligned}\right\}\tag{7-2}$$

式（7-2）即为三铰拱任意截面 K 上的内力计算公式。计算时要注意内力的正负号规定。

由式（7-2）可以看出，由于水平支座反力 F_x 的存在，三铰拱任意截面 K 上的弯矩和剪力均小于其相应简支梁的弯矩和剪力，并且存在着使截面受压的轴力。通常轴力较大为主要内力。

3. 绘制内力图

一般情况下，三铰拱的内力图均为曲线图形。为了简便起见，在绘制三铰拱的内力图时，通常沿跨长或沿拱轴线选取若干个截面，求出这些截面上的内力值。然后以拱轴线的水平投影为基线，在基线上把所求截面上的内力值按比例标出，用曲线相连，绘出内力图。

例 7-9　求图 7-25a 所示三铰拱截面 D 和 E 上的内力。已知拱轴线方程为 $y=\dfrac{4f}{l^2}x(l-x)$。

解　(1) 计算三铰拱的支座反力。三铰拱的相应简支梁如图 7-25b 所示。其支座反力为

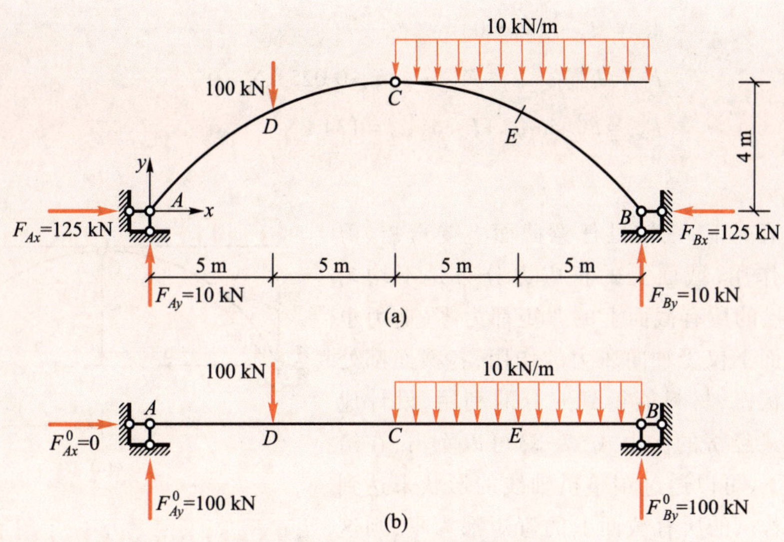

图 7-25　求三铰拱指定截面内力

$$F^0_{Ax}=0, F^0_{Ay}=F^0_{By}=100\ \text{kN}$$

相应简支梁截面 C 处的弯矩为 $M^0_C=500\ \text{kN}\cdot\text{m}$

由式(7-1),三铰拱的支座反力为

$$F_{Ay}=F^0_{Ay}=100\ \text{kN}, F_{By}=F^0_{By}=100\ \text{kN}, F_{Ax}=F_{Bx}=F_x=M^0_C/f=125\ \text{kN}$$

(2) 计算 D 截面上的内力。计算所需有关数据为

$x_D=5\ \text{m}, y_D=\dfrac{4f}{l^2}x_D(l-x_D)=3\ \text{m}, \tan\varphi_D=\left.\dfrac{\mathrm{d}y}{\mathrm{d}x}\right|_{x=5\ \text{m}}=0.400, \sin\varphi_D=0.371, \cos\varphi_D=0.928,$

$F^0_{SDA}=100\ \text{kN}, F^0_{SDC}=0, M^0_D=500\ \text{kN}\cdot\text{m}$

由式(7-2),算得三铰拱 D 截面上的内力为

$$M_D=M^0_D-F_xy_D=125\ \text{kN}\cdot\text{m}$$

$$F_{SDA}=F^0_{SDA}\cos\varphi_D-F_x\sin\varphi_D=46.4\ \text{kN}$$

$$F_{SDC}=F^0_{SDC}\cos\varphi_D-F_x\sin\varphi_D=-46.4\ \text{kN}$$

$$F_{NDA}=F^0_{SDA}\sin\varphi_D+F_x\cos\varphi_D=153\ \text{kN}$$

$$F_{NDC}=F^0_{SDC}\sin\varphi_D+F_x\cos\varphi_D=116\ \text{kN}$$

必须指出,因为截面 D 处受集中荷载作用,所以该处左、右两侧截面上的剪力和轴力不同,要分别加以计算。

(3) 计算 E 截面上的内力。计算所需有关数据为

$x_E=15\ \text{m}, y_E=\dfrac{4f}{l^2}x_E(l-x_E)=3\ \text{m}, \tan\varphi_E=\left.\dfrac{\mathrm{d}y}{\mathrm{d}x}\right|_{x=15\ \text{m}}=-0.400, \sin\varphi_E=-0.371, \cos\varphi_E=$ $0.928, F^0_{SE}=-50\ \text{kN}, M^0_E=375\ \text{kN}\cdot\text{m}$

由式(7-2),算得三铰拱 E 截面上的内力为

$$M_E = M_E^0 - F_x y_E = 0$$

$$F_{SE} = F_{SE}^0 \cos\varphi_E - F_x \sin\varphi_E = -0.025\ \text{kN} \approx 0$$

$$F_{NE} = F_{SE}^0 \sin\varphi_E + F_x \cos\varphi_E = 134\ \text{kN}$$

4. 合理拱轴线

在一般情况下，三铰拱任意截面上受弯矩、剪力和轴力的作用，截面上的正应力分布是不均匀的。若能使拱的所有截面上的弯矩都为零（剪力也为零），则截面上仅受轴向压力的作用，各截面都处于均匀受压状态，材料能得到充分的利用，设计成这样的拱是最经济的。由式（7-2）可以看出，在给定荷载作用下，可以通过调整拱轴线的形状来达到这一目的。若拱的所有截面上的弯矩都为零，则这样的拱轴线就称为在该荷载作用下的**合理拱轴**。

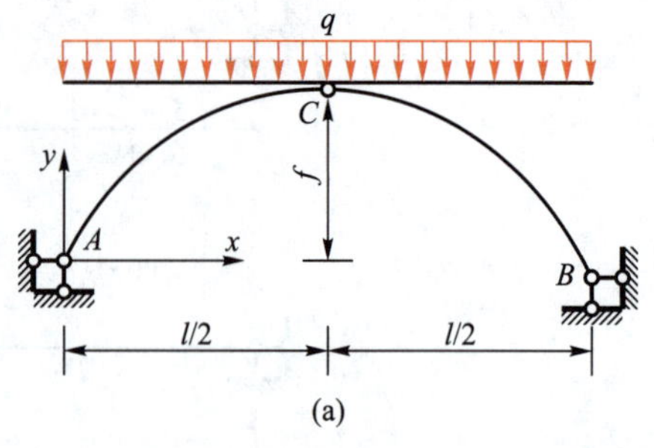

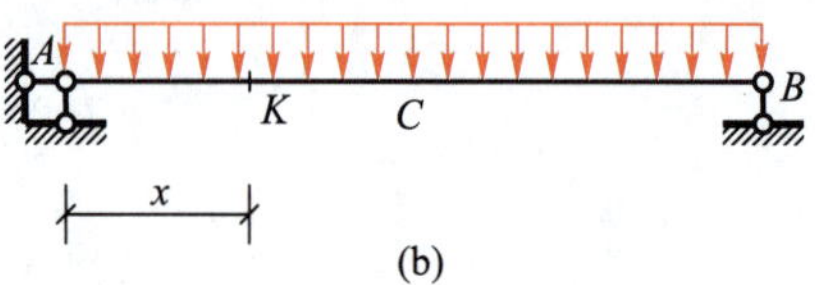

图 7-26　在竖向均布荷载作用下三铰拱合理拱轴

下面讨论合理拱轴的确定。由式（7-2），三铰拱任意截面上的弯矩为

$$M_K = M_K^0 - F_x y_K,$$

令其等于零，得

$$y_K = \frac{M_K^0}{F_x} \tag{7-3}$$

当拱所受的荷载为已知时，只要求出相应简支梁的弯矩方程 M_K^0，然后除以水平推力（水平支座反力）F_x，便可得到合理拱轴方程。

例 7-10　求图 7-26a 所示三铰拱在竖向均布荷载 q 作用下的合理拱轴。

解　绘出拱的相应简支梁如图 7-26b 所示，其弯矩方程为

$$M_K^0 = \frac{1}{2}qlx - \frac{1}{2}qx^2 = \frac{1}{2}qx(l-x)$$

由式（7-1），拱的水平推力（水平支座反力）为

$$F_x = \frac{M_C^0}{f} = \frac{ql^2/8}{f} = \frac{ql^2}{8f}$$

利用式（7-3），可求得合理拱轴的方程为

$$y_K = \frac{M_K^0}{F_x} = \frac{qx(l-x)/2}{ql^2/8f} = \frac{4f}{l^2}x(l-x)$$

由此可见，在满跨的竖向均布荷载作用下，对称三铰拱的合理拱轴为二次抛物线。这就是工程中拱轴线常采用抛物线的原因。

需要指出，三铰拱的合理拱轴只是对一种给定荷载而言的，在不同的荷载作用下有不同的合理拱轴。例如，对称三铰拱在径向均布荷载的作用下，其合理拱轴为圆弧线（图7-27a）；在拱上填土（填土表面为水平）的重力作用下，其合理拱轴为悬链线（图7-27b）。

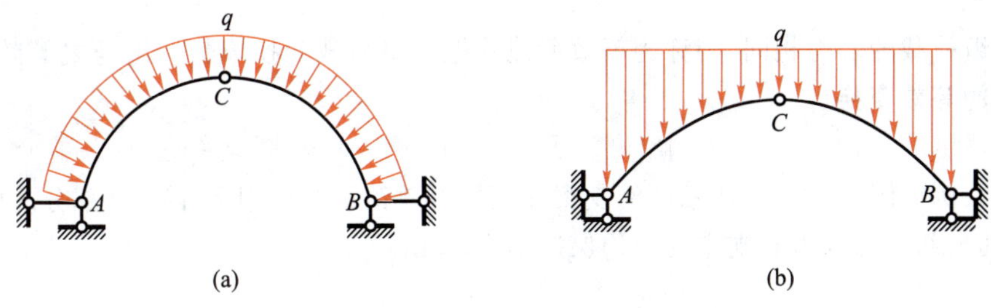

图 7-27　三铰拱合理拱轴

第 6 节　静定结构的主要特性

静定结构包括静定梁、静定刚架、静定桁架、静定组合结构和三铰拱等，虽然这些结构的形式各异，但都具有共同的特性。主要有以下几点：

1. 静定结构解的唯一性

静定结构是无多余约束的几何不变体系。由于没有多余约束，其所有的支座反力和内力都可以由静力平衡方程完全确定，并且解答只与荷载及结构的几何形状、尺寸有关，而与构件所用的材料及构件截面的形状、尺寸无关。另外，当静定结构受到支座移动、温度改变和制造误差等非荷载因素作用时，只能使静定结构产生位移，不产生支座反力和内力。例如图 7-28a所示的简支梁 AB，在支座 B 发生下沉时，仅产生了绕 A 点的转动，而不产生反力和内力。又如图 7-28b 所示简支梁 AB，在温度改变时，也仅产生了如图中虚线所示的形状改变，而不产生反力和内力。因此，当静定结构和荷载一定时，其反力和内力的解答是唯一的确定值。

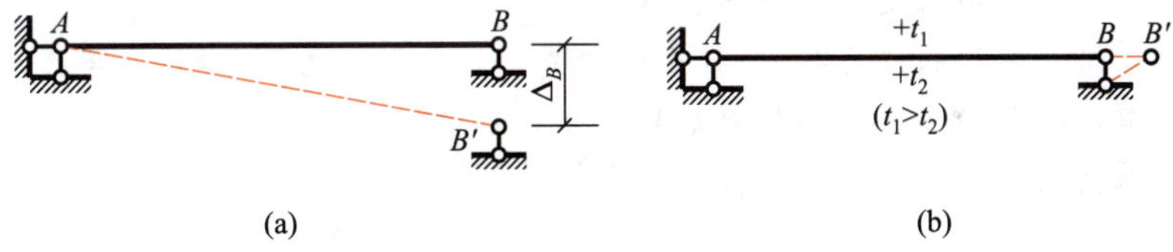

图 7-28　静定结构在支座移动和温度改变时不产生内力

2. 静定结构的局部平衡性

静定结构在平衡力系作用下，其影响的范围只限于受该力系作用的最小几何不变部分，而不致影响到此范围以外。即仅在该部分产生内力，在其余部分均不产生内力和反力。例如图7-29 所示受平衡力系作用的桁架，仅在粗线表示的杆件中产生内力，而其他杆件的内力以及支座反力都为零。

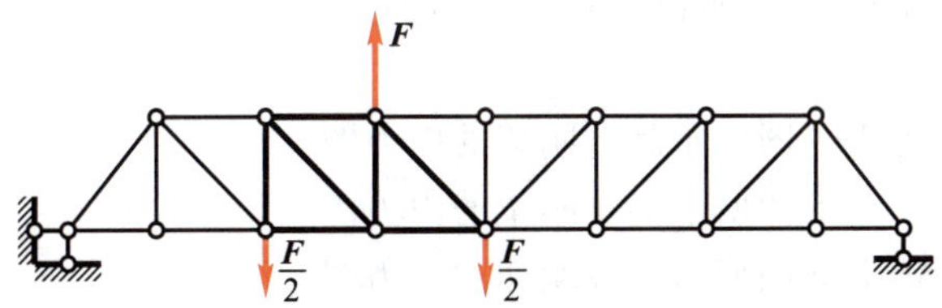

图 7-29　静定结构的局部平衡性

3. 静定结构的荷载等效性

若两组荷载的合力相同，则称为**等效荷载**。把一组荷载变换成另一组与之等效的荷载，称为**荷载的等效变换**。

当对静定结构的一个内部几何不变部分上的荷载进行等效变换时，其余部分的内力和反力不变。例如图 7-30a、b 所示的简支梁在两组等效荷载的作用下，除 CD 部分的内力有所变化外，其余部分的内力和支座反力均保持不变。

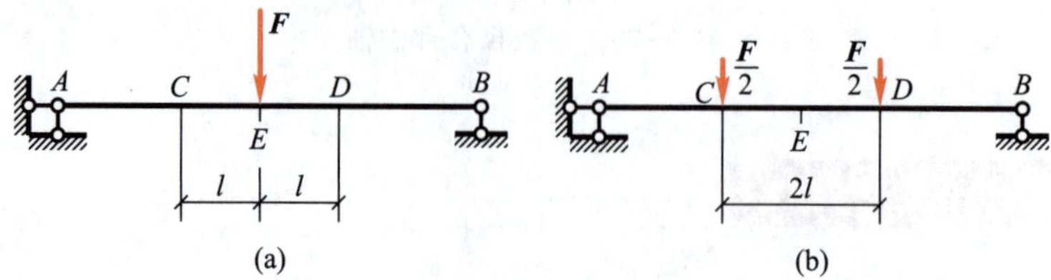

图 7-30　静定结构的荷载等效性

思考题

7-1　如何划分多跨静定梁的基本部分和附属部分？荷载位于基本部分和附属部分时，所引起的内力有何不同？

7-2　刚架的内力图在刚接点处有何特点？

7-3　桁架零杆的判定方法有哪些？

7-4　静定桁架和刚架受力各有何特点？

7-5　计算组合结构的内力时，为什么一般先计链杆的轴力，然后计算梁式杆的内力？

7-6　何谓拱的合理轴线？如何确定拱的合理拱轴线？

7-7　静定结构具有哪些主要特性？

习题

7-1　试绘制习题 7-1 图所示多跨静定的内力图。

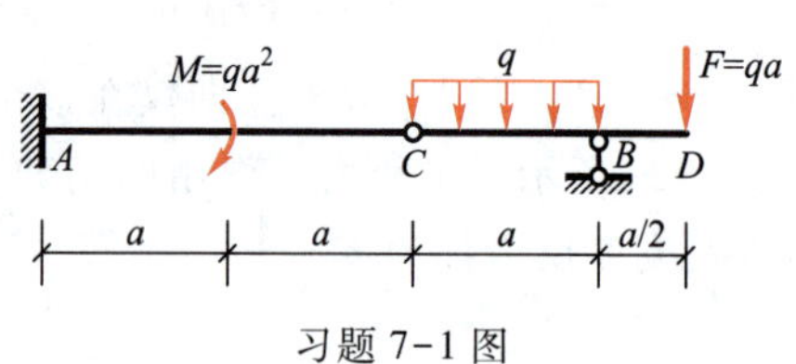

习题 7-1 图

7-2　试绘制习题 7-2 图所示多跨静定梁的内力图。

7-3　试求习题 7-3 图所示刚架内力，并绘制内力图。

7-4　试绘制习题 7-4 图所示悬臂刚架的内力图。

7-5　试绘制习题 7-5 图所示简支刚架的内力图。

7-6　试绘制习题 7-6 图所示三铰刚架的内力图。

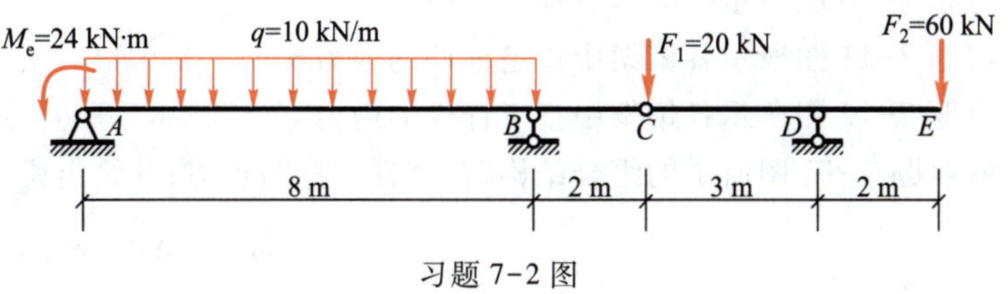

习题 7-2 图

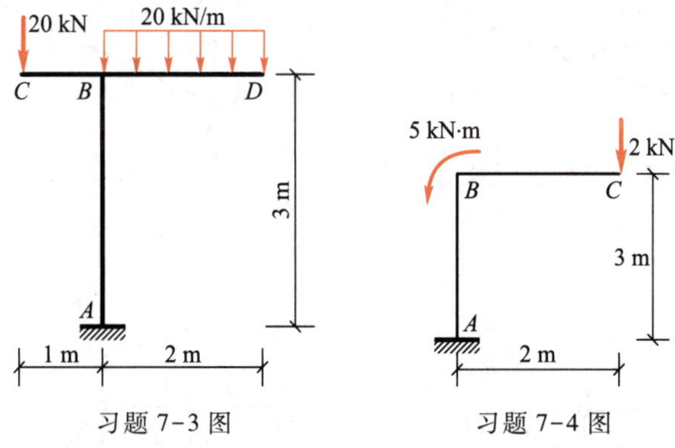

习题 7-3 图　　习题 7-4 图

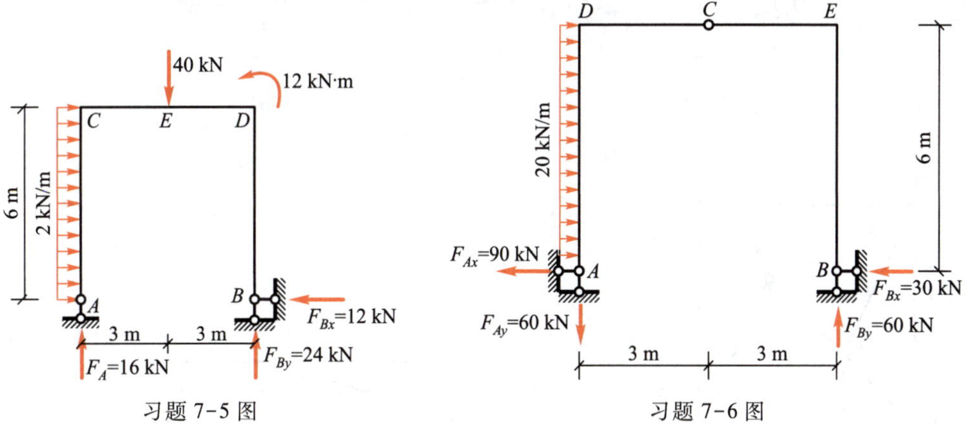

习题 7-5 图　　习题 7-6 图

7-7　判断习题 7-7 图所示桁架中内力为零的杆件(零杆)。

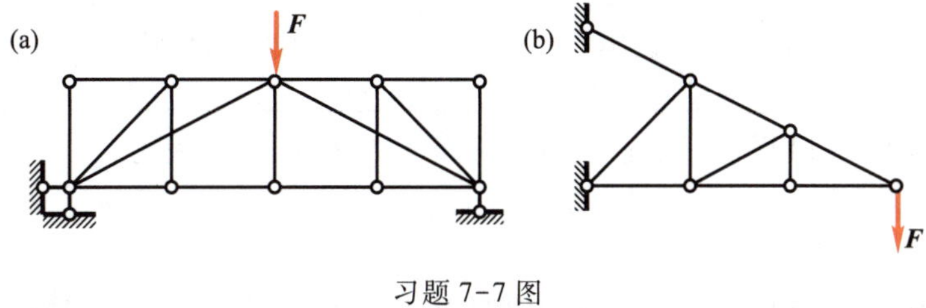

习题 7-7 图

7-8　试用结点法求习题 7-8 图所示简单桁架各杆的轴力。

7-9　求习题 7-9 图所示桁架所有杆件的内力。

7-10　求习题 7-10 图所示桁架所有杆件的内力。

7-11　求习题 7-11 图所示各桁架中指定杆件的内力。

7-12　求习题 7-12 图所示各桁架中指定杆件的内力。

7-13　试就习题 7-13 图所示的组合结构，在链杆旁标明轴力，并绘出梁式杆内力图。

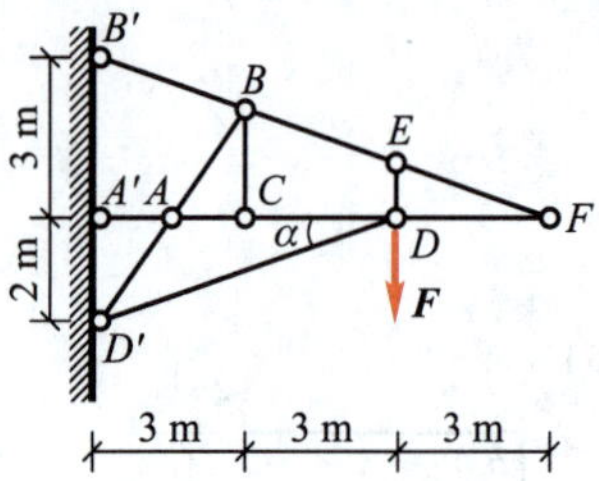

习题 7-8 图

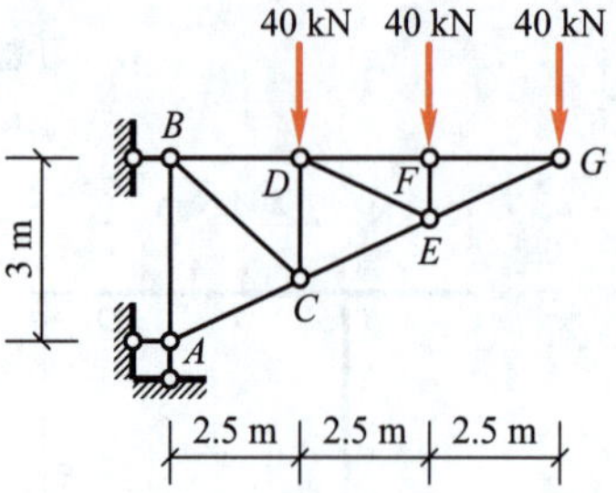

习题 7-9 图

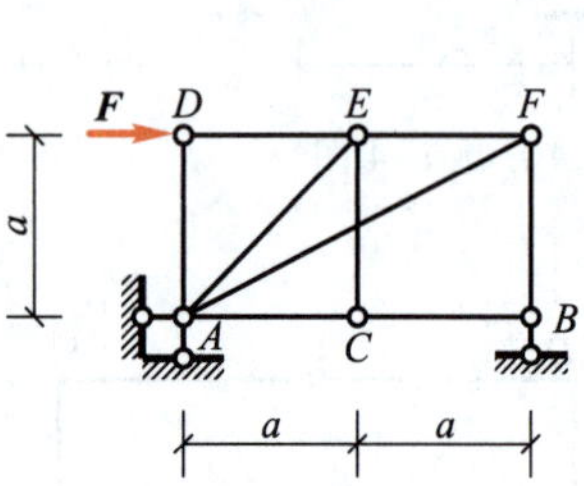

习题 7-10 图

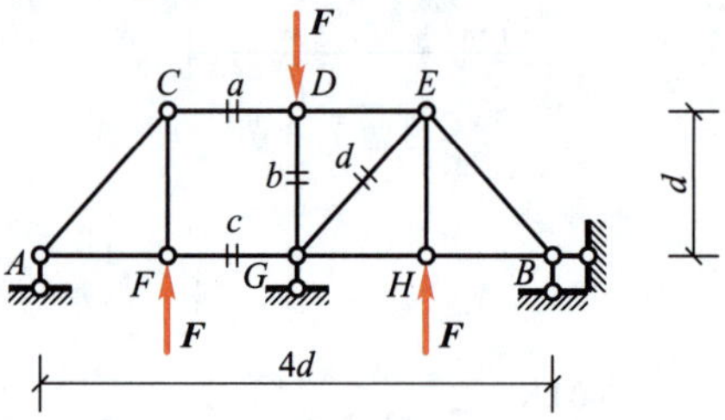

习题 7-11 图

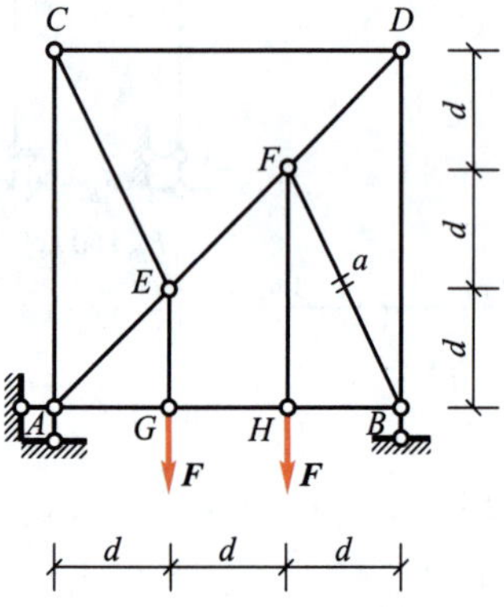

习题 7-12 图

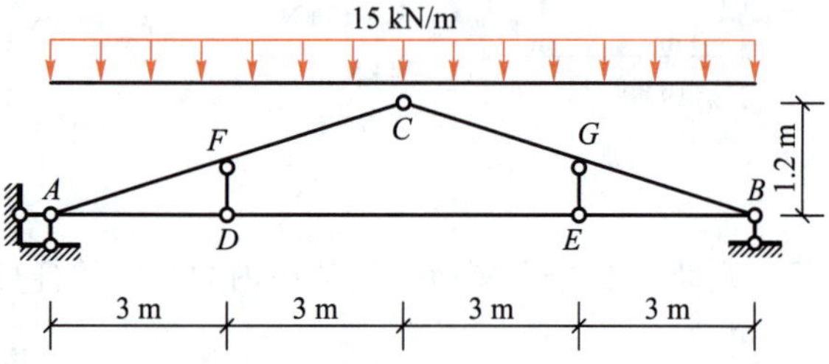

习题 7-13 图

7-14　求习题 7-14 图所示三铰拱指定截面 A、B、C、D、E 的内力。已知拱轴方程为 $y=\frac{4f}{l^2}x(l-x)$。

7-15　求习题 7-15 图所示三铰拱指定截面 A、B、C、D、E 的内力。已知拱轴方程为 $y=\frac{4f}{l^2}x(l-x)$。

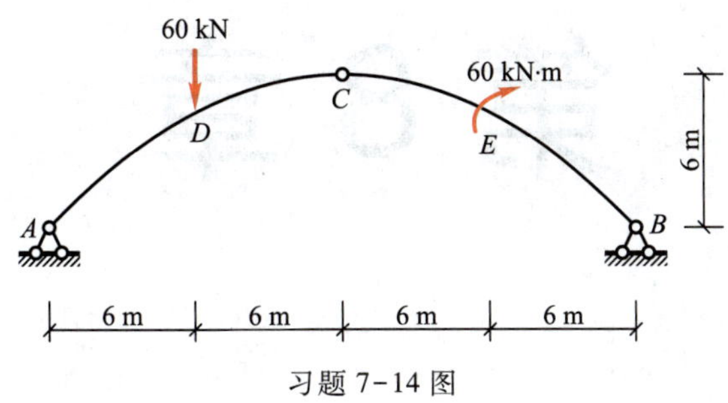

习题 7-14 图

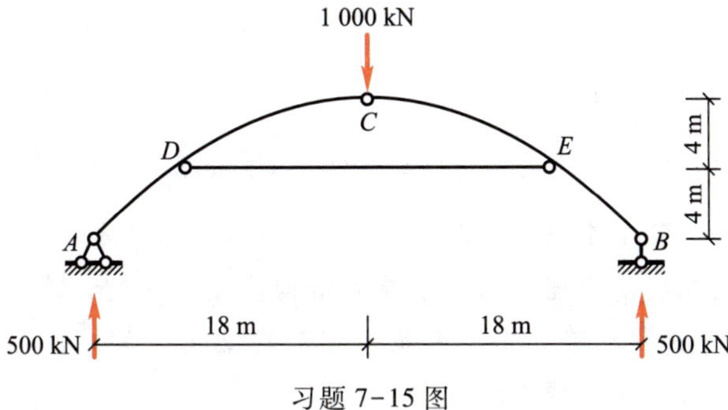

习题 7-15 图

第 8 章

静定结构的位移计算与刚度校核

小贴士

静定结构位移计算的思路

静定结构的位移计算是工程中常见的一种计算问题，其最常用的计算方法为单位荷载法，其计算思路是：在虚功原理的基础上建立结构位移的一般计算公式，运用单位荷载法、图乘法进行具体的位移计算。本章着重介绍静定结构在荷载作用与支座移动时，所引起的位移计算及梁的刚度校核等。

第 1 节　结构位移的概念

一、位移的概念

人们在生活和工程中，只要稍微注意观察周围的事物就会发现，任何物体在力的作用下多多少少都要发生变形。所谓变形，是指物体在力的作用下发生形状和位置的改变。因而结构上的各点在空间位置也将发生变化。我们把结构各点位置的改变称为**结构的位移**。然而，结构除承受荷载产生位移外，如支座移动、温度改变、制造误差等因素，也会使结构产生位移。

结构的位移可以用**线位移**和**角位移**来度量。工程结构的线位移是指截面形心所移动的距离，角位移是指截面转动的角度。例如图 8-1a 所示的简支梁，在荷载作用下发生弯曲，梁的截面 $m-m$ 产生了位移。截面 $m-m$ 的形心 C 移动了一段距离$\overline{CC'}$，称为 C 点的**线位移**或**挠度**；同时截面 $m-m$ 也转动了一个角度 φ_C，称为截面 C 的**角位移**或**转角**。又如图 8-1b 所示悬臂刚架，在内侧温度不变、外侧温度升高的影响下，发生如图中虚线所示的变形，刚架上的点 C 移动至点 C_1，则$\overline{CC_1}$称为点 C 的线位移，用 Δ_C 表示。还可将该线位移沿水平和竖向分解为$\overline{CC_2}$和$\overline{C_2C_1}$，分别称为点 C 的**水平位移** Δ_{CH} 和竖向位移 Δ_{CV}。同时，截面 C 转动了一个角度 φ_C 称为截面 C 的角位移。

上述线位移和角位移统称为**绝对位移**。此外，在计算中还将涉及另一种位移，即**相对位移**。例如图 8-2 所示简支刚架，在荷载作用下点 A 移至 A_1，点 B 移至 B_1，点 A 的水平位移为 Δ_{AH}，点 B 的水平位移为 Δ_{BH}，这两个水平位移之和 $\Delta_{AB}=\Delta_{AH}+\Delta_{BH}$，称为点 A、B 沿连线方向的

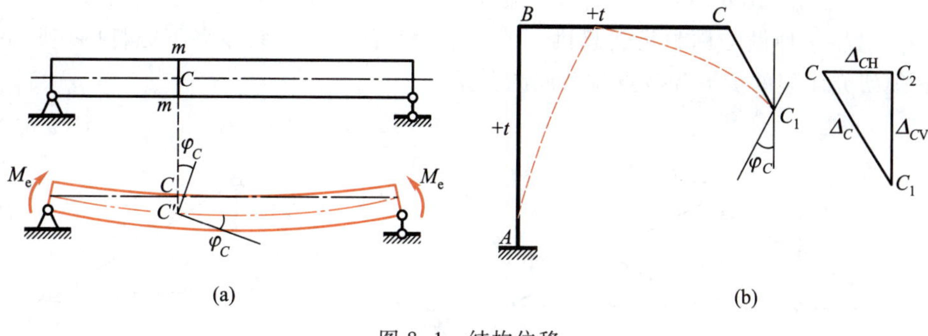

图 8-1　结构位移

相对线位移。同样，截面 C 的角位移 α 与截面 D 的角位移 β 之和 $\varphi_{CD}=\alpha+\beta$，称为两个截面的**相对角位移**。为了方便起见，我们将绝对位移和相对位移统称为**广义位移**。

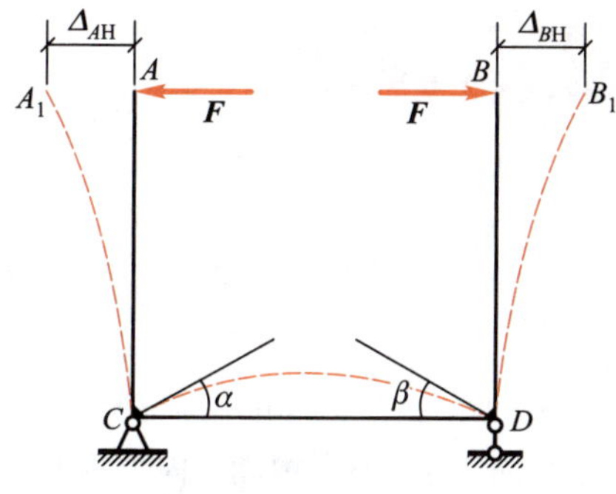

图 8-2　相对线位移

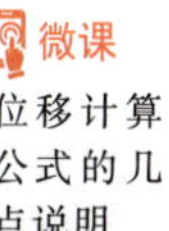

位移计算公式的几点说明

二、位移计算的目的

在工程设计和施工过程中，结构的位移计算是很重要的，主要有以下三方面的用途。

1. 验算结构的刚度

验算结构的刚度，即验算结构的位移是否超过允许的极限值，以保证结构在使用过程中不致发生过大变形。例如在房屋结构中，梁的最大挠度不应超过跨度的 1/400 至 1/200，否则梁下的抹灰层将发生裂痕或脱落。吊车梁允许的挠度限值通常规定为跨度的 1/600。桥梁结构的位移过大将影响行车安全，水闸结构的闸墩或闸门的位移过大，也能影响闸门的启闭与止水，等等。

2. 为分析超静定结构打下基础

由于超静定结构的未知力数目超过平衡方程数目，因而在其反力和内力的计算中，不仅要考虑静力平衡条件，还必须考虑位移的连续条件，补充变形协调方程。因此，位移计算是分析超静定结构的基础。

3. 施工方面的需要

在结构的制作、架设与养护等过程中，经常需要预先知道结构变形后的位置，以便采取相应的施工措施。例如图 8-3a 所示的屋架，在屋盖的自重作用下，下弦各点将产生虚线所示的竖向位移，其中结点 C 的竖向位移为最大。为了减少屋架在使用阶段下弦各结点的竖向位移，制作时通常将各下弦杆的实际下料长度做得比设计长度短些，以使屋架拼装后，结

点 C 位于 C' 的位置(图 8-3b)。这样在屋盖系统施工完毕后,屋架的下弦各杆能接近于原设计的水平位置,这种做法称为**桁架起拱**。欲知道点 C 的竖向位移及各下弦杆的实际下料长度,就必须研究屋架的变形和各点位移间的关系。

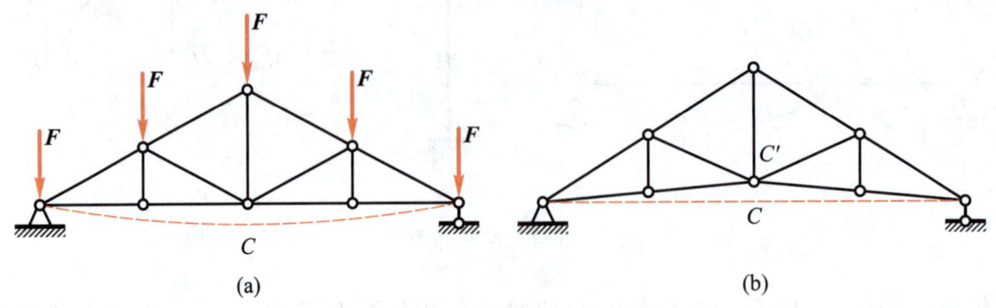

图 8-3　桁架起拱

第 2 节　静定结构在荷载作用下的位移计算

一、单位荷载法

所谓单位荷载法,是指要求某个截面某个方向的位移,就在该截面该方向加一个同性的单位力(即要求线位移就在该方向加一虚设的单位荷载 $\overline{F}=1$,要求角位移就在该方向加一虚设单位力偶 $\overline{M}=1$),而求相应位移的一种方法。单位荷载法是根据变形体的虚功原理推导而来的。所谓变形体的虚功原理,简言之,**外力虚功 = 内力虚功**。这里的虚不是虚无的虚,而是指做功的力与位移无关。外力虚功 = 虚设的单位力×实际结构在实际荷载作用下产生的实际位移;内力虚功 = 虚设单位力在实际结构上产生的内力×实际力在实际结构上产生的位移。例如,在图 8-4a 所示结构中,欲求 A 点的竖向位移 Δ,可在 A 点的竖直方向上虚加一个单位力 $\overline{F}=1$,构成一个虚拟的力状态(图 8-4b)。在 F 上加一杠以表示虚拟。同样,由虚拟力所产生的内力也在内力符号上面加一杠。结构在荷载作用下的变形状态(图 8-4a)作为实际结构的位移状态。由虚功原理可以得到位移计算的一般公式为

$$\Delta=\sum\int_l \frac{\overline{F}_N F_N \mathrm{d}s}{EA}+\sum\int_l \frac{\overline{M}M\mathrm{d}s}{EI}+\sum\int_l \kappa\frac{\overline{F}_S F_S \mathrm{d}s}{GA} \tag{8-1}$$

式中　F_N、M、F_S——实际位移状态中由荷载引起的结构内力;

$\overline{F}_N$、$\overline{M}$、$\overline{F}_S$——虚拟力状态中由虚拟单位力引起的结构内力;

EA、EI、GA——杆件的拉压刚度、弯曲刚度、剪切刚度;

κ——切应力分布不均匀系数,与截面的形状有关;

$\sum$——对结构中每一杆件积分后再求和。

式(8-1)就是结构在荷载作用下的位移计算公式。当计算结果为正时,表示实际位移方向与虚拟单位力所指方向相同;当计算结果为负时,则相反。因为上述计算位移公式是加虚拟单位荷载得到的,故称为**单位荷载法**。

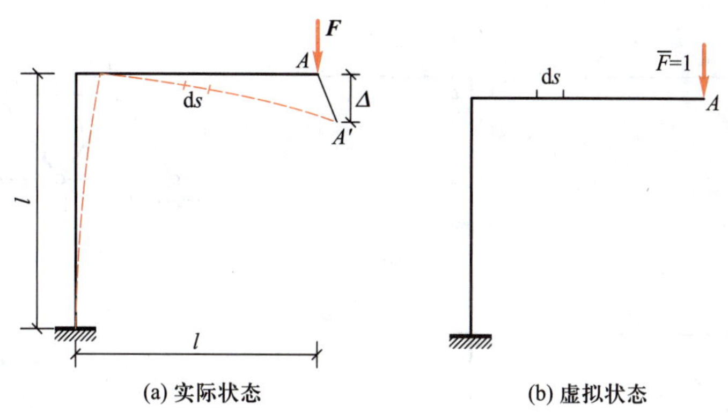

图 8-4　单位荷载法

二、梁、刚架、桁架的位移计算公式

由位移通用式(8-1)可知,结构的位移包括三个方面的影响:轴向位移、弯曲位移和剪力位移的影响。在具体位移计算中,对于以弯曲变形为主的结构,如梁、刚架,由轴力和剪力产生的位移,只占弯矩产生位移的 3%以下,通常可以舍去。若不计轴力和剪力的影响,式(8-1)成为

$$\Delta = \sum \int_l \frac{\overline{M}M\mathrm{d}s}{EI} \tag{8-2}$$

式(8-2)为**梁、刚架的位移公式**。

式对于平面桁架,因为每根杆只产生轴力,且每根杆的轴力 $\overline{F}_N$、F_N 和 EA 都是常量,所以式(8-1)可写为

$$\Delta = \sum \int_l \frac{\overline{F}_N F_N \mathrm{d}s}{EA} = \sum \frac{\overline{F}_N F_N l}{EA} \tag{8-3}$$

式中　l——杆件长度。

式(8-3)为**桁架位移计算公式**。

对于组合结构,梁式杆只考虑弯矩的影响,链杆只考虑轴力的影响,对两种杆件分别计算后相加即可。其位移计算公式为

$$\Delta = \sum \int_l \frac{\overline{M}M\mathrm{d}s}{EI} + \sum \frac{\overline{F}_N F_N l}{EA} \tag{8-4}$$

式(8-4)为组合结构位移计算公式 。

三、虚单位荷载的设置

式(8-1)不仅可用于计算结构的线位移,也可以用来计算结构任何性质的位移(例如角位移和相对位移等),只是要求所设虚单位荷载必须与所求的位移相对应,具体说明如下:

(1) 若计算的位移是结构上某一点沿某一方向的线位移,则应在该点沿该方向施加一个单位集中力(图 8-5a)。

(2) 若计算的位移是结构上某一截面的角位移,则应在该截面上施加一个单位集中力

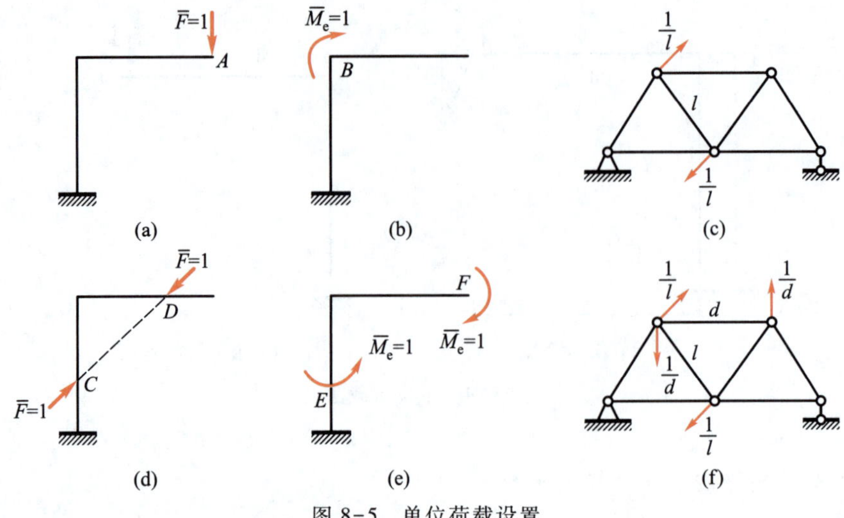

图 8-5　单位荷载设置

偶(图 8-5b)。

(3) 若计算的是桁架中某一杆件的角位移,则应在该杆件的两端施加一对与杆轴垂直的反向平行集中力使其构成一个单位力偶,每个集中力的大小等于杆长的倒数(图 8-5c)。

(4) 若计算的位移是结构上某两点沿指定方向的相对线位移,则应在该两点沿指定方向施加一对反向共线的单位集中力(图 8-5d)。

(5) 若计算的位移是结构上某两个截面的相对角位移,则应在这两个截面上施加一对反向单位集中力偶(图 8-5e)。

(6) 若计算的是桁架中某两杆的相对角位移,则应在该两杆上施加两个方向相反的单位力偶 (图 8-5f)。

应该指出,虚单位荷载的指向可任意假设,若按式(8-1)~式(8-4)计算出来的结果为正,则表示实际位移的方向与虚单位荷载的方向相同,否则相反。

例 8-1　求图 8-6a 所示简支梁的中点 C 的竖向位移 Δ_{CV}。已知梁的弯曲刚度 EI 为常数。

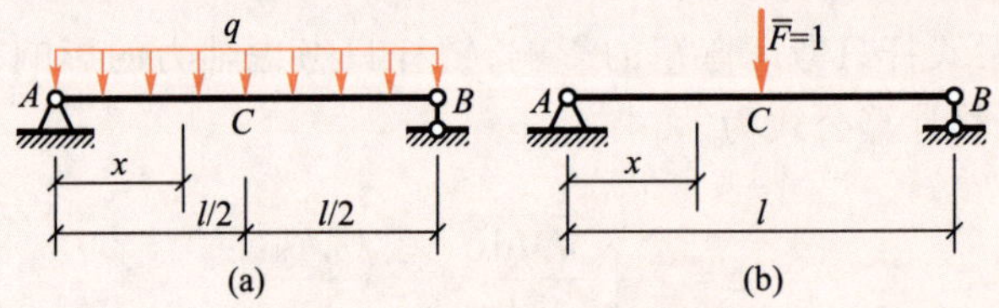

图 8-6　简支梁中点竖向位移

解　(1) 虚拟力状态。为求点 C 的竖向位移 Δ_{CV},在点 C 沿竖向虚加单位力 $\overline{F}=1$,得到如图 8-6b 所示的虚拟力状态。

(2) 分别求出在虚拟力状态和实际位移状态中梁的弯矩。设取点 A 为坐标原点,当 $0\leqslant x\leqslant\dfrac{l}{2}$ 时,有

$$\overline{M}=\frac{1}{2}x,\ M=\frac{q}{2}(lx-x^2)$$

（3）应用公式计算位移。利用对称性，由式（8-2）得

$$\Delta_{CV}=2\int_0^{\frac{l}{2}}\frac{1}{EI}\times\frac{x}{2}\times\frac{q}{2}(lx-x^2)\,\mathrm{d}x=\frac{5ql^4}{384EI}(\downarrow)$$

计算结果为正，表示 Δ_{CV} 的方向与所设单位力的方向相同，即 Δ_{CV} 向下。

例 8-2　求图 8-7a 所示刚架上点 C 的水平位移 Δ_{CH} 和截面 C 的转角 φ_C。已知各杆的弯曲刚度 EI 为常数。

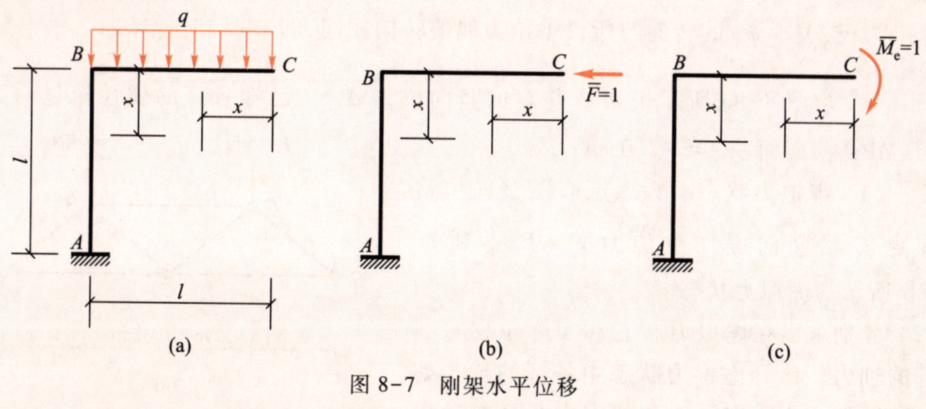

图 8-7　刚架水平位移

解　（1）求点 C 的水平位移 Δ_{CH}。

1）虚拟力状态。为求点 C 的水平位移 Δ_{CH}，可在点 C 沿水平方向虚加单位力 $\overline{F}=1$，得到如图 8-7b 所示的虚拟力状态。

2）分别求出在虚拟力状态和实际位移状态中各杆的弯矩。建立图示坐标系，在两种状态中刚架各杆的弯矩分别为

$$\text{横梁 } BC\qquad \overline{M}=0,\quad M=-\frac{1}{2}qx^2$$

$$\text{竖柱 } AB\qquad \overline{M}=x, M=-\frac{1}{2}ql^2$$

3）应用公式计算位移。由式（8-2），求得 C 点的水平位移为

$$\Delta_{CH}=\sum\int_l\frac{\overline{M}M}{EI}\mathrm{d}x=\frac{1}{EI}\int_0^l x\left(-\frac{1}{2}ql^2\right)\mathrm{d}x=-\frac{ql^4}{4EI}\quad(\rightarrow)$$

计算结果为负值，表示 Δ_{CH} 的方向与所设单位力的方向相反，即 Δ_{CH} 向右。

（2）求截面 C 的转角 φ_C。

1）虚拟力状态。为求截面 C 的转角 φ_C，在截面 C 虚加单位力偶 $\overline{M}_e=1$，得到如图 8-7c 所示的虚拟力状态。

2）分别求出在虚拟力状态和实际位移状态中各杆的弯矩。建立图示坐标系，在两种状态中刚架各杆的弯矩分别为

$$\text{横梁 } BC\qquad \overline{M}=-1, M=-\frac{1}{2}qx^2$$

$$竖柱\ AB \qquad \overline{M}=-1,M=-\frac{1}{2}ql^2$$

3）应用公式计算位移。由式(8-2)，求得截面 C 的转角为

$$\varphi_C=\frac{1}{EI}\int_0^l(-1)\times\left(-\frac{1}{2}ql^2\right)\mathrm{d}x+\frac{1}{EI}\int_0^l(-1)\times\left(-\frac{1}{2}qx^2\right)\mathrm{d}x=\frac{2ql^3}{3EI}(\circlearrowright)$$

计算结果为正，表示 φ_C 的转向与所设单位力偶的转向相同，即 φ_C 顺时针转向。

例 8-3　求图 8-8a 所示桁架结点 C 的竖向位移 Δ_{CV}。已知各杆的弹性模量均为 $E=2.1\times10^5$ MPa，截面面积 $A=1\ 200\ \mathrm{mm}^2$。

解　(1) 虚拟力状态。为求点 C 的竖向位移 Δ_{CV}，在点 C 沿竖向虚加单位力 $\overline{F}=1$，得到如图 8-8b 所示的虚拟力状态。

(2) 分别求出在虚拟力状态和实际位移状态中各杆的轴力。计算虚拟力状态中各杆的轴力如图 8-8b 所示。计算实际位移状态中各杆的轴力如图 8-8c 所示。

(3) 应用公式计算位移。由桁架位移计算公式(8-3)，有

$$\Delta_{CV}=\sum\frac{\overline{F}_N F_N l}{EA}$$

具体计算过程可列表进行，见表 8-1。由于桁架及荷载的对称性，在表中计算时，只计算了半个桁架，其中杆 DE 的长度只取一半。求最后位移时乘以 2，即

$$\Delta_{CV}=2\times1.88\ \mathrm{mm}=3.76\ \mathrm{mm}\quad(\downarrow)$$

计算结果为正，表示 Δ_{CV} 的方向与所设单位力的方向相同，即 Δ_{CV} 向下。

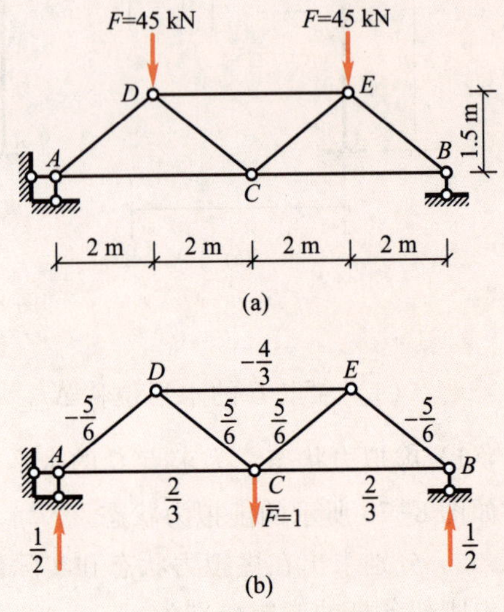

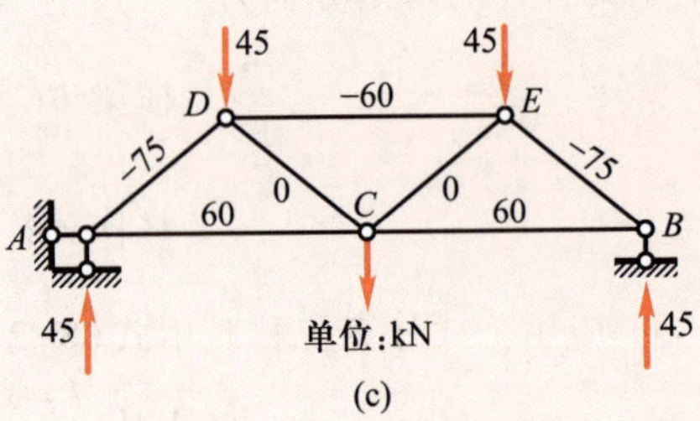

图 8-8　桁架结点位移

表 8-1　例 8-3 计算表

杆件	$\overline{F}_N$	F_N/kN	杆长 l/mm	A/mm^2	E/(kN/mm^2)	$(\overline{F}_N F_N l/EA)$/mm
AC	2/3	60	4 000	1 200	2.1×10^2	0.63
AD	−5/6	−75	2 500	1 200	2.1×10^2	0.62
DE	−4/3	−60	0.5×4 000	1 200	2.1×10^2	0.63
DC	5/6	0	2 500	1 200	2.1×10^2	0
$\sum=1.88$ mm						

例 8-4　组合结构如图 8-9a 所示。其中 CD、BD 为链杆，其拉压刚度为 EA；AC 为梁式杆，其弯曲刚度为 EI。在 D 点有集中荷载 F 作用。求 D 点的竖向位移 Δ_{DV}。

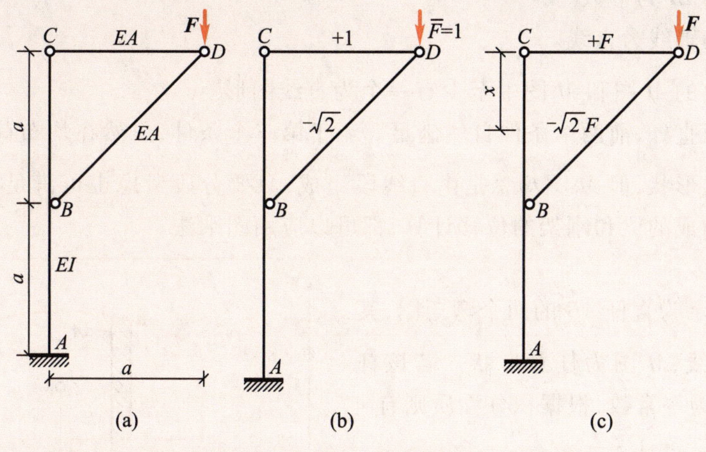

图 8-9　组合结构位移

解　(1) 虚拟力状态。为求点 D 的竖向位移 Δ_{DV}，可在点 D 沿竖向虚加单位力 $\overline{F}=1$，得到如图 8-9b 所示的虚拟力状态。

(2) 分别求出在虚拟力状态和实际位移状态中各杆的内力。计算虚拟力状态和实际位移状态中链杆的轴力分别如图 8-9b、c 所示。梁式杆的弯矩为：

$$BC\text{ 杆}\qquad \overline{M}=x,\quad M=Fx$$

$$AB\text{ 杆}\qquad \overline{M}=a,\quad M=Fa$$

(3) 应用公式计算位移。由组合结构位移计算公式式(8-4)，求得 D 点的竖向位移为

$$\begin{aligned}\Delta_{DV}&=\sum\frac{\overline{F}_{N}F_{N}}{EA}l+\sum\int_{l}\frac{\overline{M}M}{EI}\mathrm{d}x\\&=\frac{1}{EA}(1\times F\times a+\sqrt{2}\times\sqrt{2}F\times\sqrt{2}a)+\int_{0}^{a}\frac{Fx^{2}}{EI}\mathrm{d}x+\int_{a}^{2a}\frac{Fa^{2}}{EI}\mathrm{d}x\\&=\frac{(1+2\sqrt{2})Fa}{EA}+\frac{4Fa^{3}}{3EI}(\downarrow)\end{aligned}$$

计算结果为正，表示 Δ_{DV} 的方向与所设单位力的方向相同，即 Δ_{DV} 向下。

第 3 节　图乘法

一、图乘法适用条件及图乘公式

当用单位荷载法求梁或刚架的位移时，需要计算积分

$$\Delta=\sum\int_{l}\frac{\overline{M}M}{EI}\mathrm{d}s$$

其计算过程往往比较繁杂。在满足一定条件的情况下，可以绘出 $\overline{M}$、M 两个弯矩函数的

图形，用弯矩图互乘的方法代替积分运算，使计算得到简化，这种计算方法称为**图乘法**。

1. 图乘法适用条件

(1) 杆段的 EI 为常数。

(2) 杆段的轴线为直线。

(3) 各杆段的 $\overline{M}$ 图和 M 图中至少有一个为直线图形。

对于等截面直杆，前两个条件自然满足。至于第三个条件，虽然在均布荷载的作用下 M 图的形状是曲线形状，但 $\overline{M}$ 图却总是由直线段组成，只要分段考虑也可满足。于是，对于由等截面直杆所构成的梁和刚架的位移计算，都可以应用图乘法。

2. 图乘公式

图 8-10 所示为直杆 AB 的两个弯矩图，其中 $\overline{M}$ 图为一直线，M 图为任意形状。若该杆的弯曲刚度 EI 为一常数，根据积分性质则有

$$\Delta=\frac{1}{EI}\int_l \overline{M}M\mathrm{d}s$$

由图可知，$\overline{M}$ 图中某一点的竖标（即纵坐标）为

$$\overline{M}=y=x\tan\alpha$$

代入上述积分式中，则有

$$\Delta=\frac{1}{EI}\int_l \overline{M}M\mathrm{d}s=\frac{1}{EI}\int_l x\tan\alpha M\mathrm{d}x$$

$$=\frac{1}{EI}\tan\alpha\int_l x\mathrm{d}A$$

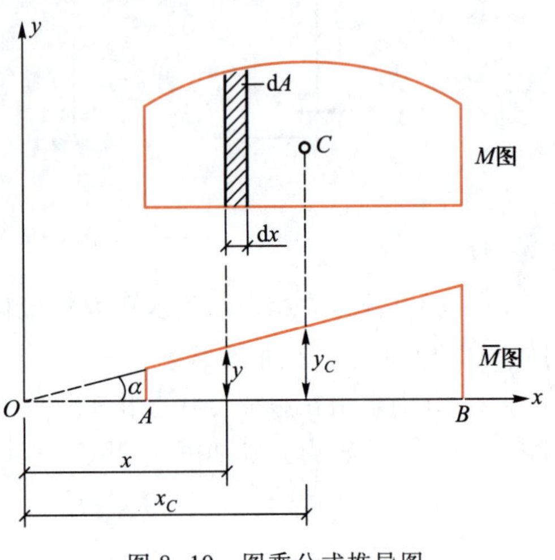

图 8-10　图乘公式推导图

式中　$\mathrm{d}A$——M 图的微面积（图 8-10 中阴影线部分的面积）；

$\int_l x\mathrm{d}A$——M 图的面积 A 对于 y 轴的静矩，它可写成为

$$\int_l x\mathrm{d}A=A\cdot x_C$$

式中　x_C——M 图的形心 C 到 y 轴的距离。

故有

$$\Delta=\frac{1}{EI}A\cdot x_C\tan\alpha$$

设 M 图的形心 C 所对应的 $\overline{M}$ 图中的纵坐标为 y_C，由图 8-10 有 $x_C\tan\alpha=y_C$

所以

$$\Delta=\int_l\frac{\overline{M}M}{EI}\mathrm{d}s=\frac{1}{EI}Ay_C \tag{8-5}$$

式(8-5)就是图乘法的计算公式。它表明：计算位移的积分式数值等于 M 图的面积 A 乘以其形心所对应的 $\overline{M}$ 图的纵坐标 y_C，再除以杆段的弯曲刚度 EI。

应用图乘法计算结构的位移时应注意下列各点：

(1) 在图乘前要先对图形进行分段处理，保证 M 图和 $\overline{M}$ 图中至少有一个是直线图形。

(2) 面积 A 与竖标 y_C 分别取自两个弯矩图，y_C 必须从直线图形上取得。若 M 图和 $\overline{M}$ 图均为直线图形，也可用 $\overline{M}$ 图的面积乘其形心所对应的 M 图的纵坐标来计算。

(3) 乘积 Ay_C 的正负号规定为：当面积 A 与竖标 y_C 在杆的同侧时，乘积 Ay_C 取正号；当 A 与 y_C 在杆的异侧时，Ay_C 取负号。

(4) 对于由多根等截面直杆组成的结构，只要将每段杆图乘的结果相加即可，故图乘法的计算公式为

$$\Delta = \sum \int_l \frac{\overline{M}M}{EI}\mathrm{d}s = \sum \frac{1}{EI}Ay_C \tag{8-6}$$

二、图乘法计算中的几个具体问题

(一) 常见图形面积及形心位置

在应用图乘法时，需要计算图形的面积 A 及该图形形心 C 的位置。现将几种常见图形的面积及其形心位置示于图 8-11 中，以备查用。在应用抛物线图形的公式时，必须注意抛物线在顶点处的切线与基线平行，即抛物线为标准抛物线。

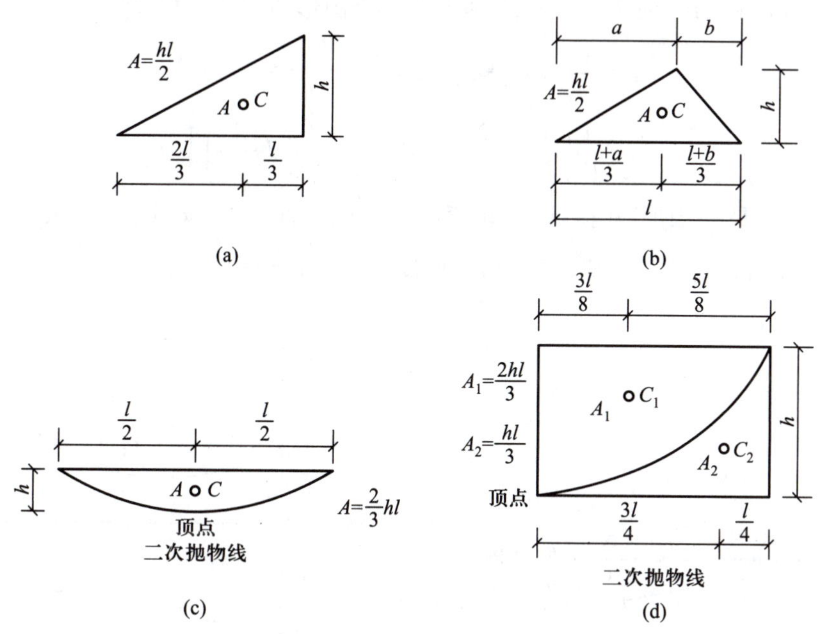

图 8-11 常见图形面积及其形心位置

(二) 图乘法应用技巧

1. 复杂图形分解为简单图形

对于一些面积和形心位置不易确定的图形，可采用图形分解的方法，将复杂图形分解为几个简单图形，以方便计算。

(1) 若弯矩图为梯形，可以把它分解为两个三角形，则有

$$\Delta = \frac{1}{EI}(A_1y_{C1}+A_2y_{C2})$$

$$A_1=\frac{al}{2}, y_{C1}=\frac{2}{3}c(\text{图 8-12a}),\quad y_{C1}=\frac{2}{3}c+\frac{1}{3}d(\text{图 8-12b})$$

$$A_2=\frac{bl}{2},\quad y_{C2}=\frac{1}{3}c(\text{图 8-12a}), y_{C2}=\frac{1}{3}c+\frac{2}{3}d(\text{图 8-12b})$$

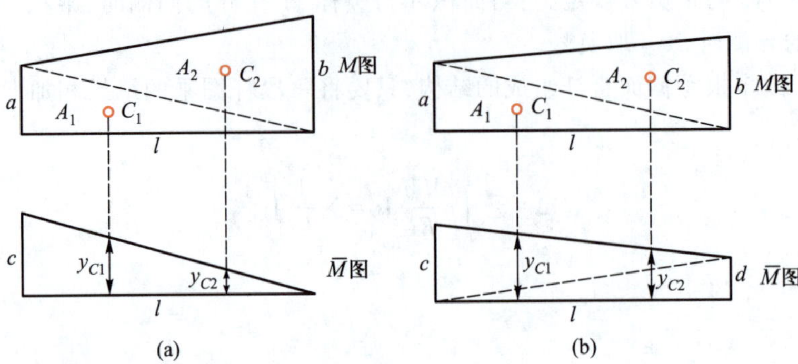

图 8-12　梯形分解为三角形

（2）若两个图形都是直线，但都含有不同符号的两部分，如图 8-13 所示，可将其中一个图形分解为 ABD 和 ABC 两个三角形，分别与另一个图形图乘并求和，即

$$\Delta=\frac{1}{EI}(A_1y_{C1}+A_2y_{C2})$$

$$=\frac{1}{EI}\left[\frac{1}{2}al\left(\frac{2}{3}c-\frac{1}{3}d\right)+\frac{1}{2}bl\left(\frac{2}{3}d-\frac{1}{3}c\right)\right]$$

（3）若 M 图是由竖向均布荷载和杆端弯矩所引起的，如图 8-14a 所示，则可把它分解为一个梯形（图 8-14b）和一个抛物线形（图 8-14c）两部分，再将上述两图形分别与 $\overline{M}$ 图相图乘并求和。

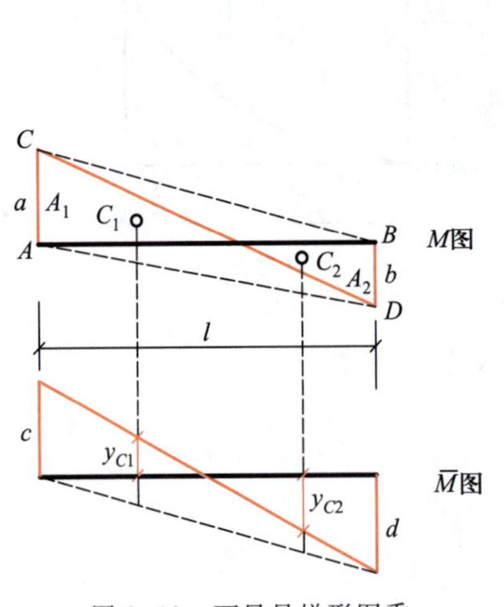

图 8-13　两异号梯形图乘

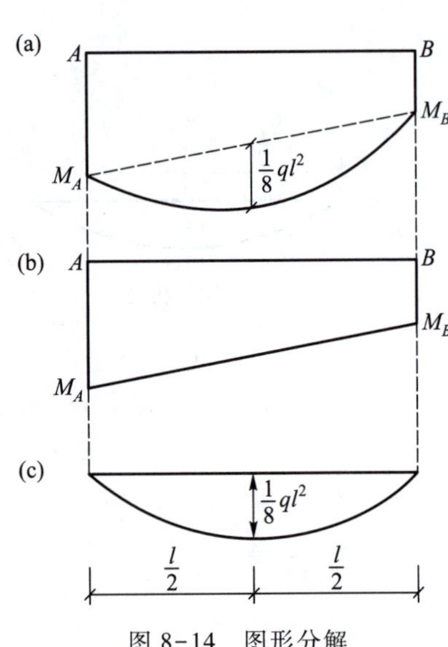

图 8-14　图形分解

2. 分段图乘

如果杆件（或杆段）的两个弯矩图的图形都不是直线图形，其中一个（或两个）图形为折

线形，则应分段图乘(图 8-15a、b)。另外，即使图形是直线形，但杆件为阶梯杆，各段杆的弯曲刚度 EI 不是常数，也应分段图乘(图 8-15c)。

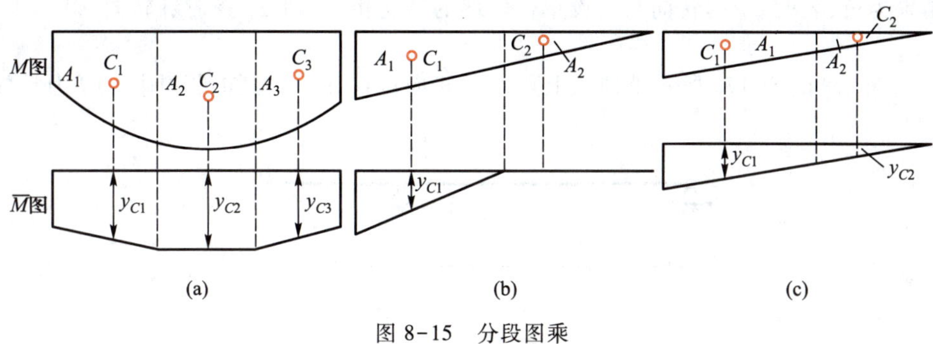

图 8-15 分段图乘

例 8-5 求图 8-16a 所示简支梁的中点 C 的竖向位移 Δ_{CV} 和 B 端截面的转角 φ_B。已知梁的弯曲刚度 EI 为常数。

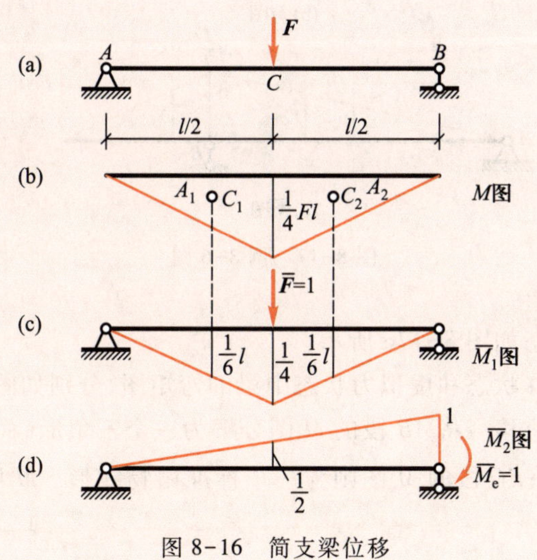

图 8-16 简支梁位移

解 (1) 求点 C 的竖向位移 Δ_{CV}。

1) 虚拟力状态如图 8-16c 所示。

2) 绘出在实际位移状态和虚拟力状态中梁的弯矩图，分别如图 8-16b、c 所示。

3) 应用公式计算位移，两图分段图乘后相加，得

$$\Delta_{CV}=\frac{1}{EI}\left[\left(\frac{1}{2}\times\frac{l}{2}\times\frac{Fl}{4}\right)\times\frac{l}{6}\right]\times 2=\frac{Fl^3}{48EI}\quad(\downarrow)$$

计算结果为正，表示 Δ_{CV} 的方向与所设单位力的方向相同，即 Δ_{CV} 向下。

(2) 求 B 端截面的转角 φ_B。

1) 虚拟力状态如图 8-16d 所示。

2) 绘出在虚拟力状态中梁的弯矩图如图 8-16d 所示。

3) 应用图乘公式，图 8-16b、d 图乘，得

$$\varphi_B=-\frac{1}{EI}\left(\frac{1}{2}\times l\times\frac{Fl}{4}\right)\times\frac{1}{2}=-\frac{Fl^2}{16EI}(\curvearrowleft)$$

计算结果为负，表明 φ_B 的转向与所设单位力偶的转向相反，即 φ_B 逆时针转向。

例 8-6　求图 8-17a 所示外伸梁上点 C 的竖向位移 Δ_{CV}。已知梁的刚度 EI 为常数。

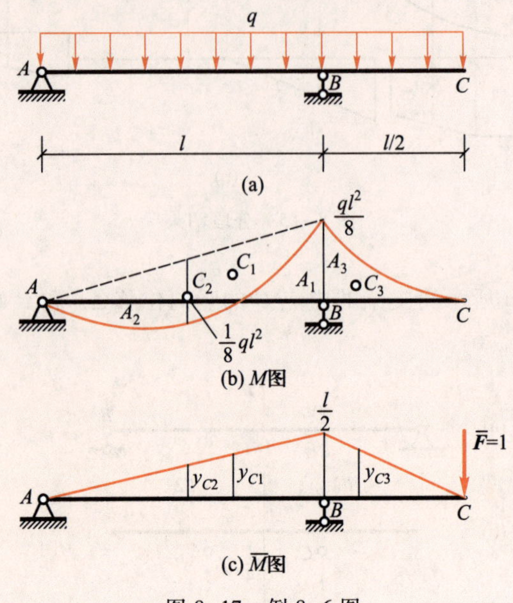

图 8-17　例 8-6 图

解　(1) 虚拟力状态如图 8-17c 所示。

(2) 绘出在实际位移状态和虚拟力状态中梁的弯矩图，分别如图 8-17b、c 所示。

(3) 应用公式计算位移。将 AB 段的 M 图分解为一个三角形（面积为 A_1）减去一个标准抛物线图形（面积为 A_2）；BC 段的 M 图则为一个标准抛物线形。M 图中各分面积与相应的 $\overline{M}$ 图中的竖标分别为

$$A_1=\frac{1}{2}\times l\times\frac{ql^2}{8}=\frac{ql^3}{16},\qquad y_{C1}=\frac{2}{3}\times\frac{l}{2}=\frac{l}{3}$$

$$A_2=\frac{2}{3}\times l\times\frac{ql^2}{8}=-\frac{ql^3}{12},\qquad y_{C2}=\frac{1}{2}\times\frac{l}{2}=\frac{l}{4}$$

$$A_3=\frac{1}{3}\times\frac{l}{2}\times\frac{ql^2}{8}=\frac{ql^3}{48},\qquad y_{C3}=\frac{3}{4}\times\frac{l}{2}=\frac{3l}{8}$$

代入图乘公式，得点 C 的竖向位移为

$$\Delta_{CV}=\frac{1}{EI}\left[\left(\frac{ql^3}{16}\times\frac{l}{3}-\frac{ql^3}{12}\times\frac{l}{4}\right)+\frac{ql^3}{48}\times\frac{3l}{8}\right]$$

$$=\frac{ql^4}{128EI}(\downarrow)$$

计算结果为正，表示 Δ_{CV} 的方向与所设单位力的方向相同，即 Δ_{CV} 向下。

例 8-7　求图 8-18a 所示刚架的 C 点的水平位移 Δ_{CH}。已知 EI=常数。

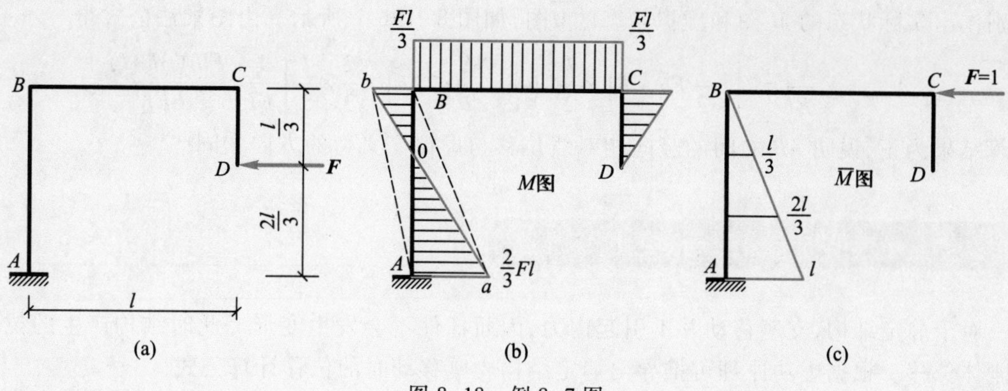

图 8-18　例 8-7 图

解　为求刚架 C 点的水平位移，于 C 点加水平力 $F=1$，作 M 图及 $\overline{M}$ 图如图 8-18b、c 所示。AB 杆的 M 图有正负部分，图乘时可根据叠加原理，把 M 图看作 $\triangle aAB$（A_1）和 $\triangle bAB$（A_2）相叠加。这样，不但面积容易计算，而且对应竖标 y_1、y_2 也容易算出。

由图 8-18b、c 可以算得

$$A_1=\frac{1}{2}\cdot l\cdot\frac{2}{3}\cdot Fl=\frac{Fl^2}{3},y_1=\frac{2l}{3};A_2=\frac{1}{2}\cdot l\cdot\frac{1}{3}\cdot Fl=\frac{Fl^2}{6},y_2=\frac{l}{3}$$

由图乘公式 $\Delta_{ABu}=\sum\frac{Ay_c}{EI}$，则

$$\Delta_{CH}=\frac{1}{EI}\left(\frac{Fl^2}{3}\cdot\frac{2l}{3}-\frac{Fl^2}{6}\cdot\frac{l}{3}\right)=\frac{Fl^3}{6EI}(\leftarrow)$$

计算结果为正，表示 Δ_{CV} 的方向与所设单位力的方向相同，即 Δ_{CV} 向左。

例 8-8　求图 8-19a 所示刚架 A、B 截面的竖向相对线位移。已知各杆 EI 为常数。

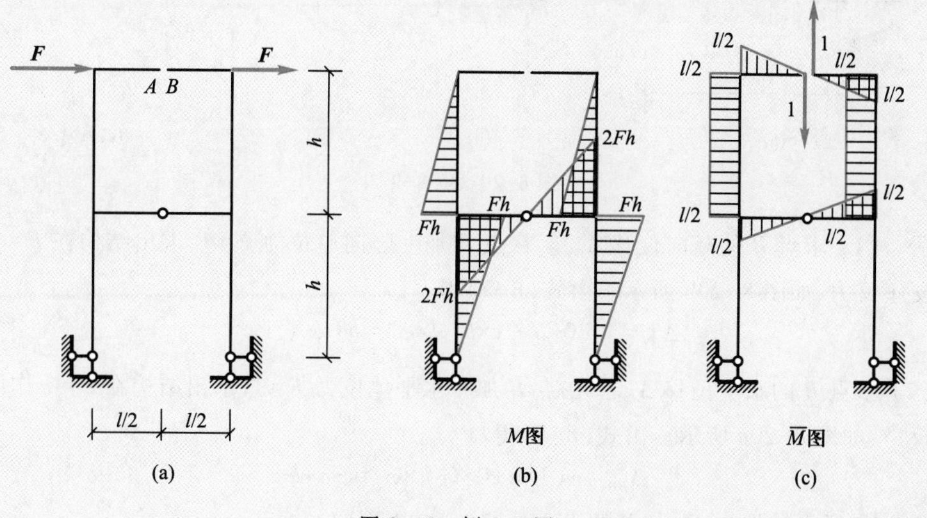

图 8-19　例 8-8 图

解　为了计算 A、B 之间的竖向相对线位移，在 A、B 上加一对方向相反的竖向单位力，分别作出实际状态的 M 图和虚拟状态的 $\overline{M}$ 图，如图 8-19b、c 所示。由图乘法公式得

$$\Delta_{ABu}=\sum\frac{Ay_c}{EI}=2\left[\left(\frac{1}{2}Fh\cdot h\right)\times\frac{l}{2}+\left(\frac{1}{2}\times\frac{l}{2}\times2Fh\right)\times\frac{2}{3}\times\frac{l}{2}\right]\frac{1}{EI}=\frac{Flh(3h+l)}{6EI}$$

计算结果为正，说明 AB 之间的竖向相对线位移与虚拟广义力的方向相同。

*第 4 节　静定结构支座移动时的位移计算

对于静定结构，支座移动并不引起内力，因而杆件不会发生变形。此时结构产生的位移为刚体位移。根据虚功原理可推导出静定结构支座移动时的位移计算公式

$$\Delta_c=-\sum\overline{F}_{\mathrm{R}}C \tag{8-7}$$

式中　C——实际位移状态中的支座位移，$\overline{F}_{\mathrm{R}}$ 为虚拟单位力状态对应的支座反力。$\sum\overline{F}_{\mathrm{R}}C$ 为反力虚功，当反力 $\overline{F}_{\mathrm{R}}$ 与实际支座位移 C 方向一致时其乘积取正，相反时为负。计算结果 Δ_c 为正时，说明所求位移与所设单位力的方向一致，为负时与所设单位力的方向相反。此外，式(8-7)右边前面的负号，为原来移项时所得，不可漏掉。

例 8-9　如图 8-20a 所示结构，若 A 端发生图中所示的移动和转动，求结构上点 B 的竖向位移 Δ_{BV} 和水平位移 Δ_{BH}。

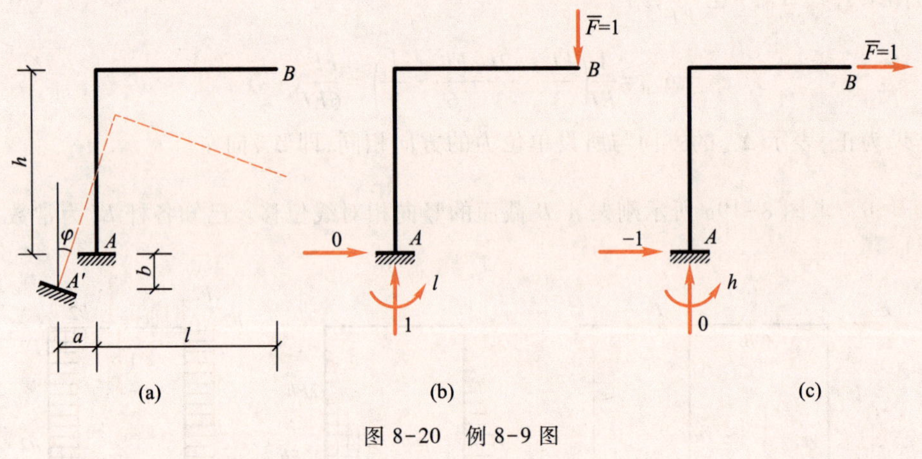

图 8-20　例 8-9 图

解　(1) 求点 B 的竖向位移 Δ_{BV}。在点 B 加一竖向单位力 $\overline{F}=1$，求出结构在 $\overline{F}=1$ 作用下的支座反力，如图 8-20b 所示。由式(8-7)得

$$\Delta_{BV}=-(0\times a-1\times b-l\times\varphi)=b+l\varphi\ (\downarrow)$$

(2) 求点 B 的水平位移 Δ_{BH}。在点 B 加一水平单位力 $\overline{F}=1$，求出结构在 $\overline{F}=1$ 作用下的支座反力，如图 8-20c 所示。由式(8-7)得

$$\Delta_{BH}=-(1\times a+0\times b-h\times\varphi)=-a+h\varphi$$

当 $a<h\varphi$ 时，所得结果为正，点 B 的水平位移向左；否则向右。

例 8-10　图 8-21 所示桁架,施工时 C 点需预置起拱度 6 cm。试问四根下弦杆在制造时应做长多少?

解　将各杆应做长设为 λ,视为制造误差或支座沉降,按式(8-7)进行计算。

设下弦各杆应做长 λ,其值可由式(8-7)求得。在 C 点加一虚拟单位力,并求出下弦各杆(有制造误差的杆)的内力,如图 8-21b 所示。根据式(8-7),得

$$\Delta_{CV}=\sum\lambda\,\overline{F}_{N}=-\left(4\times\frac{1}{2}\cdot\lambda\right)=6\text{ cm}$$

$$\lambda=-3\text{ cm}$$

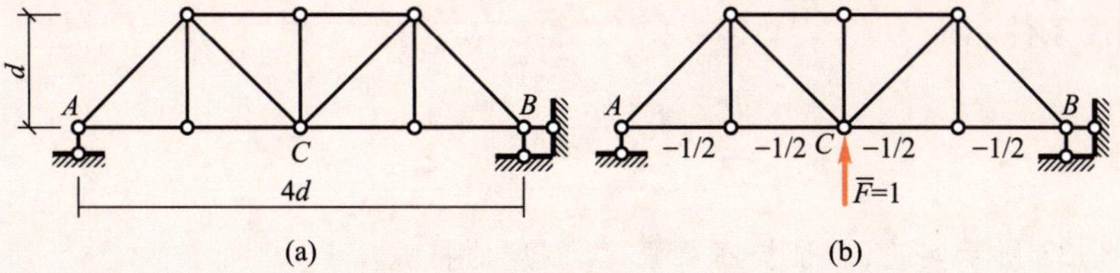

A　B　C　d　4d　(a)

A　B　C　−1/2　−1/2　−1/2　−1/2　$\overline{F}=1$　(b)

图 8-21　例 8-10 图

即只要使下弦各杆做长 3 cm,即可达到所需预置的拱度。

第 5 节　梁的刚度校核

杆件不仅要满足强度条件,还要满足刚度条件。对梁而言,校核梁的刚度是为了检查梁在荷载作用下产生的位移是否超过容许值。在建筑工程中,一般只校核在荷载作用下梁截面的竖向位移,即挠度。与梁的强度校核一样,梁的刚度校核也有相应的标准,这个标准就是挠度的容许值 f 与跨度 l 的比值,用 $\left[\frac{f}{l}\right]$ 表示。梁在荷载作用下产生的最大挠度 y_{max} 与跨度 l 的比值不能超过 $\left[\frac{f}{l}\right]$,即

$$\frac{y_{max}}{l}\leqslant\left[\frac{f}{l}\right]\tag{8-8}$$

式(8-8)即为**梁的刚度条件**。根据梁的不同用途,相对容许挠度可从有关结构设计规范查出,一般钢筋混凝土梁的 $\left[\frac{f}{l}\right]=\frac{1}{200}\sim\frac{1}{300}$;钢筋混凝土吊车梁的 $\left[\frac{f}{l}\right]=\frac{1}{600}\sim\frac{1}{500}$。

土建工程中的梁,一般都是先按强度条件选择梁的截面尺寸,然后再按刚度条件进行验算,梁的转角可不必校核。

例 8-11　如图 8-22 所示简支梁,已知截面为 I32a 工字钢,在梁中点作用力 $F=20$ kN,$E=210$ GPa,梁长 $l=9$ m,梁的相对容许挠度 $\left[\frac{f}{l}\right]=\frac{1}{500}$,试进行刚度校核。

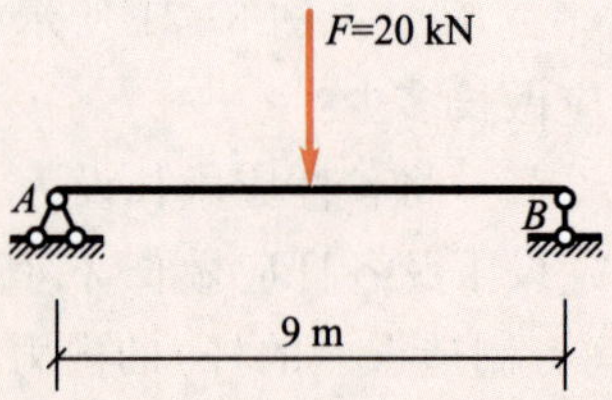

解　先求最大挠度 y_{max}，再将 $\frac{y_{max}}{l}$ 与 $\frac{f}{l}$ 比较，满足式(8-8)者，为满足刚度条件。

图 8-22　例 8-11 图

(1) 求最大挠度 y_{max}，由例 8-5 知，中点承受集中荷载的简支梁，最大挠度发生在中点，其值为 $y_{max}=\frac{Fl^3}{48EI}$。

(2) $\frac{y_{max}}{l}=\frac{Fl^2}{48EI}=\frac{20\times10^3\times(9\times10^3)^2}{48\times210\times10^3\times11\ 075.525\times10^4}=\frac{1}{689}<\left[\frac{f}{l}\right]=\frac{1}{500}$

满足刚度条件。

小实验

做图 8-23 所示实验，验证提高梁强度、刚度的措施。

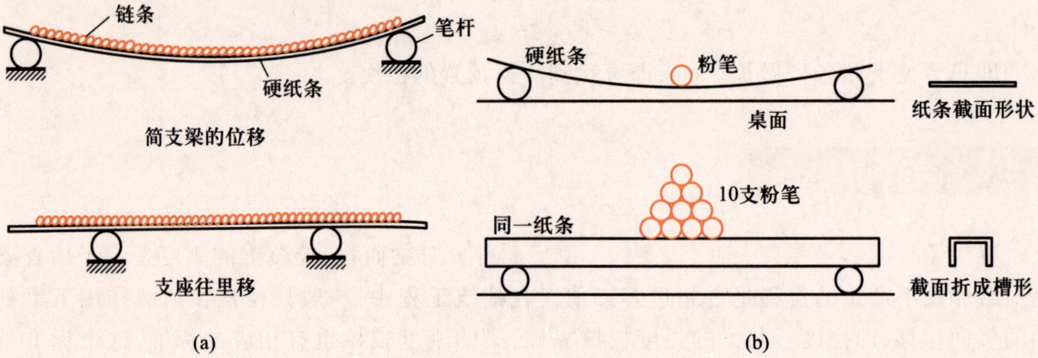

图 8-23　小实验图

思考题

8-1　何谓结构的位移？位移分哪几种？为什么要计算结构的位移？

8-2　简述变形体的虚功原理。

8-3　何谓单位荷载法？试问单位荷载怎样添加？

8-4　试写出用积分法计算梁、刚架和桁架的位移公式，并说明每个符号的意义。

8-5　试写出用图乘法，求梁、刚架的位移计算公式，并说明每个符号的意义。

8-6　运用图乘法计算梁、刚架位移的条件是什么？注意事项有哪些？

8-7　应用图乘法为什么要分段？什么情况下分段？什么情况下不分段？

8-8　应用图乘法图乘时正负号是如何确定的？

8-9　思考题 8-9 图所示图乘是否正确？如不正确请改正。

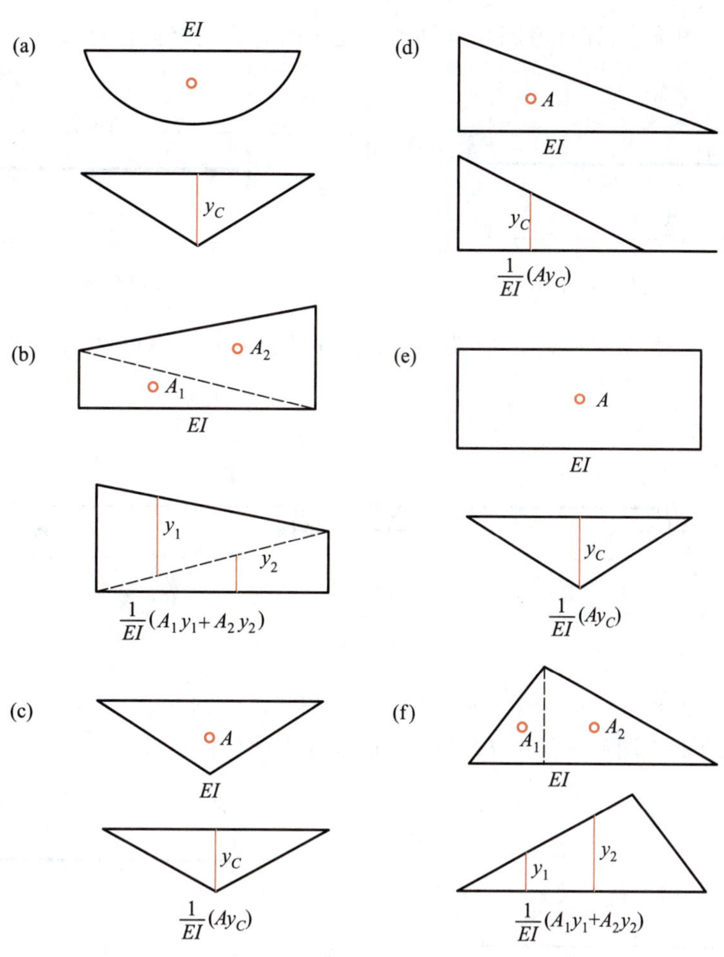

思考题 8-9 图

习题

8-1　试用积分法求习题 8-1 图所示等截面简支梁 B 截面的转角 θ_B。EI=常数。

8-2　习题 8-2 图所示等截面圆弧形曲杆 AB,弧段的圆心角为 α,半径为 r,设沿水平线作用均布荷载 q,试求 B 点的竖向位移 Δ_{BV}。

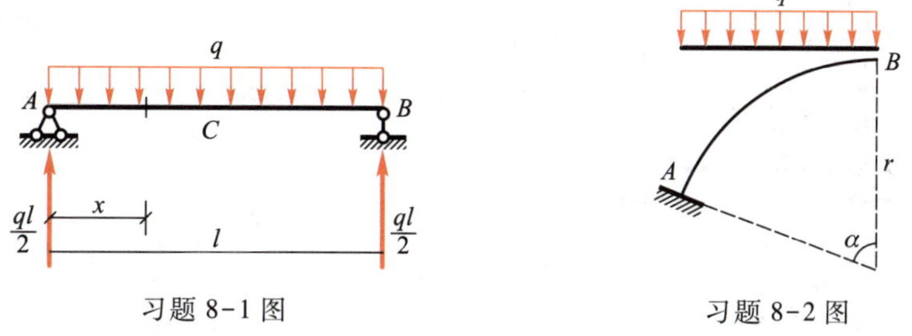

习题 8-1 图　　习题 8-2 图

8-3　求习题 8-3 图所示悬臂梁 B 截面的转角 θ_B,B 点和 C 点的竖向位移 Δ_{BV} 和 Δ_{CV}。

8-4 试用图乘法，计算习题 8-4 图所示变截面 B 点的竖向位移 Δ_{BV}。

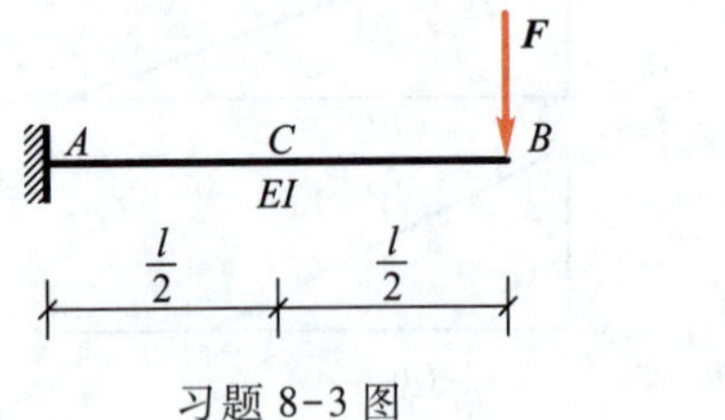

习题 8-3 图

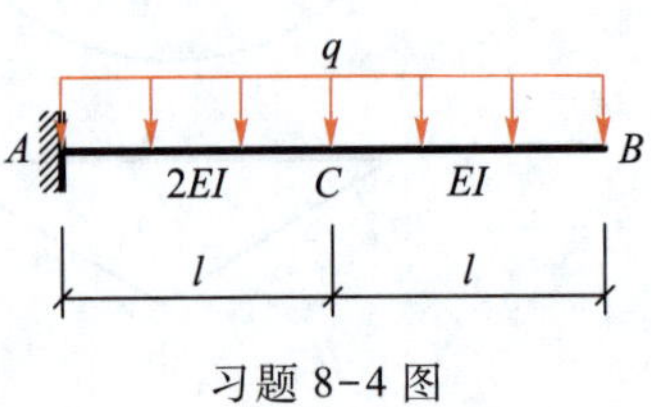

习题 8-4 图

8-5 习题 8-5 图所示梁的 EI 为常数，试用图乘法求 C 点的竖向位移 Δ_{CV} 及 B 点的角位移 θ_B。

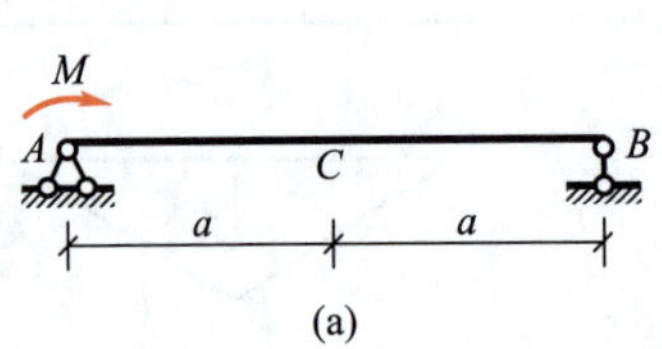

(a)

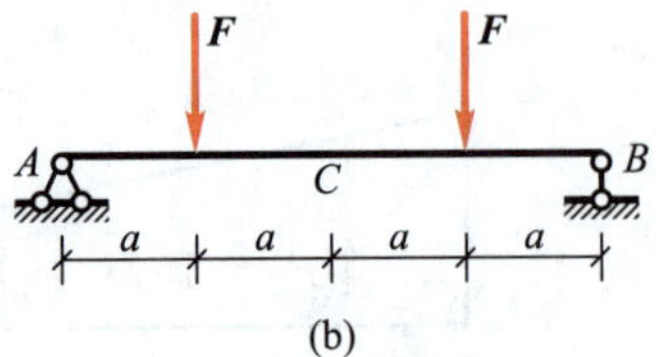

(b)

习题 8-5 图

8-6 求习题 8-6 图所示梁，外悬臂端 C 点的竖向位移 Δ_{CV}

8-7 习题 8-7 图所示结构 EI= 常数，试求 A 点的竖向位移 Δ_{AV}。

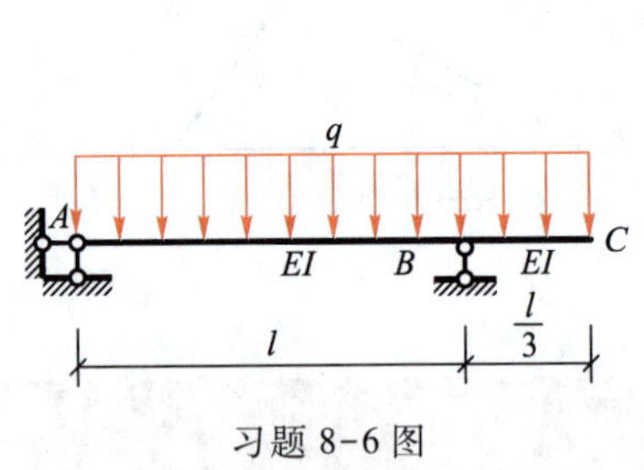

习题 8-6 图

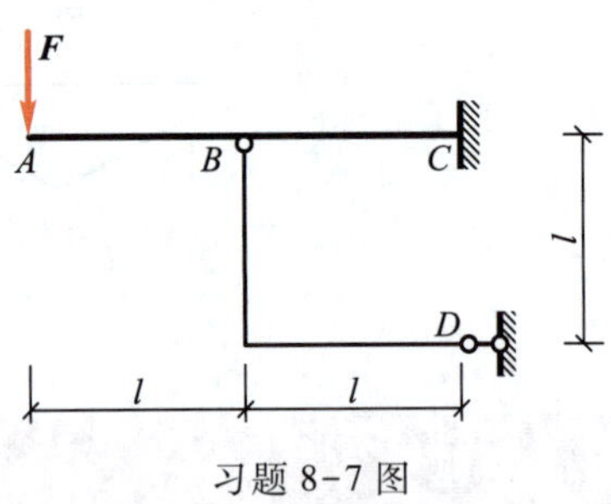

习题 8-7 图

8-8 求习题 8-8 图所示刚架杆端 A、B 之间的水平相对线位移 Δ_{AB}。已知各杆的弯曲刚度 EI 为常数。

8-9 求习题 8-9 图所示结构，铰 C 两侧的相对转角。

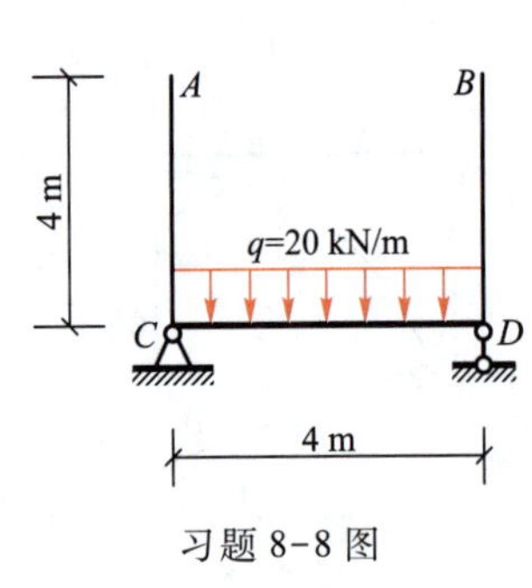

习题 8-8 图

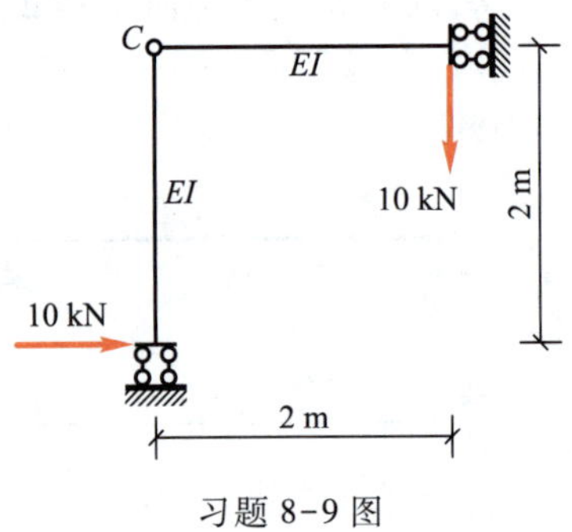

习题 8-9 图

8-10 在习题 8-10 图所示桁架中，各杆的 EA 为常数，试求 A 点的竖向位移 Δ_{AV}，水平位移 Δ_{AH}。

8-11 习题 8-11 图所示桁架各杆 EA=常数，各杆轴力如图所示，试求节点 C 的竖向位移 Δ_{CV}。

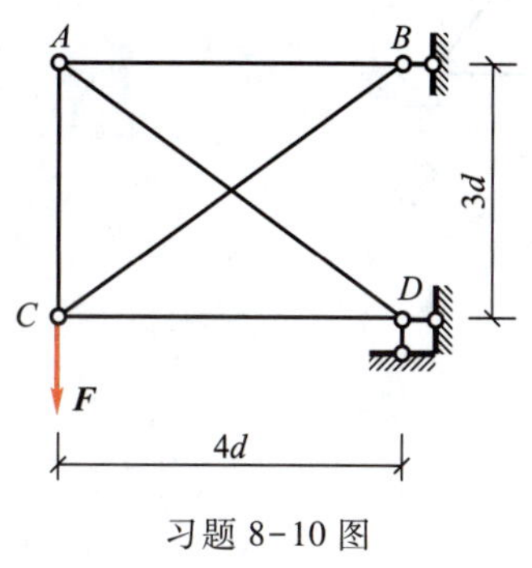

习题 8-10 图

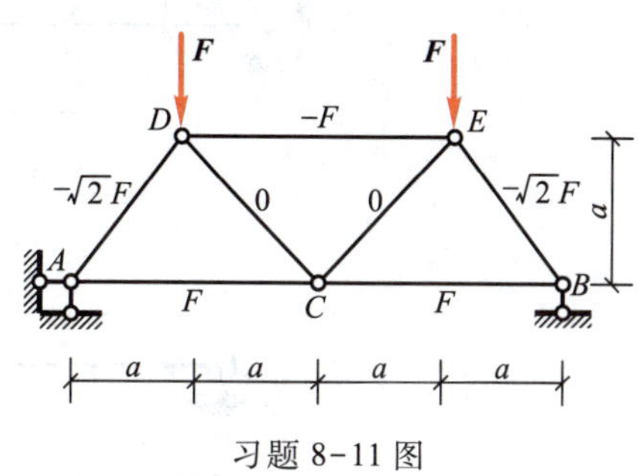

习题 8-11 图

8-12 已知一桁梁组合结构如习题 8-12 图所示。梁各段抗弯刚度为 EI，长杆拉压刚度为 EA，$F=10$ kN。试求 E 结点的竖向位移。

*8-13 习题 8-13 图所示三铰刚架，支座 B 下沉 a，向右移动 b，求截面 E 的角位移 θ_E。

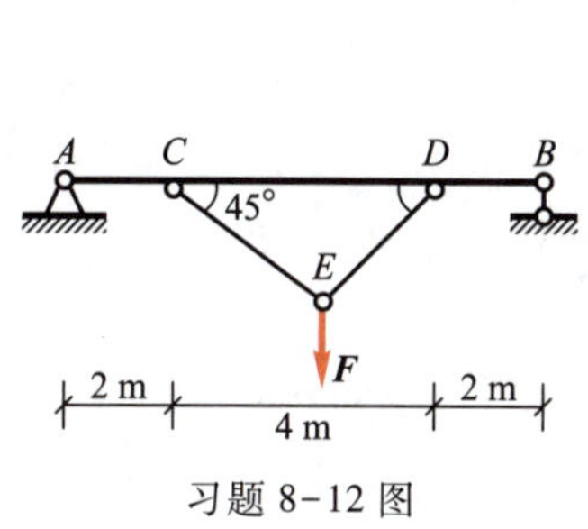

习题 8-12 图

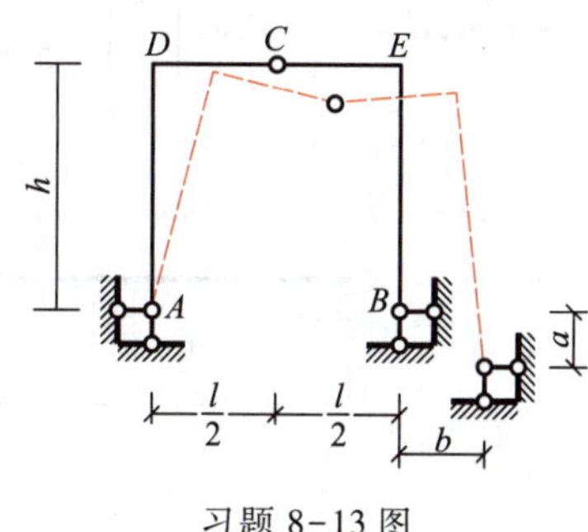

习题 8-13 图

*8-14 如习题 8-14 图所示三铰拱，如果支座 A 发生图示沉陷，试求由此引起的支座 B 处截面的转角 θ_B。

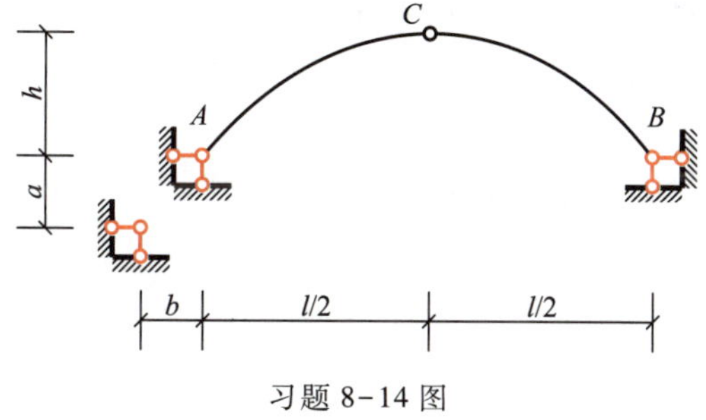

习题 8-14 图

*8-15 如习题 8-15 图所示桁架，因制造误差 AB 杆比设计长度短了 4 cm，试求由此引起的结点 C 的竖向位移 Δ_{CV}。

8-16 一承受均布荷载的简支梁如习题 8-16 图所示，已知 $l=6$ m，$q=4$ kN/m，$\left[\frac{f}{l}\right]=\frac{1}{400}$，采用 22a 工字钢，其惯性矩 $I=0.34\times10^{-4}\text{m}^4$，弹性模量 $E=2\times10^5$ MPa，试校核梁的刚度。

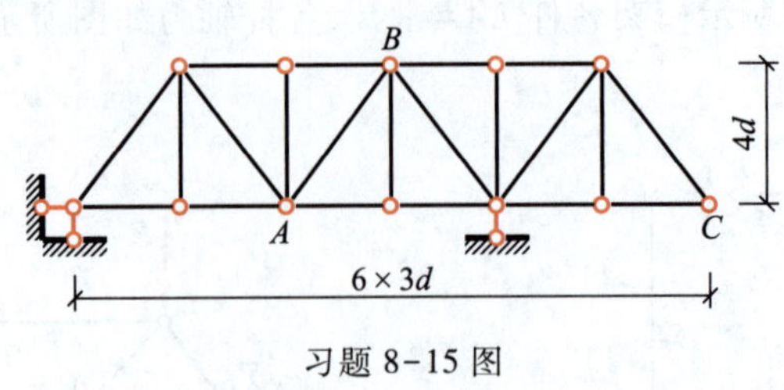

习题 8-15 图

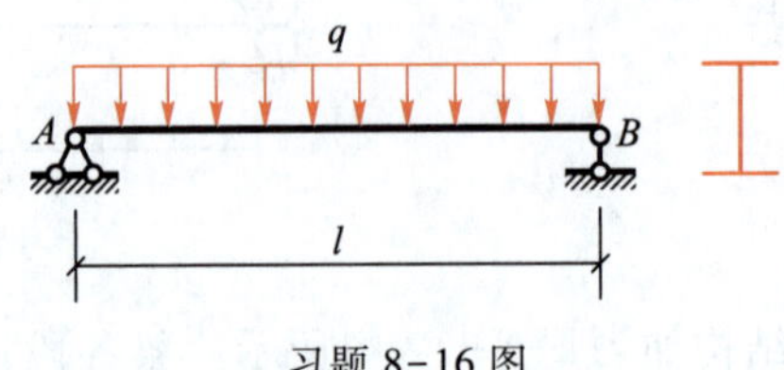

习题 8-16 图

8-17　一简支梁由 No28b 工字钢制成，跨中承受一集中荷载如习题 8-17 图所示。已知 $F=20\ \text{kN}, l=9\ \text{m}, E=210\ \text{GPa}, \left[\frac{f}{l}\right]=\frac{1}{500}$。试校核梁的刚度。

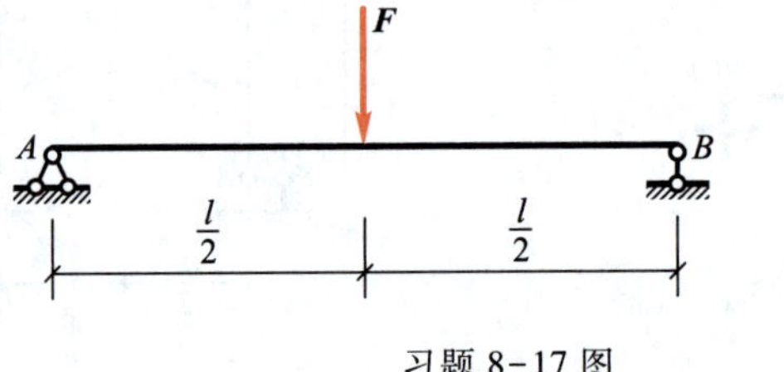

习题 8-17 图

第 9 章

超静定结构内力的传统计算法

第 1 节　超静定结构概述

一、静定结构与超静定结构

前面讲的都是静定结构的内力与位移计算。静定结构的特点是,从几何组成上讲,几何不变且无多余联系,从计算上讲,支座反力与内力都可用平衡条件求出,如图 9-1a 所示;但是,在实际工程中还存在另外一类结构,如图 9-1b 所示。这类结构的支座反力和内力,仅用平衡条件无法完全确定;从几何构造来看,这类结构是具有多余联系的几何不变体。我们称此类结构为**超静定结构**。

二、超静定次数的确定方法

超静定结构是具有多余联系的几何不变体系,所以超静定次数就是指超静定结构中多余约束的个数。确定超静定次数最直观、简便的方法就是,撤除多余约束法。撤除多余约束的方法通常有下列几种:

(1) 撤除一个支座链杆或切断一根链杆,相当于去掉一个多余约束(图 9-2)。

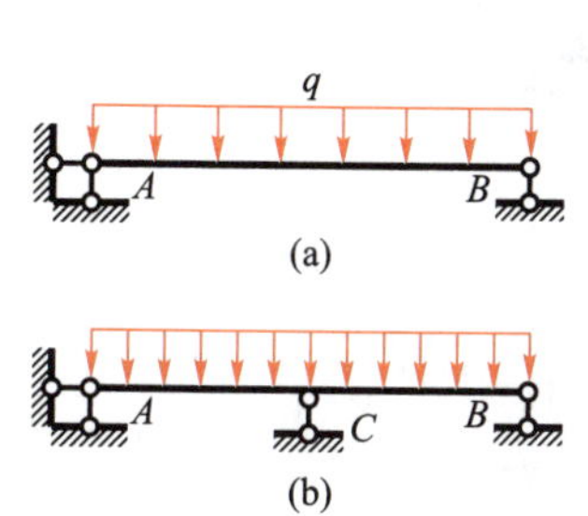

图 9-1　静定结构与超静定结构

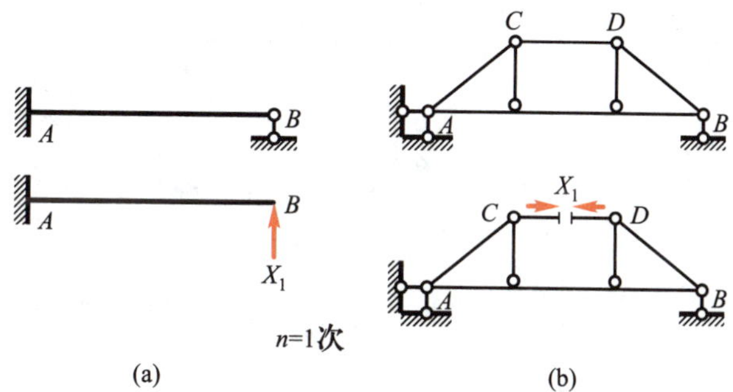

图 9-2　撤除一个支座链杆和切断一根链杆

(2) 撤除一个固定铰支座或撤除一个中间铰,相当于去掉两个约束(图 9-3)。

(3) 撤除一个固定端支座或切断一根梁式杆,相当于去掉三个多余约束(图 9-4)。

(4) 把刚性连接处改为单铰连接或把固定端支座改为固定铰支座,相当于去掉一个约束(图 9-5)。

在讨论超静定结构时,常把去掉多余联系后所得到的静定且几何不变体系称为原结构的**基本结构**。在它上面标注出外载和多余未知力，称为**基本体系**。

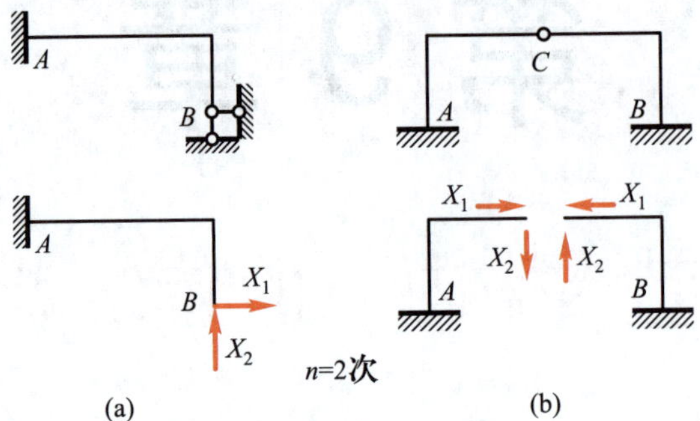

图 9-3　撤除固定铰支座和中间铰基本结构

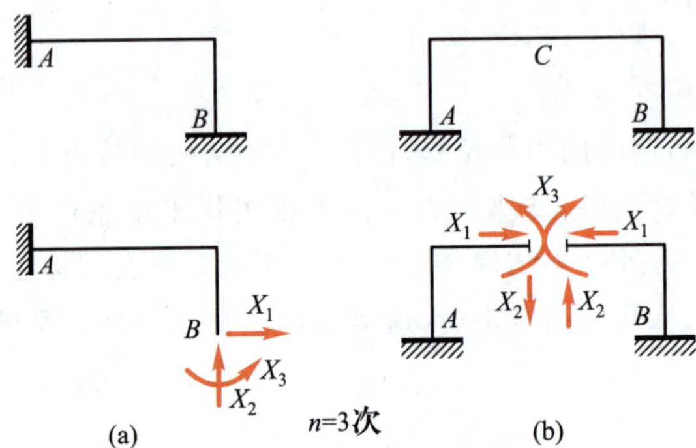

图 9-4　撤除固定端支座和切断梁式杆基本结构

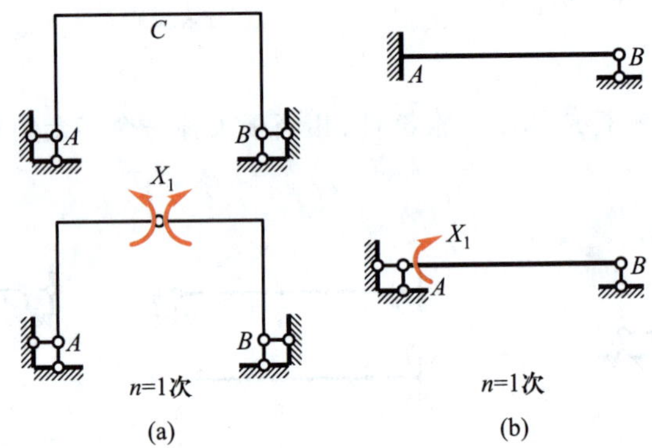

图 9-5　刚性连接改为单铰或固定端支座改为固定铰支座

在此需要强调的是，对于同一超静定结构可以按不同的方式撤除多余联系，从而得到不同形式的基本结构，但无论采用何种形式，超静定的次数是不变的。请在选择基本结构时注意这两点：

（1）基本结构必须是几何不变系，即只能撤除多余链杆约束，而不可撤除维持几何不变所需的必要链杆约束。如图 9-6a 中可选用图 9-6b、c、d 形式为基本结构，但不可选取图 9-6e 所示形式，因它为瞬变体系，瞬变体系是不能作为基本结构的。

（2）基本结构一般应是静定的，所以应撤除外部支座及内部全部多余联系。图 9-7a 所示的结构为 7 次超静定结构，图 9-7b 所示为相应的基本体系。

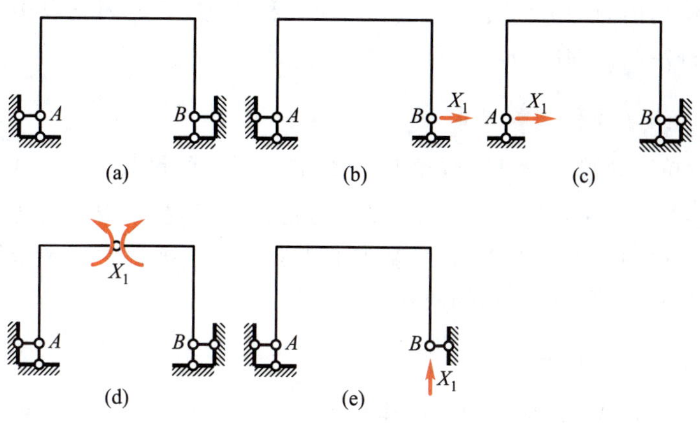

图 9-6　基本结构的几何不变性

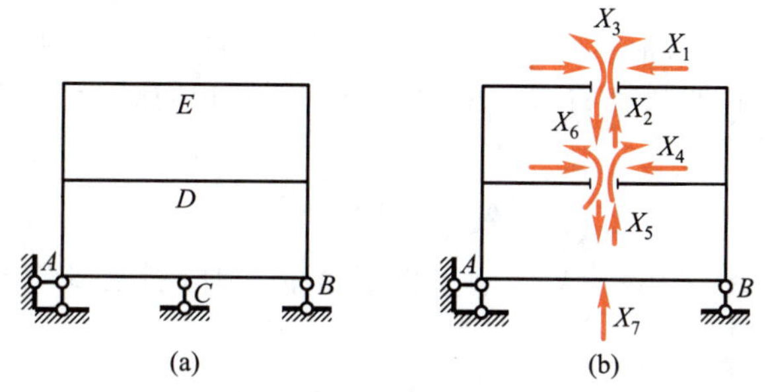

图 9-7　7 次超静定结构的基本结构

小知识

超静定结构内力计算方法选择指导

力法、位移法是超静定结构内力计算的基本方法。力法是以多余未知力为基本未知数，以位移条件列力法方程，易于计算超静定次数不高的超静定结构；位移法是以独立的结点位移为基本未知量，由平衡条件建立位移法方程，易于求解结点位移不多的超静定结构。但无论力法或是位移法都要建立和求解联立方程，当基本未知数较多时，其计算工作十分繁重。力矩分配法是在位移法的基础上发展起来的一种渐近解法，它的特点是它不必计算结点位移，可直接算得杆端弯矩。也就是说，超静定结构的内力计算，分为精确计算和近似计算。力法、位移法为精确计算，而力矩分配法为近似计算，要根据具体情况，来选择计算方法。

第 2 节　力法的基本原理与典型方程

力法是计算超静定结构的最基本方法之一。其基本原理是位移的连续条件，列出方程，先求出多余未知力，然后用熟悉的求解静定结构内力的计算方法，求出超静定结构的内力。

这种计算超静定结构内力的方法称为力法。之所以称为力法，是因它以多余未知力为基本未知数来计算超静定结构的内力。

一、力法中的基本未知量和基本体系

图 9-8a 所示单跨超静定梁 AB，撤除 B 点多余支座链杆，设其反力为 X_1，可得到如图 9-8b 图所示的静定结构。不难设想，当 X_1 为某一特定值时，该静定梁的受力和变形与原结构相同。因此在力法中多余未知力 X_1 是最基本的未知量。常把包含多余未知力和荷载的静定结构(图 9-8b)，称为原超静定结构的基本体系。

二、一次超静定结构的力法方程

要确定基本未知量 X_1，需应用位移的连续条件。如图 9-8a 所示的原超静定结构，B 处竖向位移为零，对比原结构与基本体系，则图 9-8b 所示悬臂梁 B 点在某一特定值 X_1 和荷载共同作用下，其竖向位移也应为零。因此，确定多余未知力 X_1 的位移条件应记为 $\Delta_1=0$。

设 Δ_{11} 和 Δ_{1F} 分别为多余未知力 X_1 及荷载 q 单独作用在基本结构上时，B 截面沿 X_1 的位移，如图 9-8c、d 所示，这些位移与多余未知力的正方向相同时为正，否则为负。按叠加原理有

$$\Delta_1=\Delta_{11}+\Delta_{1F}=0$$

再如图 9-8e 图所示，δ_{11} 表示 $\overline{X}_1=1$(单位多余未知力)引起 B 点竖向位移，则有 $\Delta_{11}=\delta_{11}X_1$，于是上式改写成

$$\delta_{11}X_1+\Delta_{1F}=0 \tag{9-1}$$

δ_{11} 和 Δ_{1F} 都是静定结构在已知力作用下的位移，可用第 8 章中的图乘法计算。上式(9-1)称为**一次超静定结构的力法方程**。

若要求得式(9-1)中 X_1，应首先求得 δ_{11} 和 Δ_{1F}。从图 9-8 看出，δ_{11} 和 Δ_{1F} 都是静定结构中 B 点在已知外力作用下的位移计算问题，均可按第 8 章所学的单位荷载法求得。

分别画出在 $\overline{X}_1=1$ 和荷载 q 作用下的弯矩图 $\overline{M}_1$ 图和 M_F 图，如图 9-9a、b 所示。按图乘法求得

$$\delta_{11}=\sum\int\frac{\overline{M}_1^2\mathrm{d}s}{EI}=\frac{1}{EI}\left(\frac{1}{2}l\cdot l\cdot\frac{2}{3}l\right)=\frac{l^3}{3EI}$$

$$\Delta_{1F}=\sum\int\frac{\overline{M}_1M_F\mathrm{d}s}{EI}=\frac{-1}{EI}\left(\frac{1}{3}\cdot\frac{ql^2}{2}\cdot l\,\frac{3l}{4}\right)=-\frac{ql^4}{8EI}$$

把 δ_{11}、Δ_{1F} 代入式(9-1)，求得多余未知力

$$X_1=-\frac{\Delta_{1F}}{\delta_{11}}=-\left(-\frac{ql^4}{8EI}\right)\Big/\frac{l^3}{3EI}=\frac{3}{8}ql(\uparrow)$$

上式为正值，表示 X_1 的实际方向与假定相同，即竖直向上。

多余未知力 X_1 求出后，其余所有反力和内力从基本体系可看出都属于静定结构计算问题。绘制弯矩图则可以应用已画出的 $\overline{M}_1$、M_F 图，应用叠加法

$$M=\overline{M}_1X_1+M_F \text{ 求得。}$$

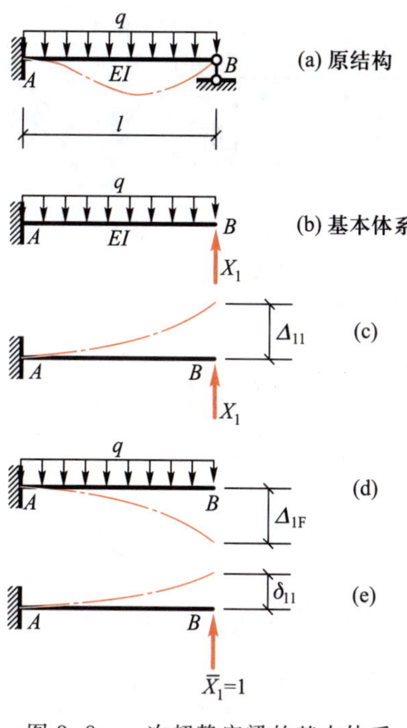

图 9-8　一次超静定梁的基本体系

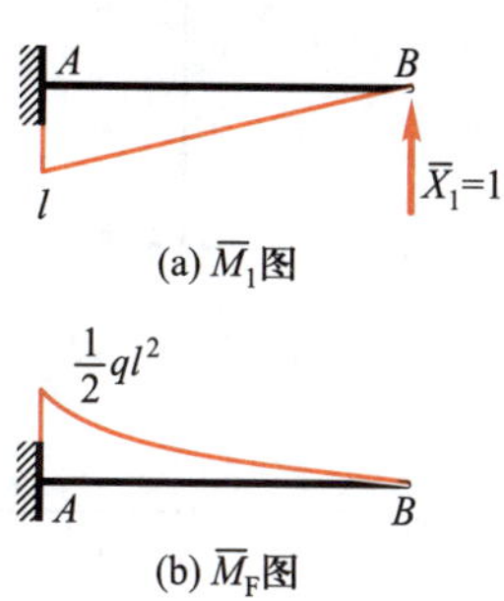

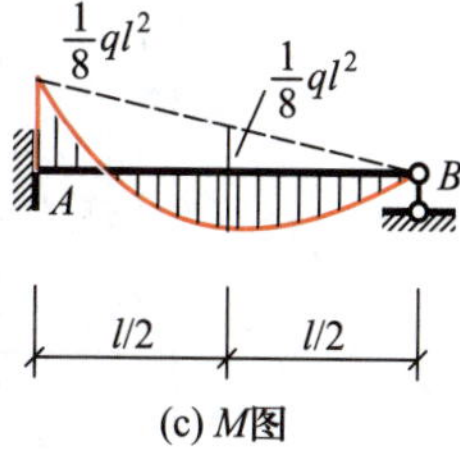

1/8 ql²　1/8 ql²　A　B　l/2　l/2

(c) M图

图 9-9　一次超静定梁的内力图

例如：A 截面弯矩值为

$$M_A = l\times\left(\frac{3}{8}ql\right)+\left(-\frac{1}{2}ql^2\right) = -\frac{1}{8}ql^2\text{（上侧受拉）}$$

于是可作出 M 图（最后弯矩图），如图 9-9c 所示。

三、力法的典型方程

上面列举了简单的一次超静定结构用力法求解的全过程。可以看出，关键的步骤是按位移条件建立力法方程式，以求出多余未知力。下面用图 9-10a 所示的二次超静定刚架为例，说明如何建立多次超静定结构的力法典型方程。

撤除原结构 B 端约束，以相应的多余未知力 X_1、X_2 代替原固定铰支座约束作用，同时考虑荷载作用，可得基本体系如图 9-10b 所示。

原结构在支座 B 处是固定铰支座，将不会产生水平、竖向线位移，因此，在基本体系上 B 点沿 X_1、X_2 方向位移也应为零。即位移条件应为

$$\Delta_1=0, \Delta_2=0$$

和上面讨论一次单跨超静定梁相仿，设单位多余未知力 $\overline{X}_1=1$、$\overline{X}_2=1$ 和荷载 F 分别单独作用在基本结构上时：B 点沿 X_1 方向产生位移记为 δ_{11}、δ_{12} 和 Δ_{1F}；沿 X_2 方向产生的位移记为 δ_{21}、δ_{22} 和 Δ_{2F}（图 9-10c、d、e）。

按叠加原理，基本体系应满足的位移条件可表示为

$$\left.\begin{aligned}\delta_{11}X_1+\delta_{12}X_2+\Delta_{1F}=0\\ \delta_{21}X_1+\delta_{22}X_2+\Delta_{2F}=0\end{aligned}\right\}\qquad(9-2)$$

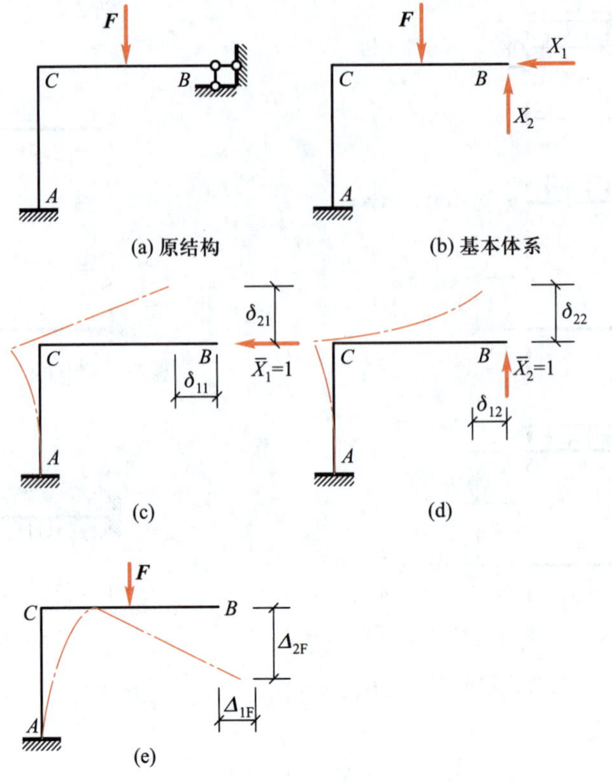

图 9-10　二次超静定刚架基本体系

这就是求解多余未知力 X_1、X_2 所要建立的力法典型方程式,求解该线性方程组,即可求得多余未知力。

对于 n 次超静定结构,则必有 n 个多余未知力,相应地也就有 n 个已知位移条件,假如原结构在撤除多余约束方向位移皆为零时,则可以建立如下 n 个力法方程。

$$\left.\begin{array}{l}\delta_{11}X_1+\delta_{12}X_2+\cdots+\delta_{1i}X_i+\cdots+\delta_{1n}X_n+\Delta_{1F}=0\\ \cdots\cdots\cdots\\ \delta_{i1}X_1+\delta_{i2}X_2+\cdots+\delta_{ii}X_i+\cdots+\delta_{in}X_n+\Delta_{iF}=0\\ \cdots\cdots\cdots\\ \delta_{n1}X_1+\delta_{n2}X_2+\cdots+\delta_{ni}X_i+\cdots+\delta_{nn}X_n+\Delta_{nF}=0\end{array}\right\} \tag{9-3}$$

式(9-3)就是求解 n 次超静定结构的**力法典型方程式**。这一组方程的物理本质仍然是位移条件,其含义是指:基本结构在全部多余未知力和荷载共同作用下,在撤除多余约束处沿各多余未知力方向的位移,应与原结构相应位移相等。

在式(9-3)中,多余未知力前面的系数组成了 n 行 n 列的一个数表。从左上到右下方对角线上系数 $\delta_{ii}(i=1,2,\cdots,n)$ 称为**主系数**,它是单位多余未知力 $\overline{X_i}=1$ 单独作用,所引起的沿自身方向位移;其他系数 $\delta_{ij}(i\neq j)$ 称为**副系数**,它是单位多余未知力 $\overline{X_j}=1$ 单独作用,所引起的沿 X_i 方向的位移;最后一项 Δ_{iF} 称为自由项,它是荷载单独作用时,所引起沿 X_i 方向的位移。

显然，由物理概念可推知，主系数恒为正值，且不会为零；副系数和自由项，则可为正、为负或为零。而且按位移互等定理，有以下关系

$$\delta_{ij}=\delta_{ji} \tag{9-4}$$

上述力法典型方程组具有一定规律性，无论超静定结构是何种类型，无论所选择基本结构是何种形式，在荷载作用下所建立的力法方程组都具有如式（9-3）相同的形式，故称为力法的典型方程。

典型方程中的主、副系数和自由项都是基本结构在已知力、多余未知力作用下的位移，均可用求静定结构位移的方法求得。进而由力法典型方程求得全部多余未知力。超静定结构最后弯矩图按叠加原理则得

$$M=\overline{M}_1X_1+\overline{M}_2X_2+\cdots+\overline{M}_nX_n+M_F \tag{9-5}$$

对梁和刚架当要求剪力图和轴力图时，不妨把全部多余未知量代回基本体系，按静定结构方法来计算。

一般说来，用力法计算超静定结构步骤如下：

（1）撤除多余联系，假设多余未知力，考虑荷载，绘出基本体系；

（2）将基本体系和原结构相比较，按位移条件建立力法典型方程；

（3）在基本结构上，绘出单位弯矩图和荷载弯矩图，用图乘法求出主、副系数和自由项；

（4）列力法典型方程，解力法典型方程，求解全部多余未知力；

（5）按叠加法或静力平衡条件作出内力图。

例 9-1　试用力法计算图 9-11a 所示两跨连续梁，并绘制 M 图。EI = 常数。

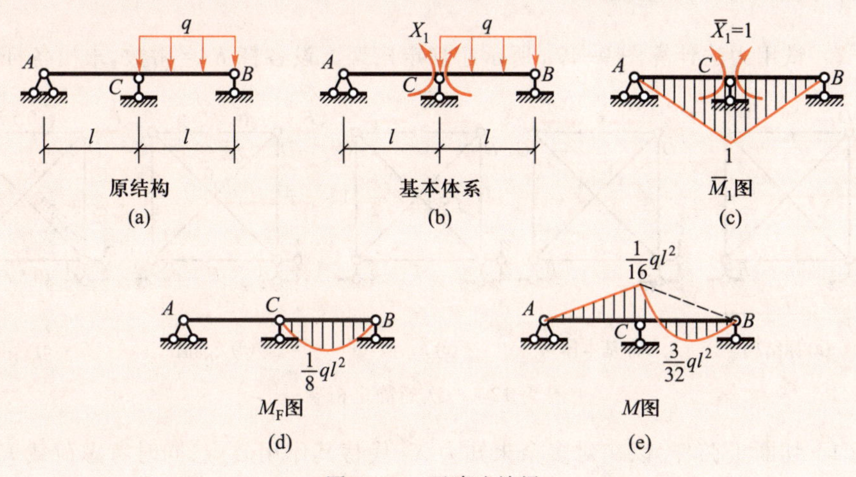

图 9-11　两跨连续梁

解　（1）确定超静定次数，选取基本体系。此连续梁为一次超静定，将 C 支座处梁的弯矩作为多余约束力，基本体系如图 9-11b 所示。

（2）建立力法典型方程。基本体系应满足 C 支座截面相对角位移为零的位移条件。列出力法典型方程为

$$\delta_{11}X_1+\Delta_{1F}=0$$

(3) 求系数和自由项。先绘制基本结构分别在$\overline{X}_1=1$和荷载单独作用下的弯矩图，即$\overline{M}_1$图和M_F图，如图 9-11c、d 所示。运用图乘得

$$\delta_{11}=\frac{2}{EI}\left(\frac{1}{2}\times l\times 1\times\frac{2}{3}\times 1\right)=\frac{2l}{3EI}$$

$$\Delta_{1F}=\frac{1}{EI}\left(\frac{2}{3}\times\frac{1}{8}ql^2\times l\times\frac{1}{2}\times 1\right)=\frac{ql^3}{24EI}$$

(4) 求解多余未知力。将系数和自由项代入力法典型方程得

$$16X_1+ql^2=0$$

解得

$$X_1=-\frac{1}{16}ql^2$$

负值说明实际方向与基本体系上假设的X_1方向相反。

(5) 计算内力并作内力图。根据弯矩叠加公式$M=\overline{M}_1X_1+M_F$求内力。

$$M_{AC}=0$$

$$M_{CA}=1\times\left(-\frac{1}{16}ql^2\right)+0=-\frac{1}{16}ql^2$$

$$M_{CB}=1\times\left(-\frac{1}{16}ql^2\right)+0=-\frac{1}{16}ql^2$$

$$M_{BC}=0$$

据叠加原理画弯矩图，如图 9-11e 所示。

例 9-2　试用力法计算图 9-12a 所示超静定桁架。设各杆EA=常数，求出各杆的轴力。

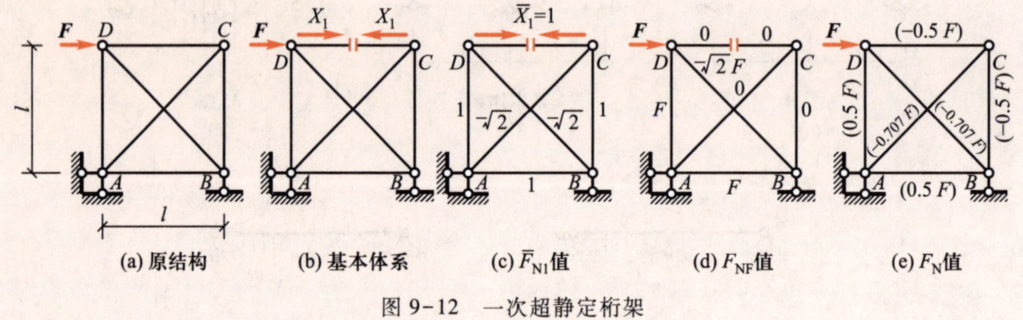

图 9-12　一次超静定桁架

解　(1) 切断上弦杆，以一对多余未知力X_1代替其作用效应，同时考虑荷载F，建立基本体系如图 9-12b 所示。

(2) 建立力法典型方程　切口处原为连续杆件截面，则其相对轴向线位移应为零，于是力法方程为

$$\delta_{11}X_1+\Delta_{1F}=0$$

(3) 计算系数、自由项　首先应用结点法计算出在$\overline{X_1}=1$和荷载F分别单独作用下各杆内力值，已示于图 9-12c、d 中，请读者加以校核。按桁架位移计算公式则有

$$\delta_{11}=\sum\frac{\overline{F}_{N1}^2\cdot l}{EA}=\frac{1}{EA}[1^2\times l\times 4+(-\sqrt{2})^2\times\sqrt{2}l\times 2]=\frac{1}{EA}4(1+\sqrt{2})$$

$$\Delta_{1F}=\sum\frac{\overline{F}_{N1}\cdot F_{NF}\cdot l}{EA}=\frac{1}{EA}[2\times 1\times F\times l+(-\sqrt{2})\times(-\sqrt{2}F)\times\sqrt{2}l]=\frac{1}{EA}2(1+\sqrt{2})\cdot Fl$$

（4）求解多余未知力

$$X_1=-\frac{\Delta_{1F}}{\delta_{11}}=-\frac{2(1+\sqrt{2})Fl/EA}{4(1+\sqrt{2})l/EA}=-\frac{F}{2}\quad（压力）$$

（5）计算各杆最后内力　利用叠加法较方便，按已经计算出的各杆$\overline{F}_{N1}$值和 F_{NF}值，则各杆轴力为

$$F_N=\overline{F}_{N1}\cdot X_1+F_{NF}$$

各杆轴力值如图 9-12e 图所示。其中各值来历举例如下

$$F_{NAB}=1\times\left(-\frac{F}{2}\right)+F=0.5F\quad（拉力）$$

$$F_{NAC}=(-\sqrt{2})\times\left(-\frac{F}{2}\right)+0=\frac{\sqrt{2}}{2}F=0.707F（拉力）；等等。$$

例 9-3　试用力法计算图 9-13a 所示超静定组合结构的内力并作内力图。其中梁式杆 AB 刚度为 $EI=2\times10^4\ \mathrm{kN\cdot m^2}$；杆件 AD、BD 为 $EA=2.5\times10^5\mathrm{kN}$；杆件 CD 为 $EA=5\times10^5\mathrm{kN}$。

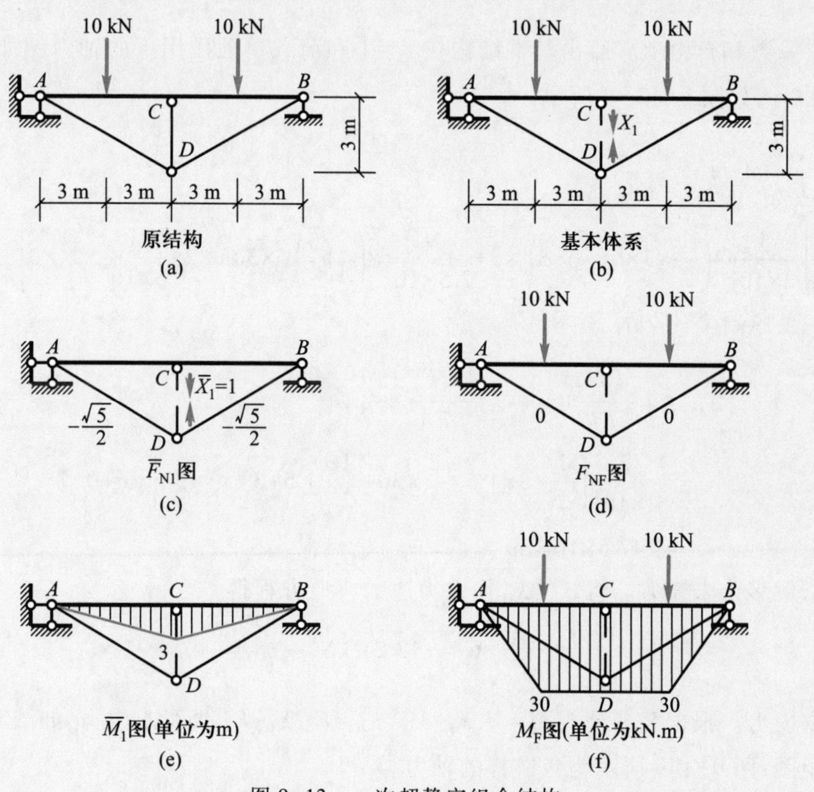

图 9-13　一次超静定组合结构

解 解题思路:组合结构既含有链式杆,又含有梁式杆。所以在计算力法典型方程中的系数和自由项时,对链杆系统只考虑轴力影响,对梁式杆系统通常略去轴力及剪力微小影响,只考虑弯矩影响。即为

$$\delta_{ii}=\sum\int\frac{\overline{M}_i^2}{EI}\mathrm{d}s+\sum\frac{\overline{F}_{\mathrm{N}i}^2\cdot l}{EA}$$

$$\delta_{ij}=\sum\int\frac{\overline{M}_i\,\overline{M}_j}{EI}\mathrm{d}s+\sum\frac{\overline{F}_{\mathrm{N}i}\cdot\overline{F}_{\mathrm{N}j}\cdot l}{EA}$$

$$\Delta_{i\mathrm{F}}=\sum\int\frac{\overline{M}_iM_{\mathrm{F}}}{EI}\mathrm{d}s+\sum\frac{\overline{F}_{\mathrm{N}i}\cdot F_{\mathrm{NF}}\cdot l}{EA}$$

上式中第一个集和号是对全部梁式杆求和,第二个集和号是对全部链式杆求和。先用力法解算超静定组合结构的步骤计算多余未知力,再根据叠加原理,分别作梁式杆与链杆求内力和内力图。

(1) 确定超静定次数,选取基本体系。此组合结构为一次超静定,切断 CD 杆并用多余未知力 X_1 代替,得基本体系如图 9-13b 所示。

(2) 建立力法的典型方程。根据切口处两侧截面轴向相对位移为零的条件,可建立力法的典型方程为

$$\delta_{11}X_1+\Delta_{1\mathrm{F}}=0$$

(3) 求系数和自由项。绘出基本结构在$\overline{X}_1=1$ 和荷载单独作用下的轴力图如图 9-13c、d 所示和弯矩图如图 9-13e、f 所示。

$$\begin{aligned}\delta_{11}&=\int\frac{\overline{M}_1^2}{EI}\mathrm{d}x+\sum\frac{\overline{F}_{\mathrm{N1}}^2l}{EA}\\&=\left[\frac{1}{2\times10^4}\times\left(\frac{1}{2}\times3\times6\times\frac{2}{3}\times3\right)\times2+\frac{1}{2.5\times10^5}\times\left(-\frac{\sqrt{5}}{2}\right)^2\times3\sqrt{5}\times2+\frac{1}{5\times10^5}\times1^2\times3\right]\ \mathrm{m/kN}\\&=18.73\times10^{-4}\ \mathrm{m/kN}\end{aligned}$$

$$\begin{aligned}\Delta_{1\mathrm{F}}&=\int\frac{\overline{M}_1M_{\mathrm{F}}}{EI}\mathrm{d}x+\sum\frac{\overline{F}_{\mathrm{N1}}F_{\mathrm{NF}}l}{EA}\\&=\frac{2}{2\times10^4}\left[\frac{1}{2}\times3\times1.5\times\frac{2}{3}\times30+\frac{1}{2}(1.5+3)\times3\times30\right]\ \mathrm{m}+0\\&=247.5\times10^{-4}\ \mathrm{m}\end{aligned}$$

(4) 求解多余未知力。将 δ_{11}、$\Delta_{1\mathrm{F}}$代入力法的典型方程得

$$X_1=-13.21\ \mathrm{kN}$$

(5) 求内力。根据叠加公式 $M=\overline{M}_1X_1+M_{\mathrm{F}}$, $F_{\mathrm{N}}=\overline{F}_{\mathrm{N1}}X_1+F_{\mathrm{NF}}$即可求内力,如图 9-14a 所示为最后弯矩图,图 9-14b 所示为各链杆的轴力。

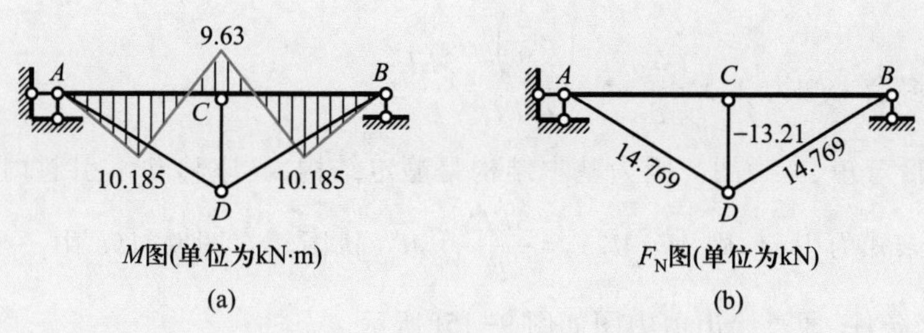

图 9-14　一次超静定组合结构内力图

例 9-4　图 9-15a 所示等截面单跨超静定梁，已知支座 B 下沉的竖向位移为 Δ，试求该梁的弯矩图和剪力图。

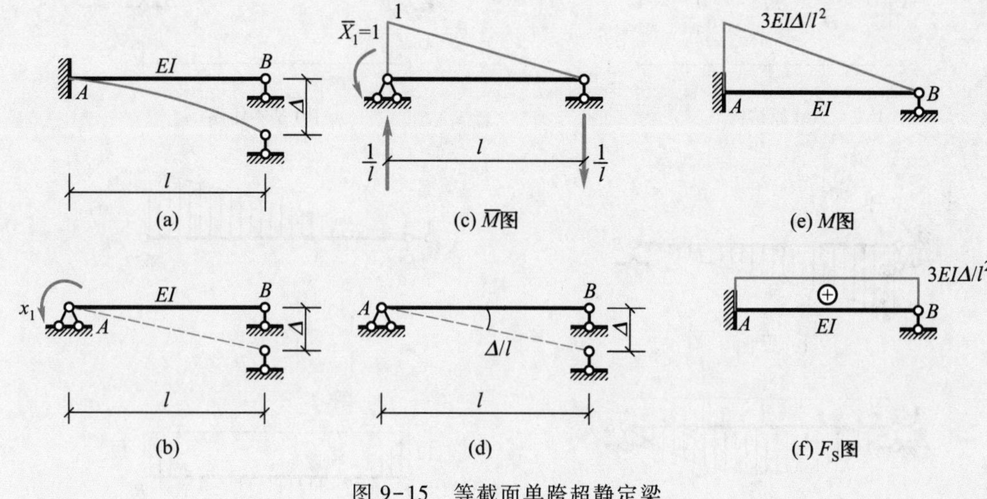

图 9-15　等截面单跨超静定梁

解　解题思路：由于超静定结构从几何构造上来说具有多余约束，因此当支座移动时，将导致结构产生内力，这是超静定结构的一个重要特性。用力法计算超静定结构基本原理与步骤仍同一般情况，仅力法典型方程中的自由项计算用公式 $\Delta_{1C}=-\sum\overline{F}_R\cdot C$。

（1）基本体系。此梁为一次超静定结构，取简支梁为基本结构，基本体系如图 9-15b 所示。

（2）建立力法典型方程。按基本体系中 X_1 方向位移与原结构相同，则有

$$\delta_{11}X_1+\Delta_{1C}=0$$

上式中 Δ_{1C} 是基本结构因支座移动引起的 X_1 方向位移。

（3）求系数和自由项。按图 9-15c、d，则有

$$\delta_{11}=\frac{1}{EI}\left(\frac{1}{2}\times l\times1\times\frac{2}{3}\times1\right)=\frac{l}{3EI}$$

$$\Delta_{1C}=-\sum\overline{F}_R\cdot C=-\frac{\Delta}{l}$$

（4）求出多余未知力 $X_1=-\dfrac{\Delta_{1C}}{\delta_{11}}=-\dfrac{\left(-\dfrac{\Delta}{l}\right)}{l/3EI}=\dfrac{3EI}{l^2}\Delta$

（5）画最后弯矩、剪力图。因为基本结构是静定结构，支座移动不引起内力，所以最后弯矩仅由多余未知力引起，则 $M=\overline{M}_1X_1=\dfrac{3EI\Delta}{l^2}\cdot\overline{M}_1$，$M$ 图绘在图 9-15e 中。当弯矩图求得后，按一般平衡条件，即可绘出剪力图如图 9-15f 所示。

例 9-5　图 9-16a 所示为一两端固定的超静定梁，全跨承受均布荷载 q 的作用，试用力法计算，并绘制内力图。

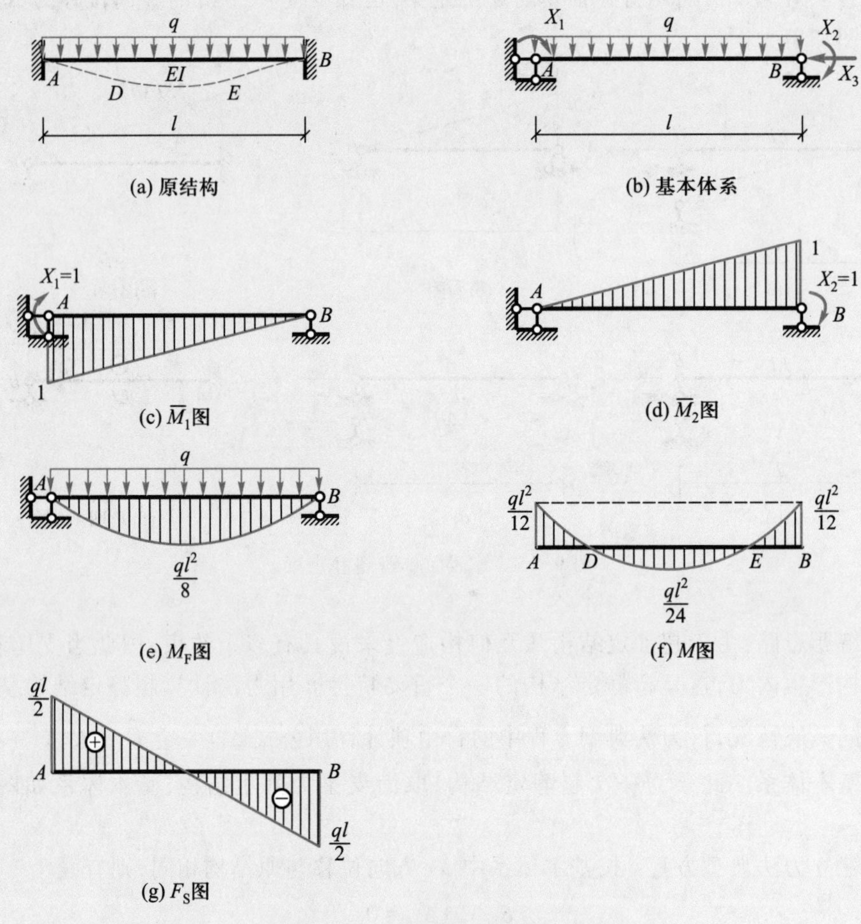

图 9-16　三次超静定梁的内力图

解　（1）选取基本体系。这是一个三次超静定梁，去掉 A、B 端的转动约束和 B 端的水平约束，代之以多余未知力 X_1、X_2、X_3，得到如图 9-16b 所示的基本体系。

（2）建立力法方程。在竖向荷载作用下，当不考虑梁的轴向变形时，可认为轴向约束力为零，即 $X_3=0$。基本体系在多余未知力 X_1、X_2 及荷载的共同作用下，应满足在 A 端和 B 端的角位移等于零的位移条件。因此力法方程为

$$\delta_{11}X_1+\delta_{12}X_2+\Delta_{1F}=0$$

$$\delta_{21}X_1+\delta_{22}X_2+\Delta_{2F}=0$$

(3) 计算系数和自由项。分别绘出基本结构在单位多余未知力 $X_1=1$ 和 $X_2=1$ 作用下的弯矩图，即 $\overline{M}_1$ 图、$\overline{M}_2$ 图(图 9-16c、d)，以及荷载作用下的弯矩图 M_F 图(图 9-16e)，利用图乘法计算方程中各系数和自由项。由 $\overline{M}_1$ 图自乘，得

$$\delta_{11}=\frac{1}{EI}\times\frac{1}{2}\times l\times1\times\frac{2}{3}=\frac{l}{3EI}$$

由 $\overline{M}_2$ 图自乘，得

$$\delta_{22}=\frac{1}{EI}\times\frac{1}{2}\times l\times1\times\frac{2}{3}=\frac{l}{3EI}$$

由 $\overline{M}_1$ 图与 $\overline{M}_2$ 图互乘，得

$$\delta_{12}=\delta_{21}=-\frac{1}{EI}\times\frac{1}{2}\times l\times1\times\frac{1}{3}=-\frac{l}{6EI}$$

由 $\overline{M}_1$ 图与 M_F 图互乘，得

$$\Delta_{1F}=\frac{1}{EI}\times\frac{2}{3}\times l\times\frac{1}{8}ql^2\times\frac{1}{2}=\frac{ql^3}{24EI}$$

由 $\overline{M}_2$ 图与 M_F 图互乘，得

$$\Delta_{2F}=-\frac{1}{EI}\times\frac{2}{3}\times l\times\frac{1}{8}ql^2\times\frac{1}{2}=-\frac{ql^3}{24EI}$$

(4) 解方程求多余未知力。将求得的系数和自由项代入力法方程，化简后得到

$$2X_1-X_2+\frac{ql^2}{4}=0$$

$$-X_1+2X_2-\frac{ql^2}{4}=0$$

由此解得

$$X_1=-\frac{1}{12}ql^2\quad(\curvearrowleft),\qquad X_2=\frac{1}{12}ql^2\quad(\curvearrowright)$$

负号表示 X_1 的实际方向与假设的方向相反，即 X_1 逆时针转向。

(5) 绘制内力图。本题中由于已求出 A、B 两端截面上的弯矩，故用区段叠加法绘出原结构的弯矩图，如图 9-16f 所示。

绘剪力图时，可以取杆件为隔离体，利用已知杆端弯矩，由静力平衡条件，求出杆端剪力，然后绘出原结构的剪力图(图 9-16g)。

由以上计算可知，单跨超静定梁的弯矩图与同跨度、同荷载的简支梁相比较，因超静定梁两端受多余约束限制，不能产生转角位移而出现负弯矩(上侧受拉)，故梁中点处的弯矩值较相应简支梁减少，降低了最大内力峰值，使整个梁上内力分布得以改善。

第 3 节　位移法的基本原理与典型方程

一、位移法的基本原理

力法计算超静定结构是以多余未知力为基本未知量，当结构的超静定次数较高时，用力法计算比较麻烦。而位移法则是以独立的结点位移为基本未知量，未知量个数与超静定次数无关，故一些高次超静定结构用位移法计算比较简便。下面用一实例介绍位移法的基本原理。

图 9-17a 所示等截面连续梁，在均布荷载作用下产生如图中虚线所示的变形。其中杆 AB 和杆 BC 在 B 点处刚性连接，在 B 端两杆发生了共同的角位移 φ_B。该连续梁的受力和变形情况与图 9-17b 所示情况相同，即杆 AB 相当于两端固定梁在 B 端发生角位移 φ_B；杆 BC 相当于 B 端固定、C 端铰支的梁，在梁上受均布荷载作用，并在 B 端发生角位移 φ_B。如将结点 B 的角位移 φ_B 作为支座移动的外因看待，则上述连续梁可转化为两个单跨超静定梁来计算。只要知道角位移 φ_B 的大小，则可由力法计算出这两个单跨超静定梁的全部反力、内力。下面来研究如何计算角位移 φ_B。

为了将图 9-17a 转化为图 9-17b 进行计算，假设在连续梁结点 B 处加入一附加刚臂（图 9-17c），附加刚臂的作用是约束 B 点的转动，而不约束移动。由于结点 B 无线位移，所以加入此附加刚臂后，B 点任何位移都不能产生了，即相当于固定端。于是原结构变成了由 AB 和 BC 两个单跨超静定梁的组合体，我们称该组合体为**位移法的基本结构**。在基本结构上受荷载作用，并使 B 点处的附加刚臂转过与实际变形相同的转角 $Z_1=\varphi_B$，使基本结构的受力和变形与原结构一样（图 9-17c），用基本结构代替原结构进行计算。

为了方便计算，把基本结构上的外界因素分为两种情况：一种情况是荷载的作用（图 9-17d）；另一种情况是 B 点角位移的影响（图 9-17e）。分别单独计算以上各因素的作用，然后由叠加原理将计算结果叠加。在图 9-17d 中，只有荷载 q 的作用，无角位移 Z_1 影响。AB 梁上无荷载作用故无内力；BC 梁相当于 B 端固定、C 端铰支，在梁上受均布荷载 q 的作用，其弯矩图可由力法求出，如图 9-17d 所示。在附加刚臂上产生的约束力矩为 R_{1F}。在图 9-17e 中，只有 Z_1 的影响。AB 梁相当于两端固定梁，在 B 端产生一角位移 Z_1 的支座移动；BC 梁相当于 B 端固定、C 端铰支，在 B 端产生一角位移 Z_1 的支座移动。它们的弯矩图同样可由力法求出，如图 9-17e 所示。在附加刚臂上产生的约束力矩为 R_{11}。在基本结构上由荷载及角位移 Z_1 两种因素引起的约束力矩，由叠加原理可得为 $R_{11}+R_{1F}$。由于基本结构的受力和变形应与原结构相同，而在原结构上没有附加刚臂，故基本结构中附加刚臂上的约束力矩应为零。即

$$R_{11}+R_{1F}=0$$

如在图 9-17e 中，令 r_{11} 表示当 $Z_1=1$ 时附加刚臂上的约束力矩，则 $R_{11}=r_{11}Z_1$，故上式改写为

$$r_{11}Z_1+R_{1F}=0 \tag{9-6}$$

上式（9-6）称为**一个未知数的位移法方程**。式中的 r_{11} 称为系数，R_{1F} 称为自由项。它们的方向与 Z_1 方向相同时规定为正，反之为负。

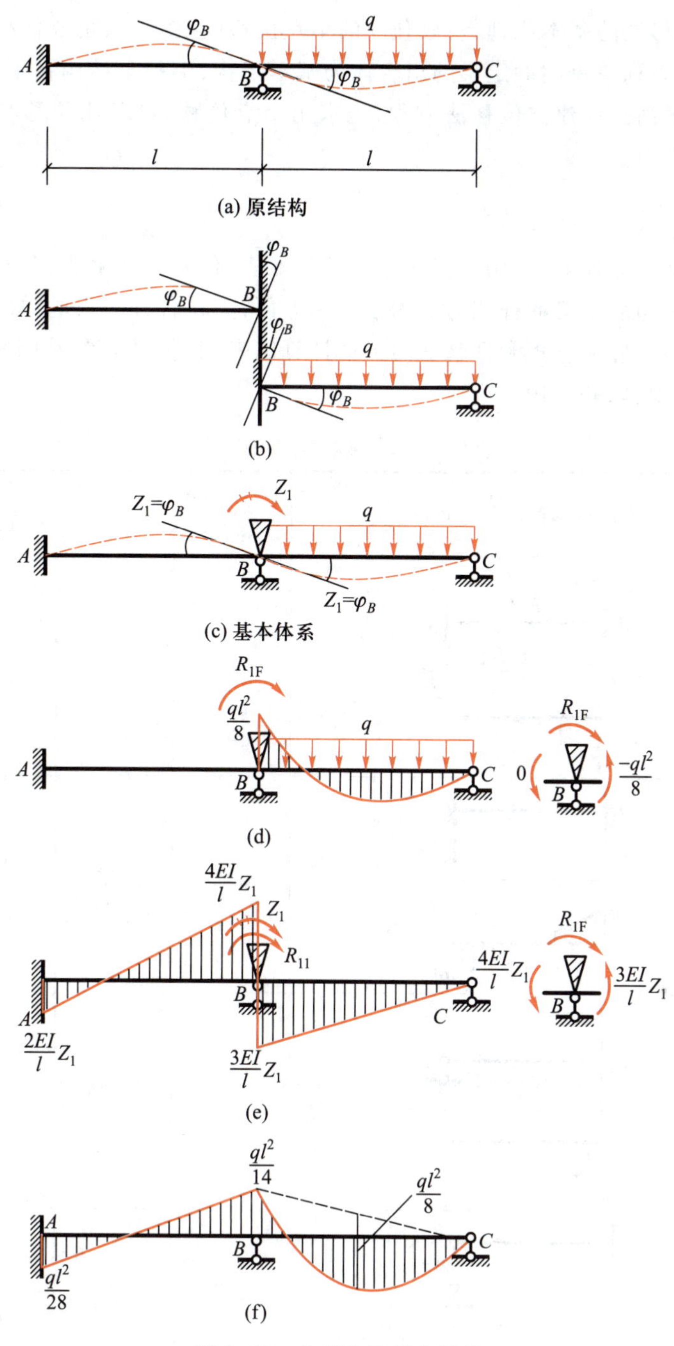

图 9-17　位移法的基本原理

为了由式(9-6)求解 Z_1，可由图 9-17d 中取结点 B 为隔离体，由力矩平衡条件得出 $R_{1F}=-\dfrac{ql^2}{8}$；由图 9-17e 中取结点 B 为隔离体，并令 $Z_1=1$，由力矩平衡条件得出 $r_{11}=\dfrac{7EI}{l}$。代入式(9-6)，得 $Z_1=\dfrac{ql^3}{56EI}$。

求出 Z_1 后，将图 9-17d、e 两种情况叠加，即得原结构的弯矩图如图 9-17f 所示。

综上所述，位移法的基本原理是：以独立的结点位移（包括结点角位移和结点线位移）为基本未知量，以一系列单跨超静定梁的组合体为基本结构，由基本结构在附加约束处的受力与原结构一致的平衡条件建立位移法方程，先求出结点位移，再利用位移与内力的关系，进一步计算出杆件内力。

二、等截面单跨超静定梁的杆端力

由位移法的基本原理知，在用位移法和力矩分配法（位移法派生法）计算超静定结构中，都用到等截面单跨超静定梁的杆端力。为了使用方便，先将各种约束的单跨超静定梁，由支座移动与荷载引起的杆端弯矩和杆端剪力数值计算出来（具体计算参看例 9-4、例 9-5），列于表 9-1、表 9-2 中，以备选用。

表 9-1　等截面单跨超静定梁形常数

序号	支座位移简图与弯矩图	杆端弯矩		杆端剪力	
		M_{AB}	M_{BA}	F_{SAB}	F_{SBA}
1	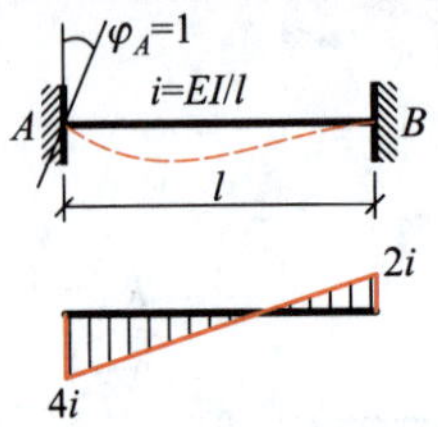 $\varphi_A=1$　$i=EI/l$　A　B　l　$2i$　$4i$	$4i$	$2i$	$-\dfrac{6i}{l}$	$-\dfrac{6i}{l}$
2	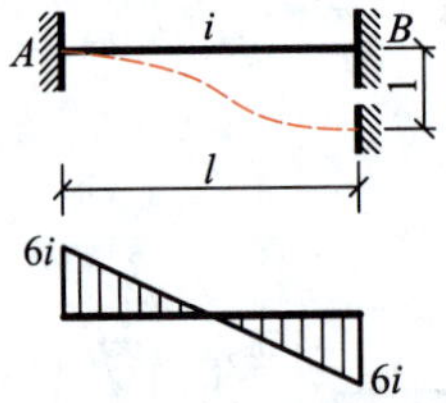 A　i　B　1　l　$6i$　$6i$	$-\dfrac{6i}{l}$	$-\dfrac{6i}{l}$	$\dfrac{12i}{l^2}$	$\dfrac{12i}{l^2}$
3	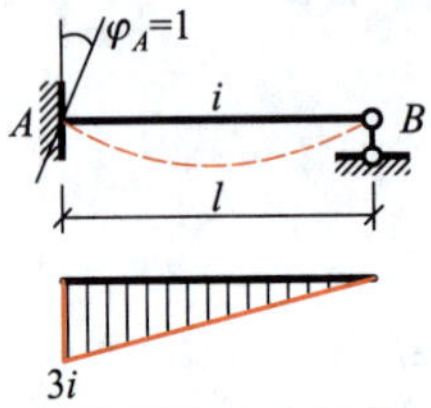 $\varphi_A=1$　A　i　B　l　$3i$	$3i$	0	$-\dfrac{3i}{l}$	$-\dfrac{3i}{l}$
4	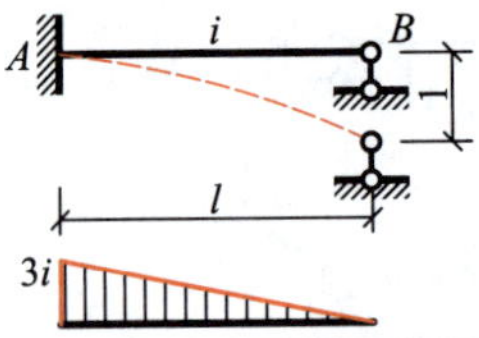 A　i　B　1　l　$3i$	$-\dfrac{3i}{l}$	0	$\dfrac{3i}{l^2}$	$\dfrac{3i}{l^2}$
5	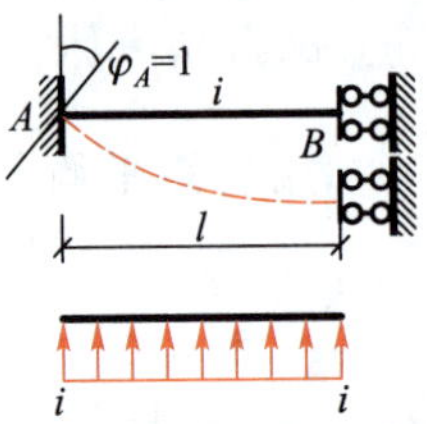 $\varphi_A=1$　i　A　B　l　i　i	i	$-i$	0	0

表 9-2　等截面单跨超静定梁载常数

序号	支座位移简图及弯矩图	杆端弯矩		杆端剪力	
		M_{AB}	M_{BA}	F_{SAB}	F_{SBA}
1	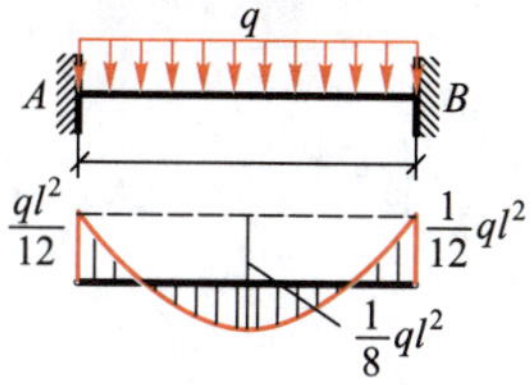 q, A, B; $\frac{ql^2}{12}$, $\frac{1}{12}ql^2$, $\frac{1}{8}ql^2$	$-\frac{1}{12}ql^2$	$\frac{1}{12}ql^2$	$\frac{1}{2}ql$	$-\frac{1}{2}ql$
2	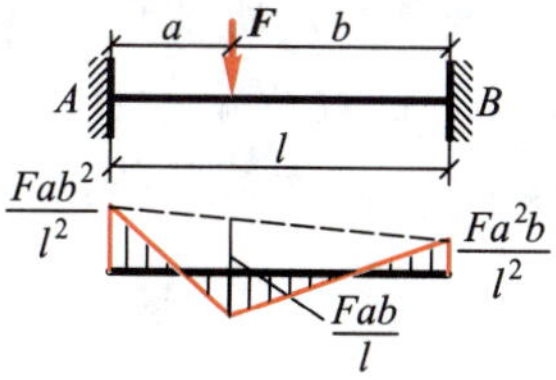 a, F, b, A, B, l; $\frac{Fab^2}{l^2}$, $\frac{Fa^2b}{l^2}$, $\frac{Fab}{l}$	$-\frac{Fab^2}{l^2}$	$\frac{Fa^2b}{l^2}$	$\frac{Fb^2(l+2a)}{l^3}$	$-\frac{Fa^2(l+2b)}{l^3}$
		当 $a=b=\frac{l}{2}$，$-\frac{Fl}{8}$	$\frac{Fl}{8}$	$\frac{F}{2}$	$-\frac{F}{2}$
3	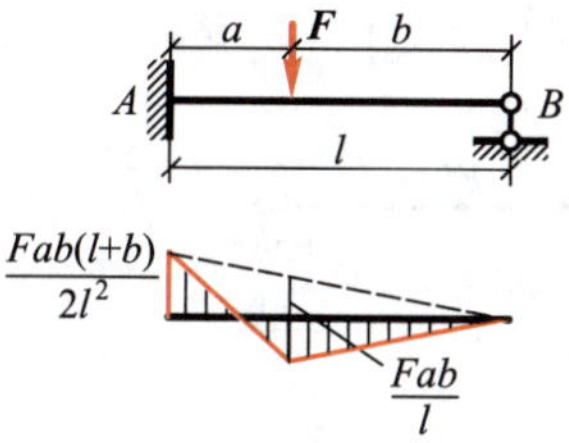 a, F, b, A, B, l; $\frac{Fab(l+b)}{2l^2}$, $\frac{Fab}{l}$	$-\frac{Fab(l+b)}{2l^2}$	0	$\frac{Fb(3l^2-b)}{2l^3}$	$-\frac{Fa^2(2l+b)}{2l^3}$
		当 $a=b=\frac{l}{2}$，$-\frac{3Fl}{16}$	0	$\frac{11F}{16}$	$-\frac{5F}{16}$
4	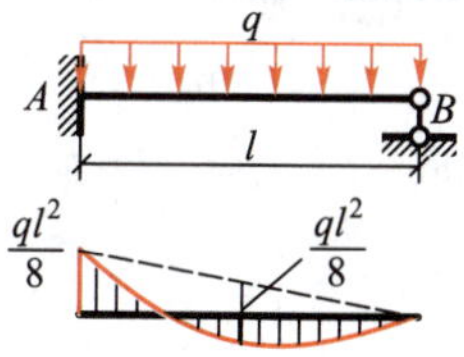 q, A, B, l; $\frac{ql^2}{8}$, $\frac{ql^2}{8}$	$-\frac{ql^2}{8}$	0	$\frac{5ql}{8}$	$-\frac{3ql}{8}$
5	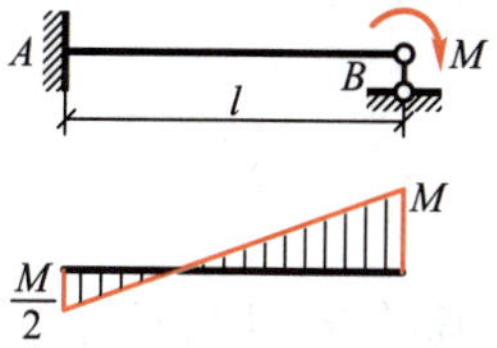 A, B, M, l; M, $\frac{M}{2}$	$\frac{M}{2}$	M	$-\frac{3M}{2l}$	$-\frac{3M}{2l}$
6	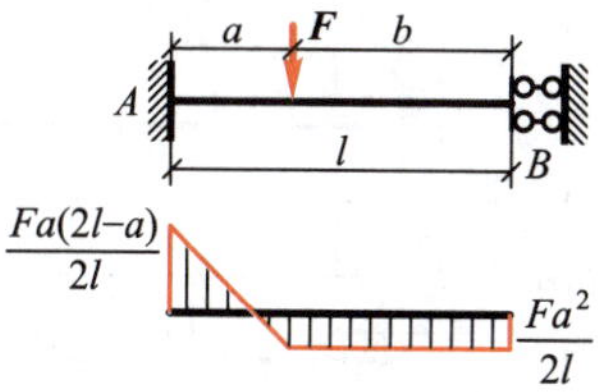 a, F, b, A, B, l; $\frac{Fa(2l-a)}{2l}$, $\frac{Fa^2}{2l}$	$-\frac{Fa}{2l}(2l-a)$	$-\frac{Fa^2}{2l}$	F	0
		当 $a=\frac{l}{2}$，$-\frac{3Fl}{8}$	$-\frac{Fl}{8}$	F	0
7	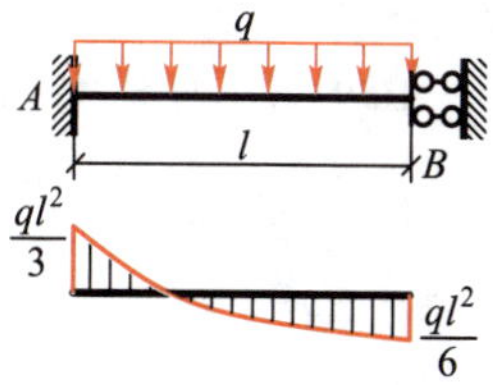 q, A, B, l; $\frac{ql^2}{3}$, $\frac{ql^2}{6}$	$-\frac{1}{3}ql^2$	$-\frac{1}{6}ql^2$	ql	0

在表 9-1 中，令 $i=EI/l$，称为杆件的**线刚度**。表 9-1、表 9-2 中杆端弯矩、杆端剪力以及角位移的正、负号规定如下：对杆端而言弯矩以顺时针转向为正（对支座或结点而言，则以逆时针转向为正），反之为负，如图 9-18 所示；至于剪力的正、负号仍与以前规定相同；角位移以顺时针转动为正，反之为负。

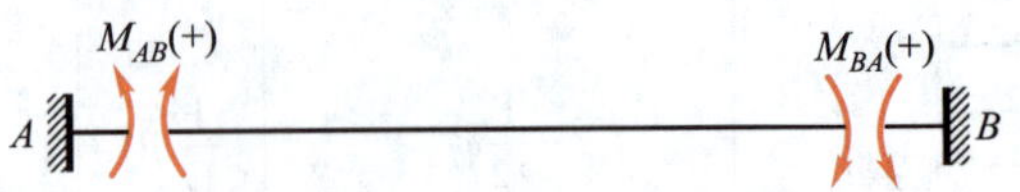

图 9-18 杆端弯矩正负规定

等截面单跨超静定梁的杆端力又分成两种：①形常数；②载常数。所谓形常数是指，当单跨超静定梁仅在梁端发生单位位移时，在该梁两端所引起的杆端弯矩与杆端剪力。如图 9-19a 所示两端固定梁，设 A 端产生 $\varphi_A=1$，其他杆端位移为零，且无荷载作用，用力法计算，其杆端弯矩为 $M_{AB}=4i$ ，$M_{BA}=2i$ 。按平衡条件可导出

$$F_{SBA}=-\frac{6i}{l},F_{SAB}=-\frac{6i}{l}$$

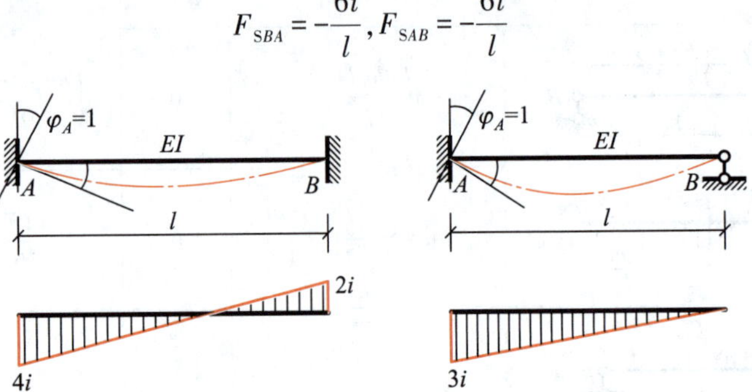

图 9-19 两端固定梁的角位移

再如图 9-19b 所示一端固定一端铰支梁，令 $\varphi_A=1$，其他位移为零且无荷载，用力法计算，其杆端弯矩为 $M_{AB}=3i,M_{BA}=0$ 。按平衡条件可导出

$$F_{SAB}=-\frac{3i}{l},F_{SBA}=-\frac{3i}{l}$$

由上看出，由梁端单位位移引起的杆端内力，仅与梁的支承情况、几何尺寸、材料特性有关，故称为**形常数**。其他情况参见表 9-1。表 9-1 列出了常见单跨超静定梁的形常数，以供选用。

所谓“**载常数**”是指，当单跨超静定梁两端支座不发生位移，仅由于荷载作用而引起的杆端弯矩和剪力，即力法中所讲的固端弯矩和固端剪力。

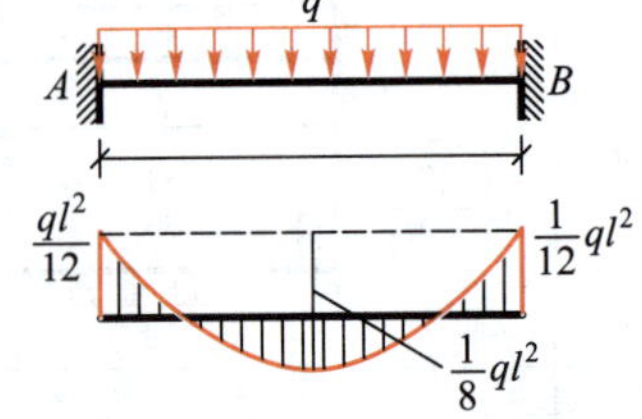

图 9-20 两端固定梁的 M 图

如图 9-20 所示两端固定梁，受均布荷载作用，用力法很容易计算出杆端内力（参看例 9-5），考虑位移法对杆端力正负规定则有

$$M_{AB}^{F}=-\frac{1}{12}ql^2,M_{BA}^{F}=\frac{1}{12}ql^2;F_{SAB}^{F}=\frac{1}{2}ql,F_{SBA}^{F}=-\frac{1}{2}ql$$

由上看出，固端弯矩及固端剪力只与荷载作用形式及支承情况有关，故称为**载常数**。其

他情况参见表 9-2。表 9-2 列出了常见单跨超静定梁的载常数,以供选用。

三、位移法的典型方程

1. 位移法基本未知量的确定

位移法是以结构上刚结点的角位移和独立的结点线位移为基本未知量的。对于结构上的铰结点所对应的角位移,是由各杆自身的变形和受力情况所决定的,与其他杆件无关,故不作为基本未知量。这样结构角位移未知量数目就等于刚结点的数目(不包括固定端支座)。如图 9-21a 所示结构,有两个刚结点(1、2 结点),故其角位移未知量数目为 2,设为 Z_1、Z_2。

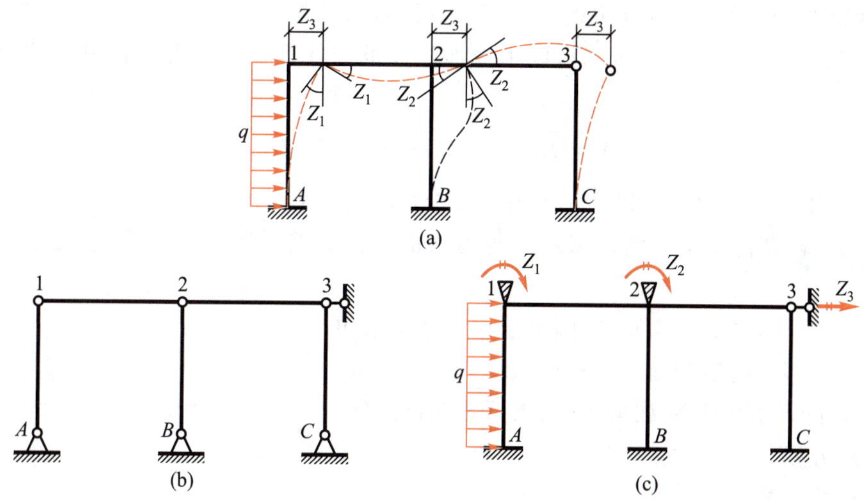

图 9-21 两个刚结点刚架

确定结构独立的结点线位移时,既要考虑刚结点的水平和竖向线位移,也要考虑铰结点的水平和竖向线位移。对于受弯直杆通常略去轴向变形,即认为杆件长度是不变的,从而减少了结构独立的线位移未知量数目。如图 9-21a 所示结构的结点 1、2、3 均无竖向线位移,由于横杆长度不变,结点 1、2、3 水平线位移是相同的,故只有一个独立的水平线位移未知量 Z_3。因此结构(图 9-21a)的基本未知量数目为 3。

结构独立的结点线位移一般用观察法确定,对于较难观察的可用"铰化法"确定:先把结构中所有刚结点和固定端支座都改为铰结点和固定铰支座,然后进行几何组成分析,增加最少的支座链杆使结构成为几何不变体系,所增加的链杆数目就是独立的结点线位移数目。例如图 9-21a 所示结构,将其"铰化"后须增加一个支座链杆才能成为几何不变体系(图 9-21b),故结构有一个独立的结点线位移。

2. 位移法基本结构的选取

位移法是以一系列单跨超静定梁的组合体为原结构的基本结构的。为了构成基本结构,要在刚结点上附加刚臂,以控制刚结点的转动;在有线位移的结点处附加支座链杆,以控制结点线位移。例如,图 9-21a 所示刚架的位移法基本结构如图 9-21c 所示。其中附加刚臂处的"↷"表示角位移;附加支座链杆处的"⟶"表示线位移。

3. 位移法的典型方程

对于具有 n 个基本未知量 Z_1、Z_2、…、Z_n 的结构,则附加约束(附加刚臂或附加链杆)也有 n 个,由 n 个附加约束上的受力与原结构一致的平衡条件,可建立 n 个位移法方程为(推导从略)

$$\left.\begin{aligned} r_{11}Z_1+r_{12}Z_2+\cdots+r_{1n}Z_n+R_{1F}=0 \\ r_{21}Z_1+r_{22}Z_2+\cdots+r_{2n}Z_n+R_{2F}=0 \\ \cdots \\ r_{n1}Z_1+r_{n2}Z_2+\cdots+r_{nn}Z_n+R_{nF}=0 \end{aligned}\right\} \tag{9-7}$$

上式称为**位移法典型方程**。式中的 r_{ii}称为**主系数**，它表示基本结构上 $Z_i=1$ 时，附加约束 i 上的反力，其值恒为正值。r_{ij}称为**副系数**，它表示基本结构上 $Z_j=1$ 时，附加约束 i 上的反力，其值可为正、为负或为零；根据反力互等定理，$r_{ij}=r_{ji}$。R_{iF} 称为**自由项**，它表示荷载作用于基本结构上时，附加约束 i 上的反力，其值可为正、可为负。

求出结点位移 Z_1、Z_2、…、Z_n 后，可用叠加法按下式计算各杆端弯矩值并绘出结构的最后弯矩图

$$M=\overline{M}_1Z_1+\overline{M}_2Z_2+\cdots+\overline{M}_nZ_n+M_F$$

式中　$\overline{M}_i$ 和 M_F——$Z_i=1$ 和荷载单独作用于基本结构上时的弯矩。

用位移法解超静定结构的计算步骤与力法的类似。综上所述，用位移法解题步骤概括如下：

(1) 确定位移法基本未知量，画出位移法基本结构。

(2) 列位移法典型方程。

(3) 作单位弯矩图、荷载弯矩图，求系数及自由项。

(4) 解方程，求出基本未知量。

(5) 用叠加法绘 M 图。

例 9-6 用位移法计算图 9-22 所示刚架，并绘 M 图。

解 为了方便，可将各杆刚度化为线刚度来计算，$i_{1A}=i_{1B}=i_{1C}=i=\dfrac{EI}{l}$。

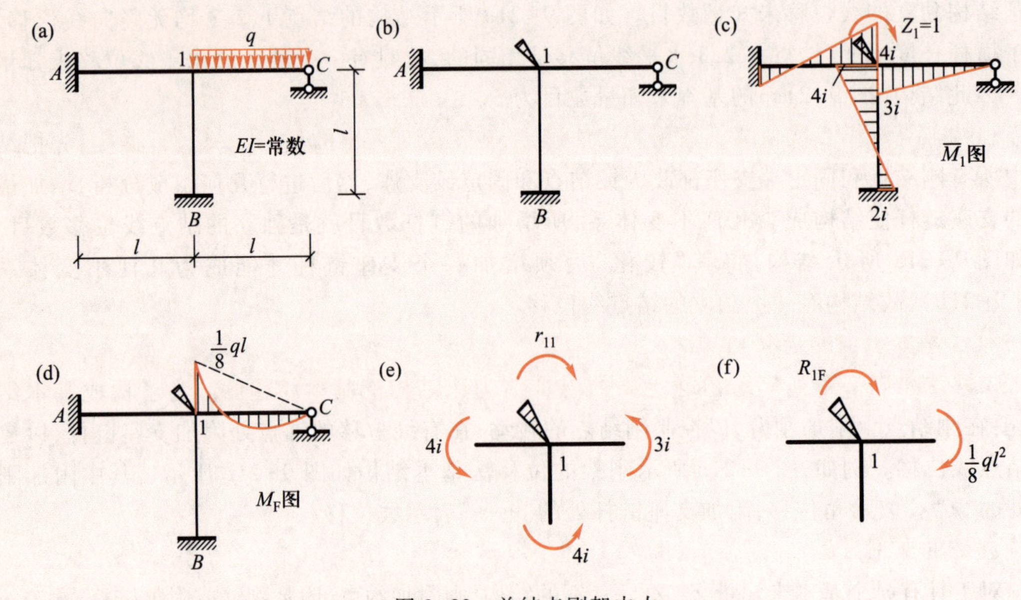

图 9-22 单结点刚架内力

（1）确定位移法基本未知量，画出位移法基本结构。

本例无结点线位移，只有一个刚性结点1，故位移法基本未知量只有一个结点角位移。在结点1处加附加刚臂，得基本结构如图9-22b所示。$A1$、$B1$是两端固定的单跨梁，$C1$是一端固定、另端铰支的梁。

（2）列位移法典型方程

$$r_{11}Z_1+R_{1F}=0$$

（3）求系数r_{11}及自由项R_{1F}。绘$\overline{M}_1$图及M_F图，分别如图9-22c、d所示。

从$\overline{M}_1$图上截取结点1（图9-22e），画上各杆杆端力矩，未知量r_{11}画成正向。

由方程$\sum M_1=0$，有

$$r_{11}-4i-4i-3i=0$$

解出$r_{11}=11i$

再从M_F图上截取结点1（图9-22f），杆1C的固端力矩为$-\frac{1}{8}ql^2$（绕结点顺时针），未知量R_{1F}画成正向。

由方程$\sum M_1=0$，得

$$R_{1F}=-\frac{1}{8}ql^2$$

R_{1F}也可以由M_F图（图9-22f）直接读出来，它等于杆端力矩之和，即$R_{1F}=M_{1A}+M_{1B}+M_{1C}$。其中$M_{1A}=0$，$M_{1B}=0$，$M_{1C}=-\frac{1}{8}ql^2$（对杆端反时针作用），故

$$R_{1F}=-\frac{1}{8}ql^2$$

（4）解方程，求出基本未知量。将r_{11}、R_{1F}值代入典型方程，得

$$11iZ_1-\frac{1}{8}ql^2=0$$

解得

$$Z_1=+\frac{1}{88i}ql^2$$

（5）叠加法绘M图

$$M=\overline{M}_1Z_1+M_F$$

与力法相同，直接按上式算出各杆的杆端力矩，如杆上无外力，将杆端力矩的端点直接连一直线，如杆上还有外力，再叠加上简支梁的弯矩图（图9-23）。如

$$M_{A1}=2iZ_1+M_F=2i\cdot\frac{1}{88i}ql^2=\frac{1}{44}ql^2;$$

$$M_{1A}=4iZ_1+M_F=4i\cdot\frac{1}{88i}ql^2=\frac{2}{44}ql^2$$

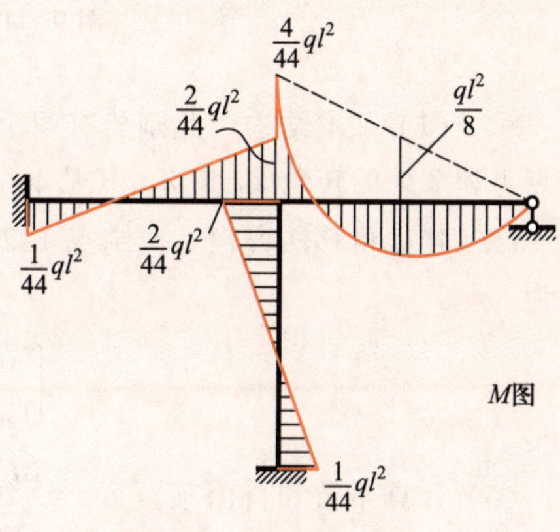

图9-23　刚架M图

由于1C杆上有均布荷载，应先把杆端力矩纵标连成虚线，以此虚线为基线，再叠加上简支梁在均布荷载作用下的弯矩图。

例 9-7　试用位移法计算图 9-24a 所示刚架，并绘制弯矩图。

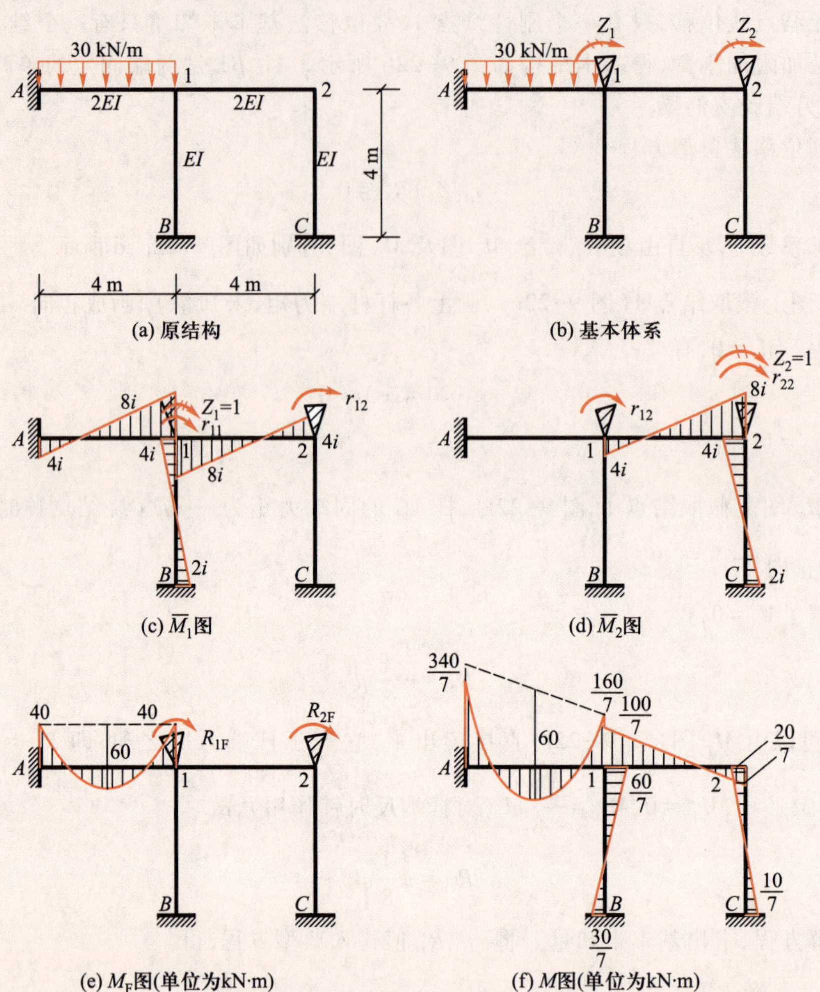

图 9-24　两刚结点刚架内力图

微课

力法与位移法的比较

解　(1) 基本结构。此刚架有两个刚结点 1 和 2，无结点线位移。因此，基本未知量为结点 1 和 2 处的转角 Z_1 和 Z_2，其基本结构如图 9-24b 所示。

(2) 建立位移法方程。由结点 1、2 处附加刚臂约束力矩总和分别为零，建立位移法方程为

$$\begin{cases} r_{11}Z_1+r_{12}Z_2+R_{1F}=0 \\ r_{21}Z_1+r_{22}Z_2+R_{2F}=0 \end{cases}$$

(3) 计算系数和自由项。令 $i=\dfrac{EI}{4}$，绘出 $Z_1=1$、$Z_2=1$ 和荷载单独作用于基本结构上时的弯矩图 $\overline{M}_1$ 图、$\overline{M}_2$ 图和 M_F 图，分别如图 9-24c～图 9-24e 所示。

在图 9-24c～图 9-24e 中分别利用结点 1、2 的力矩平衡条件可计算出系数和自由项如下

$$r_{11}=20i, r_{12}=4i=r_{21}, r_{22}=12i, R_{1F}=40, R_{2F}=0$$

（4）解方程求基本未知量。将系数和自由项代入位移法方程，得

$$\begin{cases}20iZ_1+4iZ_2+40=0\\4iZ_1+12iZ_2+0=0\end{cases}$$

解方程得

$$Z_1=-\frac{15}{7i},\quad Z_2=\frac{5}{7i}$$

（5）绘制弯矩图。由叠加公式 $M=\overline{M}_1Z_1+\overline{M}_2Z_2+M_F$ 计算各杆端弯矩值，绘出刚架的弯矩图，如图 9-24f 所示。

第 4 节　力矩分配法

一、力矩分配法的计算思路

力矩分配法是计算超静定结构的一种渐近法，以图 9-25a 所示刚架为例，说明力矩分配法的计算思路。当不考虑杆件轴向变形时，在荷载作用下刚结点 1 处不产生线位移，只产生一个角位移 Z_1。刚架中各杆的杆端弯矩值可看成是由两种因素引起的，一种是刚结点处不产生角位移，只由荷载引起的杆端弯矩值，即相当于结点 1 处附加刚臂，以 M_1^F 约束转动时，荷载引起的杆端弯矩值（图 9-25b），我们称其为**固定状态**；另一种是刚结点产生 Z_1 角位移所引起的杆端弯矩值，即相当于在结点 1 处施加一力矩 $M_1=-M_1^F$，使结点 1 转动 Z_1 角时的杆端弯矩值（图 9-25c），我们称其为**放松状态**。于是我们可以分别对固定状态和放松状态进行计算，再把算得的各杆杆端弯矩值对应叠加，即得到原刚架各杆的杆端弯矩值。

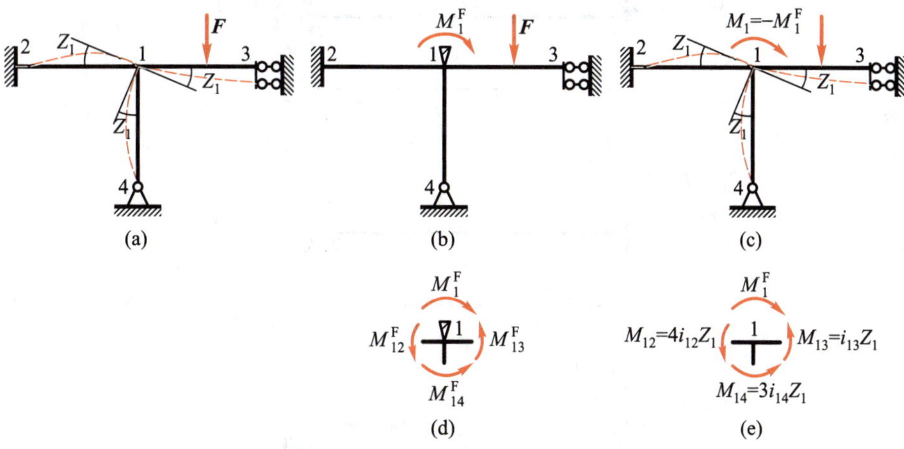

图 9-25　力矩分配法计算思路图

在此特别提示，在力矩分配法计算中，杆端弯矩及角位移的正、负号与位移法规定相同。

二、力矩分配法的三要素

1. 固端弯矩

我们先对固定状态（图 9-25b）进行计算。在此状态中刚结点不产生角位移，故此情况

下荷载引起的杆端弯矩称为**固端弯矩**,以 M_{ij}^{F}表示。刚架的固端弯矩值同位移法计算一样,可根据荷载情况及杆两端约束情况从表 9-2 中查出,然后利用结点 1 的力矩平衡条件(图 9-25d)可求得 1 点约束力矩 M_1^F。即

$$M_1^F=M_{12}^F+M_{13}^F+M_{14}^F$$

写成一般式为

$$M_i^F=\sum M_{ij}^F \tag{9-8}$$

式(9-8)表明,约束力矩 M_i^F 等于汇交于该结点的各杆固端弯矩的代数和,以顺时针转向为正。汇交于结点的各杆的固端弯矩不能平衡,其离平衡所差的力矩值正好等于约束力矩 M_i^F,故 M_i^F 也称为**不平衡力矩**。

2. 力矩分配系数和分配弯矩

现在对放松状态(图 9-25c)进行计算。此状态中,在结点 1 的力矩 M_1 的作用下,各杆 1 端都产生了 Z_1 角位移,由表 9-1,各杆 1 端的杆端弯矩为

$$\left.\begin{aligned}M_{12}&=4i_{12}Z_1=S_{12}Z_1\\M_{13}&=i_{13}Z_1=S_{13}Z_1\\M_{14}&=3i_{14}Z_1=S_{14}Z_1\end{aligned}\right\} \tag{a}$$

式中 $S_{1j}(j=2,3,4)$——杆件在 1 端的**转动刚度**。转动刚度 S_{AB} 的物理意义是指杆件 AB 在 A 端产生单位角位移时,在 A 端所需施加的力矩值。其中转动端(A 端)又称为**近端**,不转动端(B 端)又称为**远端**。图 9-26 中给出了等截面的直杆远端为不同约束时的转动刚度。

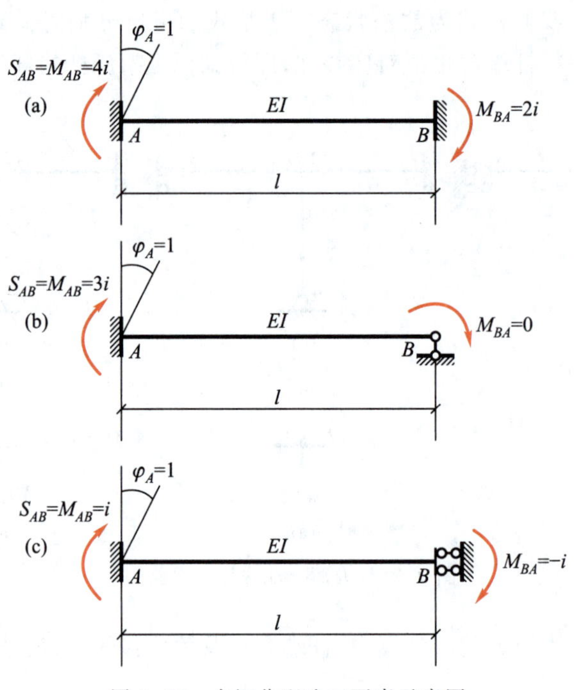

图 9-26 力矩分配法三要素示意图

由结点 1 的平衡条件(图 9-25e),有

$$M_{12}+M_{13}+M_{14}=M_1$$

或

$$S_{12}Z_1+S_{13}Z_1+S_{14}Z_1=M_1$$

故

$$Z_1=\frac{M_1}{\sum_{(1)}S_{ij}}$$

式中　$\sum_{(1)}S_{ij}$——汇交于结点 1 的各杆 1 端转动刚度之和。将 Z_1 代入式(a),得

$$\left.\begin{aligned}M_{12}&=\frac{S_{12}}{\sum_{(1)}S_{ij}}M_1=\frac{S_{12}}{\sum_{(1)}S_{ij}}(-M_1^{\mathrm{F}})\\M_{13}&=\frac{S_{13}}{\sum_{(1)}S_{ij}}M_1=\frac{S_{13}}{\sum_{(1)}S_{ij}}(-M_1^{\mathrm{F}})\\M_{14}&=\frac{S_{14}}{\sum_{(1)}S_{ij}}M_1=\frac{S_{14}}{\sum_{(1)}S_{ij}}(-M_1^{\mathrm{F}})\end{aligned}\right\}\tag{b}$$

由此可见,各杆 1 端的弯矩与各杆 1 端转动刚度成正比。式(b)可写为

$$M_{ij}=\frac{S_{ij}}{\sum_{(i)}S_{ij}}M_i\tag{c}$$

令

$$\mu_{ij}=\frac{S_{ij}}{\sum_{(i)}S_{ij}}\tag{9-9}$$

则式(c)可表示为

$$M_{ij}=\mu_{ij}M_i\tag{d}$$

式中　μ_{ij}——**力矩分配系数**。

μ_{ij}等于所考察杆 i 端的转动刚度除以汇交于 i 点的各杆转动刚度之总和。显然,同一结点各杆力矩分配系数之和应等于 1,即

$$\sum\mu_{ij}=1$$

为了区别由其他运算得到的杆端弯矩值,把由式(d)算得的杆端弯矩以 M_{ij}^{μ}表示,称为**分配弯矩**。即

$$M_{ij}^{\mu}=\mu_{ij}M_i\tag{9-10}$$

利用式(9-10)计算各杆近端分配弯矩的过程称为**力矩分配**。

3. 传递系数和传递弯矩

等直杆 ij,当 i 端转动时,杆 ij 变形,从而使远端 j 也产生一定弯矩。在放松状态中,通过力矩分配运算,各杆的近端弯矩已经得出,现在考虑远端弯矩的计算。杆的远端弯矩与近端弯矩的比值,称为由近端向远端传递弯矩的**传递系数**。即

$$C_{ij}=\frac{M_{ji}}{M_{ij}}$$

当远端取不同约束时，由图 9-26 可知其传递系数为

远端固定　$C_{ij}=\dfrac{1}{2}$

远端铰支　$C_{ij}=0$

远端定向支承　$C_{ij}=-1$

利用传递系数的概念，各杆的远端弯矩为

$$M_{ji}=C_{ij}M_{ij}^{\mu} \tag{e}$$

为了区别由其他运算得到的杆端弯矩值，把由式(e)算得的杆端弯矩以 M_{ji}^{C} 表示，称为**传递弯矩**。即

$$M_{ji}^{C}=C_{ij}M_{ij}^{\mu} \tag{9-11}$$

利用式(9-11)计算各杆远端传递弯矩。

综合以上运算过程，把固定状态下各杆固端弯矩与放松状态中，对应各杆的分配弯矩值及传递弯矩值相叠加，就得到各杆的杆端最后弯矩值。据此绘出最终弯矩图。这种计算方法称为**力矩分配法**。

三、单结点的力矩分配

力矩分配法的物理概念可用实物模型来说明。如图 9-27a 所示为一连续梁的模型。连续梁 ABC 为薄钢片，用砝码加荷载 F_{P} 后，连续梁的变形如图 9-27a 中虚线所示。伴随着这个变形出现的杆端弯矩，是计算的目标。

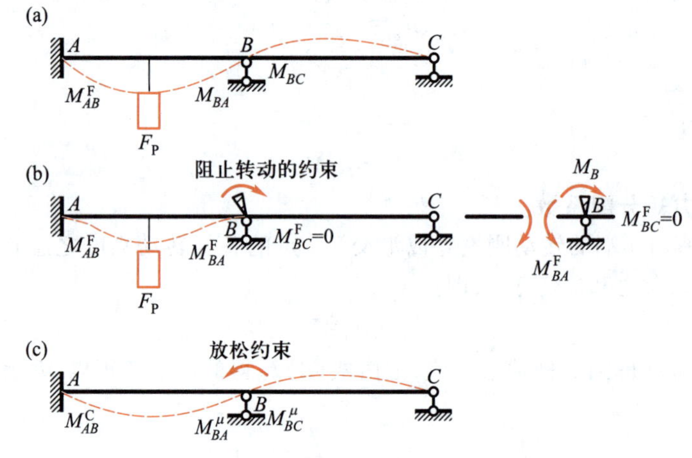

图 9-27　单结点的力矩分配过程示意图

在力矩分配法中，直接计算各杆的杆端弯矩，杆端弯矩以顺时针转向为正，计算步骤表述如下：

(1) 设想先在结点 B 加一个阻止转动的约束（如用螺栓夹紧）阻止结点 B 转动，然后再加砝码。这时，只有 AB 跨有变形，如图 9-27b 中虚线所示。这表明结点约束把连续 ABC 分成为两个单跨 AB 和 BC。AB 段受荷载 F_{P} 作用后产生变形，相应地产生固端弯矩。结点 B 的约束施加的力矩 M_B（称为约束力矩）可以通过结点 B 的平衡方程求得。从图 9-27b 看出，杆

BC 的固端弯矩 $M_{BC}^{F}=0$，杆 BA 的固端弯矩为 M_{BC}^{F}。由 $\sum M_B=0$，可知结点 B 的约束力矩 $M_B=M_{BC}^{F}+M_{BA}^{F}=M_{BA}^{F}$。约束力矩等于固端弯矩之和，以顺时针转向为正。

（2）连续梁的结点 B 本来没有约束，也不存在约束力矩 M_B。因此，图 9-27b 所示的解答必须加以修正。为了达到这个目的，我们放松结点 B 处的约束，梁即回复到原来的状态（图 9-27a），结点 B 处的约束力矩即由 M_B 回复到零，这相当于在结点 B 原有约束力矩 M_B 的基础上再新加一个力偶（$-M_B$）。力偶 $-M_B$ 使梁新产生的变形如图 9-27c 中虚线所示。这时，结点 B 处各杆在 B 端新产生弯矩 M_{BA}^{μ} 和 M_{AB}^{μ}，称为分配力矩；在远端 A 新产生弯矩 M_{AB}^{C}，称为传递力矩。

（3）把图 9-27b、c 所示两种情况叠加，就得到图 9-27a 所示情况。因此，把图 9-27b、c 中的杆端弯矩叠加，就得到实际的杆端弯矩（图 9-27a），例如 $M_{BA}^{F}+M_{BA}^{\mu}=M_{BA}$。

现在把力矩分配法的物理概念简述如下：先在刚结点 B 加上阻止转动的约束，把连续梁分为单跨梁，求出杆端产生的固端弯矩。结点 B 各杆固端弯矩之和即为约束力矩 M_B。去掉约束（即相当于在结点 B 新加 $-M_B$），求出各杆 B 端新产生的分配力矩和远端新产生的传递力矩。叠加各杆端记下的力矩就得到实际的杆端弯矩。

下面通过例题说明力矩分配法的基本运算步骤。

例 9-8　图 9-28 所示为一连续梁，试用力矩分配法作弯矩图。

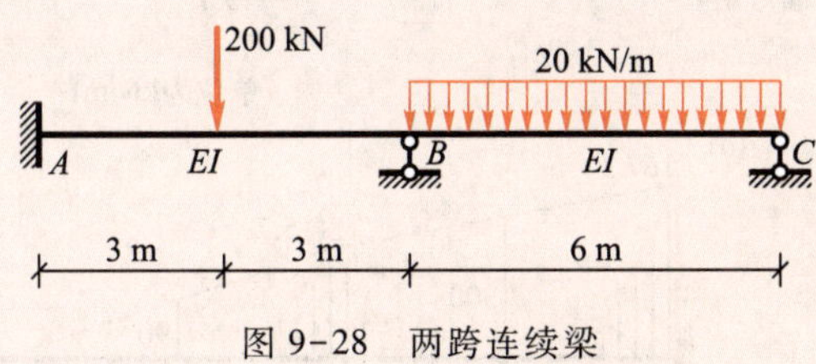

图 9-28　两跨连续梁

解　（1）先在结点 B 加上约束（图 9-29a）。计算由荷载产生的固端弯矩（顺时针转向为正号），写在各杆端的下方

$$M_{AB}^{F}=-\frac{200\text{kN}\times 6\text{m}}{8}=-150\ \text{kN}\cdot\text{m}$$

$$M_{BA}^{F}=\frac{200\text{kN}\times 6\text{m}}{8}=150\ \text{kN}\cdot\text{m}$$

$$M_{BC}^{F}=-\frac{20\text{kN/ m}\times(6\text{m})^2}{8}=-90\ \text{kN}\cdot\text{m}$$

在结点 B 处，各杆端弯矩总和为 $M_B=150\ \text{kN}\cdot\text{m}-90\ \text{kN}\cdot\text{m}=60\ \text{kN}\cdot\text{m}$。$M_B$ 即为结点 B 的约束力矩。

（2）放松结点 B。这等于在结点 B 新加一个外力偶矩 $-60\ \text{kN}\cdot\text{m}$（图 9-29b）。此力偶按分配系数分配于两杆的 B 端，使 A 端产生传递力矩。具体演算如下：

杆 AB 和 BC 的线刚度相等，$i=\dfrac{EI}{l}$

转动刚度 $S_{BA}=4i$，$S_{BC}=3i$

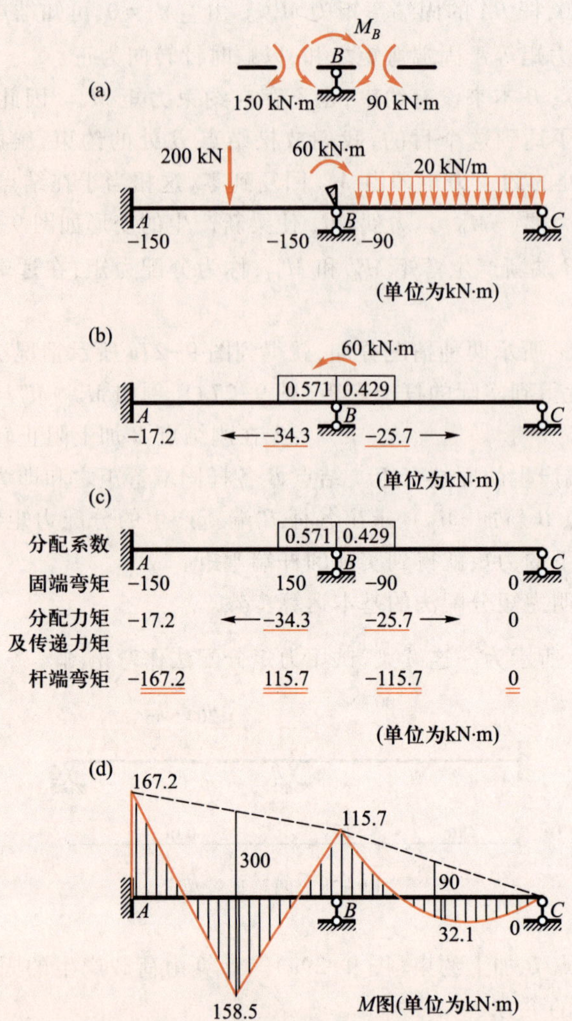

图 9-29　两跨连续梁 M 图

分配系数 $\mu_{BA}=\dfrac{4i}{4i+3i}=0.571, \mu_{BC}=\dfrac{3i}{4i+3i}=0.429$

校核：$\mu_{BA}+\mu_{BC}=1$

分配系数写在结点 B 上面的方框内。

分配力矩为

$$M_{BA}^{\mu}=0.571\times(-60\ \text{kN}\cdot\text{m})=-34.3\ \text{kN}\cdot\text{m}$$

分配力矩下面画一横线，表示结点已经放松，达到平衡。

传递力矩（远端固定时，传递系数为 1/2；远端为铰支时，传递系数为零）

$$M_{AB}^{C}=\frac{1}{2}M_{BA}^{\mu}=\frac{1}{2}\times(-34.3\ \text{kN}\cdot\text{m})=-17.2\ \text{kN}\cdot\text{m}, M_{CB}'=0$$

将结果按图 9-29b 写出，并用箭头表示力矩传递的方向。

(3) 将以上结果叠加，即得到最后的杆端弯矩（图 9-29c）。

实际演算时，可将以上计算步骤汇集在一起，按图 9-29c 所示的格式演算。下面画双横线表示最后结果。注意在结点 B 就满足平衡条件

$$\sum M=115.7\ \mathrm{kN\cdot m}-115.7\ \mathrm{kN\cdot m}=0$$

根据杆端弯矩，可作出 M 图，如图 9-29d 所示。

四、多结点的力矩分配

上节已经说明了力矩分配法的基本概念。对于有多个结点的连续梁和无侧移刚架，只要逐次对每一个结点用上节的基本运算，就可求出杆端弯矩。

先用一个三跨连续梁的模型来说明逐次渐近的过程。连续梁 $ABCD$ 在中间跨加砝码后的变形曲线如图 9-30a 所示，相应于此变形的弯矩即为要计算的目标。下面说明渐近过程。

第一步，先在结点 B 和 C 加约束，阻止结点转动，然后再加砝码(图 9-30b)。这时，可把连续梁分成三根单跨梁，仅 BC 一跨有变形，如图中虚线所示。

第二步，去掉结点 B 的约束(图 9-30c，注意此时结点 C 仍夹紧)，这时结点 B 将有转角，累加的总变形如图 9-30c 中虚线所示。

第三步，重新将结点 B 夹紧，然后去掉结点 C 的约束。累加的总变形将如图 9-30d 中虚线所示。从模型中可以看出，此时变形已比较接近实际变形。

依此类推，再重复第二步和第三步，即轮流去掉结点 B 和结点 C 的约束。连续梁的变形和内力很快就达到实际状态，但每次只放松一个结点，故每一步均为单结点的分配和传递运算。最后，将各项步骤所得的杆端弯矩(弯矩增量)叠加，即得所求的杆端弯矩(总弯矩)。实际上，只需对各结点进行两到三个循环的运算，就能达到较好的精度。

(a)

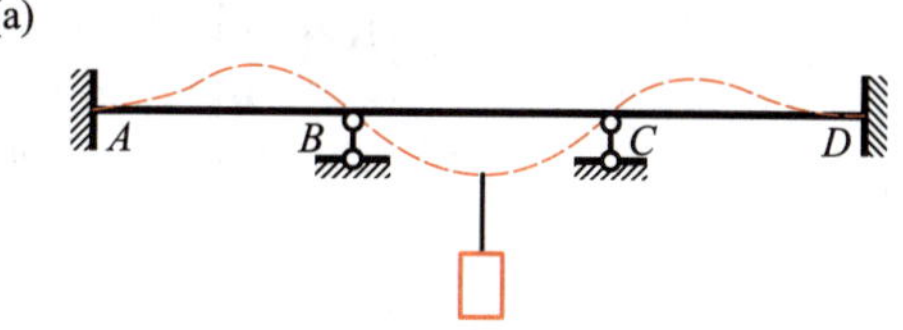

(b)

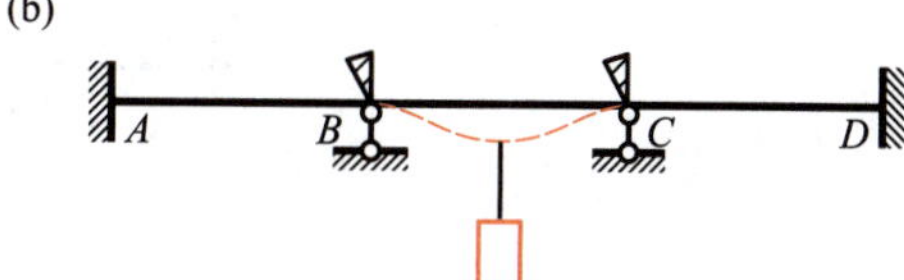

(c)

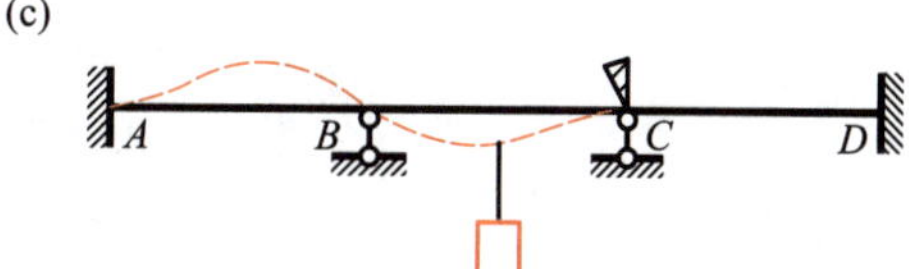

(d)

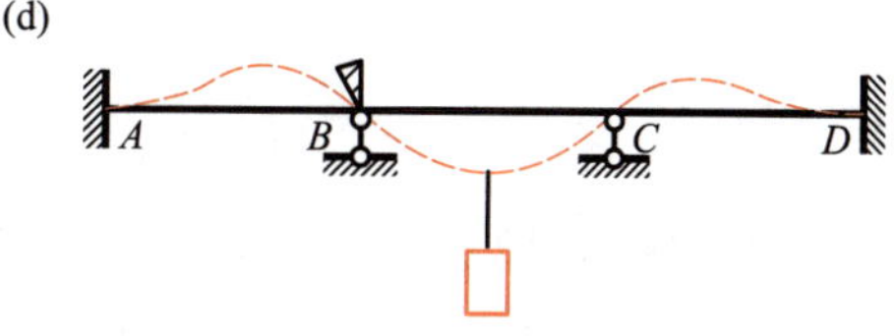

图 9-30　多结点的力矩分配过程示意图

例 9-9　试作图 9-31a 所示连续梁的弯矩图。

解　通过此例给出多结点力矩分配法的演算格式，如图 9-31b 所示。以后按此格式计算即可。

(1) 求各结点的分配系数。由于在计算中只在 B、C 两个结点施加约束并进行放松，所以只需计算 B、C 两结点的分配系数。

结点 B：

$$S_{BA}=4i_{BA}=4\times\frac{1}{6}=0.667,S_{BC}=4i_{BC}=4\times\frac{2}{8}=1$$

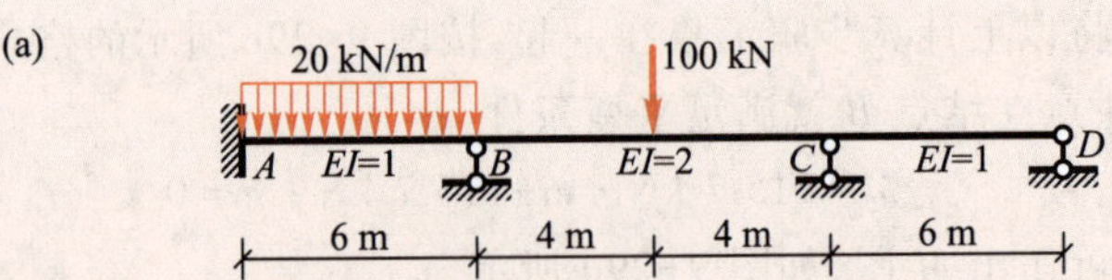

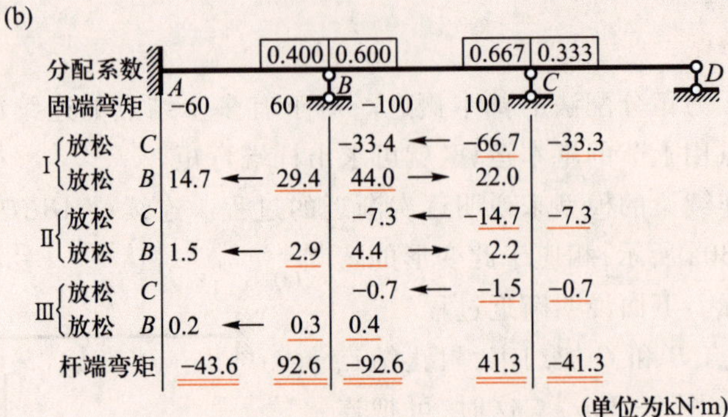

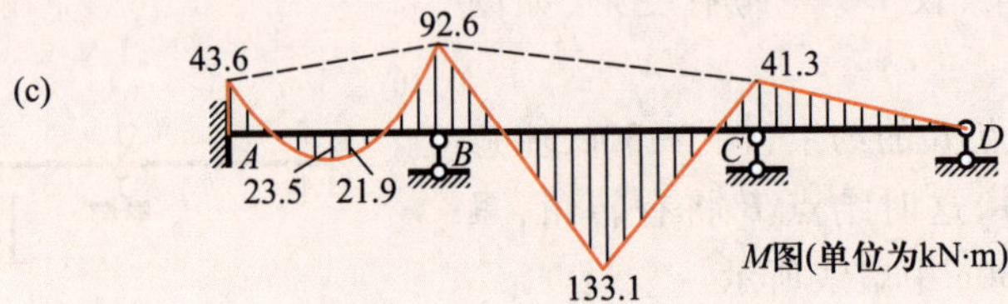

图 9-31　三跨连续梁 M 图

所以
$$\mu_{BA}=\frac{0.667}{1+0.667}=0.4,\mu_{BC}=\frac{1}{1+0.667}=0.6$$

结点 C：
$$S_{CB}=4i_{CB}=4\times\frac{2}{8}=1,S_{CD}=3i_{CD}=3\times\frac{1}{6}=0.5$$

所以
$$\mu_{BC}=\frac{1}{1+0.5}=0.667,\mu_{CD}=\frac{0.5}{1+0.5}=0.333$$

分配系数分别写在图 9-31b 中结点上端的方格内。

(2) 锁住结点 B、C，求各杆的固端弯矩

$$M_{AB}^{\mathrm{F}}=-\frac{ql^2}{12}=-\frac{20\ \mathrm{kN/m}\times(6\ \mathrm{m})^2}{12}=-60.0\ \mathrm{kN\cdot m}$$

$$M_{BA}^{\mathrm{F}}=60.0\ \mathrm{kN\cdot m}$$

$$M_{BC}^{\mathrm{F}}=-\frac{Fl}{8}=-\frac{100\ \mathrm{kN}\times 8\ \mathrm{m}}{8}=-100.0\ \mathrm{kN\cdot m}$$

$$M_{CB}^{\mathrm{F}}=100.0\ \mathrm{kN\cdot m}$$

将计算结果记于图 9-31b 中第一行。

(3) 放松结点 C(此时结点 B 仍被锁住)，按单结点梁进行分配和传递；结点 C 的约束力矩为 100.0 kN · m，放松结点 C，等于在结点 C 新加力偶荷载(−100.0 kN · m)，CB、CD 两杆的相应分配力矩为

$$0.667\times(-100)\text{ kN}\cdot\text{m}=-66.7\text{ kN}\cdot\text{m}$$

$$0.333\times(-100)\text{ kN}\cdot\text{m}=-33.3\text{ kN}\cdot\text{m}$$

杆 BC 的传递力矩为

$$\frac{1}{2}\times(66.7)\text{ kN}\cdot\text{m}=-33.4\text{ kN}\cdot\text{m}$$

经过分配和传递，结点 C 已经平衡，可在分配力矩的数字下画一横线，表示横线以上的结点力矩总和已等于零。

(4) 重新锁住结点 C 并放松结点 B。结点 B 的约束力矩为 60.0 kN · m−100.0 kN · m−33.4 kN · m=−73.4 kN · m

放松结点 B，等于在结点 B 新加一力偶(73.4 kN · m)。BA、BC 两杆的分配力矩为

$$0.4\times73.4\text{ kN}\cdot\text{m}=29.4\text{ kN}\cdot\text{m}$$

$$0.6\times73.4\text{ kN}\cdot\text{m}=44.0\text{ kN}\cdot\text{m}$$

传递力矩为

$$\frac{1}{2}\times29.4\text{ kN}\cdot\text{m}=14.7\text{ kN}\cdot\text{m},\ \frac{1}{2}\times44.0\text{ kN}\cdot\text{m}=22.0\text{ kN}\cdot\text{m}$$

此时，结点 B 已经平衡，但结点 C 又不平衡了。以上完成了力矩分配法的第一个循环。

(5) 进行第二个循环。再次先后放松结点 C 和 B，相应的结点约束力矩分别为 22 kN · m，−7.3 kN · m。

(6) 进行第三个循环。相应的结点约束力矩分别为 2.2 kN · m，−0.7 kN · m

由此可以看出，结点约束力矩的衰减过程是很快的。进行三次循环后，结点约束力矩已经很小，结构已接近恢复到实际状态，故计算工作可以停止。

(7) 将固端弯矩，历次的分配力矩和传递力矩相加，即得最后的杆端弯矩，其单位为 kN · m (图 9-31b)。

(8) 根据杆端弯矩，可画出 M 图，如图 9-31c 所示。

第 5 节　超静定结构的特性

超静定结构与静定结构相比具有一些重要特性，深刻认识理解这些特性对工程实践是十分有意义的。

(1) 在超静定结构中，除荷载作用外，支座移动、温度变化、材料收缩等因素都会在结构中引起内力。这是因为超静定结构存在多余联系，当受到这些因素影响而发生位移时，将受到多余联系的约束，因而相应地产生内力。工程中，连续梁可能由于地基的不均匀沉降而产生有害的附加内力。反之，在桥梁施工中可以通过改变支座高度来调整其内力，以得到合理分布。

(2) 超静定结构内力仅由平衡条件无法完全确定，还必须考虑位移条件才能得出解答，故与结构的材质和截面尺寸有关。所以设计超静定结构时应当先参照类似结构或凭经验初步拟定各杆截面尺寸或其相对值，按解超静定结构方法再加以计算，然后按算出内力选择截面，反复修正调整，直至满意为止。

(3) 超静定结构由于具有多余联系，内力分布较均匀，变形较小，整体刚度比相应静定结构大。

(4) 从军事及抗震方面看，超静定结构具有较强防御能力，这是因为超静定结构在多余联系破坏后，仍能维持几何不变，而不至于马上坍塌。

思考题

9-1　何谓超静定结构？用力法计算超静定结构时，超静定次数如何确定？

9-2　何谓力法基本结构、基本体系？基本结构应当满足什么条件？

9-3　力法典型方程的物理意义是什么？

9-4　在力法典型方程中为什么主系数恒大于零，而副系数与自由项则可正、可负、可为零？

9-5　何谓位移法？位移法中杆端力、杆端位移的正负号如何确定？

9-6　简述位移法中的基本体系，位移法典型方程与力法中对应内容有何不同？

9-7　应用力法、位移法计算超静定梁、刚架、桁架及组合结构时，各有何特点和注意事项？

9-8　用力法计算超静定结构时，支座移动的影响与荷载作用的影响在计算过程中有何异同？

9-9　试述静定结构与超静定结构的主要区别。何谓力矩分配法？何谓力矩分配法的三要素？

习题

9-1　用力法计算如习题 9-1 图所示梁，并作弯矩图和剪力图。

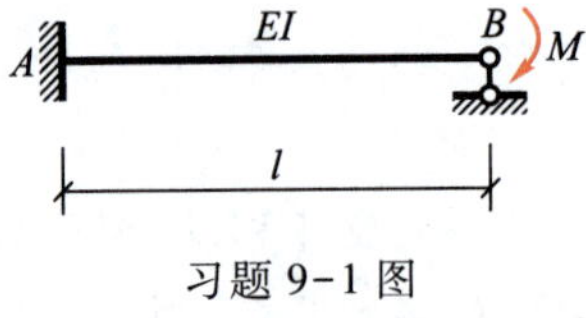

习题 9-1 图

9-2　试用力法计算习题 9-2 图所示各超静定梁的弯矩图。

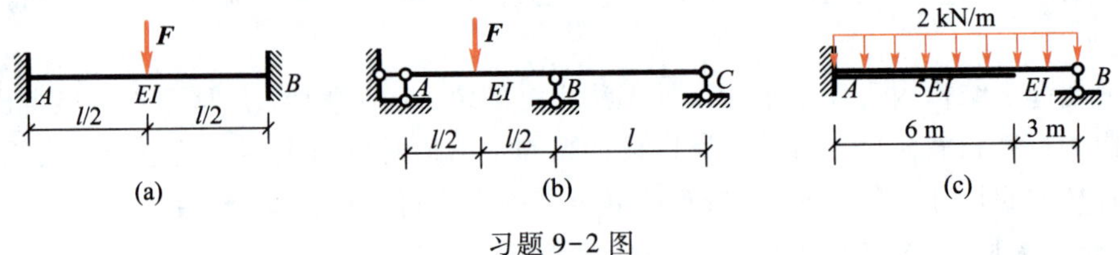

习题 9-2 图

9-3　试用力法计算习题 9-3 图所示超静定刚架，并作内力图。

9-4　试用力法计算习题 9-4 图所示刚架，并绘其内力图。

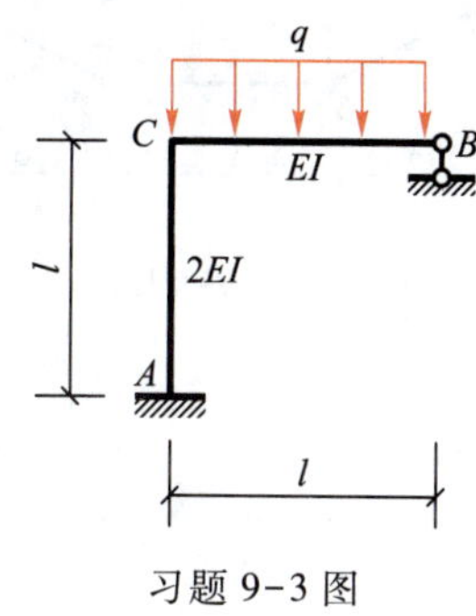

习题 9-3 图

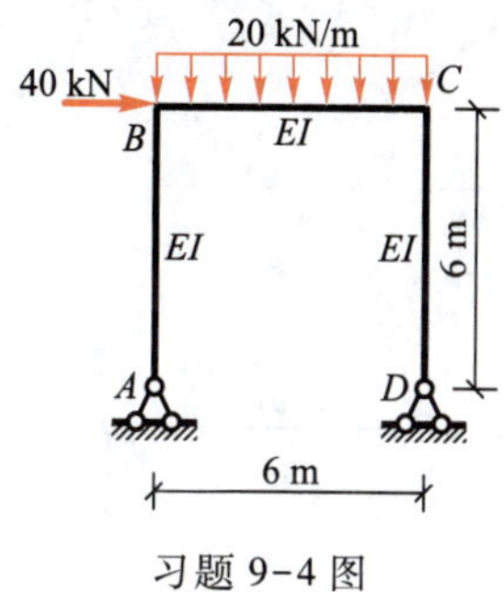

习题 9-4 图

9-5　试用力法绘制习题 9-5 图所示刚架的弯矩图。

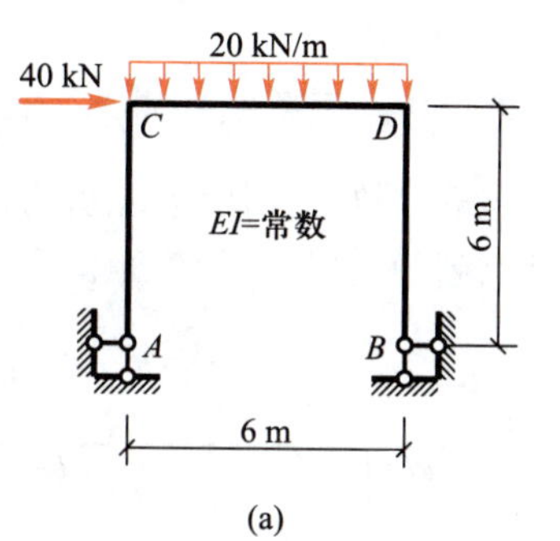

(a)

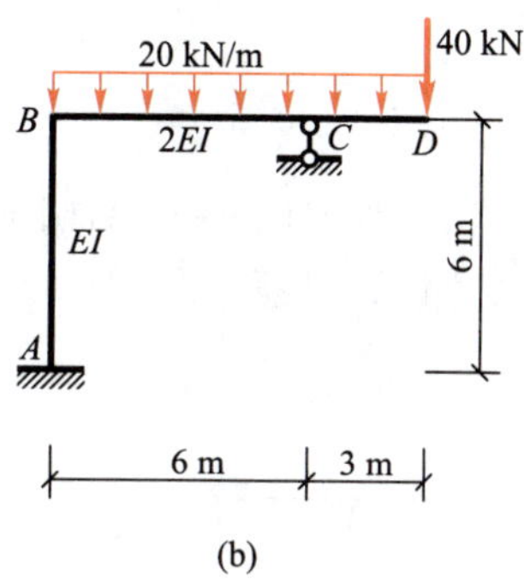

(b)

习题 9-5 图

9-6　用力法计算习题 9-6 图所示桁架结构。设各杆 EA 相同。

9-7　试用力法计算习题 9-7 图所示超静定桁架中各杆的轴力。设 EA = 常数。

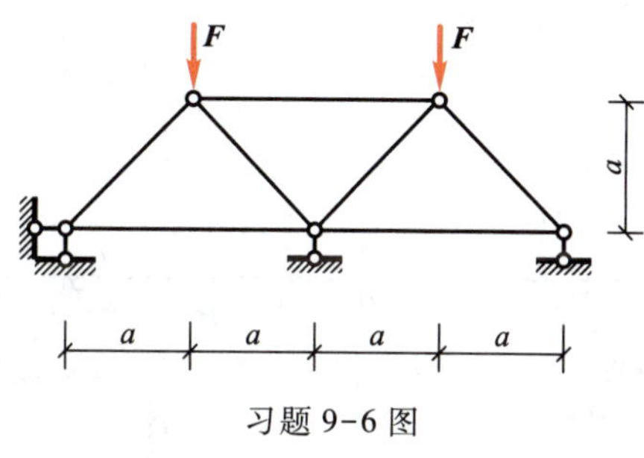

习题 9-6 图

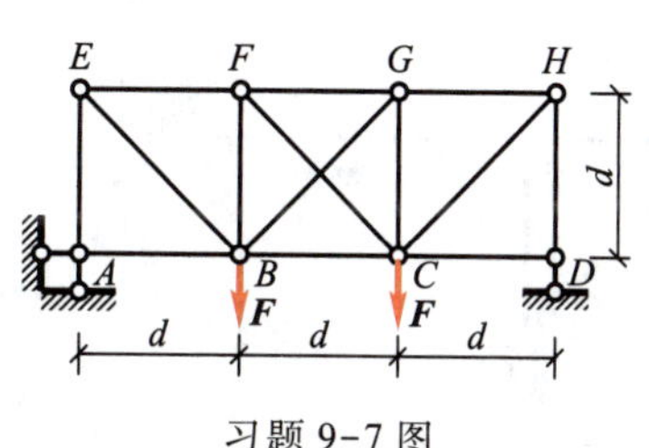

习题 9-7 图

9-8　试计算习题 9-8 图所示组合结构。已知 $EI=1\times10^4\text{kN}\cdot\text{m}^2$，$EA=15\times10^4\text{kN}$。

9-9　试用力法计算习题 9-9 图所示组合结构，绘出横梁弯矩图，并求出各链杆轴力。设横梁 AB 抗弯刚度 $EI=1\times10^4\ \text{kN}\cdot\text{m}^2$，各链杆 $EA=2\times10^5\text{kN}$。

9-10　试用力法计算习题 9-10 图所示排架，并绘出两立柱的弯矩图。

9-11　试用力法计算习题 9-11 图所示超静定刚架，并绘制内力图。

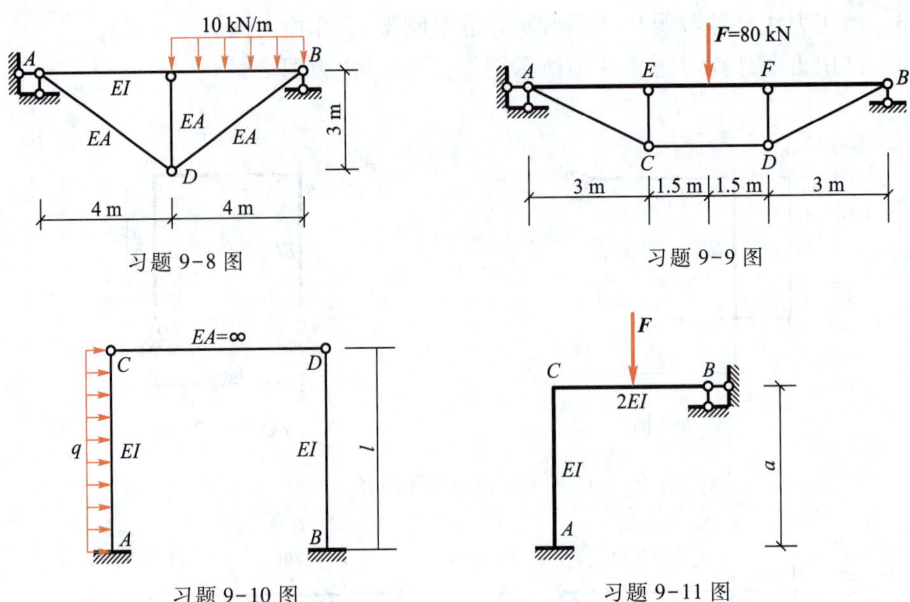

习题 9-8 图　　习题 9-9 图

习题 9-10 图　　习题 9-11 图

9-12　试用力法计算习题 9-12 图所示单跨超静定梁并绘制弯矩、剪力图，设 EI = 常数。

9-13　用位移法计算习题 9-13 图所示单结点超静定梁，并绘弯矩图和剪力图。

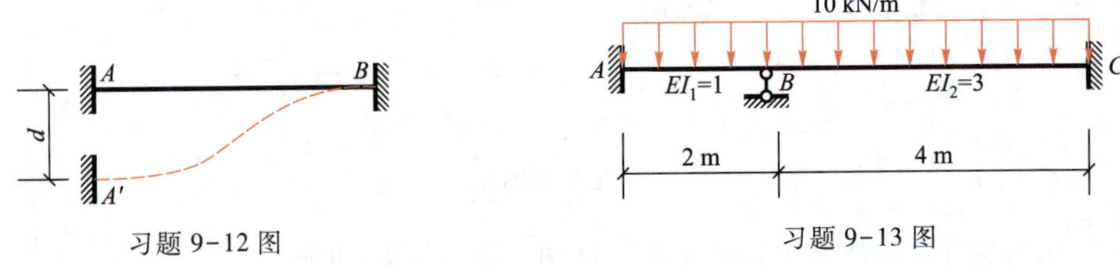

习题 9-12 图　　习题 9-13 图

9-14　用位移法计算习题 9-14 图所示刚架，并画出弯矩图、剪力图与轴力图。

9-15　试用位移法计算习题 9-15 图所示连续梁和无侧移刚架 M 图。

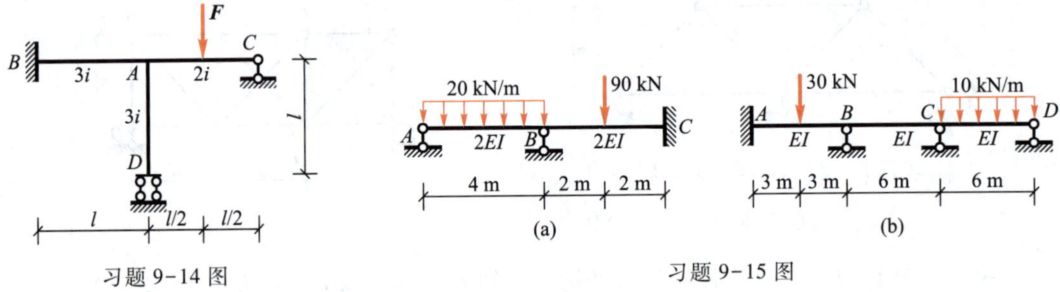

习题 9-14 图　　习题 9-15 图

9-16　试用位移法计算习题 9-16 图所示排架，并绘制弯矩图。其中 EI = 常数，$i=\dfrac{EI}{l}$。

9-17　试用位移法计算习题 9-17 图所示有侧移刚架，并绘 M 图。

9-18　用力矩分配法作习题 9-18 图所示连续梁的 M 图。

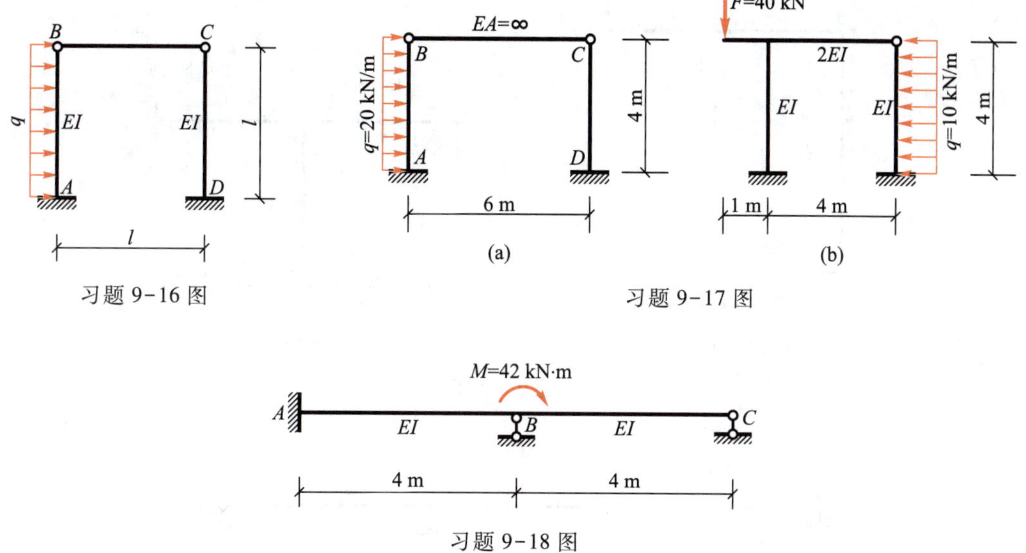

习题 9-16 图

习题 9-17 图

习题 9-18 图

9-19　试用力矩分配法计算习题 9-19 图所示单结点连续梁，并作 M 图。

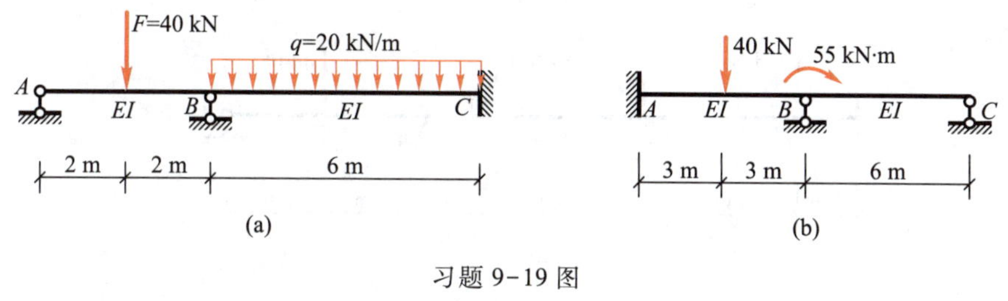

习题 9-19 图

9-20　试用力矩分配法，计算如习题 9-20 图所示梁的弯矩，并作 M 图。

9-21　用力矩分配法，计算习题 9-21 图所示刚架，并作 M 图。

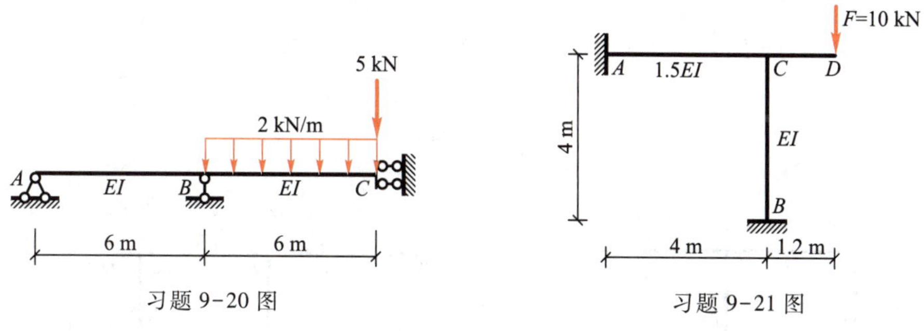

习题 9-20 图

习题 9-21 图

9-22　试用力矩分配法计算习题 9-22 图所示单结点刚架，并作 M 图。

9-23　试用力矩分配法计算习题 9-23 图所示连续梁，并绘制弯矩图。已知各杆弯曲刚度 EI 为常数。

9-24　试用力矩分配法计算习题 9-24 图所示多结点连续梁，并作 M 图。

9-25　试用力矩分配法计算习题 9-25 图所示多结点刚架，并作 M 图。

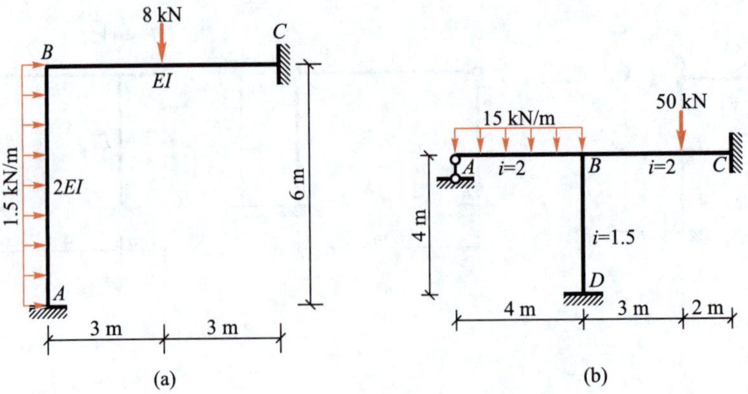

(a)

(b)

习题 9-22 图

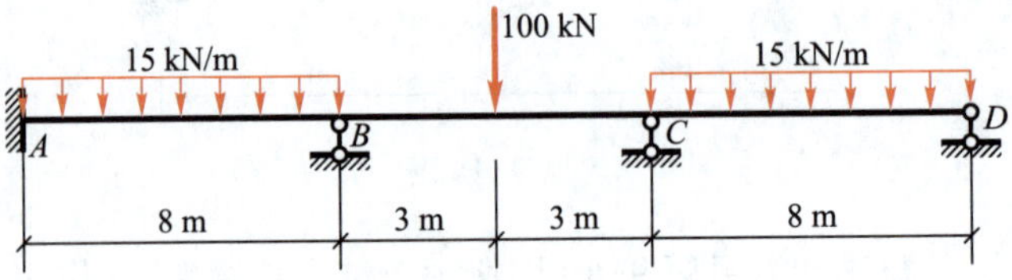

习题 9-23 图

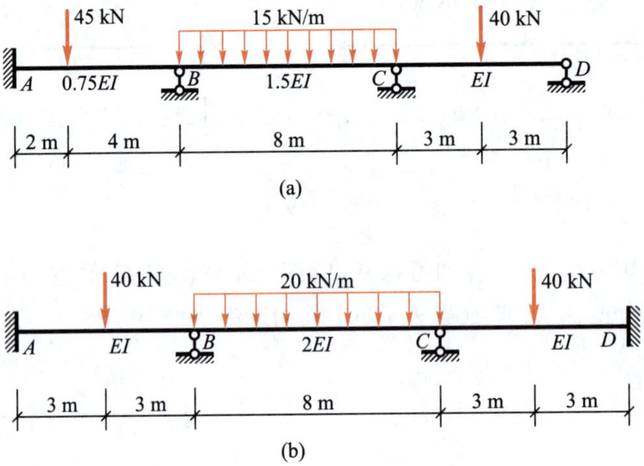

(a)

(b)

习题 9-24 图

(a)

(b)

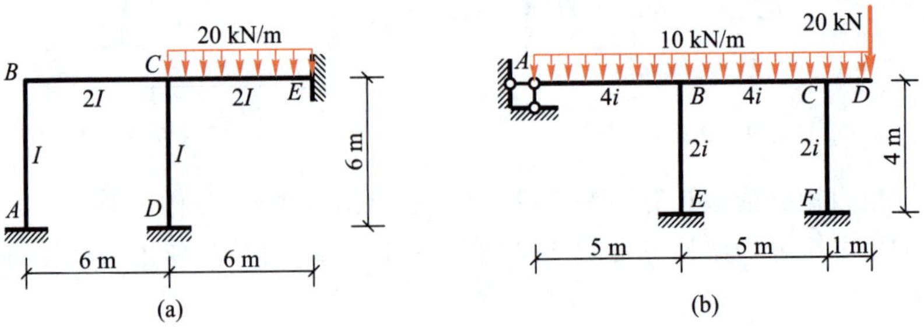

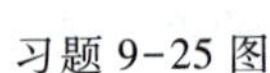
习题 9-25 图

★第10章

影响线及其应用

小贴士

移动荷载作用效应

前面几章讨论的内容都是结构在固定荷载作用下,反力、内力和位移的计算。在实际工程中,结构除了承受固定荷载外,还承受移动荷载,在进行结构设计时,还需要考虑移动荷载的作用效应。本章主要介绍静定梁影响线的绘制方法,以及在移动荷载作用下最不利荷载位置的确定和内力包络图的绘制法等内容。

第1节 影响线的概念

前面各章所讨论的荷载,其大小、方向和作用点都是固定不变的,称为**固定荷载**。在这种荷载作用下,结构的支座反力和内力都是固定不变的。但在工程实际中,有些结构要承受**移动荷载**,即荷载作用在结构上的位置是移动的。如,在桥梁上行驶的汽车(图10-1a)、火车和活动的人群,在吊车梁上行驶的吊车(图10-1b)等,均为移动荷载。在移动荷载作用下,结构的支座反力和内力,都将随荷载的移动而变化。因此,必须研究这种变化规律,确定支座反力和内力的最大值,以及达到最大值时荷载的位置,作为结构设计的依据。

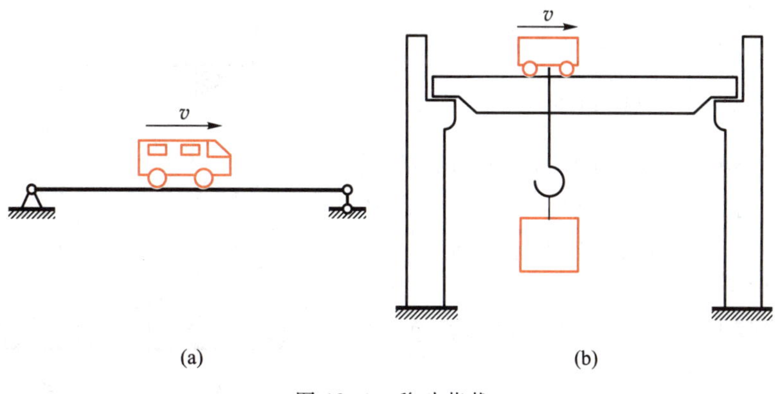

图10-1 移动荷载

微课
吊车梁

移动荷载的类型很多,不可能逐一加以研究。为简便起见,我们来研究结构在单位集中移动荷载作用时，对结构的某一指定量值（在此将反力、内力、位移等称为量值）所产生的影响，根据叠加原理就可进一步研究结构在各种移动荷载作用下对该量值的影响量。

当一个方向不变的单位集中荷载沿结构移动时，表示结构某指定截面某一量值变化规律的图形，称为该量值的**影响线**。影响线是研究结构在移动荷载作用下的反力和内力计算的工具。

第 2 节　用静力法作单跨静定梁的影响线

作静定结构内力或支座反力的影响线，最基本的方法是静力法。所谓静力法是指，先把单位移动荷载 $F=1$ 放在结构的任意位置，以 x 表示单位移动荷载到所选坐标原点的距离，将单位移动荷载暂时视为固定荷载，通过平衡条件，确定所求支座反力和内力的影响线函数，作此函数的图像，即为对应的影响线。

一、静力法作简支梁的影响线

微课
静力法绘制支座反力影响线

1. 支座反力的影响线

（1）支座反力 F_{RB} 影响线的作法。将 $F_P=1$ 放在任意位置，距 A 点为 x（图 10-2a）。由平衡条件

$$\sum M_A=0,F_{RB}l-1x=0$$

解得

$$F_{RB}=\frac{x}{l}\quad(0\leqslant x\leqslant l)$$

这就是 F_{RB} 的影响线方程。由此方程知，F_{RB} 的影响线是一条直线。在 A 点，$x=0$，$F_{RA}=0$。在 B 点，$x=l$，$F_{RB}=1$。连接这两个竖距，便画出 F_{RB} 的影响线，如图 10-2b 所示。

（2）支座反力 F_{RA} 影响线的作法。将 $F_P=1$ 放在任意位置，距 A 点为 x。由平衡条件

$$\sum M_B=0,F_{RA}l-1(l-x)=0$$

解得

$$F_{RA}=\frac{l-x}{l}\quad(0\leqslant x\leqslant l)$$

这就是 F_{RA} 的影响线方程。由此方程知，F_{RA} 的影响线也是一条直线。在 A 点，$x=0$，$F_{RA}=1$。在 B 点，$x=l$，$F_{RB}=0$。连接这两个竖距，便画出 F_{RA} 的影响线，如图 10-2c 所示。

影响线竖距表示的数值称为**影响线系数**，支反力影响线系数量纲为一。

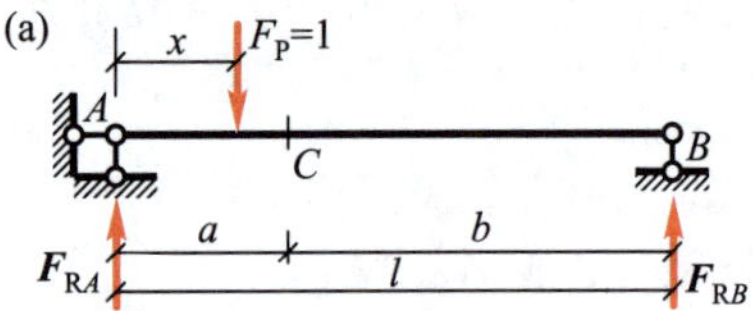

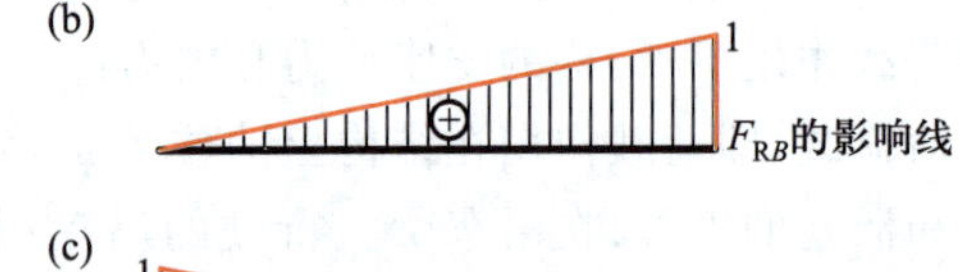

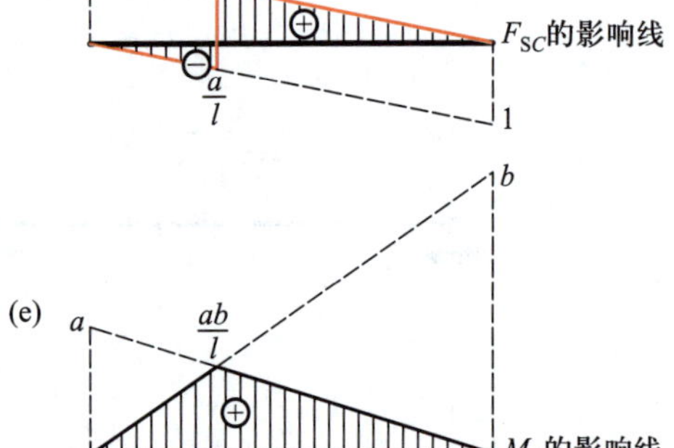

图 10-2　简支梁影响线

2. 剪力影响线的作法

现在拟作指定截面 C 的剪力 F_{SC} 的影响线（图 10-2d）。当 $F_P=1$ 作用在 C 点以左或以

右时，剪力 F_{SC} 的影响函数具有不同的表示式，应当分别考虑。

当 $F_P=1$ 作用在 CB 段时，取 AC 段为隔离体，由 $\sum F_y=0$，得

$$F_{SC}=F_{RA} \quad (F_P=1 \text{ 在 } CB \text{ 段})$$

由此看出，在 CB 段内，F_{SC} 的影响线与 F_{RA} 的影响线相同。因此，可先作 F_{RA} 的影响线，然后保留其中的 CB 段（AC 段舍弃不用）。C 点的竖距可按比例关系求得为 b/l。

当 $F_P=1$ 作用在 AC 段时，取 BC 段为隔离体，由 $\sum F_y=0$，得

$$F_{SC}=-F_{RB} \quad (F_P=1 \text{ 作用在 } AC \text{ 段})$$

由此看出，在 AC 段内，F_{SC} 的影响线与 F_{RB} 的影响线相同，但正负号相反。因此，可先把 F_{RB} 的影响线翻过来画在基线下面，保留其中的 AC 段。C 点的竖距可按比例关系求得为 $-\dfrac{a}{l}$。

综合起来，F_S 的影响线分成 AC 和 CB 两段，由两段平行线所组成，在 C 点形成台阶。由此看出，当 $F_P=1$ 作用在 AC 段任一点时，截面 C 为负剪力。当 $F_P=1$ 作用在 CB 段任一点时，截面 C 为正剪力。当 $F_P=1$ 由左侧到右侧超过 C 点时，截面 C 的剪力将引起突变。当 $F_P=1$ 正好作用 C 点时，F_{SC} 的影响函数没有意义。

据此，得**简支梁剪力影响线的静力简单作法是**：在一个简支梁上同时作出 F_A 和 $-F_B$ 的影响线，在所求剪力 F_S 截面处作一竖线，所截取的两个三角形，即为剪力 F_S 在此截面的影响线，如图 10-2d 所示。其他任意截面剪力影响线作法更简便了，将竖线移到什么截面就生成什么截面的剪力影响线。其剪力影响线系数可利用相似三角形成比例而求得，它是一个无量纲的量。

3. 弯矩影响线作法

现拟作截面 C 的弯矩 M_C 的影响线。仍分成两种情况（$F_P=1$ 作用在截面 C 以左和以右）分别考虑。

当 $F_P=1$ 作用在 CB 段时，取 AC 段为隔离体，得

$$M_C=F_{RA}\cdot a \quad (F_P=1 \text{ 作用在 } CB \text{ 段})$$

由此看出，在 CB 段内，M_C 的影响函数等于 F_{RA} 的影响函数的 a 倍。因此，可先把 F_{RA} 的影响线的竖距乘以 a，然后保留其中的 CB 段，就得到 M_C 在 CB 段影响线。这里 C 点的竖距应为 ab/l。

当 $F_P=1$ 作用在 AC 段时，取 BC 段为隔离体，得

$$M_C=F_{RB}\cdot b \quad (F_P=1 \text{ 作用在 } AC \text{ 段})$$

因此，可先把 F_{RB} 的影响线的竖距乘以 b，然后保留 AC 段，就得到 M_C 在 AC 段的影响线。这里 C 点的竖距仍是 ab/l。

综合起来，M_C 的影响线分成 AC 和 CB 两段，每一段都是直线，形成一个三角形，如图 10-2e 所示。由此看出，当 $F_P=1$ 作用在 C 点时，弯矩 M_C 为极大值。当 $F_P=1$ 由 C 点向梁的两端移动时，弯矩 M_C 值逐渐减小到零。

由此得**简支梁作弯矩影响线的静力简易作法**：先作一基线，在基线对应截面处作一竖线，其值为 ab/l，连接 A、B 两端，即为此截面弯矩的影响线，如图 10-2e 所示。

弯矩影响系数其量纲为 l，单位为 m。

例 10-1　试用静力法绘制图 10-3 所示外伸梁的 F_{Ay}、F_{By}、F_{SC}、M_C、F_{SD}、M_D 的影响线。

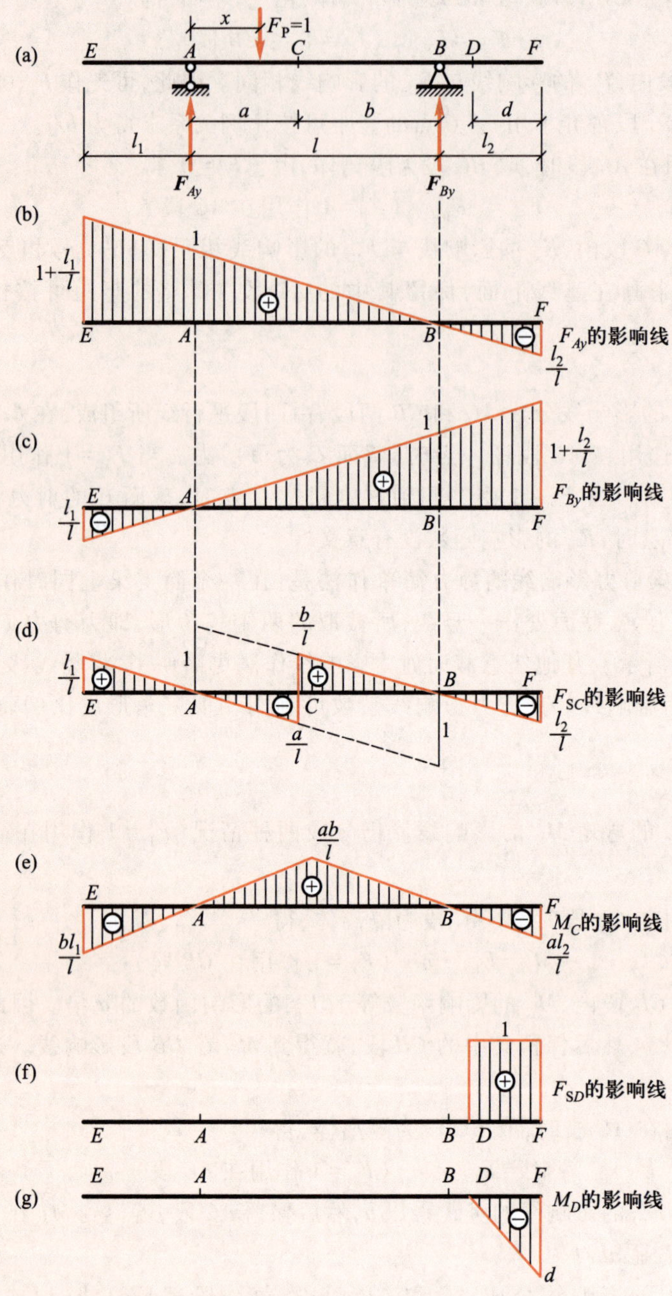

图 10-3　例 10-1 图

解　(1) 绘制反力 F_{Ay}、F_{By} 的影响线。取 A 点为坐标原点，横坐标 x 向右为正。当荷载 $F=1$ 作用于梁上任一点 x 时，分别求得反力 F_{Ay}、F_{By} 的影响线方程为

$$F_{Ay}=\frac{l-x}{l}\quad(-l_1\leqslant x\leqslant l+l_2)$$

$$F_{By}=\frac{x}{l}\quad(-l_1\leqslant x\leqslant l+l_2)$$

以上两个方程与相应的简支梁的反力影响线方程完全相同，只是 x 的取值范围有所扩大而已，由此得**外伸梁支座反力影响线的静力简易作法**：先按简支梁支反力影响线简易作法，作出其反力影响线，再将相应简支梁的反力影响线向两外伸臂部分延长，即可绘出整个外伸梁的反力 F_{Ay} 和 F_{By} 的影响线，分别如图 10-3b、c 所示。

(2) 绘制剪力 F_{SC}、弯矩 M_C 的影响线。当 $F=1$ 作用于截面 C 以左时，取截面 C 右边为隔离体，求得影线方程为

$$F_{SC}=-F_{By}\quad(-l_1\leqslant x<a)$$

$$M_C=F_{By}\cdot b\quad(-l_1\leqslant x\leqslant a)$$

当 $F_P=1$ 作用于截面以右时，取截面 C 左边为隔离体，求得影响线方程为

$$F_{SC}=F_{Ay}\quad(a<x\leqslant l+l_2)$$

$$M_C=F_{Ay}\cdot a(a\leqslant x\leqslant l+l_2)$$

由上可知，F_{SC} 和 M_C 的影响线方程也与简支梁的相同。因而与绘制反力影响线一样，只需将相应简支梁的 F_{SC} 和 M_C 的影响线向两外伸臂部分延长，即可得到外伸梁的 F_{SC} 和 M_C 的影响线，分别如图 10-3d、e 所示。

(3) 绘制剪力 F_{SD}、弯矩 M_D 的影响线。当 $F_P=1$ 作用于截面 D 以左时，取截面 D 右边为隔离体，求得影响线方程为

$$F_{SD}=0\quad(-l_1\leqslant x<l+l_2-d)$$

$$M_D=0\quad(-l_1\leqslant x\leqslant l+l_2-d)$$

当 $F_P=1$ 作用于截面 D 以右时，仍取截面 D 右边为隔离体，求得影响线方程为

$$F_{SD}=1\quad(l+l_2-d<x\leqslant l+l_2)$$

$$M_D=-(x-l-l_2+d)\quad(l+l_2-d\leqslant x\leqslant l+l_2)$$

当 $x=l+l_2-d$ 时，$M_D=0$；当 $x=l+l_2$ 时，$M_D=-d$

上面弯矩方程较麻烦，若取 D 为坐标原点，向右为正，则 M_D 弯矩方程为 $M_D=-x$，当 $x=0$ 时，$M_D=0$，当 $x=d$ 时，$M_D=-d$

由上述值，分别绘出 F_{SD} 和 M_D 的影响线，如图 10-3f、g 所示。

小贴士

用静力简易法作静定梁的影响线

通过例 10-1、例 10-2 用静力法作静定梁影响线的过程，总结出作简支梁、外伸梁影响线的静力简易法，它是一个行之有效的方法，今后作影响线习题时不必再直接用静力法，可直接用静力简易法作简支梁或外伸梁的影响线。这样做，一是作影响线简单，二是也不易出错。

二、影响线与内力图的区别

内力的影响线与内力图有什么区别呢？内力的影响线与内力图虽然都表示内力的变化规律，而且它们在形状上也有些相似之处，但两者在概念上却有本质的区别。对此，初学者容易混淆。现以图 10-4 所示弯矩的影响线与弯矩图为例，说明两者的区别。

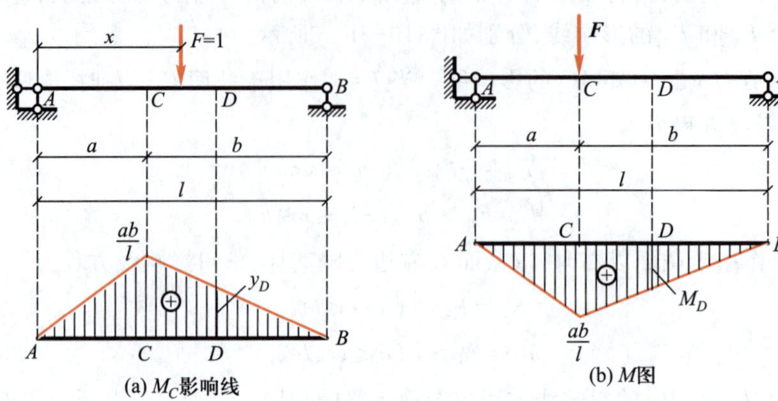

图 10-4 弯矩影响线与弯矩图

(1) 荷载类型不同。绘弯矩的影响线时，所受的荷载是单位移动荷载 $F_P=1$；而绘弯矩图时，所受的荷载则是固定荷载 F。

(2) 自变量 x 表示的含义不同。弯矩影响线方程的自变量 x 表示单位移动荷载 $F_P=1$ 的作用位置，而弯矩方程中的自变量 x 表示的则是截面位置。

(3) 竖距表示的意义不同。M_C 的影响线中任一点 D 的竖距表示单位移动荷载 $F_P=1$ 作用于点 D 时，截面 C 上弯矩的大小，即 M_C 的影响线只表示 C 截面上的弯矩 M_C 在单位荷载移动时的变化规律，与其他截面上的弯矩无关。而弯矩图中任一点 D 的竖距表示的是在点 C 作用固定荷载 F 时，在截面 D 上引起的弯矩值，即 M 图表示在固定荷载作用下各个截面上的弯矩 M 的大小。

(4) 绘制规定不同。M_C 的影响线中的正弯矩画在基线的上方，负弯矩画在基线的下方，标明正负号。而弯矩图则绘在杆件的受拉一侧，不标正负号。

总之，内力的影响线反映的是，某一截面上某一内力量值与单位移动荷载作用位置之间的关系；内力图反映的是，在固定荷载作用下某一内力量值在各个截面上的大小。

第 3 节 影响线的应用

影响线是处理移动荷载效应的工具，在此只研究利用影响线求支反力和内力值，确定荷载的最不利位置及最不利荷载等。为叙述方便，在工程中把反力、内力、位移等量，称为量值。

一、求各种荷载作用下的影响量

作影响线时用的是单位荷载，根据叠加原理，可利用影响线，求固定荷载作用下的支反力和内力值。

设有一组集中荷载 F_{P1}、F_{P2}、F_{P3}加于简支梁，位置已知如图 10-5a 所示。如 F_{SC}的影响线在各荷载作用点的竖距为 y_1、y_2、y_3，则由 F_{P1}产生的 F_{SC}等于 $F_{P1}\cdot y_1$；F_{P2}产生的 F_{SC}等于 $F_{P2}\cdot y_2$，F_{P3}产生的 F_{SC}等于 $F_{P3}\cdot y_3$。根据叠加原理，可知，在这组荷载作用下 F_{SC}的数值为

$$F_{SC}=F_{P1}\cdot y_1+F_{P2}\cdot y_2+F_{P3}\cdot y_3 \tag{a}$$

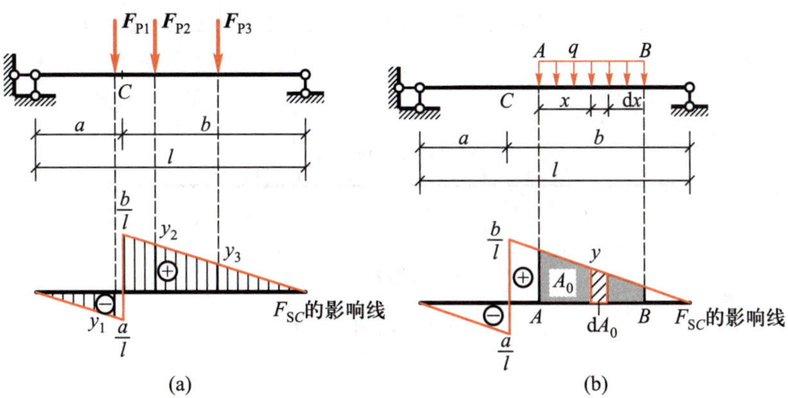

图 10-5　各荷载下的影响线

一般说来，设有一组集中荷载 F_{P1}，F_{P2}…，F_{Pn}加于结构，而结构某量值 Z 的影响线在各荷载作用处的竖距为 y_1，y_2，…，y_n，则

$$Z=F_{P1}\cdot y_1+F_{P2}\cdot y_2+\cdots+F_{Pn}\cdot y_n=\sum F_{Pi}y_i \tag{10-1}$$

如果结构在 AB 段承均布荷载 q（图 10-5b）作用，则微段 $\mathrm{d}x$ 上的荷载 $q\mathrm{d}x$ 可看作集中荷载，它所引起的 Z 值为 $y\cdot q\mathrm{d}x$。因此，在 AB 段均布荷载作用下的 Z 值为

$$Z=\int_A^B yq\mathrm{d}x=q\int_A^B y\mathrm{d}x=qA_0 \tag{10-2}$$

这里，A_0 表示影响线图形在受载段 AB 上的面积。上式表示，均布荷载引起的 Z 值等于荷载集度乘以受载段的影响线面积。应用此式时，要注意面积 A_0 的正负号。

若梁上既有集中荷载又有均布荷载时，其 Z 值的计算公式为

$$Z=\sum F_{Pi}y_i+\sum q_iA_{0i} \tag{10-3}$$

例 10-2　利用影响线求图 10-6a 所示简支梁，在图示荷载作用下截面 C 上剪力 F_{SC}的数值。

解　绘出剪力 F_{SC}的影响线，如图 10-6b 所示。设影响线正号部分的面积为 A_1，负号部分的面积为 A_2，则有

$$A_1=\frac{1}{2}\times\frac{2}{3}\times 4\ \mathrm{m}=\frac{4}{3}\ \mathrm{m}\qquad A_2=\frac{1}{2}\times\left(-\frac{1}{3}\right)\times 2\ \mathrm{m}=-\frac{1}{3}\ \mathrm{m}$$

剪力 F_{SC}的影响线，在力 F 作用点处的竖标 $y=\frac{1}{2}$。由式（10-1）和式（10-2），截面 C 上剪力 F_{SC}的数值为

$$\begin{aligned}F_{SC}&=F\cdot y+q(A_1+A_2)\\&=20\ \mathrm{kN}\times\frac{1}{2}+5\ \mathrm{kN/m}\left(\frac{4}{3}\mathrm{m}-\frac{1}{3}\mathrm{m}\right)=15\ \mathrm{kN}\end{aligned}$$

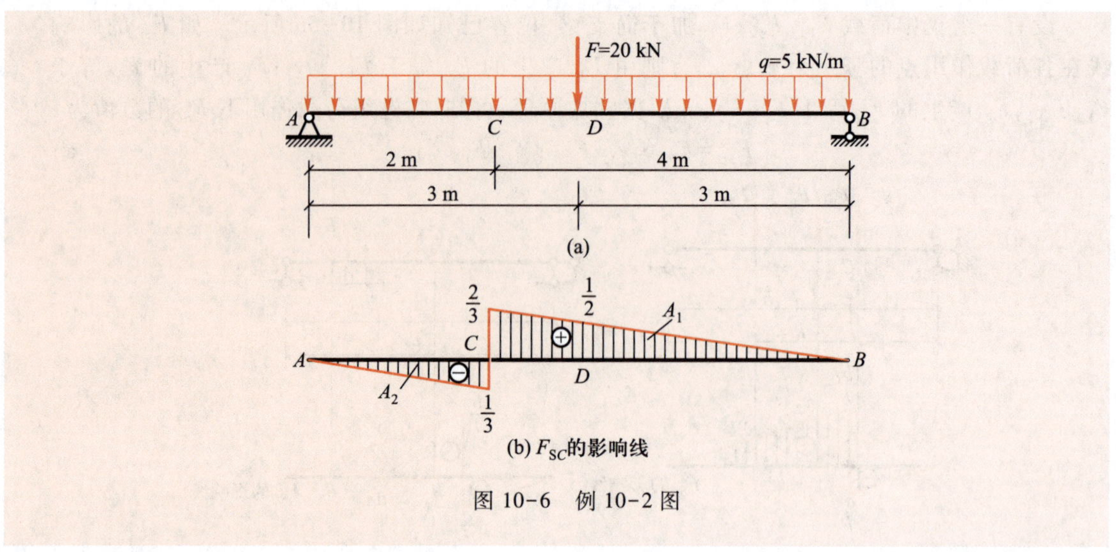

图 10-6　例 10-2 图

二、求移动荷载的最不利位置

1. 简单情况确定最不利位置的原则

如果荷载移动到某个位置,使某量 Z 达到最大值,则此荷载位置,称为**最不利荷载位置**。影响线的一个重要作用,就是用来确定移动荷载的最不利位置。

对于以下简单情况,只需对影响线和荷载特性加以分析和判断,就可定出荷载的**最不利位置**。其判断的原则是:

(1) 应当把数量大、排列最密的荷载放在影响线竖距较大的部位;

(2) 如果移动荷载是单个集中荷载,则最不利位置就是这个集中荷载作用在影响线的竖距最大处;

(3) 如果移动荷载是一组集中荷载,则在最不利位置时,必有一个集中荷载作用在影响线的顶点上,如图 10-7 所示;

(4) 如果移动荷载是均布荷载,而且可以按任意方式分布,则其最不利位置,是在影响线正号部分布满荷载(求最大正号值),或者在负号部分布满荷载(求最大负号值),如图 10-8 所示。

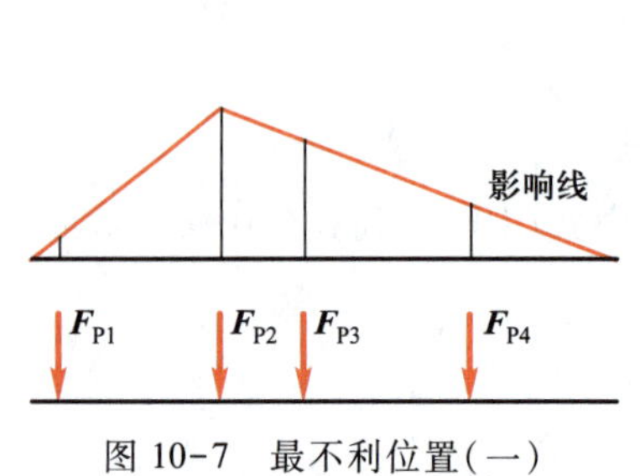

图 10-7　最不利位置(一)

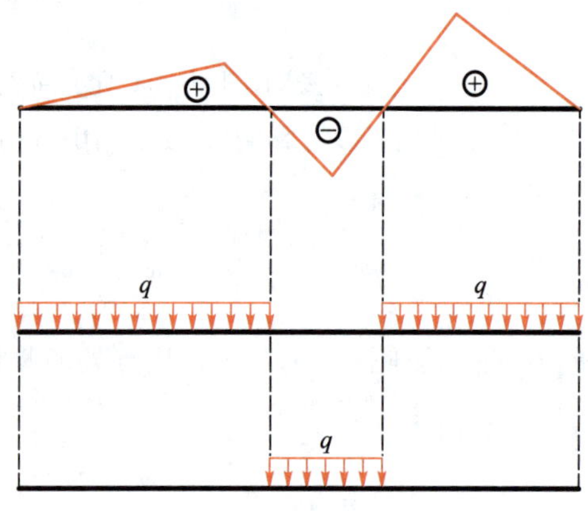

图 10-8　最不利位置(二)

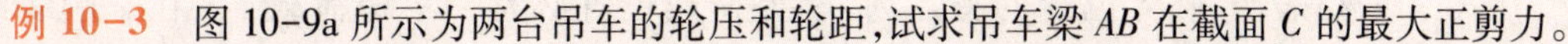

例 10-3　图 10-9a 所示为两台吊车的轮压和轮距，试求吊车梁 AB 在截面 C 的最大正剪力。

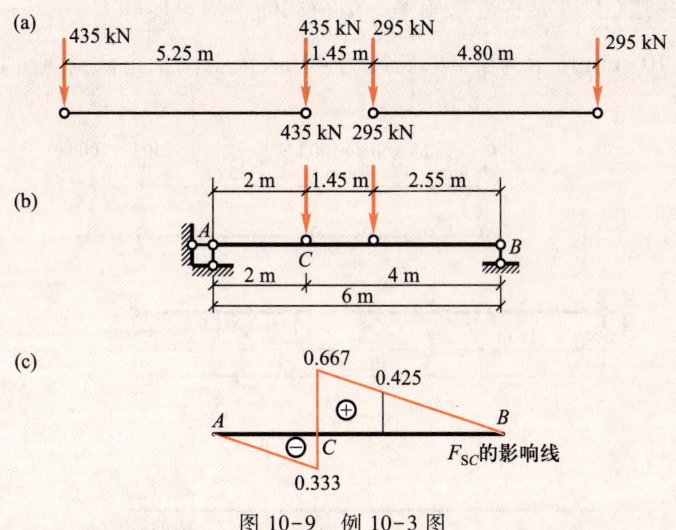

图 10-9　例 10-3 图

解　先作出 F_{SC} 的影响线，并标出荷载对应的系数（图 10-9c）。

要使 F_{SC} 为最大正号剪力，首先，荷载应放在 F_{SC} 影响线的正号部分。其次，应将排列较密的荷载（中间两个轮压）放在影响系数较大的部位（荷载 435 kN 放在 C 点的右侧）。图 10-9b 所示为荷载的最不利位置。由此求得

$$F_{SC\max}=F_{P1}y_1+F_{P2}y_2=435\ \text{kN}\times 0.667+295\ \text{kN}\times 0.425=415\ \text{kN}$$

2. 一组集中移动荷载最不利位置的确定

如果移动荷载是一组集中荷载，要确定某量值 Z 的最不利荷载位置，通常分成两步进行：

第一步，求出使 Z 达到极值的荷载位置。这种荷载位置称为荷载的临界位置。

第二步，从荷载的临界位置中选出荷载的最不利位置。也就是从 Z 的极大值中选出最大值，从极小值中选出最小值。

下面以三角形影响线为例，说明荷载临界位置的特点及其判定方法。

当影响线为三角形时，临界荷载的位置可用简便形式表示出来。如图 10-10 所示，设 Z 的影响线为一三角形。如果求 Z 的极大值，则在临界位置必有一荷载 F_{Pcr} 正好在影响线的顶点上。以 F_R^L 表示 F_{Pcr} 左方荷载的合力，F_R^R 表示 F_{Pcr} 右方荷载的合力，其临界位置判别式为

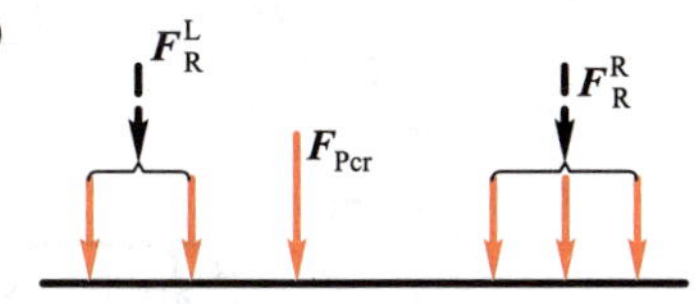

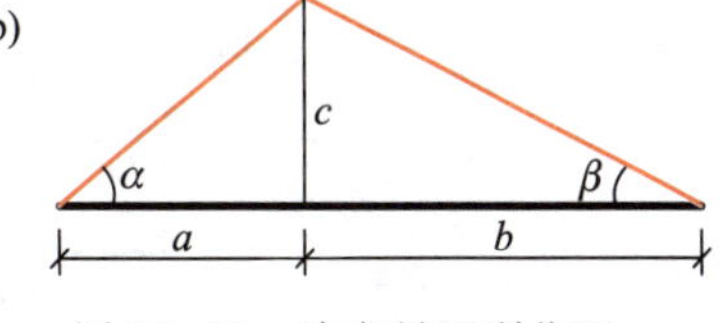

图 10-10　确定最不利位置

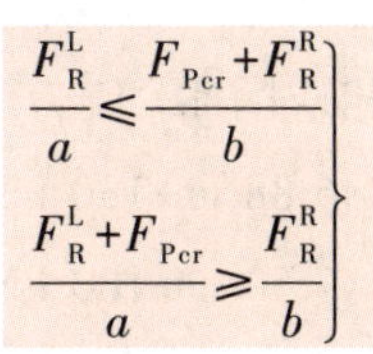

$$\left.\begin{aligned}\frac{F_R^L}{a}&\leqslant\frac{F_{Pcr}+F_R^R}{b}\\ \frac{F_R^L+F_{Pcr}}{a}&\geqslant\frac{F_R^R}{b}\end{aligned}\right\}\qquad(10-4)$$

式(10-4)表明,临界位置的特点为:临界荷载位置必有一集中荷载 F_{Pcr} 在影响线的顶点,将 F_{Pcr} 计入哪一边(左边或右边),则哪一边荷载的平均集度就大。

例 10-4　图 10-11a 所示为梁 AB,跨度为 40 m,承受汽车车队荷载。试求截面 C 的最大弯矩。

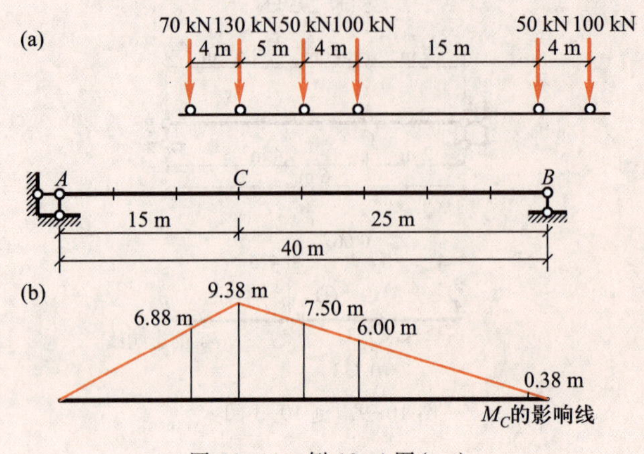

图 10-11　例 10-4 图(一)

解　M_C 的影响线如图 10-11b 所示。

首先,设汽车车队向左行,将载重 130 kN 置于 C 点,用式(10-4)验算

$$\frac{70\ \text{kN}}{15\ \text{m}}<\frac{130\ \text{kN}+200\ \text{kN}}{25\ \text{m}}$$

$$\frac{70\ \text{kN}+130\ \text{kN}}{15\ \text{m}}>\frac{200\ \text{kN}}{25\ \text{m}}$$

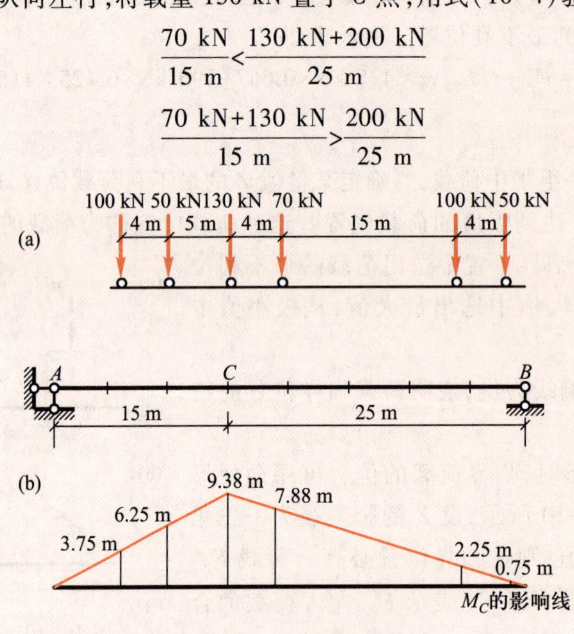

图 10-12　例 10-4 图(二)

由此可知,所试位置是临界位置,相应的 M_C 值为

$$\begin{aligned}M_C&=70\ \text{kN}\times6.88\ \text{m}+130\ \text{kN}\times9.38\ \text{m}+\\&\quad 50\ \text{kN}\times7.50\ \text{m}+100\ \text{kN}\times6.00\ \text{m}+\\&\quad 50\ \text{kN}\times0.38\ \text{m}=2\ 694\ \text{kN}\cdot\text{m}\end{aligned}$$

其次，假设汽车车队向右行，仍将 130 kN 荷载置于 C 点（图 10-12a），用式（10-4）验算

$$\frac{150\ \text{kN}}{15\ \text{m}}<\frac{130\ \text{kN}+200\ \text{kN}}{25\ \text{m}}$$

$$\frac{150\ \text{kN}+130\ \text{kN}}{15\ \text{m}}>\frac{200\ \text{kN}}{25\ \text{m}}$$

此位置亦是临界位置，相应的 M_C 值为

$$M_C=100\ \text{kN}\times3.75\ \text{m}+50\ \text{kN}\times6.25\ \text{m}+130\ \text{kN}\times79.38\ \text{m}+70\ \text{kN}\times7.88\ \text{m}+10\ \text{kN}\times2.25\ \text{m}+50\ \text{kN}\times0.75\ \text{m}=2\ 720\ \text{kN}\cdot\text{m}$$

比较上述计算，知图 10-12a 所示荷载位置为最不利位置，即 M_C 的最大值 $M_{C\max}=2\ 720\ \text{kN}\cdot\text{m}$。

临界荷载 F_{cr} 的特点是：将 F_{cr} 计入哪一边，哪一边的荷载平均集度就大。有时临界荷载可能不止一个，须将相应的极值分别算出，进行比较。产生最大极值的那个荷载位置就是最不利荷载位置，该极值即为所求量值的最大值。

现将确定最不利荷载位置的步骤归纳如下：

（1）最不利荷载位置一般是数值较大且排列紧密的荷载，位于影响线最大竖标处的附近，由此判断可能的临界荷载。

（2）将可能的临界荷载置于影响线的顶点。判定此荷载是否满足式（10-4），若满足，则此荷载为临界荷载 F_{cr}，荷载位置为临界位置，若不满足，则此荷载位置就不是临界位置。

（3）对每个临界位置求出一个极值，然后从各个极值中选出最大值。与此相对应的荷载位置，即为最不利荷载位置。

在此应当注意，在荷载向右或向左移动时，可能会有某一荷载离开了梁，在利用临界荷载判别式（10-4）时，$\sum F_{左}$ 和 $\sum F_{右}$ 中应不包含已离开了梁的荷载。

例 10-5　静定梁受吊车荷载的作用，如图 10-13a、b 所示。已知 $F_1=F_2=478.5$ kN，$F_3=F_4=324.5$ kN，求支座 B 处的最大反力。

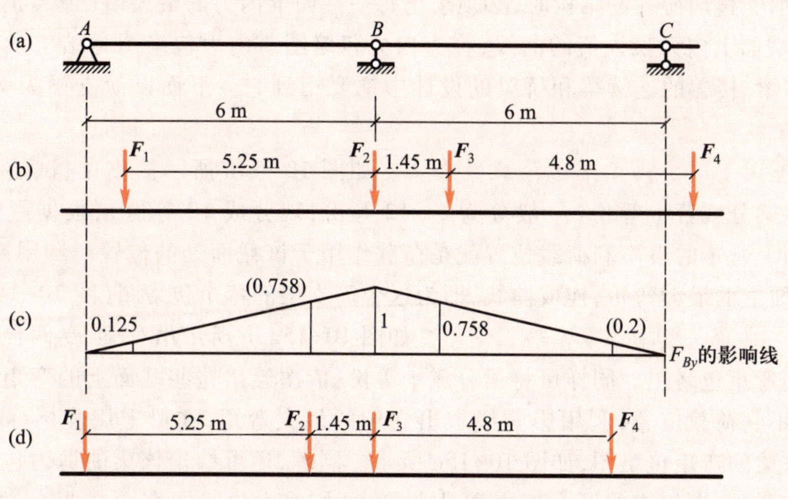

图 10-13　例 10-5 图

解　(1) 绘出支座反力 F_{By} 的影响线，判断可能的临界荷载。支座反力 F_{By} 的影响线如图 10-13c 所示。根据梁上荷载的排列，判断可能的临界荷载是 F_2 或 F_3。现分别按判别式进行验算。

(2) 验证 F_2 是否为临界荷载。由图 10-13b，利用式(10-4)，有

$$\frac{478.5+478.5}{6}>\frac{324.5}{6}$$

$$\frac{478.5}{6}<\frac{478.5+324.5}{6}$$

因此，F_2 为一临界荷载。

(3) 验证 F_3 是否为临界荷载。由图 10-13d，利用式(10-4)，有

$$\frac{478.5+324.5}{6}>\frac{324.5}{6}$$

$$\frac{478.5}{6}<\frac{324.5+324.5}{6}$$

故 F_3 也是一个临界荷载。

(4) 判别荷载最不利位置。分别算出各临界荷载位置时相应的影响线竖标(图 10-13c)，按式(10-1)计算影响量值，进行比较，确定荷载最不利位置。

当 F_2 为临界荷载时，有

$$F_{By}=478.5\ \text{kN}\times(0.125+1)+324.5\ \text{kN}\times0.758=784.3\ \text{kN}$$

当 F_3 为临界荷载时，有

$$F_{By}=478.5\ \text{kN}\times0.758+324.5\ \text{kN}\times(1+0.2)=752.1\ \text{kN}$$

比较二者知，当 F_2 作用于 B 点时为最不利荷载位置，此时 $F_{By\max}=784.3\ \text{kN}$。

三、简支梁的内力包络图及其绘制方法

在设计承受移动荷载的结构时，必须求出每一截面上内力的最大值(最大正值和最大负值)，连接各截面上内力最大值的曲线，称为**内力包络图**。内力包络图是结构设计中的重要依据，在吊车梁、楼盖的连续梁和桥梁的设计中都要用到它。下面以简支梁为例，具体说明内力包络图的绘制过程。

(1) 简支梁受单个移动集中荷载的作用。如图 10-14a 所示简支梁，试绘出弯矩包络图。为此，将梁分成若干等份(一般分为 6~12 等份，现分成 10 等份)，根据影响线可以判定，每个截面上弯矩的最不利荷载位置就是荷载作用于该截面处的位置。利用影响线，逐个算出每个截面上的最大弯矩，连成曲线，即为这个简支梁的弯矩包络图(图 10-14b)。

(2) 简支梁受一组移动集中荷载作用。如图 10-15a、b 所示吊车梁，受两台吊车荷载的作用，试绘制弯矩包络图。同样可将梁分成十等份，依次绘出这些截面上的弯矩影响线及求出相应的最不利荷载位置，利用影响线求出它们的最大弯矩，在梁上用竖标标出并连成曲线，就得到该梁的弯矩包络图，如图 10-15c 所示。同理，还可绘出该梁的剪力包络图。由于每一截面上都将产生相应的最大剪力和最小剪力，故剪力包络图有两根曲线，如图 10-15d 所示。由此看出，内力包络图是针对某种移动荷载而言的，对于不同的移动荷载，对应着不

同的内力包络图。

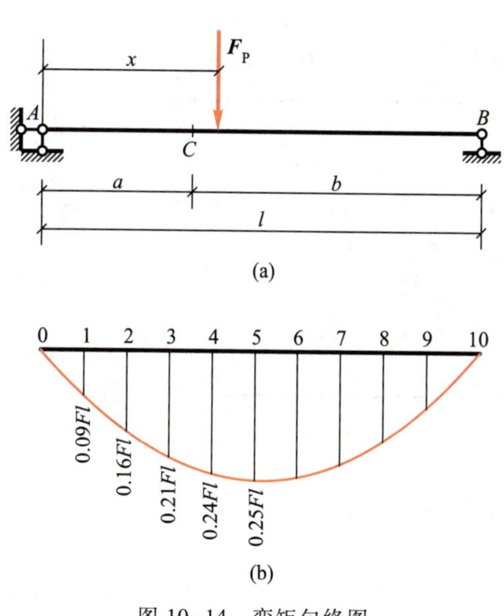

图 10-14　弯矩包络图

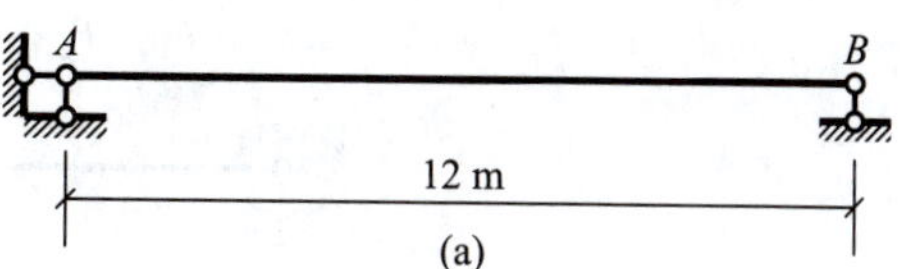

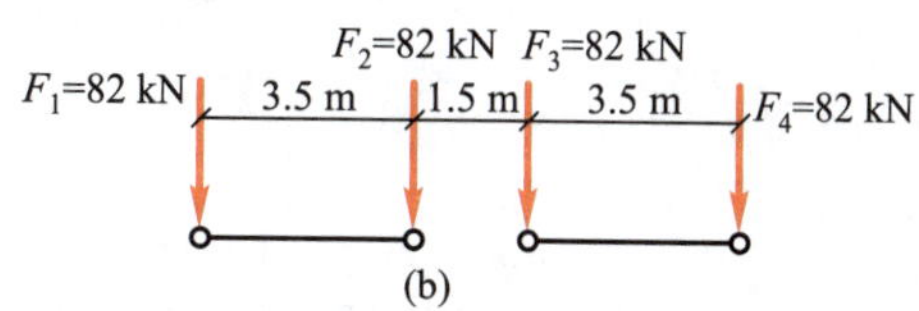

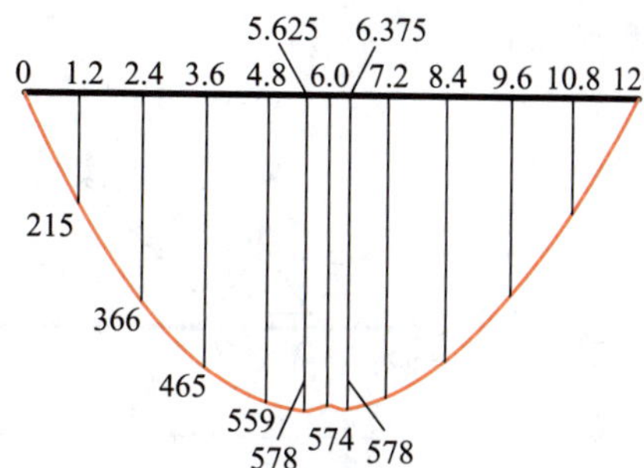

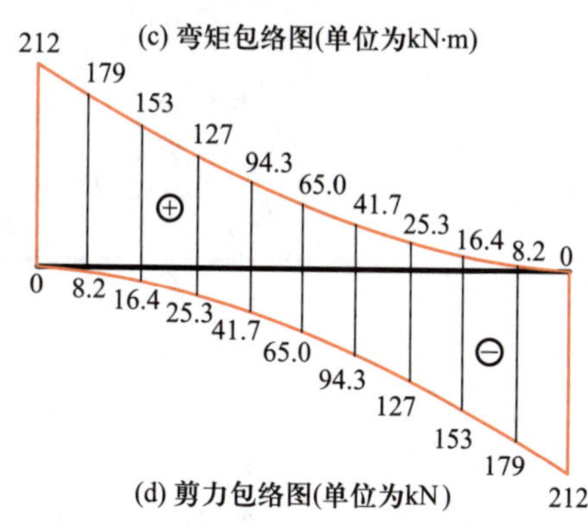

图 10-15　简支梁包络图

四、简支梁绝对最大弯矩的计算

简支梁弯矩包络图上的每个弯矩都是最大弯矩，这些最大弯矩中的最大弯矩，称为简支梁的**绝对最大弯矩**。那么怎样求呢？

设如图 10-16 所示简支梁，跨度为 l，梁上作用有一系列竖向集中力 $F_1, F_2, \cdots, F_n$，其合力 F_R 为，位置在图 10-16 中 D 点。设简支梁的绝对最大弯矩为 M_{max}，绝对最大弯矩必定发生在某一集中力下面，设作用在图中 C 点处。设 F_k 与 F_R 之间的距离为 a，a 分正负，F_k 位于 F_R 的左边时，a 取正值；F_k 位于 F_R 的右边时，a 取负值。可以证明，当 F_k 与 F_R 在简支梁上关于简支梁中点对称布置时，在 F_k 下面发生绝对最大弯矩，其计算公式为

$$M_{max}=\frac{F_P}{l}\left(\frac{l}{2}-\frac{a}{2}\right)^2-M_i\text{，或 }M_{max}=\frac{F_R(l-a)^2}{4l}-M_i \tag{10-5}$$

式中　M_i——F_k 以左的力对 F_k 作用点的力矩代数和。

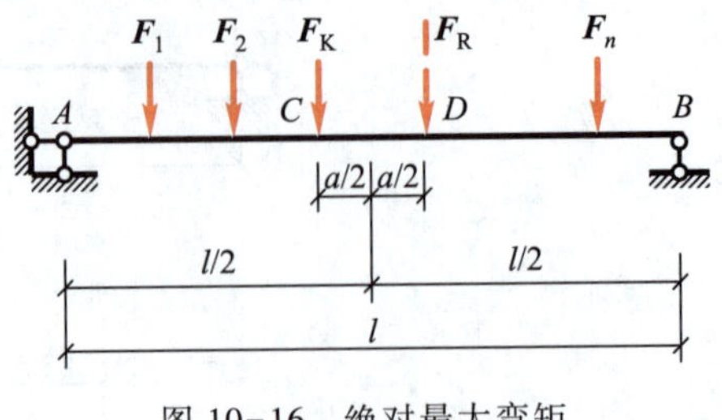

图 10-16　绝对最大弯矩

例 10-6　如图 10-17a 所示吊车在简支梁上移动，试求梁的绝对最大弯矩，并与跨中最大弯矩相比较。

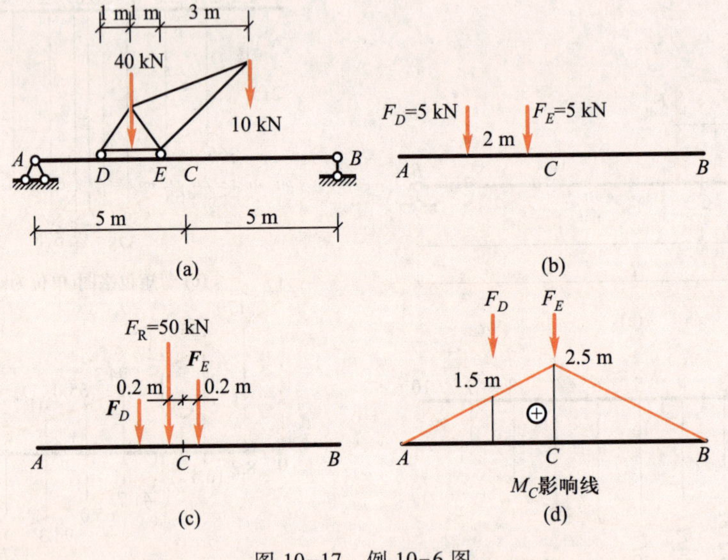

图 10-17　例 10-6 图

解　(1) 求绝对影弯矩。梁实际受到间距不变的轮压 $F_D=5$ kN，$F_E=45$ kN 作用(图 10-17b)。由于只有两个荷载，故绝对最大弯矩必发生在 $F_E=45$ kN 作用的截面上。将荷载如图 10-17c 所示布置，即将合力 $F_R=50$ kN 与 $F_E=45$ kN 对称布置在跨中截面 C 的两侧。计算 a。以 F_R 为矩心，得 $5(2-a)=45a$，解得 $a=0.2$。F_k 在 F_R 右边，a 取负值。绝对最大弯矩为

$$M_{max}=\frac{F_R}{l}\left(\frac{l}{2}-\frac{a}{2}\right)^2-M_i=\frac{50}{10}\left(\frac{10}{2}-\frac{-0.2}{2}\right)^2 \text{ kN}\cdot\text{m}-5\text{ kN}\times 2\text{m}=130.05\text{ kN}\cdot\text{m}$$

(2) 求跨中最大弯矩。图 10-17d 为梁中点的 M_C 影响线，将 $F_E=45$ kN 作用于 M_C 影响线的顶点，则跨中截面最大弯矩为

$$M_{C\max}=(45\times 2.5+5\times 1.5)\text{ kN}\cdot\text{m}=120\text{ kN}\cdot\text{m}$$

(3) 二者比较。$\dfrac{120.05-120}{120}=\dfrac{0.05}{120}=0.04\%$，即绝对最大弯矩比梁中点弯矩大 0.04%。

小贴士

计算简支梁绝对最大弯矩常见错误

计算简支梁绝对最大弯矩的计算公式为 $M_{max}=\frac{F_R}{l}\left(\frac{l}{2}-\frac{a}{2}\right)^2-M_i$，在教学中常见学生应用这个公式做习题时经常出错。究其原因，是学生对公式中 a 的了解出了问题。a 是试算力 F_k 与梁上实有力合力 F_R 间的距离，a 分正负，F_k 在 F_R 左边时 a 为正，F_k 在 F_R 右边时 a 为负。例 10-6 中 $a=0.2$，F_k 在 F_R 右边，应取负值，而不少人没有注意这一点，而取为正的，这怎么能不出错呢！

思考题

10-1　何谓影响线？影响线图中的横坐标和纵坐标的物理意义是什么？

10-2　绘制影响线时为什么要用无因次的单位荷载？影响线中的竖标 y 与单位荷载有什么联系？

10-3　影响线是单位移动荷载作用下某量值的函数图形，为什么可以用它来计算恒载作用时的约束力和内力？

10-4　何谓最不利荷载位置？何谓最不利荷载？何谓绝对最大弯矩？

10-5　内力包络图与内力影响线、内力图有何区别？

10-6　简支梁的绝对最大弯矩与跨中截面的最大弯矩有何区别？

习题

10-1　试用静力法绘制习题 10-1 图所示梁 F_{Ay}、M_A、F_{SC}、M_C 指定量值的影响线。

10-2　用静力法作习题 10-2 图所示静定梁，BD 段 C 截面的弯矩、剪力的影响线。并规定竖向单位移动荷载 $F_P=1$，只在 BD 梁上移动。

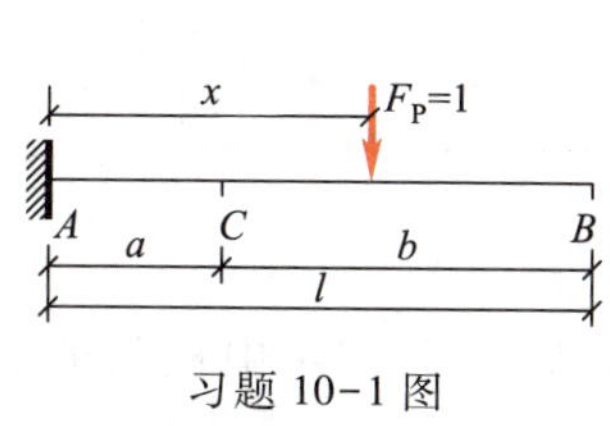

习题 10-1 图

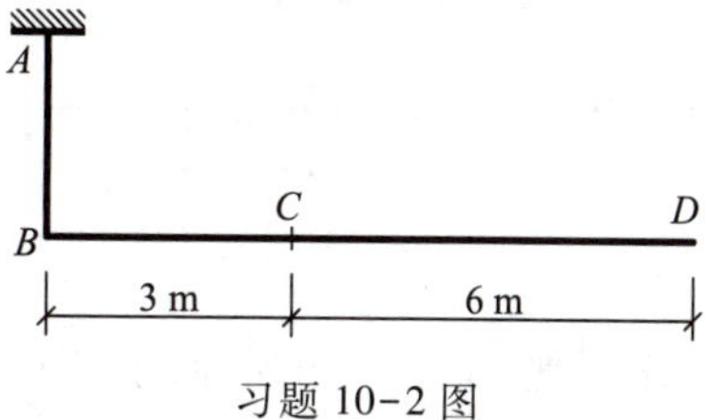

习题 10-2 图

10-3　作习题 10-3 图所示截面 C、D 处的 M、F_S 影响线。

10-4　试作习题 10-4 图所示梁 M_E、F_{SB}^L 和 F_{SB}^R 的影响线。

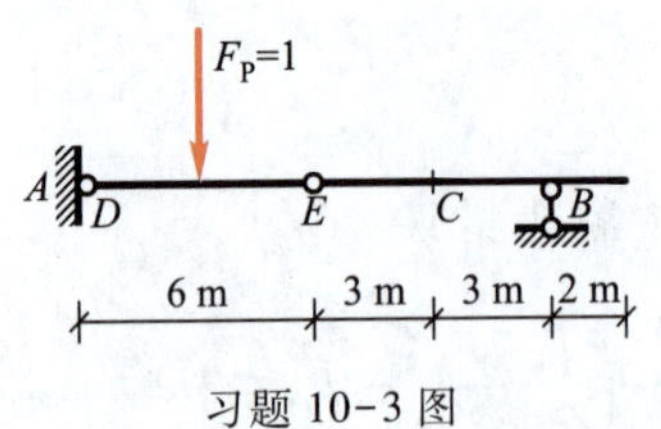

习题 10-3 图

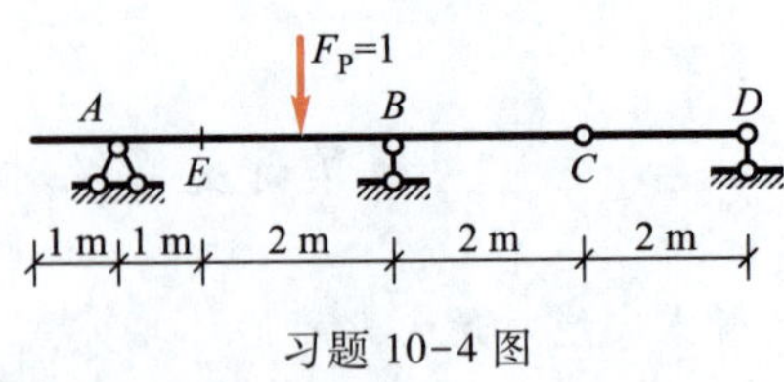

习题 10-4 图

10-5　作习题 10-5 图所示斜梁 F_A、F_B、M_C、F_{SC}、F_{NC} 的影响线。

10-6　作习题 10-6 图所示外伸梁 F_A、F_B、F_{SC}、M_C 的影响线，并求荷载作用下的值。

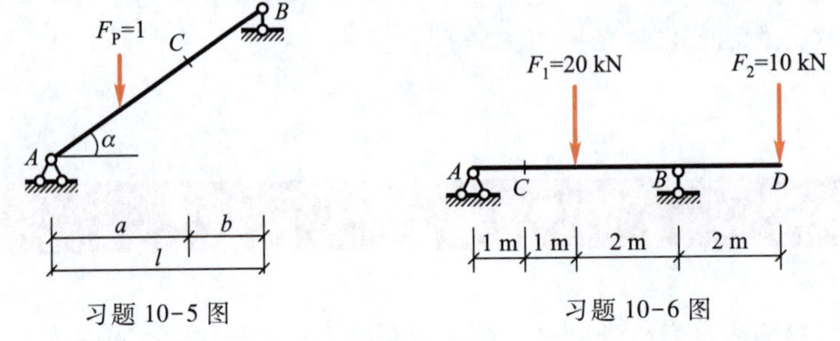

习题 10-5 图　　习题 10-6 图

10-7　利用影响线求习题 10-7 图所示伸臂梁，在图示荷载作用下的 F_A、M_C 及 F_{SC} 值。

10-8　利用影响线求习题 10-8 图所示外伸梁，在固定荷载作用下 C 截面的弯矩和剪力。

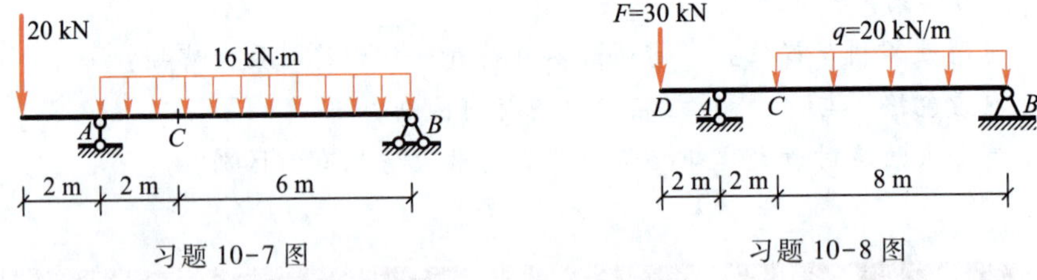

习题 10-7 图　　习题 10-8 图

10-9　利用影响线求习题 10-9 图所示简支梁中央截面 C 的绝对最大弯矩。

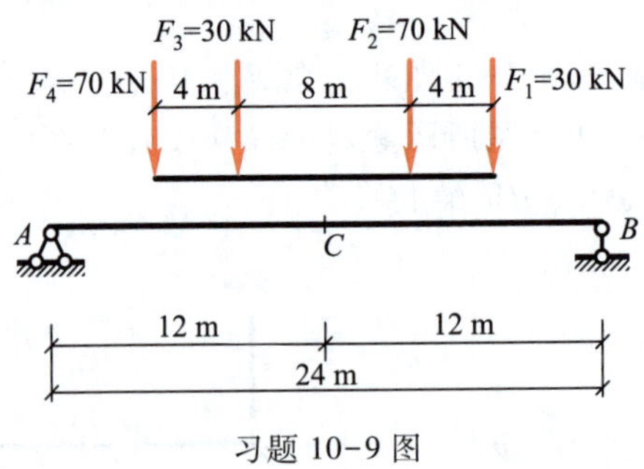

习题 10-9 图

10-10　求习题 10-10 图所示简支梁的绝对最大弯矩，并与跨中截面的最大弯矩相比较。

10-11　习题 10-11 图所示为一吊车轨道梁，试求吊车梁在吊车荷载作用下的绝对最大弯矩。

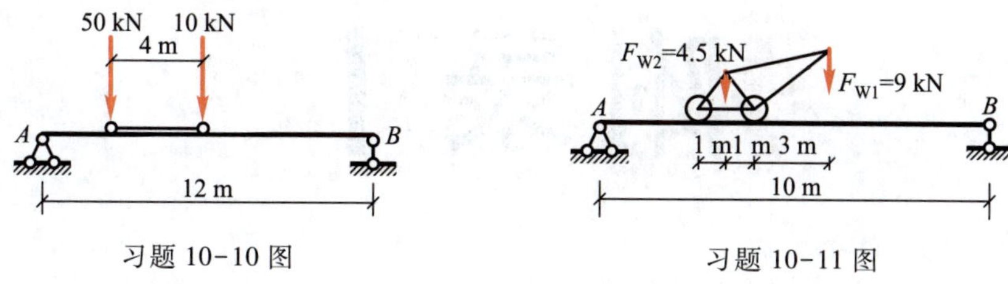

习题 10-10 图　　　　习题 10-11 图

10-12　试求习题 10-12 图所示简支梁在移动荷载作用下的绝对最大弯矩 $M_{\max}$，并与跨中截面 C 的最大弯矩 $M_{C\max}$ 比较。

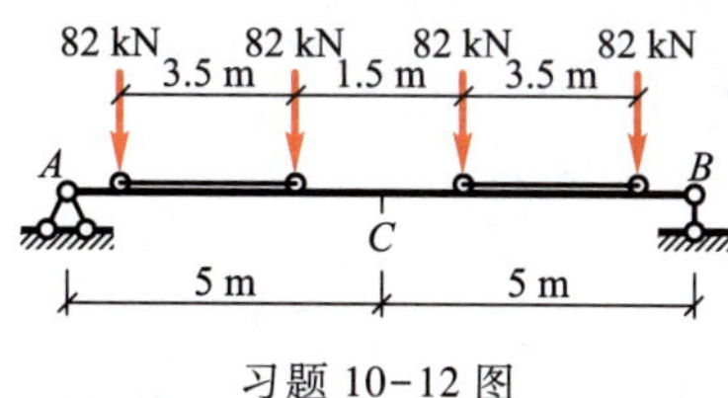

习题 10-12 图

附录 I

截面的几何性质

第 1 节 静矩与形心

一、静矩

设一代表任意截面的平面图形，面积为 A，在图形平面内建立直角坐标系 Oxy（图I-1）。在该截面上任取一微面积 $\mathrm{d}A$，设微面积 $\mathrm{d}A$ 的坐标为 x、y，则把乘积 $y\mathrm{d}A$ 和 $x\mathrm{d}A$ 分别称为微面积 $\mathrm{d}A$ 对 x 轴和 y 轴的静距（或面积矩）。而把积分 $\int_A y\mathrm{d}A$ 和 $\int_A x\mathrm{d}A$ 分别定义为该截面对 x 轴和 y 轴的**静矩**，分别用 S_x 和 S_y 表示，即

$$\left.\begin{aligned} S_x &= \int_A y\mathrm{d}A \\ S_y &= \int_A x\mathrm{d}A \end{aligned}\right\} \quad (\mathrm{I}-1)$$

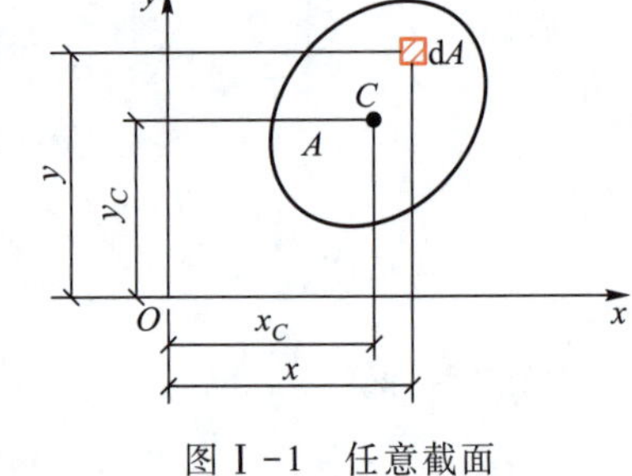

图 I -1 任意截面

由定义知，静矩与所选坐标轴的位置有关，同一截面对不同坐标轴有不同的静矩。静矩是一个代数量，其值可正、可负、可为零。静矩的常用单位是 mm^3 或 m^3。

二、形心

对于截面，如取图 I -1 所示 Oxy 坐标系，则截面的形心 C 的坐标为（证明从略）

$$\left.\begin{aligned} x_C &= \frac{\int_A x\mathrm{d}A}{A} \\ y_C &= \frac{\int_A y\mathrm{d}A}{A} \end{aligned}\right\} \quad (\mathrm{I}-2)$$

式中 A——截面面积。

利用式（I -2）容易证明：若截面对称于某轴，则形心必在该对称轴上；若截面有两个对称轴，则形心必为该两对称轴的交点。在确定形心位置时，常常利用这个性质，以减少计算工作量。

将式（I -1）代入式（I -2），可得到截面的形心坐标与静矩间的关系为

$$\left.\begin{aligned} y_C&=\frac{S_x}{A}\\ x_C&=\frac{S_y}{A}\end{aligned}\right\}\qquad (\text{Ⅰ}-3)$$

若已知截面的静矩，则可由式（Ⅰ-3）确定截面形心的位置；反之，若已知截面形心位置，则可由式（Ⅰ-3）求得截面的静矩。

由式（Ⅰ-3）可以看出，若截面对某轴（例如 x 轴）的静矩为零（$S_x=0$），则该轴一定通过此截面的形心（$y_C=0$）。通过截面形心的轴称为截面的形心轴。反之，截面对其形心轴的静矩一定为零。

例 Ⅰ-1 如图 Ⅰ-2 所示截面 OAB，是由顶点在坐标原点 O 的抛物线与 x 轴围成，设抛物线的方程为 $x=\frac{a}{b^2}y^2$，求其形心位置。

解 将截面分成许多宽为 dx，高为 y 的微面积，如图 Ⅰ-2 所示，$dA=ydx=\frac{b}{\sqrt{a}}\sqrt{x}\,dx$。由式（Ⅰ-2），截面 OAB 的形心坐标为

$$x_C=\frac{\int_A x\,dA}{\int_A dA}=\frac{\int_0^a x\frac{b}{\sqrt{a}}\sqrt{x}\,dx}{\int_0^a\frac{b}{\sqrt{a}}\sqrt{x}\,dx}=\frac{3}{5}a$$

$$y_C=\frac{\int_A y\,dA}{\int_A dA}=\frac{\int_0^a\frac{1}{2}y\frac{b}{\sqrt{a}}\sqrt{x}\,dx}{\int_0^a\frac{b}{\sqrt{a}}\sqrt{x}\,dx}=\frac{\int_0^a\frac{1}{2}\frac{b^2}{a}\sqrt{x}\,dx}{\int_0^a\frac{b}{\sqrt{a}}\sqrt{x}\,dx}=\frac{3}{8}b$$

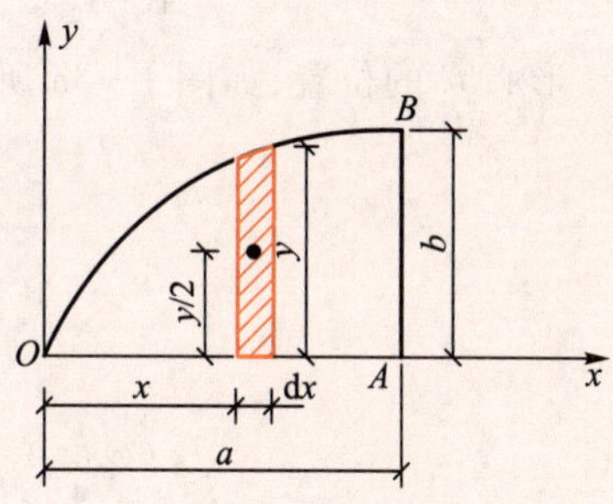

图 Ⅰ-2 抛物线与 x 轴围成的面积

三、组合截面的静矩与形心

工程中，经常遇到这样的一些截面，它们是由若干简单截面（如矩形、三角形、半圆形等）所组成，称为**组合截面**。根据静矩的定义，组合截面对某轴的静矩应等于其各组成部分对该轴静矩之代数和（条件是：各组成部分图形的形心位置要已知），即

$$\left.\begin{aligned} S_x&=\sum A_i y_{Ci}\\ S_y&=\sum A_i x_{Ci}\end{aligned}\right\}\qquad (\text{Ⅰ}-4)$$

由式（Ⅰ-3），组合截面形心的计算公式为

$$\left.\begin{aligned} x_C&=\frac{S_y}{A}=\frac{\sum A_i x_{Ci}}{\sum A_i}\\ y_C&=\frac{S_x}{A}=\frac{\sum A_i y_{Ci}}{\sum A_i}\end{aligned}\right\}\qquad (\text{Ⅰ}-5)$$

式中 A_i、x_{Ci}、y_{Ci}——各个简单截面的面积及形心坐标。

例Ⅰ-2 试确定图Ⅰ-3 所示 L 截面的形心位置。

解法 1 将截面图形分为Ⅰ、Ⅱ两个矩形。取 y、z 轴分别与截面图形底边及右边的边缘线重合(图Ⅰ-3 注:工程中常取这种坐标系)。两个矩形的形心坐标及面积分别为

矩形Ⅰ $y_{C1}=-60\ \text{mm}$

$z_{C1}=5\ \text{mm}$

$A_1=10\ \text{mm}\times 120\ \text{mm}=1\ 200\ \text{mm}^2$

矩形Ⅱ $y_{C2}=-5\ \text{mm}$

$z_{C2}=45\ \text{mm}$

$A_2=10\ \text{mm}\times 70\ \text{mm}=700\ \text{mm}^2$

形心 C 点的坐标 (y_C,z_C) 为

$$y_C=\frac{y_{1C}A_1+y_{2C}A_2}{A_1+A_2}=\frac{-60\times 1\ 200+(-5)\times 700}{1\ 200+700}\ \text{mm}=-39.7\ \text{mm}$$

$$z_C=\frac{z_{1C}A_1+z_{2C}A_2}{A_1+A_2}=\frac{5\times 1\ 200+45\times 700}{1\ 200+700}\ \text{mm}=19.7\ \text{mm}$$

形心 C 的位置,如图Ⅰ-3a 所示。

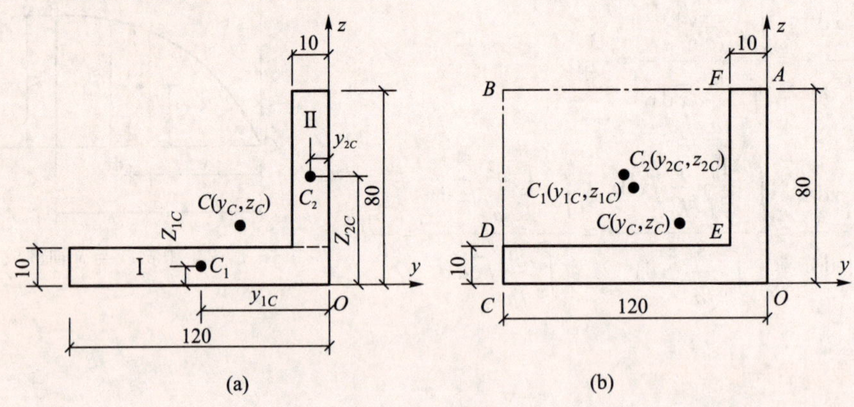

图Ⅰ-3 L 截面

解法 2 本例题的图形也可看作是从矩形 $OABC$ 中除去矩形 $BDEF$ 而成的(图Ⅰ-3b)。点 C_1 是矩形 $OABC$ 的形心,点 C_2 是矩形 $BDEF$ 的形心

$$y_{1C}=-60\ \text{mm},z_{1C}=40\ \text{mm}$$

$$A_1=80\ \text{mm}\times 120\ \text{mm}=9\ 600\ \text{mm}^2$$

$$y_{2C}=-65\ \text{mm},z_{2C}=45\ \text{mm}$$

$$A_1=70\ \text{mm}\times 110\ \text{mm}=7\ 700\ \text{mm}^2$$

$$y_C=\frac{S_z}{A}=\frac{y_{1C}A_1-y_{2C}A_2}{A_1-A_2}=\frac{-60\times 9\ 600-(-65)\times 7\ 700}{9\ 600-7\ 700}\ \text{mm}=-39.7\ \text{mm}$$

$$z_C=\frac{S_y}{A}=\frac{z_{1C}A_1-z_{2C}A_2}{A_1-A_2}=\frac{40\times 9\ 600-45\times 7\ 700}{9\ 600-7\ 700}\ \text{mm}=19.7\ \text{mm}$$

解法一称为求形心的**分割法**,解法二称为求形心的**负面积法**。

小贴士

关于几何性质的由来

此处介绍的静矩、惯性矩、极惯性矩等几何性质的积分式，是在推导梁、圆扭杆应力公式时得到的。俗语云，只有真正懂得的事才能真正理解它。例Ⅰ-1，例Ⅰ-3，例Ⅰ-4用上述积分式，具体计算了形心、惯性矩和极惯性矩，目的在于使读者明白上述几何性质的积分式是怎么回事，便于理解什么是几何性质。但在实际应用中一般不这样做，而是用它们推算出来的具体计算公式，正文中凡计算几何性质时都是这样做的。

第 2 节　惯性矩与惯性积

一、惯性矩

设一代表任意截面的平面图形，面积为 A，在图形平面内建立直角坐标系 Oxy（图Ⅰ-4）。在截面上任取一微面积 dA，设微面积 dA 的坐标分别为 x 和 y，则把乘积 y^2dA 和 x^2dA 分别称为微面积 dA 对 x 轴和 y 轴的**惯性矩**。而把积分 $\int_A y^2dA$ 和 $\int_A x^2dA$ 分别定义为截面对 x 轴和 y 轴的惯性矩，分别用 I_x 与 I_y 表示，即

$$\left.\begin{aligned} I_x &= \int_A y^2 dA \\ I_y &= \int_A x^2 dA \end{aligned}\right\} \qquad (\text{Ⅰ}-6)$$

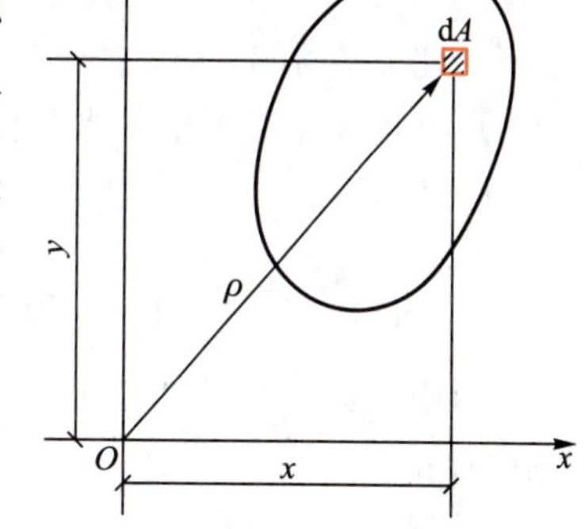

图Ⅰ-4　任意截面

由定义可知，惯性矩恒为正值，其常用单位为 mm^4 或 m^4。

例Ⅰ-3　求图Ⅰ-5 所示矩形截面对其形心轴 x、y 的惯性矩 I_x 和 I_y。

解　取平行于 x 轴的狭长条（图中阴影部分）作为微面积 dA，则有 $dA=bdy$。由式（Ⅰ-6），得

$$I_x = \int_A y^2 dA = \int_{-\frac{h}{2}}^{\frac{h}{2}} by^2 dy = \frac{bh^3}{12}$$

同理有

$$I_y = \int_A x^2 dA = \int_{-\frac{b}{2}}^{\frac{b}{2}} hx^2 dx = \frac{hb^3}{12}$$

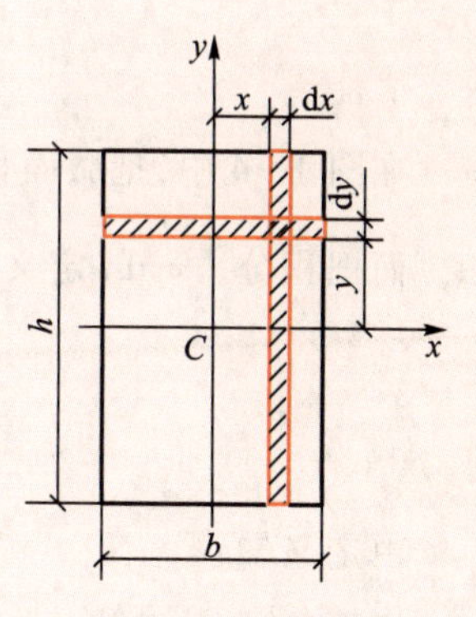

图Ⅰ-5　矩形截面

二、极惯性矩

在图Ⅰ-4中，若以 ρ 表示微面积 dA 到坐标原点 O 的距离，则把 $\rho^2 dA$ 称为微面积 dA 对 O 点的极惯性矩。而把积分 $\int_A \rho^2 dA$ 定义为截面对 O 点的**极惯性矩**，用 I_p 表示，即

$$I_p = \int_A \rho^2 dA \tag{Ⅰ-7}$$

由定义知，极惯性矩恒为正值，其常用单位是 mm^4 或 m^4。

由图Ⅰ-4可知，$\rho^2 = x^2 + y^2$，代入上式，得

$$I_p = \int_A \rho^2 dA = \int_A (x^2 + y^2) dA = \int_A x^2 dA + \int_A y^2 dA$$

利用式(Ⅰ-6)，即得惯性矩与极惯性矩的关系为

$$I_p = I_x + I_y \tag{Ⅰ-8}$$

上式表明，截面对某点的极惯性矩等于截面对通过该点的两个正交轴的惯性矩之和。有时，利用式(Ⅰ-8)计算截面的极惯性矩或惯性矩比较方便。

例Ⅰ-4　求图Ⅰ-6所示圆形截面对圆心的极惯性矩。

解　建立直角坐标系 Oxy 如图Ⅰ-6所示。选取图示环形微面积 dA(图中阴影部分)，则 $dA = 2\pi\rho \cdot d\rho$。由式(Ⅰ-7)，得

$$I_p = \int_A \rho^2 dA = \int_0^{\frac{D}{2}} \rho^2 2\pi\rho d\rho = \frac{\pi D^4}{32}$$

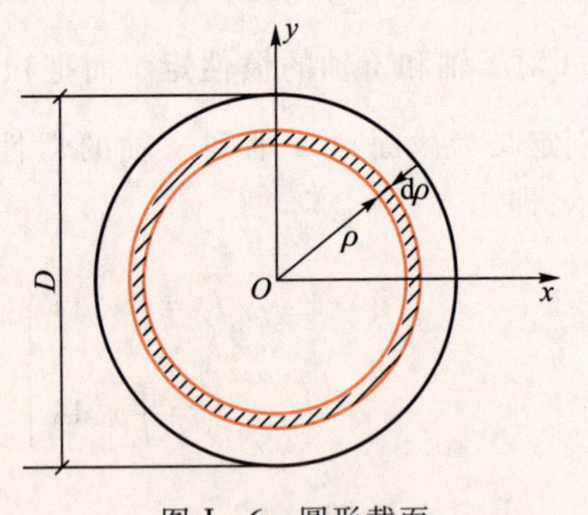

图Ⅰ-6　圆形截面

若利用式(Ⅰ-8)，由于 z、y 轴通过圆心，所以 $I_x = I_y$，则同样可得

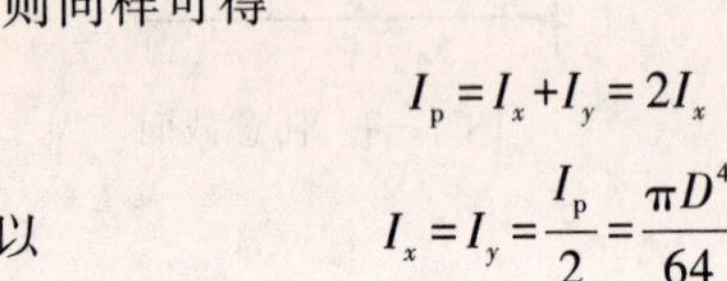

$$I_p = I_x + I_y = 2I_x$$

所以
$$I_x = I_y = \frac{I_p}{2} = \frac{\pi D^4}{64}$$

三、惯性积

在图Ⅰ-4中，把微面积 dA 与其坐标 x、y 的乘积 $xydA$ 称为微面积 dA 对 x、y 两轴的惯性积。而把积分 $\int_A xy dA$ 定义为截面对 x、y 两轴的**惯性积**，用 I_{xy} 表示，即

$$I_{xy} = \int_A xy dA \tag{Ⅰ-9}$$

由定义知，惯性积可正、可负、可为零，其常用单位是 mm^4 或 m^4。

由式(Ⅰ-9)可知，截面的惯性积有如下重要性质：

若截面具有一个对称轴，则截面对包括该对称轴在内的一对正交轴的惯性积恒等于零。

由此性质可知，图Ⅰ-7所示各截面对坐标轴 x、y 的惯性积 I_{xy} 均等于零。

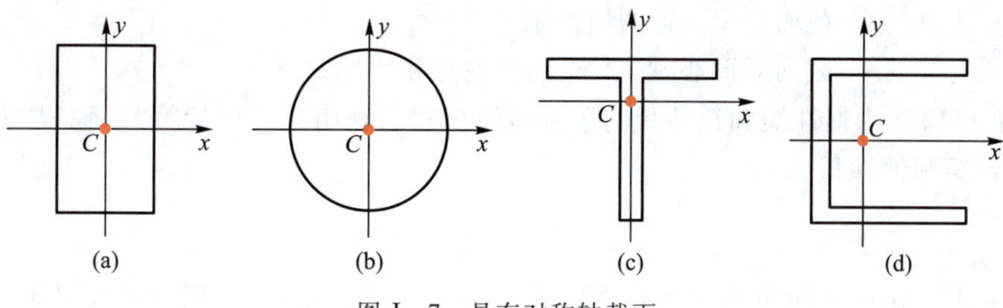

图Ⅰ-7　具有对称轴截面

四、惯性半径

在工程应用中，为方便起见，有时也将惯性矩表示成某一长度平方与截面面积 A 的乘积，即

$$\left.\begin{aligned} I_x &= i_x^2 A \\ I_y &= i_y^2 A \end{aligned}\right\} \tag{Ⅰ-10a}$$

或

$$\left.\begin{aligned} i_x &= \sqrt{\frac{I_x}{A}} \\ i_y &= \sqrt{\frac{I_y}{A}} \end{aligned}\right\} \tag{Ⅰ-10b}$$

式中　　i_x、i_y——称截面对 x、y 轴的**惯性半径**，亦称**回转半径**。其常用单位为 mm 或 m。

第 3 节　平行移轴公式

一、惯性矩和惯性积的平行移轴公式

图Ⅰ-8 所示截面的面积为 A，x_C、y_C 轴为其形心轴，x、y 轴为一对与形心轴平行的正交坐标轴，两组坐标轴的间距分别为 a、b，微面积 $\mathrm{d}A$ 在两个坐标系 Cx_Cy_C 和 Oxy 中的坐标分别为 x_C、y_C 和 x、y。由式(Ⅰ-6)，截面对 x 轴的惯性矩为

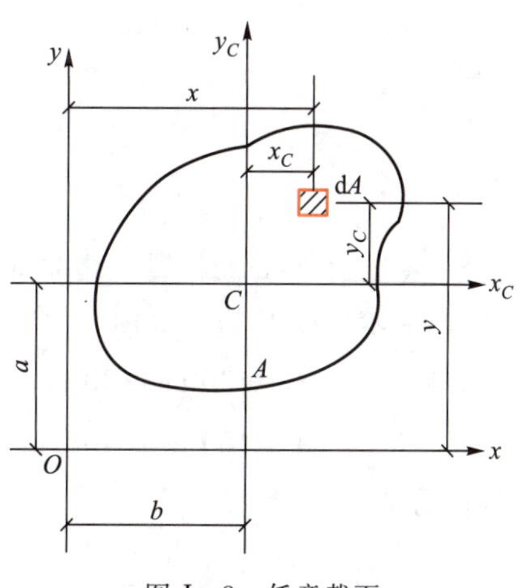

图Ⅰ-8　任意截面

$$I_x = \int_A y^2 \mathrm{d}A = \int_A (y_C + a)^2 \mathrm{d}A$$

$$= \int_A {y_C}^2 \mathrm{d}A + 2a\int_A y_C \mathrm{d}A + a^2\int_A \mathrm{d}A = I_{x_C} + 2aS_{x_C} + a^2 A$$

式中　　S_{x_C}——截面对形心轴 x_C 的静矩，其值为零。因此有

$$\left.\begin{aligned} I_x &= I_{x_C} + a^2 A \\ I_y &= I_{y_C} + b^2 A \\ I_{xy} &= I_{x_C y_C} + abA \end{aligned}\right\} \tag{Ⅰ-11}$$

式中　　I_x、I_y、I_{xy}——截面对 x、y 轴的惯性矩和惯性积；

I_{x_C}、I_{y_C}、$I_{x_Cy_C}$——截面对形心轴 x_C、y_C 的惯性矩和惯性积。

式（Ⅰ-11）称为惯性矩和惯性积的**平行移轴公式**。利用它可以计算截面对与形心轴平行的轴惯性矩和惯性积。

二、组合截面的惯性矩和惯性积

设组合截面由 n 个简单截面组成，根据惯性矩和惯性积的定义，组合截面对 x、y 轴的惯性矩和惯性积为

$$\left.\begin{aligned} I_x &= \sum_{i=1}^{n} I_{xi} \\ I_y &= \sum_{i=1}^{n} I_{yi} \\ I_{xy} &= \sum_{i=1}^{n} I_{xyi} \end{aligned}\right\} \tag{Ⅰ-12}$$

式中　　I_{xi}、I_{yi}、I_{xyi}——为各个简单截面对 x、y 轴的惯性矩和惯性积。

例Ⅰ-5　求图Ⅰ-9 所示 T 形截面的形心主惯性矩。

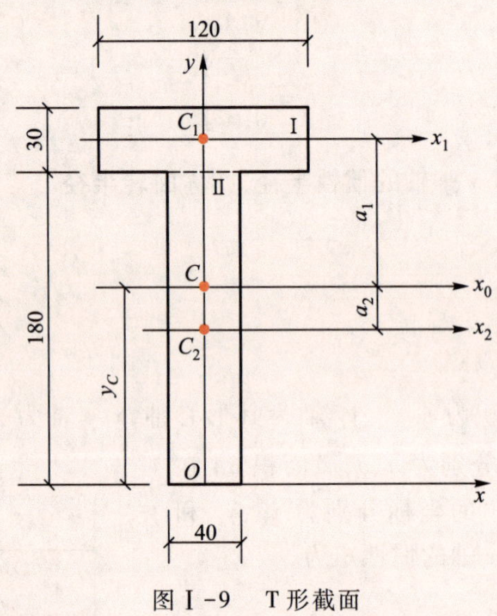

图Ⅰ-9　T 形截面

解　(1) 求形心的位置。建立如图Ⅰ-9 所示坐标系 Oxy，因截面对于 y 轴对称，所以 $x_C=0$，只需求形心 C 的纵坐标 y_C 的值。将 T 截面看作由两个矩形组成的组合截面，则有

矩形Ⅰ　　$A_1 = 120\ \text{mm}\times 30\ \text{mm} = 3\ 600\ \text{mm}^2$，　$y_1 = 105\ \text{mm}$

矩形Ⅱ　　$A_2 = 180\ \text{mm}\times 40\ \text{mm} = 7\ 200\ \text{mm}^2$，　$y_2 = 90\ \text{mm}$

形心 C 的坐标为

$$y_C = \frac{A_1y_1 + A_2y_2}{A_1 + A_2} = \frac{3\ 600\times 105 + 7\ 200\times 90}{3\ 600 + 7\ 200}\ \text{mm} = 95\ \text{mm}$$

（2）截面对 x_0、y 轴的惯性矩 I_{x_0}、I_y。由图Ⅰ-9 知，$a_1=(180+30-95-15)\ \mathrm{mm}=100\ \mathrm{mm}$，$a_2=5\ \mathrm{mm}$，则惯性矩 I_{x_0}、I_y 为

$$I_{x_0}=I_{x_1}^{\mathrm{I}}+a_1^2A_1+I_{x_2}^{\mathrm{II}}+a_2^2A_2$$
$$=\left(\frac{120\times30^3}{12}+100^2\times120\times30+\frac{40\times180^3}{12}+5^2\times180\times40\right)\ \mathrm{mm}^4=5\ 589\times10^4\ \mathrm{mm}^4$$

$$I_y=I_y^{\mathrm{I}}+I_y^{\mathrm{II}}=\left(\frac{30\times120^3}{12}+\frac{180\times40^3}{12}\right)\ \mathrm{mm}^4$$
$$=528\times10^4\mathrm{mm}^4$$

三、组合截面的形心主轴和形心主惯性矩

通过截面任一点的直角坐标轴，若惯性积 I_{xy} 等于零，则此轴称为**主轴**；通过截面形心的主轴，称为**形心主轴**。截面对形心主轴的惯性矩，称为**形心主惯性矩**。在确定组合截面的形心主轴和形心主惯性矩时，首先应确定形心的位置，然后视截面有一个或两个对称轴，而采取不同的方法确定形心主轴。若组合截面有一个对称轴，此对称轴就是其中一个形心主轴，另一个形心主轴就是通过形心而与对称轴垂直的轴，然后再按第 3 节中的方法计算形心主惯性矩；若组合截面有两个对称轴，其两个对称轴就是形心主轴，然后再按第 3 节中的方法计算形心主惯性矩。若组合截面没有对称轴，其形心主轴和形心主惯性矩的确定方法，已超出我们研究的范围了。

例Ⅰ-6　计算图Ⅰ-10 所示阴影部分面积，对其形心轴 z、y 的主惯性矩。

解　（1）求形心位置。由于 y 轴为图形的对称轴，故形心必在此轴上，即 $z_C=0$。

为求 y_C，现设 z_0 轴如图Ⅰ-10 所示，阴影部分图形可看成是矩形 A_1 减去圆形 A_2 得到，故其形心 y_C 的坐标为

$$y_C=\frac{\sum A_iy_i}{A}=\left(\frac{600\times10^3\times500-\frac{\pi}{4}\times400^2\times300}{600\times10^3-\frac{\pi}{4}\times400^2}\right)\ \mathrm{mm}=553\ \mathrm{mm}$$

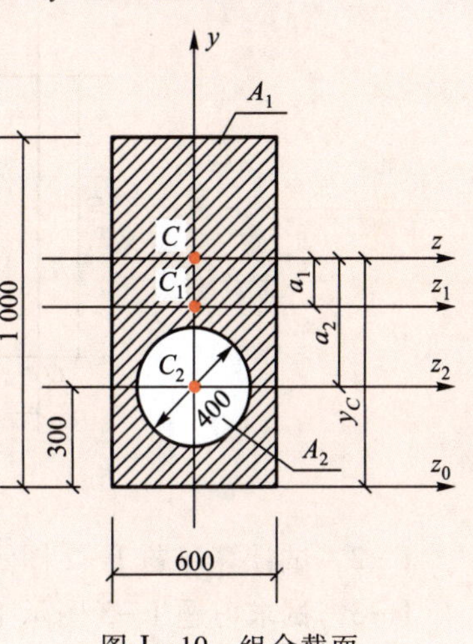

图Ⅰ-10　组合截面

（2）求形心主惯性矩。因 y 轴为截面的对称轴，故截面对过形心 C 的 z、y 轴的惯性积等于零，即 z、y 轴为形心主轴，截面对 z、y 轴的惯性矩 I_z、I_y 即为所求形心主惯性矩。

阴影部分对 z、y 轴的主惯性矩，可看成是矩形截面与圆形截面对 z、y 轴的惯性矩之差。故

$$I_z=I_{1z}-I_{2z}=\left(\frac{bh^3}{12}+a_1^2A_1\right)-\left(\frac{\pi D^4}{64}+a_2^2A_2\right)$$
$$=\left[\left(\frac{600\times1\ 000^3}{12}+53^2\times600\times1\ 000\right)-\left(\frac{\pi\times400^4}{64}+253^2\times\frac{\pi\times400^2}{4}\right)\right]\ \mathrm{mm}^4$$
$$=424\times10^8\ \mathrm{mm}^4$$

$$I_y=I_{1y}-I_{2y}=\frac{hb^3}{12}-\frac{\pi D^4}{64}=\left(\frac{1\ 000\times 600^3}{12}-\frac{\pi\times 400^4}{64}\right)\ \mathrm{mm}^4$$
$$=167.44\times 10^8\ \mathrm{mm}^4$$

思考题

Ⅰ-1　何谓截面的几何性质？它们是怎样产生的？

Ⅰ-2　何谓形心、静矩？何谓惯性矩、极惯性矩、惯性积？

Ⅰ-3　何谓惯性矩的平行移轴公式？它有什么用途？

Ⅰ-4　何谓主轴？何谓形心主轴？何谓形心主惯性矩？

习题

Ⅰ-1　求图示直角梯形截面的形心位置。

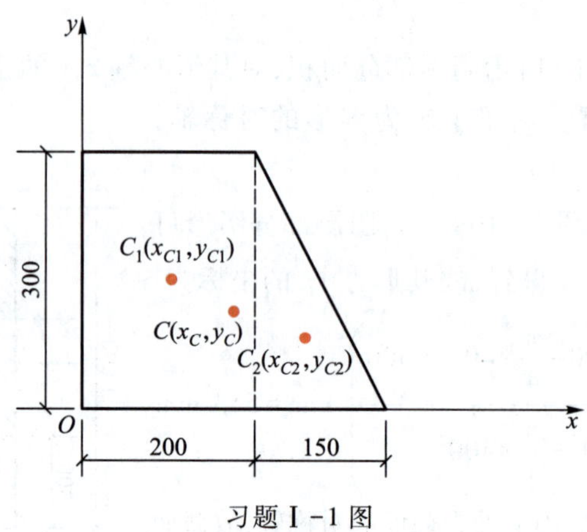

习题Ⅰ-1 图

Ⅰ-2　试计算习题Ⅰ-2 图示 T 形截面对形心轴 z、y 的惯性矩。

Ⅰ-3　试求习题Ⅰ-3 图示工字形截面图形，分别对其形心轴 z_0 轴和 y_0 轴的惯性矩 I_{z0} 和 I_{y0}。

Ⅰ-4　求习题Ⅰ-4 图所示 22a 号工字钢上下加焊两块钢板形成的梁截面，对其形心轴 x 的惯性矩。

*Ⅰ-5　习题Ⅰ-5 图所示用两个 20b 号槽钢组成的组合柱子的横截面。试求此横截面对对称轴 y_0 和 z_0 的惯性矩。

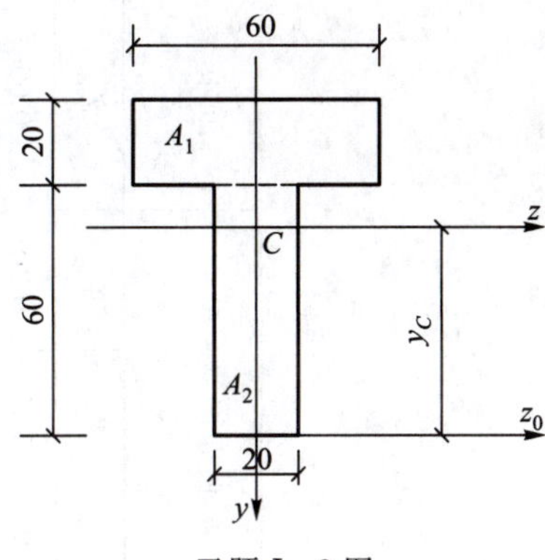

习题Ⅰ-2图

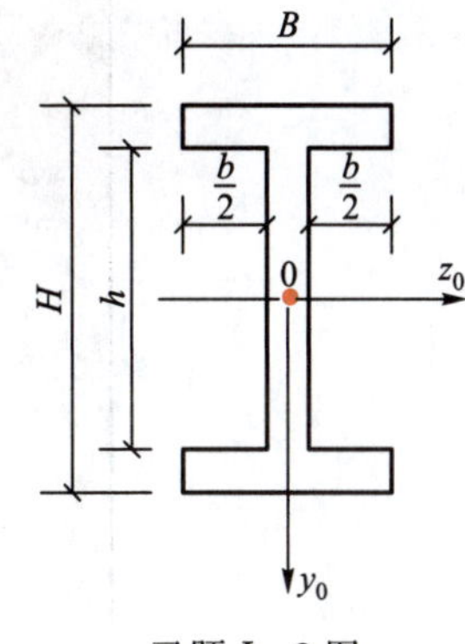

习题Ⅰ-3图

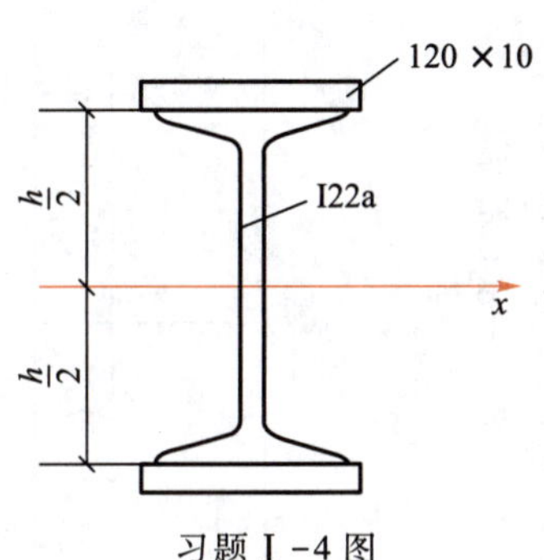

习题Ⅰ-4图

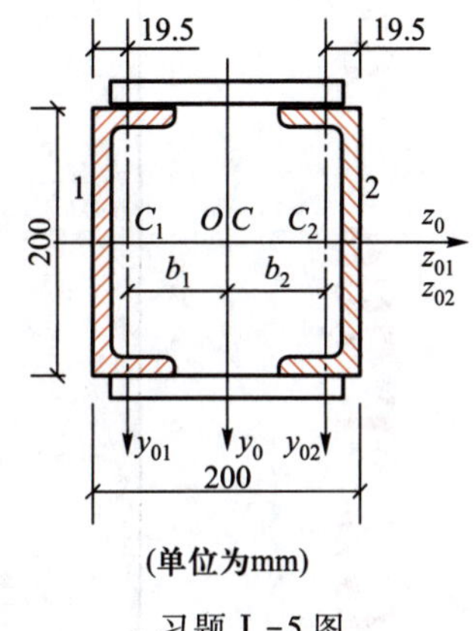

习题Ⅰ-5图

附录Ⅱ

型钢规格表(GB/T 706—2016)

表Ⅱ-1　等边角钢截面尺寸、截面面积、理论质量及截面特性

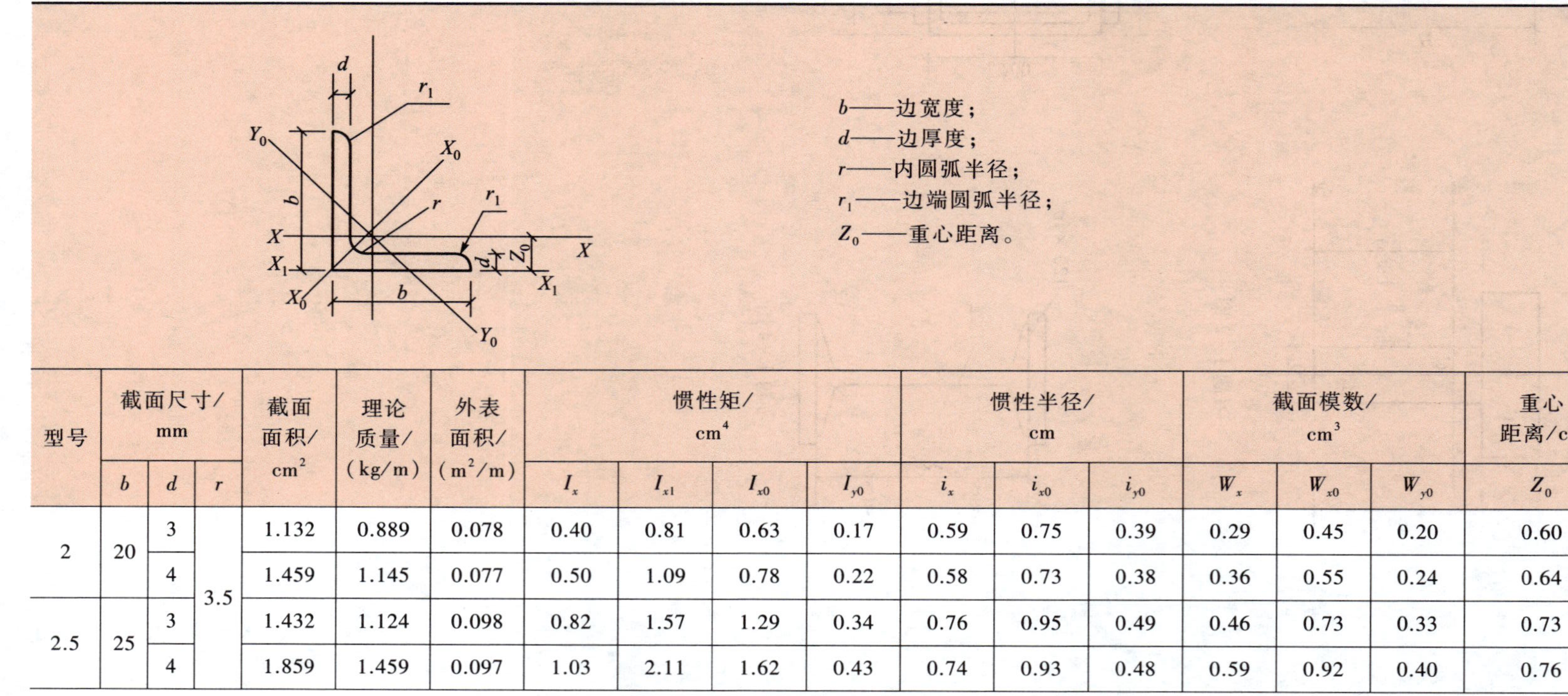

b——边宽度；
d——边厚度；
r——内圆弧半径；
r_1——边端圆弧半径；
Z_0——重心距离。

型号	截面尺寸/mm			截面面积/cm^2	理论质量/(kg/m)	外表面积/(m^2/m)	惯性矩/cm^4				惯性半径/cm			截面模数/cm^3			重心距离/cm
	b	d	r				I_x	I_{x1}	I_{x0}	I_{y0}	i_x	i_{x0}	i_{y0}	W_x	W_{x0}	W_{y0}	Z_0
2	20	3	3.5	1.132	0.889	0.078	0.40	0.81	0.63	0.17	0.59	0.75	0.39	0.29	0.45	0.20	0.60
		4		1.459	1.145	0.077	0.50	1.09	0.78	0.22	0.58	0.73	0.38	0.36	0.55	0.24	0.64
2.5	25	3		1.432	1.124	0.098	0.82	1.57	1.29	0.34	0.76	0.95	0.49	0.46	0.73	0.33	0.73
		4		1.859	1.459	0.097	1.03	2.11	1.62	0.43	0.74	0.93	0.48	0.59	0.92	0.40	0.76

续表

型号	截面尺寸/mm			截面面积/cm^2	理论质量/(kg/m)	外表面积/(m^2/m)	惯性矩/cm^4				惯性半径/cm			截面模数/cm^3			重心距离/cm
	b	d	r				I_x	I_{x1}	I_{x0}	I_{y0}	i_x	i_{x0}	i_{y0}	W_x	W_{x0}	W_{y0}	Z_0
3.0	30	3	4.5	1.749	1.373	0.117	1.46	2.71	2.31	0.61	0.91	1.15	0.59	0.68	1.09	0.51	0.85
		4		2.276	1.786	0.117	1.84	3.63	2.92	0.77	0.90	1.13	0.58	0.87	1.37	0.62	0.89
3.6	36	3		2.109	1.656	0.141	2.58	4.68	4.09	1.07	1.11	1.39	0.71	0.99	1.61	0.76	1.00
		4		2.756	2.163	0.141	3.29	6.25	5.22	1.37	1.09	1.38	0.70	1.28	2.05	0.93	1.04
		5		3.382	2.654	0.141	3.95	7.84	6.24	1.65	1.08	1.36	0.70	1.56	2.45	1.00	1.07
4	40	3	5	2.359	1.852	0.157	3.59	6.41	5.69	1.49	1.23	1.55	0.79	1.23	2.01	0.96	1.09
		4		3.086	2.422	0.157	4.60	8.56	7.29	1.91	1.22	1.54	0.79	1.60	2.58	1.19	1.13
		5		3.791	2.976	0.156	5.53	10.74	8.76	2.30	1.21	1.52	0.78	1.96	3.10	1.39	1.17
4.5	45	3		2.659	2.088	0.177	5.17	9.12	8.20	2.14	1.40	1.76	0.89	1.58	2.58	1.24	1.22
		4		3.486	2.736	0.177	6.65	12.18	10.56	2.75	1.38	1.74	0.89	2.05	3.32	1.54	1.26
		5		4.292	3.369	0.176	8.04	15.2	12.74	3.33	1.37	1.72	0.88	2.51	4.00	1.81	1.30
		6		5.076	3.985	0.176	9.33	18.36	14.76	3.89	1.36	1.70	0.8	2.95	4.64	2.06	1.33
5	50	3	5.5	2.971	2.332	0.197	7.18	12.5	11.37	2.98	1.55	1.96	1.00	1.96	3.22	1.57	1.34
		4		3.897	3.059	0.197	9.26	16.69	14.70	3.82	1.54	1.94	0.99	2.56	4.16	1.96	1.38
		5		4.803	3.770	0.196	11.21	20.90	17.79	4.64	1.53	1.92	0.98	3.13	5.03	2.31	1.42
		6		5.688	4.465	0.196	13.05	25.14	20.68	5.42	1.52	1.91	0.98	3.68	5.85	2.63	1.46
5.6	56	3	6	3.343	2.624	0.221	10.19	17.56	16.14	4.24	1.75	2.20	1.13	2.48	4.08	2.02	1.48
		4		4.390	3.446	0.220	13.18	23.43	20.92	5.46	1.73	2.18	1.11	3.24	5.28	2.52	1.53
		5		5.415	4.251	0.220	16.02	29.33	25.42	6.61	1.72	2.17	1.10	3.97	6.42	2.98	1.57
		6		6.420	5.040	0.220	18.69	35.26	29.66	7.73	1.71	2.15	1.10	4.68	7.49	3.40	1.61
		7		7.404	5.812	0.219	21.23	41.23	33.63	8.82	1.69	2.13	1.09	5.36	8.49	3.80	1.64

续表

型号	截面尺寸/mm			截面面积/cm^2	理论质量/(kg/m)	外表面积/(m^2/m)	惯性矩/cm^4				惯性半径/cm			截面模数/cm^3			重心距离/cm
	b	d	r				I_x	I_{x1}	I_{x0}	I_{y0}	i_x	i_{x0}	i_{y0}	W_x	W_{x0}	W_{y0}	Z_0
5.6	56	8	6	8.367	6.568	0.219	23.63	47.24	37.37	9.89	1.68	2.11	1.09	6.03	9.44	4.16	1.68
6	60	5	6.5	5.829	4.576	0.236	19.89	36.05	31.57	8.21	1.85	2.33	1.19	4.59	7.44	3.48	1.67
		6		6.914	5.427	0.235	23.25	43.33	36.89	9.60	1.83	2.31	1.18	5.41	8.70	3.98	1.70
		7		7.977	6.262	0.235	26.44	50.65	41.92	10.96	1.82	2.29	1.17	6.21	9.88	4.45	1.74
		8		9.020	7.081	0.235	29.47	58.02	46.66	12.28	1.81	2.27	1.17	6.98	11.00	4.88	1.78
6.3	63	4	7	4.978	3.907	0.248	19.03	33.35	30.17	7.89	1.96	2.46	1.26	4.13	6.78	3.29	1.70
		5		6.143	4.822	0.248	23.17	41.73	36.77	9.57	1.94	2.45	1.25	5.08	8.25	3.90	1.74
		6		7.288	5.721	0.247	27.12	50.14	43.03	11.20	1.93	2.43	1.24	6.00	9.66	4.46	1.78
		7		8.412	6.603	0.247	30.87	58.60	48.96	12.79	1.92	2.41	1.23	6.88	10.99	4.98	1.82
		8		9.515	7.469	0.247	34.46	67.11	54.56	14.33	1.90	2.40	1.23	7.75	12.25	5.47	1.85
		10		11.657	9.151	0.246	41.09	84.31	64.85	17.33	1.88	2.36	1.22	9.39	14.56	6.36	1.93
7	70	4	8	5.570	4.372	0.275	26.39	45.74	41.80	10.99	2.18	2.74	1.40	5.14	8.44	4.17	1.85
		5		6.875	5.397	0.275	32.21	57.21	51.08	13.31	2.16	2.73	1.39	6.32	10.32	4.95	1.91
		6		8.160	6.406	0.275	37.77	68.73	59.93	15.61	2.15	2.71	1.38	7.48	12.11	5.67	1.95
		7		9.424	7.398	0.275	43.09	80.29	68.35	17.82	2.14	2.69	1.38	8.59	13.81	6.34	1.99
		8		10.667	8.373	0.274	48.17	91.92	76.37	19.98	2.12	2.68	1.37	9.68	13.43	6.98	2.03
7.5	75	5	9	7.412	5.818	0.295	39.97	70.56	63.30	16.63	2.33	2.92	1.50	7.32	11.94	5.77	2.04
		6		8.797	6.905	0.294	46.95	84.55	74.38	19.51	2.31	2.90	1.49	8.64	14.02	6.67	2.07
		7		10.160	7.976	0.294	53.57	98.71	84.96	22.18	2.30	2.89	1.48	9.93	16.02	7.44	2.11
		8		11.503	9.030	0.294	59.96	112.97	95.07	24.86	2.28	2.88	1.47	11.20	17.93	8.19	2.15

续表

型号	截面尺寸/mm			截面面积/cm^2	理论质量/(kg/m)	外表面积/(m^2/m)	惯性矩/cm^4				惯性半径/cm			截面模数/cm^3			重心距离/cm
	b	d	r				I_x	I_{x1}	I_{x0}	I_{y0}	i_x	i_{x0}	i_{y0}	W_x	W_{x0}	W_{y0}	Z_0
7.5	75	9	9	12.825	10.068	0.294	66.10	127.30	104.71	27.48	2.27	2.86	1.46	12.43	19.75	8.89	2.18
		10		14.126	11.089	0.293	71.98	141.71	113.92	30.05	2.26	2.84	1.46	13.64	21.48	9.56	2.22
8	80	5	9	7.912	6.211	0.315	48.79	85.36	77.33	20.25	2.48	3.13	1.60	8.34	13.67	6.66	2.15
		6		9.397	7.376	0.314	57.35	102.50	90.98	23.72	2.47	3.11	1.59	9.87	16.08	7.65	2.19
		7		10.860	8.525	0.314	65.58	119.70	104.07	27.09	2.46	3.10	1.58	11.37	18.40	8.58	2.23
		8		12.303	9.658	0.314	73.49	136.97	116.60	30.39	2.44	3.08	1.57	12.83	20.61	9.46	2.27
		9		13.725	10.774	0.314	81.11	154.31	128.60	33.61	2.43	3.06	1.56	14.25	22.73	10.29	2.31
		10		15.126	11.874	0.313	88.43	171.74	140.09	36.77	2.42	3.04	1.56	15.64	24.76	11.08	2.35
9	90	6	10	10.637	8.350	0.354	82.77	145.87	131.26	34.28	2.79	3.51	1.80	12.61	20.63	9.95	2.44
		7		12.301	9.656	0.354	94.83	170.30	150.47	39.18	2.78	3.50	1.78	14.54	23.64	11.19	2.48
		8		13.944	10.946	0.353	106.47	194.80	168.97	43.97	2.76	3.48	1.78	16.42	26.55	12.35	2.52
		9		15.566	12.219	0.353	117.72	219.39	186.77	48.66	2.75	3.46	1.77	18.27	29.35	13.46	2.56
		10		17.167	13.476	0.353	128.58	244.07	203.90	53.26	2.74	3.45	1.76	20.07	32.04	14.52	2.59
		12		20.306	15.940	0.352	149.22	293.76	236.21	62.22	2.71	3.41	1.75	23.57	37.12	16.49	2.67
10	100	6	12	11.932	9.366	0.393	114.95	200.07	181.98	47.92	3.10	3.90	2.00	15.68	25.74	12.69	2.67
		7		13.796	10.830	0.393	131.86	233.54	208.97	54.74	3.09	3.89	1.99	18.10	29.55	14.26	2.71
		8		15.638	12.276	0.393	148.24	267.09	235.07	61.41	3.08	3.88	1.98	20.47	33.24	15.75	2.76
		9		17.462	13.708	0.392	164.12	300.73	260.30	67.95	3.07	3.86	1.97	22.79	36.81	17.18	2.80
		10		19.261	15.120	0.392	179.51	334.48	284.68	74.35	3.05	3.84	1.96	25.06	40.26	18.54	2.84
		12		22.800	17.898	0.391	208.90	402.34	330.95	86.84	3.03	3.81	1.95	29.48	46.80	21.08	2.91
		14		26.256	20.611	0.391	236.53	470.75	374.06	99.00	3.00	3.77	1.94	33.73	52.90	23.44	2.99
		16		29.627	23.257	0.390	262.53	539.80	414.16	110.89	2.98	3.74	1.94	37.82	58.57	25.63	3.06

续表

型号	截面尺寸/mm			截面面积/cm²	理论质量/(kg/m)	外表面积/(m²/m)	惯性矩/cm⁴				惯性半径/cm			截面模数/cm³			重心距离/cm
	b	d	r				I_x	I_{x1}	I_{x0}	I_{y0}	i_x	i_{x0}	i_{y0}	W_x	W_{x0}	W_{y0}	Z_0
14	140	10	14	27.373	21.488	0.551	514.65	915.11	817.27	212.04	4.34	5.46	2.78	50.58	82.56	39.20	3.82
		12		32.512	25.522	0.551	603.68	1 099.28	958.79	248.57	4.31	5.43	2.76	59.80	96.85	45.02	3.90
		14		37.567	29.490	0.550	688.81	1 284.22	1 093.56	284.06	4.28	5.40	2.75	68.75	110.47	50.45	3.98
		16		42.539	33.393	0.549	770.24	1 470.07	1 221.81	318.67	4.26	5.36	2.74	77.46	123.42	55.55	4.06
15	150	8		23.750	18.644	0.592	521.37	899.55	827.49	215.25	4.69	5.90	3.01	47.36	78.02	38.14	3.99
		10		29.373	23.058	0.591	637.50	1 125.09	1 012.79	262.21	4.66	5.87	2.99	58.35	95.49	45.51	4.08
		12		34.912	27.406	0.591	748.85	1 351.26	1 189.97	307.73	4.63	5.84	2.97	69.04	112.19	52.38	4.15
		14		40.367	31.688	0.590	855.64	1 578.25	1 359.30	351.98	4.60	5.80	2.95	79.45	128.16	58.83	4.23
		15		43.063	33.804	0.590	907.39	1 692.10	1 441.09	373.69	4.59	5.78	2.95	84.56	135.87	61.90	4.27
		16		45.739	35.905	0.589	958.08	1 806.21	1 521.02	395.14	4.58	5.77	2.94	89.59	143.40	64.89	4.31
16	160	10	16	31.502	24.729	0.630	779.53	1 365.33	1 237.30	321.76	4.98	6.27	3.20	66.70	109.36	52.76	4.31
		12		37.441	29.391	0.630	916.58	1 639.57	1 455.68	377.49	4.95	6.24	3.18	78.98	128.67	60.74	4.39
		14		43.296	33.987	0.629	1 048.36	1 914.68	1 665.02	431.70	4.92	6.20	3.16	90.95	147.17	68.24	4.47
		16		49.067	38.518	0.629	1 175.08	2 190.82	1 865.57	484.59	4.89	6.17	3.14	102.63	164.89	75.31	4.55
18	180	12		42.241	33.159	0.710	1 321.35	2 332.80	2 100.10	542.61	5.59	7.05	3.58	100.82	165.00	78.41	4.89
		14		48.896	38.383	0.709	1 514.48	2 723.48	2 407.42	621.53	5.56	7.02	3.56	116.25	189.14	88.38	4.97
		16		55.467	43.542	0.709	1 700.99	3 115.29	2 703.37	698.60	5.54	6.98	3.55	131.13	212.40	97.83	5.05
		18		61.055	48.634	0.708	1 875.12	3 502.43	2 988.24	762.01	5.50	6.94	3.51	145.64	234.78	105.14	5.13

续表

型号	截面尺寸/mm			截面面积/cm^2	理论质量/(kg/m)	外表面积/(m^2/m)	惯性矩/cm^4				惯性半径/cm			截面模数/cm^3			重心距离/cm
	b	d	r				I_x	I_{x1}	I_{x0}	I_{y0}	i_x	i_{x0}	i_{y0}	W_x	W_{x0}	W_{y0}	Z_0
20	200	14	18	54.642	42.894	0.788	2 103.55	3 734.10	3 343.26	863.83	6.20	7.82	3.98	144.70	236.40	111.82	5.46
		16		62.013	48.680	0.788	2 366.15	4 270.39	3 760.89	971.41	6.18	7.79	3.96	163.65	265.93	123.96	5.54
		18		69.301	54.401	0.787	2 620.64	4 808.13	4 164.54	1 076.74	6.15	7.75	3.94	182.22	294.48	135.52	5.62
		20		76.505	60.056	0.787	2 867.30	5 347.51	4 554.55	1 180.04	6.12	7.72	3.93	200.42	322.06	146.55	5.69
		24		90.661	71.168	0.785	3 338.25	6 457.16	5 294.97	1 381.53	6.07	7.64	3.90	236.17	374.41	166.65	5.87
22	220	16	21	68.664	53.901	0.866	3 187.36	5 681.62	5 063.73	1 310.99	6.81	8.59	4.37	199.55	325.51	153.81	6.03
		18		76.752	60.250	0.866	3 534.30	6 395.93	5 615.32	1 453.27	6.79	8.55	4.35	222.37	360.97	168.29	6.11
		20		84.756	66.533	0.865	3 871.49	7 112.04	6 150.08	1 592.90	6.76	8.52	4.34	244.77	395.34	182.16	6.18
		22		92.676	72.751	0.865	4 199.23	7 830.19	6 668.37	1 730.10	6.73	8.48	4.32	266.78	428.66	195.45	6.26
		24		100.512	78.902	0.864	4 517.83	8 550.57	7 170.55	1 865.11	6.70	8.45	4.31	288.39	460.94	208.21	6.33
		26		108.264	84.987	0.864	4 827.58	9 273.39	7 656.98	1 998.17	6.68	8.41	4.30	309.62	492.21	220.49	6.41
25	250	18	24	87.842	68.956	0.985	5 268.22	9 379.11	8 369.04	2 167.41	7.74	9.76	4.97	290.12	473.42	224.03	6.84
		20		97.045	76.180	0.984	5 779.34	10 426.97	9 181.94	2 376.74	7.72	9.73	4.95	319.66	519.41	242.85	6.92
		24		115.201	90.433	0.983	6 763.93	12 529.74	10 742.67	2 785.19	7.66	9.66	4.92	377.34	607.70	278.38	7.07
		26		124.154	97.461	0.982	7 238.08	13 585.18	11 491.33	2 984.84	7.63	9.62	4.90	405.50	650.05	295.19	7.15
		28		133.022	104.422	0.982	7 700.60	14 643.62	12 219.39	3 181.81	7.61	9.58	4.89	433.22	691.23	311.42	7.22
		30		141.807	111.318	0.981	8 151.80	15 705.30	12 927.26	3 376.34	7.58	9.55	4.88	460.51	731.28	327.12	7.30
		32		150.508	118.149	0.981	8 592.01	16 770.41	13 615.32	3 568.71	7.56	9.51	4.87	487.39	770.20	342.33	7.37
		35		163.402	128.271	0.980	9 232.44	18 374.95	14 611.16	3 853.72	7.52	9.46	4.86	526.97	826.53	364.30	7.48

注:截面图中的 $r_1=1/3d$ 及表中 r 的数据用于孔型设计,不做交货条件。

表Ⅱ-2 不等边角钢截面尺寸、截面面积、理论质量及截面特性

B——长边宽度；
b——短边宽度；
d——边厚度；
r——内圆弧半径；
r_1——边端圆弧半径；
X_0——重心距离；
Y_0——重心距离。

型号	截面尺寸/mm				截面面积/cm^2	理论质量/(kg/m)	外表面积/(m^2/m)	惯性矩/cm^4					惯性半径/cm			截面模数/cm^3			tan α	重心距离/cm	
	B	b	d	r				I_x	I_{x1}	I_y	I_{y1}	I_u	i_x	i_{x0}	i_{y0}	W_x	W_y	W_u		X_0	Y_0
2.5/1.6	25	16	3	3.5	1.162	0.912	0.080	0.70	1.56	0.22	0.43	0.14	0.78	0.44	0.34	0.43	0.19	0.16	0.392	0.42	0.86
			4		1.499	1.176	0.079	0.88	2.09	0.27	0.59	0.17	0.77	0.43	0.34	0.55	0.24	0.20	0.381	0.46	1.86
3.2/2	32	20	3		1.492	1.171	0.102	1.53	3.27	0.46	0.82	0.28	1.01	0.55	0.43	0.72	0.30	0.25	0.382	0.49	0.90
			4		1.939	1.522	0.101	1.93	4.37	0.57	1.12	0.35	1.00	0.54	0.42	0.93	0.39	0.32	0.374	0.53	1.08
4/2.5	40	25	3	4	1.890	1.484	0.127	3.08	5.39	0.93	1.59	0.56	1.28	0.70	0.54	1.15	0.49	0.40	0.385	0.59	1.12
			4		2.467	1.936	0.127	3.93	8.53	1.18	2.14	0.71	1.36	0.69	0.54	1.49	0.63	0.52	0.381	0.63	1.32
4.5/2.8	45	28	3	5	2.149	1.687	0.143	4.45	9.10	1.34	2.23	0.80	1.44	0.79	0.61	1.47	0.62	0.51	0.383	0.64	1.37
			4		2.806	2.203	0.143	5.69	12.13	1.70	3.00	1.02	1.42	0.78	0.60	1.91	0.80	0.66	0.380	0.68	1.47
5/3.2	50	32	3	5.5	2.431	1.908	0.161	6.24	12.49	2.02	3.31	1.20	1.60	0.91	0.70	1.84	0.82	0.68	0.404	0.73	1.51
			4		3.177	2.494	0.160	8.02	16.65	2.58	4.45	1.53	1.59	0.90	0.69	2.39	1.06	0.87	0.402	0.77	1.60

续表

型号	截面尺寸/mm				截面面积/cm^2	理论质量/(kg/m)	外表面积/(m^2/m)	惯性矩/cm^4					惯性半径/cm			截面模数/cm^3			tan α	重心距离/cm	
	B	b	d	r				I_x	I_{x1}	I_y	I_{y1}	I_u	i_x	i_{x0}	i_{y0}	W_x	W_y	W_u		X_0	Y_0
5.6/3.6	56	36	3	6	2.743	2.153	0.181	8.88	17.54	2.92	4.70	1.73	1.80	1.03	0.79	2.32	1.05	0.87	0.408	0.80	1.65
			4		3.590	2.818	0.180	11.45	23.39	3.76	6.33	2.23	1.79	1.02	0.79	3.03	1.37	1.13	0.408	0.85	1.78
			5		4.415	3.466	0.180	13.86	29.25	4.49	7.94	2.67	1.77	1.01	0.78	3.71	1.65	1.36	0.404	0.88	1.82
6.3/4	63	40	4	7	4.058	3.185	0.202	16.49	33.30	5.23	8.63	3.12	2.02	1.14	0.88	3.87	1.70	1.40	0.398	0.92	1.87
			5		4.993	3.920	0.202	20.02	41.63	6.31	10.86	3.76	2.00	1.12	0.87	4.74	2.07	1.71	0.396	0.95	2.04
			6		5.908	4.638	0.201	23.36	49.98	7.29	13.12	4.34	1.96	1.11	0.86	5.59	2.43	1.99	0.393	0.99	2.08
			7		6.802	5.339	0.201	26.53	58.07	8.24	15.47	4.97	1.98	1.10	0.86	6.40	2.78	2.29	0.389	1.03	2.12
7/4.5	70	45	4	7.5	4.547	3.570	0.226	23.17	45.92	7.55	12.26	4.40	2.26	1.29	0.98	4.86	2.17	1.77	0.410	1.02	2.15
			5		5.609	4.403	0.225	27.95	57.10	9.13	15.39	5.40	2.23	1.28	0.98	5.92	2.65	2.19	0.407	1.06	2.24
			6		6.647	5.218	0.225	32.54	58.35	10.62	18.58	6.35	2.21	1.26	0.98	6.95	3.12	2.59	0.404	1.09	2.28
			7		7.657	6.011	0.225	37.22	79.99	12.01	21.84	7.16	2.20	1.25	0.97	8.03	3.57	2.94	0.402	1.13	2.32
7.5/5	75	50	5	8	6.125	4.808	0.245	34.86	70.00	12.61	21.04	7.41	2.39	1.44	1.10	6.83	3.30	2.74	0.435	1.17	2.36
			6		7.260	5.699	0.245	41.12	84.30	14.70	25.37	8.54	2.38	1.42	1.08	8.12	3.88	3.19	0.435	1.21	2.40
			8		9.467	7.431	0.244	52.39	112.50	18.53	34.23	10.87	2.35	1.40	1.07	10.52	4.99	4.10	0.429	1.29	2.44
			10		11.590	9.098	0.244	62.71	140.80	21.96	43.43	13.10	2.33	1.38	1.06	12.79	6.04	4.99	0.423	1.36	2.52
8/5	80	50	5		6.375	5.005	0.255	41.96	85.21	12.82	21.06	7.66	2.56	1.42	1.10	7.78	3.32	2.74	0.388	1.14	2.60
			6		7.660	5.935	0.255	49.49	102.53	14.95	25.41	8.85	2.56	1.41	1.08	9.25	3.91	3.20	0.387	1.18	2.65
			7		8.724	6.848	0.255	56.16	119.33	46.96	29.82	10.18	2.54	1.39	1.08	10.58	4.48	3.70	0.384	1.21	2.69
			8		9.867	7.745	0.254	62.83	136.41	18.85	34.32	11.38	2.52	1.38	1.07	11.92	5.03	4.16	0.381	1.25	2.73

续表

型号	截面尺寸/mm				截面面积/cm^2	理论质量/(kg/m)	外表面积/(m^2/m)	惯性矩/cm^4					惯性半径/cm			截面模数/cm^3			tan α	重心距离/cm	
	B	b	d	r				I_x	I_{x1}	I_y	I_{y1}	I_u	i_x	i_{x0}	i_{y0}	W_x	W_y	W_u		X_0	Y_0
9/5.6	90	56	5	9	7.212	5.661	0.287	60.45	121.32	18.32	29.53	10.98	2.90	1.59	1.23	9.92	4.21	3.49	0.385	1.25	2.91
			6		8.557	6.717	0.286	71.03	145.59	21.42	35.58	12.90	2.88	1.58	1.23	11.74	4.96	4.13	0.384	1.29	2.95
			7		9.880	7.756	0.286	81.01	169.60	24.36	41.71	14.67	2.86	1.57	1.22	13.49	5.70	4.72	0.382	1.33	3.00
			8		11.183	8.779	0.286	91.03	194.17	27.15	47.93	16.34	2.85	1.56	1.21	15.27	6.41	5.29	0.380	1.36	3.04
10/6.3	100	63	6	10	9.617	7.550	0.320	99.06	199.71	30.94	50.50	18.42	3.21	1.79	1.38	14.64	6.35	5.25	0.394	1.43	3.24
			7		11.111	8.722	0.320	113.45	233.00	35.26	59.14	21.00	3.20	1.78	1.38	16.88	7.29	6.02	0.394	1.47	3.28
			8		12.534	9.878	0.319	127.37	266.32	39.39	67.88	23.50	3.18	1.77	1.37	19.08	8.21	6.78	0.391	1.50	3.32
			10		15.467	12.142	0.319	153.81	333.06	47.12	85.73	28.33	3.15	1.74	1.35	23.32	9.98	8.24	0.387	1.58	3.40
10/8	100	80	6		10.637	8.350	0.354	107.04	199.83	61.24	102.68	31.65	3.17	2.40	1.72	15.19	10.16	8.37	0.627	1.97	2.95
			7		12.301	9.656	0.354	122.73	233.20	70.08	119.98	36.17	3.16	2.39	1.72	17.52	11.71	9.60	0.626	2.01	3.0
			8		13.944	10.946	0.353	137.92	266.61	78.58	137.37	40.58	3.14	2.37	1.71	19.81	13.21	10.80	0.625	2.05	3.04
			10		17.167	13.476	0.353	166.87	333.63	94.65	172.48	49.10	3.12	2.35	1.69	24.24	16.12	13.12	0.622	2.13	3.12
11/7	110	70	6		10.637	8.350	0.354	133.37	265.78	42.92	69.08	25.36	3.54	2.01	1.54	17.85	7.90	6.53	0.403	1.57	3.53
			7		12.301	9.656	0.354	153.00	310.07	49.01	80.82	28.95	3.53	2.00	1.53	20.60	9.09	7.50	0.402	1.61	3.57
			8		13.944	10.946	0.353	172.04	354.39	54.87	92.70	32.45	3.51	1.98	1.53	23.30	10.25	8.45	0.401	1.65	3.62
			10		17.167	13.476	0.353	208.39	443.13	65.88	116.83	39.20	3.48	1.96	1.61	28.64	12.48	10.29	0.397	1.72	3.70
12.5/8	125	80	7	11	14.096	11.066	0.403	227.98	454.99	74.42	120.32	43.81	4.02	2.30	1.76	26.86	12.01	9.92	0.408	1.80	4.01
			8		15.989	12.551	0.403	256.77	519.99	83.49	137.85	49.15	4.01	2.28	1.75	30.41	13.56	11.18	0.407	1.84	4.06
			10		19.712	15.474	0.402	312.04	650.09	100.67	173.40	59.45	3.98	2.26	1.74	37.33	16.56	13.64	0.404	1.92	4.14
			12		23.351	18.330	0.402	364.41	780.39	116.67	209.67	69.35	3.95	2.24	1.72	44.01	19.43	16.01	0.400	2.00	4.22

续表

型号	截面尺寸/mm				截面面积/cm^2	理论质量/(kg/m)	外表面积/(m^2/m)	惯性矩/cm^4					惯性半径/cm			截面模数/cm^3			tan α	重心距离/cm	
	B	b	d	r				I_x	I_{x1}	I_y	I_{y1}	I_u	i_x	i_{x0}	i_{y0}	W_x	W_y	W_u		X_0	Y_0
14/9	140	90	8	12	18.038	14.160	0.453	365.64	730.53	120.69	195.79	70.83	4.50	2.59	1.98	38.48	17.34	14.31	0.411	2.04	4.50
			10		22.261	17.475	0.452	445.50	913.20	140.03	245.92	85.82	4.47	2.56	1.96	47.31	21.22	17.48	0.409	2.12	4.58
			12		26.400	20.724	0.451	521.59	1 096.09	169.79	296.89	100.21	4.44	2.54	1.95	55.87	24.95	20.54	0.406	2.19	4.66
			14		30.456	23.908	0.451	594.10	1 279.26	192.10	348.82	114.13	4.42	2.51	1.94	64.18	28.54	23.52	0.403	2.27	4.74
15/9	150	90	8		18.839	14.788	0.473	442.05	898.35	122.80	195.96	74.14	4.84	2.55	1.98	43.86	17.47	14.48	0.364	1.97	4.92
			10		23.261	18.260	0.472	539.24	1 122.85	148.62	246.26	89.86	4.81	2.53	1.97	53.97	21.38	17.69	0.362	2.05	5.01
			12		27.600	21.666	0.471	632.08	1 347.50	172.85	297.46	104.95	4.79	2.50	1.95	63.79	25.14	20.80	0.359	2.12	5.09
			14		31.856	25.007	0.471	720.77	1 572.38	195.62	349.74	119.53	4.76	2.48	1.94	73.33	28.77	23.84	0.356	2.20	5.17
			15		33.952	26.652	0.471	763.62	1 684.93	206.50	376.33	126.67	4.74	2.47	1.93	77.99	30.53	25.33	0.354	2.24	5.21
			16		36.027	28.281	0.470	805.51	1 797.55	217.07	403.24	133.72	4.73	2.45	1.93	82.60	32.27	26.82	0.352	2.27	5.25
16/10	160	100	10	13	25.315	19.872	0.512	668.69	1 362.89	205.03	336.59	121.74	5.14	2.85	2.19	62.13	26.56	21.92	0.390	2.28	5.24
			12		30.054	23.592	0.511	784.91	1 635.56	239.06	405.94	142.33	5.11	2.82	2.17	73.49	31.28	25.79	0.388	2.36	5.32
			14		34.709	27.247	0.510	896.30	1 908.50	271.20	476.42	162.23	5.08	2.80	2.16	84.56	35.83	29.56	0.385	0.43	5.40
			16		29.281	30.835	0.510	1 003.04	2 181.79	301.60	548.22	182.57	5.05	2.77	2.16	95.33	40.24	33.44	0.382	2.51	5.48
18/11	180	110	10	14	28.373	22.273	0.571	956.25	1 940.40	278.11	447.22	166.50	5.80	3.13	2.42	78.96	32.49	26.88	0.376	2.44	5.89
			12		33.712	26.440	0.571	1 124.72	2 328.38	325.03	538.94	194.87	5.78	3.10	2.40	93.53	38.32	31.66	0.374	2.52	5.98
			14		38.967	30.589	0.570	1 286.91	2 716.60	369.55	631.95	222.30	5.75	3.08	2.39	107.76	43.97	36.32	0.372	2.59	6.06
			16		44.139	34.649	0.569	1 443.06	3 105.15	411.85	726.46	248.94	5.72	3.06	2.38	121.64	49.44	40.87	0.369	2.67	6.14
20/12.5	200	125	12		37.912	29.761	0.641	1 570.90	3 193.85	483.16	787.74	285.79	6.44	3.57	2.74	116.73	49.99	41.23	0.392	2.83	6.54
			14		43.687	34.436	0.640	1 800.97	3 726.17	550.83	922.47	326.58	6.41	3.54	2.73	134.65	57.44	47.34	0.390	2.91	6.62
			16		49.739	39.045	0.639	2 023.35	4 258.88	615.44	1 058.86	366.21	6.38	3.52	2.71	152.18	64.89	53.32	0.388	2.99	6.70
			18		55.526	43.588	0.639	2 238.30	4 792.00	677.19	1 197.13	404.83	6.35	3.49	2.70	169.33	71.74	59.18	0.385	3.06	6.78

注：截面图中的 $r_1 = 1/3d$ 及表中 r 的数据用于孔型设计，不做交货条件。

表Ⅱ-3　槽钢截面尺寸、截面面积、理论质量及截面特性

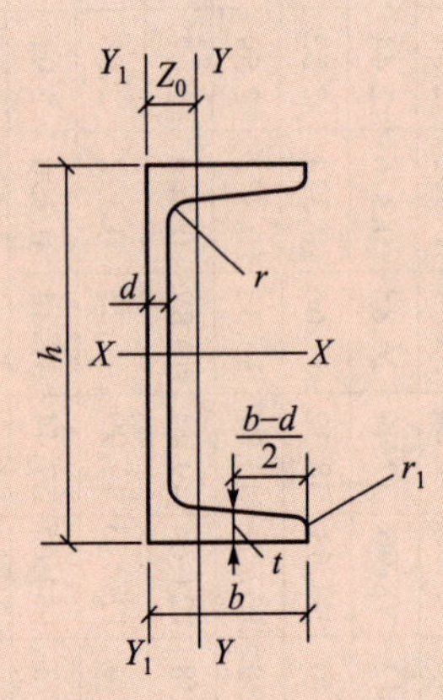

h——高度；
b——腿宽度；
d——腰厚度；
t——平均腿厚度；
r——内圆弧半径；
r_1——腿端圆弧半径；
Z_0——YY 轴与 Y_1Y_1 轴间距。

型号	截面尺寸/mm						截面面积/cm^2	理论质量/(kg/m)	惯性矩/cm^4			惯性半径/cm		截面模数/cm^3		重心距离/cm
	h	b	d	t	r	r_1			I_x	I_y	I_{y1}	i_x	i_y	W_x	W_y	Z_0
5	50	37	4.5	7.0	7.0	3.5	6.928	5.438	26.0	8.30	20.9	1.94	1.10	10.4	3.55	1.35
6.3	63	40	4.8	7.5	7.5	3.8	8.451	6.634	50.8	11.9	28.4	2.45	1.19	16.1	4.50	1.36
6.5	65	40	4.3	7.5	7.5	3.8	8.547	6.709	55.2	12.0	28.3	2.54	1.19	17.0	4.59	1.38
8	80	43	5.0	8.0	8.0	4.0	10.248	8.045	101	16.6	37.4	3.15	1.27	25.3	5.79	1.43
10	100	48	5.3	8.5	8.5	4.2	12.748	10.007	198	25.6	54.9	3.95	1.41	39.7	7.80	1.52
12	120	53	5.5	9.0	9.0	4.5	15.362	12.059	346	37.4	77.7	4.75	1.56	57.7	10.2	1.62
12.6	126	53	5.5	9.0	9.0	4.5	15.692	12.318	391	38.0	77.1	4.95	1.57	62.1	10.2	1.59
14a	140	58	6.0	9.5	9.5	4.8	18.516	14.535	564	53.2	107	5.52	1.70	80.5	13.0	1.71
14b		60	8.0				21.316	16.733	609	61.1	121	5.35	1.69	87.1	14.1	1.67
16a	160	63	6.5	10.0	10.0	5.0	21.962	17.24	866	73.3	144	6.28	1.83	108	16.3	1.80
16b		65	8.5				25.162	19.752	935	83.4	161	6.10	1.82	117	17.6	1.75
18a	180	68	7.0	10.5	10.5	5.2	25.699	20.174	1 270	98.6	190	7.04	1.96	141	20.0	1.88
18b		70	9.0				29.299	23.000	1 370	111	210	6.84	1.95	152	21.5	1.84
20a	200	73	7.0	11.0	11.0	5.5	28.837	22.637	1 780	128	244	7.86	2.11	178	24.2	2.01
20b		75	9.0				32.837	25.777	1 910	144	268	7.64	2.09	191	25.9	1.95
22a	220	77	7.0	11.5	11.5	5.8	31.846	24.999	2 390	158	298	8.67	2.23	218	28.2	2.10
22b		79	9.0				36.246	28.453	2 570	176	326	8.42	2.21	234	30.1	2.03

续表

型号	截面尺寸/mm						截面面积/cm²	理论质量/(kg/m)	惯性矩/cm⁴			惯性半径/cm		截面模数/cm³		重心距离/cm
	h	b	d	t	r	r_1			I_x	I_y	I_{y1}	i_x	i_y	W_x	W_y	Z_0
24a	240	78	7.0	12.0	12.0	6.0	34.217	26.860	3 050	174	325	9.45	2.25	254	30.5	2.10
24b		80	9.0				39.017	30.628	3 280	194	355	9.17	2.23	274	32.5	2.03
24c		82	11.0				43.817	34.396	3 510	213	388	8.96	2.21	293	34.4	2.00
25a	250	78	7.0				34.917	27.410	3 370	176	322	9.82	2.24	270	30.6	2.07
25b		80	9.0				39.917	31.335	3 530	196	353	9.41	2.22	282	32.7	1.98
25c		82	11.0				44.917	35.260	3 690	218	384	9.07	2.21	295	35.9	1.92
27a	270	82	7.5	12.5	12.5	6.2	39.284	30.838	4 360	216	393	10.5	2.34	323	35.5	2.13
27b		84	9.5				44.684	35.077	4 690	239	428	10.3	2.31	347	37.7	2.06
27c		86	11.5				50.084	39.316	5 020	261	467	10.1	2.28	372	39.8	2.03
28a	280	82	7.5				40.034	31.427	4 760	218	388	10.9	2.33	340	35.7	2.10
28b		84	9.5				45.634	35.823	5 130	242	428	10.6	2.30	366	37.9	2.02
28c		86	11.5				51.234	40.219	5 500	268	463	10.4	2.29	393	40.3	1.95
30a	300	85	7.5	13.5	13.5	6.8	43.902	34.463	6 050	260	467	11.7	2.43	403	41.1	2.17
30b		87	9.5				49.902	39.173	6 500	289	515	11.4	2.41	433	44.0	2.13
30c		89	11.5				55.902	43.883	6 950	316	560	11.2	2.38	463	46.4	2.09
32a	320	88	8.0	14.0	14.0	7.0	48.513	38.083	7 600	305	552	12.5	2.50	475	46.5	2.24
32b		90	10.0				54.913	43.107	8 140	336	593	12.2	2.47	509	49.2	2.16
32c		92	12.0				61.313	48.131	8 690	374	643	11.9	2.47	543	52.6	2.09
36a	360	96	9.0	16.0	16.0	8.0	60.910	47.814	11 900	455	818	14.0	2.73	660	63.5	2.44
36b		98	11.0				68.110	53.466	12 700	497	880	13.6	2.70	703	66.9	2.37
36c		100	13.0				75.310	59.118	13 400	536	948	13.4	2.67	746	70.0	2.34
40a	400	100	10.5	18.0	18.0	9.0	75.068	58.928	17 600	592	1 070	15.3	2.81	879	78.8	2.49
40b		102	12.5				83.068	65.208	18 600	640	114	15.0	2.78	932	82.5	2.44
40c		104	14.5				91.068	71.488	19 700	688	1 220	14.7	2.75	986	86.2	2.42

注:表中 r、r_1 的数据用于孔型设计,不做交货条件。

表Ⅱ-4　工字钢截面尺寸、截面面积、理论质量及截面特性

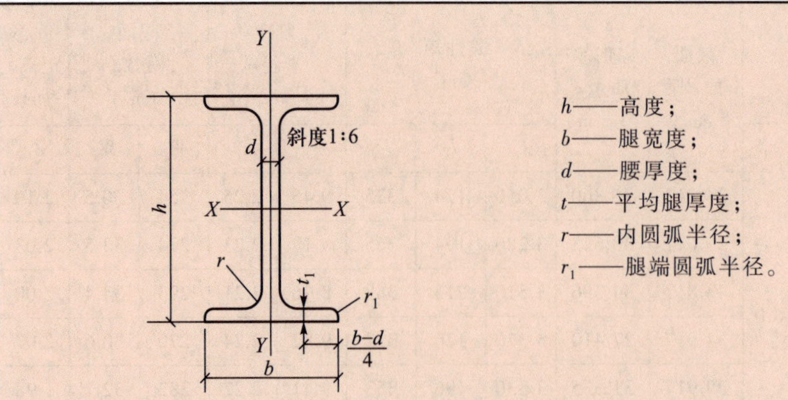

型号	截面尺寸/mm						截面面积/cm^2	理论质量/(kg/m)	惯性矩/cm^4		惯性半径/cm		截面模数/cm^3	
	h	b	d	t	r	r_1			I_x	I_y	i_x	i_y	W_x	W_y
10	100	68	4.5	7.6	6.5	3.3	14.345	11.261	245	33.0	4.14	1.52	49.0	9.72
12	120	74	5.0	8.4	7.0	3.5	17.818	13.987	436	46.9	4.95	1.62	72.7	12.7
12.6	126	74	5.0	8.4	7.0	3.5	18.118	14.223	488	46.9	5.20	1.61	77.5	12.7
14	140	80	5.5	9.1	7.5	3.8	21.516	16.890	712	64.4	5.76	1.73	102	16.1
16	160	88	6.0	9.9	8.0	4.0	26.131	20.513	1 130	93.1	6.58	1.89	141	21.2
18	180	94	6.5	10.7	8.5	4.3	30.756	24.143	1 660	122	7.36	2.00	185	26.0
20a	200	100	7.0	11.4	9.0	4.5	35.578	27.929	2 370	158	8.15	2.12	237	31.5
20b		102	9.0				39.578	31.069	2 500	169	7.96	2.06	250	33.1
22a	220	110	7.5	12.3	9.5	4.8	42.128	33.070	3 400	225	8.99	2.31	309	40.9
22b		112	9.5				46.528	36.524	3 570	239	8.78	2.27	325	42.7
24a	240	116	8.0	13.0	10.0	5.0	47.741	37.477	4 570	280	9.77	2.42	381	48.4
24b		118	10.0				52.541	41.245	4 800	297	9.57	2.38	400	50.4
25a	250	116	8.0	13.0	10.0	5.0	48.541	38.105	5 020	280	10.2	2.40	402	48.3
25b		118	10.0				53.541	42.030	5 280	309	9.94	2.40	423	52.4
27a	270	122	8.5	13.7	10.5	5.3	54.554	42.825	6 550	345	10.9	2.51	485	56.6
27b		124	10.5				59.954	47.064	6 870	366	10.7	2.47	509	58.9
28a	280	122	8.5				55.404	43.492	7 110	345	11.3	2.50	508	56.6
28b		124	10.5				61.004	47.888	7 480	379	11.1	2.49	534	61.2
30a	300	126	9.0	14.4	11.0	5.5	61.254	48.084	8 950	400	12.1	2.55	597	63.5
30b		128	11.0				67.254	52.794	9 400	422	11.8	2.50	627	65.9
30c		130	13.0				73.254	57.504	9 850	445	11.6	2.46	657	68.5

续表

型号	截面尺寸/mm						截面面积/cm^2	理论质量/(kg/m)	惯性矩/cm^4		惯性半径/cm		截面模数/cm^3	
	h	b	d	t	r	r_1			I_x	I_y	i_x	i_y	W_x	W_y
32a	320	130	9.5	15.0	11.5	5.8	67.156	52.717	11 100	460	12.8	2.62	692	70.8
32b		132	11.5				73.556	57.741	11 600	502	12.6	2.61	726	76.0
32c		134	13.5				79.956	62.765	12 200	544	12.3	2.61	760	81.2
36a	360	136	10.0	15.8	12.0	6.0	76.480	60.037	15 800	552	14.4	2.69	875	81.2
36b		138	12.0				83.680	65.689	16 500	582	14.1	2.64	919	84.3
36c		140	14.0				90.880	71.341	17 300	612	13.8	2.60	962	87.4
40a	400	142	10.5	16.5	12.5	6.3	86.112	67.598	21 700	660	15.9	2.77	1 090	93.2
40b		144	12.5				94.112	73.878	22 800	692	15.6	2.71	1 140	96.2
40c		146	14.5				102.112	80.158	23 900	727	15.2	2.65	1 190	99.6
45a	450	150	11.5	18.0	13.5	6.8	102.446	80.420	32 200	855	17.7	2.89	1 430	114
45b		152	13.5				111.446	87.485	33 800	894	17.4	2.84	1 500	118
45c		154	15.5				120.446	94.550	35 300	938	17.1	2.79	1 570	122
50a	500	158	12.0	20.0	14.0	7.0	119.304	93.654	46 500	1 120	19.7	3.07	1 860	142
50b		160	14.0				129.304	101.504	48 600	1 170	19.4	3.01	1 940	146
50c		162	16.0				139.304	109.354	50 600	1 220	19.0	2.96	2 080	151
55a	550	166	12.5	21.0	14.5	7.3	134.185	105.335	62 900	1 370	21.6	3.19	2 290	164
55b		168	14.5				145.185	113.970	65 600	1 420	21.2	3.14	2 390	170
55c		170	16.5				156.185	122.605	68 400	1 480	20.9	3.08	2 490	175
56a	560	166	12.5				135.435	106.316	65 600	1 370	22.0	3.18	2 340	165
56b		168	14.5				146.635	115.108	68 500	1 490	21.6	3.16	2 450	174
56c		170	16.5				157.835	123.900	71 400	1 560	21.3	3.16	2 550	183
63a	630	176	13.0	22.0	15.0	7.5	154.658	121.407	93 900	1 700	24.5	3.31	2 980	193
63b		178	15.0				167.258	131.298	98 100	1 810	24.2	3.29	3 160	204
63c		180	17.0				179.858	141.189	102 000	1 920	23.8	3.27	3 300	214

注:表中 r、r_1 的数据用于孔型设计,不做交货条件。

参考文献

[1] 沈养中,陈年和.建筑力学.北京:高等教育出版社,2012.

[2] 王长连.建筑力学学习与考核指导.北京:高等教育出版社,2012.

[3] 卢光斌.建筑力学练习册.北京:高等教育出版社,2012.

[4] 于建华,王长连.结构力学解题指南.成都:成都科技大学出版社,1993.

[5] 王长连.建筑力学辅导.北京:清华大学出版社,2009.

[6] 王长连.土木工程力学.北京:机械工业出版社,2009.

[7] 孟庆东.材料力学简明教程.北京:机械工业出版社,2011.

[8] 王长连.简明结构力学教程.北京:机械工业出版社,2012.

[9] 苏志平.材料力学全程辅导:上册、下册.北京:中国建材工业出版社,2004.

[10] 杜正国.结构分析.北京:高等教育出版社,2003.

[11] 黄靖,孙跃东.结构力学复习及解题指导.北京:人民交通出版社,2004.

[12] 曾又林等.结构力学题解.武汉:华中科技大学出版社,2004.

[13] 王仁田,李怡.土木工程力学基础.2 版.北京:高等教育出版社,2020.

[14] 刘寿梅.建筑力学.2 版.北京:高等教育出版社,2014.

[15] 尤驭球,包世华,袁驷.结构力学.4 版.北京:高等教育出版社,2019.

反盗版举报电话 (010)58581999 58582371 58582488

反盗版举报传真 (010)82086060

反盗版举报邮箱 dd@hep.com.cn

通信地址 北京市西城区德外大街4号

高等教育出版社法律事务与版权管理部

邮政编码 100120